NUTRITION
THROUGH THE LIFE CYCLE

생애주기영양학

이영미 이미숙 이민준 김정현 정혜연 박은주 정자용 공저

양 서 원

머리말

인간은 수정 후부터 성장발달 그리고 성숙을 통해 신체적 · 정신적 · 사회적으로 완성도를 높이면서 살아간다. 이에 생애주기별 단계에 따른 영양 · 건강관리는 인간의 생활에 가장 기본이다.

생애주기별 분류 기준은 성장발달의 관점에서 연령을 중심으로 하면서 정신적 · 사회적 소속감을 반영하여 분류한다. 생애주기별 신체 각 기관의 성장과 발달에 차이가 있는데, 이는 개인의 영양섭취 및 생활습관에 따라 달라질 수 있으므로, 생애주기영양학의 목표는 각 생애주기별 최적의 건강한 삶을 위하여 올바른 영양관리와 관련된 기본적인 지식을 학습하는 데 있다.

생애주기영양학은 끊임없이 빠르게 변화하고 그 내용이 다양해지는 살아 있는 학문이다. 과거에 비하여 오늘날 우리의 생활환경은 크게 달라졌으며, 앞으로도 계속 변화할 것이다. 우리의 식생활은 지금과는 다른 새로운 영양 · 식생활문제를 발생시킬 것이고, 건강을 지키기 위하여 우리는 새로운 대처방안을 연구해 나갈 것이다.

지난 50년 동안 경제발전, 과학기술 및 의학의 발달과 사회 · 의료전달체계의 개선으로 인하여 우리나라의 영유아 사망률은 크게 감소되었으며, 평균수명은 길어지고, 생애주기별 인구 구성의 비율이 급속히 변하였다. 이와 함께 노동인구층의 변화와 산업사회로의 전환 및 풍요로운 경제적 생활환경은 삶에 대한 가치관의 변화를 가져왔고, 도시화에 따른 핵가족화와 여성의 사회진출 증가는 식생활 환경의 변화와 영양 · 식생활 · 건강문제를 가져왔다.

이 책은 생애주기별 중요성과 성장발달의 특징에 대해 설명하고, 영양섭취와 관련된 식생활행동의 특징과 환경에 따른 영양요구도를 파악, 현재까지 연구 · 분석된 영양 · 식품섭취 및 식생활 실태를 정리하였다. 또한 실태에 근거한 영양문제와 장애 극복을 위한 방안을 전개, 서술하였다. 각 생애주기별 주요 문제를 먼저 생각해 보고 단원을 시작하도록 각 단원의 도입부에 '생각열기'를 제시했으며, 마지막 부분에 '단원정리'로 각 단원의 핵심내용을 요약하였고, 만화나 그림자료들을 이용하여 각 단원을 가볍게 다시 한 번 정리하도록 '마무리'를 구성하였다. 또한 최근의 연구된 많은 새로운 내용을 전달해야 하므로 책의 내용 흐름에 방해되지 않도록 '더 알아보기'를 첨가하여 최근 사회의 이슈나 연구 동향을 소개하였다.

이 책은 식품영양학을 전공하는 학생들과 다양한 관련 분야에서 교재로 활용이 가능하도록 구성하였으며, 저자들은 이 책이 생애주기영양학을 공부하는 후학에게 좋은 지침서로 남기를 기대하며 한 자 한 자 정성을 들여 집필하였다.

이 책이 나오기까지 여러 면에서 애써 주신 양서원의 임직원께 감사의 마음을 표하는 바이며, 모쪼록 이 책이 좋은 책으로 많은 이들에게 기억되기를 바란다.

2013년 5월

저자 일동

차 례

CHAPTER 1 성장과 발달

1. 생애주기 영양관리의 중요성 • 13

2. 인간의 성장과 발달 • 14

3. 생애주기의 분류 • 19

1) 태아기 20 / 2) 영아기 21 / 3) 유아기(미취학 아동기) 21 / 4) 학령기(아동기) 22 / 5) 청소년기 23 / 6) 성인기 23 / 7) 노인기 24

4. 인구 구성의 변화와 영양관리의 중요성 • 25

1) 우리나라 인구 구성의 변화 25 / 2) 생애주기별 새로운 영양문제의 대두 26

CHAPTER 2 임신기 영양

1. 임신기의 중요성 • 35

2. 임신기의 생리적 특성 • 37

1) 임신과정 37 / 2) 임신기의 모체의 생리적 변화 45

3. 임신기 식생활행동 • 56

1) 임신 결과에 영향을 미치는 생활습관 56 /

2) 임신 중 나타나는 불편한 증상을 완화시키는 방법 65

4. 임신기 영양섭취기준 • 66

1) 에너지 67 / 2) 탄수화물과 지질 68 / 3) 단백질 69 / 4) 비타민 71 / 5) 무기질 76 / 6) 수분 78 / 7) 식이섬유 78

5. 임신기 영양 · 건강문제 • 79
1) 고위험 임신의 영양 79 / 2) 임신으로 인해 발생 가능한 질환 83

6. 임신기 건강증진 방안 • 89
1) 임신기의 식생활관리 89 / 2) 임신부 식생활지침 90 / 3) 임신기의 운동 92

CHAPTER 3 수유기 영양

1. 수유기의 중요성 • 101
1) 수유기 영양의 중요성 101 / 2) 모유수유의 중요성 102

2. 수유기의 생리적 특성 • 105
1) 수유기의 생리적 변화 105 / 2) 수유기 영양과 모유 생성 112

3. 수유기 영양 · 식생활행동 및 문제점 • 116
1) 산후 비만 116 / 2) 수유부의 영양불량 117 / 3) 수유에 영향을 주는 생활습관 118

4. 수유기 영양섭취기준 • 121
1) 에너지 121 / 2) 단백질, 탄수화물 및 수분 121 / 3) 비타민 123 / 4) 무기질 124

5. 수유 관련 건강문제 • 125
1) 수유부의 질병 125 / 2) 수유부의 약물 복용 126

6. 수유기 건강증진 방안 • 128
1) 수유부의 식생활관리 128 / 2) 모유수유 실태 및 관련 요인 132

CHAPTER 4 영아기 영양

1. 영아기의 중요성 • 143

2. 영아기의 성장과 발달 • 144
1) 성장과 발달 144 / 2) 생리적 발달 149 / 3) 섭식 기능의 발달 152

3. 영아기 영양섭취기준 • 154
1) 에너지 154 / 2) 단백질 156 / 3) 지질 157 / 4) 탄수화물 158 / 5) 비타민 159 /
6) 무기질 161 / 7) 수분 164

4. 영아기 영양 · 식생활 건강문제 • 164
1) 성장 장애 164 / 2) 영아산통 165 / 3) 빈혈 166 / 4) 설사 167 /
5) 식품 알레르기 167 / 6) 젖병 치아우식증 168 / 7) 선천성 대사장애 169 /
8) 미숙아 169

5. 영아를 위한 영양공급: 수유와 이유식 • 172
1) 모유 영양 172 / 2) 조제유 영양 175 / 3) 이유식 178

6. 영아기 건강증진 방안 • 190
1) 영아기 식사지도 190 / 2) 영유아 식생활지침 191

CHAPTER 5 유아기 영양

1. 유아기의 중요성 • 199

2. 유아기의 성장과 발달 • 200
1) 신체의 성장과 변화 200 / 2) 사회 · 정서적 발달 202 / 3) 섭식 기능의 발달 203 /
4) 식행동과 식습관의 형성 205

3. 유아기에 나타나는 식생활행동 특징과 지도 • 206
1) 식품 기호와 식욕의 변화 206 / 2) 특정 음식에 대한 편식 207 / 3) 식욕 부진 210

4. 유아기 영양섭취기준 • 211
1) 에너지 211 / 2) 탄수화물, 단백질, 지질 213 / 3) 무기질 214 / 4) 비타민 216 /
5) 물(수분) 217 / 6) 식이섬유 217

5. 유아기 영양 · 건강문제 • 218
1) 유아기의 영양 · 식품섭취 및 식생활 실태 218 / 2) 비만 219 / 3) 영양불량 220 /
4) 식품 알레르기 221 / 5) 과잉행동증 222

6. 유아기 건강증진 방안 • 224
1) 유아기의 식사 224 / 2) 유아 보육시설 및 교육기관에서의 급식관리 232

CHAPTER 6 학령기 아동 영양

1. 학령기의 중요성 • 245

2. 학령기의 발육 특성 • 246

1) 전체적인 신체 성장 246 / 2) 기관과 조직 247 / 3) 운동 발달 248 / 4) 사회 · 심리적 발달 248

3. 학령기 식생활행동 • 249

1) 학령기 식행동에 영향을 미치는 요인 250 / 2) 학령기 식행동 문제 253

4. 학령기 영양섭취기준 • 256

1) 에너지 257 / 2) 단백질 258 / 3) 탄수화물과 식이섬유 259 / 4) 지질 259 / 5) 비타민 260 / 6) 무기질 261 / 7) 수분 263

5. 학령기 영양 · 건강문제 • 263

1) 영양소 섭취 실태 263 / 2) 체중 문제: 소아 비만과 저체중 266 / 3) 치아 건강 문제 268 / 4) 철 결핍성 빈혈 270 / 5) 식품 알레르기 270

6. 학령기 건강증진 방안 • 271

1) 학령기 아동의 식사 271 / 2) 학교급식 274 / 3) 식생활지침 274 / 4) 영양 · 식생활교육 276

CHAPTER 7 청소년기 영양

1. 청소년기의 중요성 • 285

2. 청소년기의 성장과 발달 • 287

1) 청소년기 신체 성장 287 / 2) 성장과 성성숙도 289 / 3) 사회 · 심리적 성장과 발달 291

3. 청소년기 식생활행동 • 293

1) 무절제한 식사행동 294 / 2) 아침식사 결식 294 / 3) 간식 행동 295

4. 청소년기 영양섭취기준 • 297

1) 에너지 298 / 2) 탄수화물과 지질 298 / 3) 단백질 299 / 4) 비타민 299 / 5) 무기질 301 / 6) 수분 302 / 7) 식이섬유 303

5. 청소년기 영양 · 건강문제 • 303
1) 영양소 섭취 실태 303 / 2) 청소년 비만 305 / 3) 청소년 섭식장애 306 /
4) 청소년 여드름 309 / 5) 청소년 음주와 흡연 309

6. 청소년기 건강증진 방안 • 310

CHAPTER **8** 성인기 영양

1. 성인기의 중요성 • 321

2. 성인기의 생리적 특성 • 322
1) 성인기의 체조성 및 에너지 소비의 변화 322 / 2) 성인기의 생리적 변화 324

3. 성인기 식생활 및 생활습관 • 325
1) 직장인의 외식과 나트륨 섭취 325 / 2) 흡연 326 / 3) 음주 327

4. 성인기 영양섭취기준 • 329
1) 에너지 329 / 2) 탄수화물 330 / 3) 지방 331 / 4) 단백질 332 / 5) 비타민 333 /
6) 무기질 338 / 7) 식이섬유 340

5. 성인기 건강문제 • 340
1) 성인의 영양섭취 실태 340 / 2) 비만과 대사증후군 342 / 3) 암 346 /
4) 폐경과 중년 여성의 건강문제 347

6. 성인기 식사 및 건강관리 • 350
1) 권장식사패턴 350 / 2) 건강증진사업 351

CHAPTER **9** 노인기 영양

1. 노인기 영양의 중요성 • 361

2. 노인인구 증가와 이에 따른 문제 • 362
1) 노인인구 비율 증가 362 / 2) 기대여명과 건강수명 364 /
3) 고령가구와 독거노인 비율의 증가 366 /
4) 노령화지수 상승에 따른 노년부양비의 증가 366 / 5) 의료비의 증가 367

3. 노인기 생리적 특성 • 369
1) 노화가설 369 / 2) 노화에 따른 신체적 변화 373

4. 노인기 영양섭취기준 • 374
1) 우리나라 노인의 영양섭취기준 374 / 2) 노인기에 유의해야 할 영양소 376

5. 노인기 건강문제 • 380
1) 영양 및 식생활 실태 380 / 2) 고혈압 386 / 3) 노화와 근감소 비만 388 /
4) 당뇨병 389 / 5) 골다공증 390 / 6) 치매 391

6. 노인기 건강증진 방안 • 392
1) 식생활지침 392 / 2) 식생활 안전 가이드 393 / 3) 노인영양 관련 사업 394

CHAPTER 10 운동과 영양

1. 운동과 에너지 시스템 • 403
1) ATP-CP 시스템 403 / 2) 해당 시스템 404 / 3) 산화시스템 405 /
4) 운동 강도와 에너지 시스템 405

2. 운동과 영양소 대사 • 407
1) 탄수화물과 운동 407 / 2) 지방과 운동 408 / 3) 단백질과 운동 410 /
4) 지용성 비타민과 운동 411 / 5) 수용성 비타민과 운동 413 / 6) 무기질과 운동 416 /
7) 수분, 전해질과 운동 418

3. 운동능력 향상을 위한 식사관리 • 420
1) 탄수화물 부하 420 / 2) 근육 증강과 단백질 섭취 421 / 3) 수분과 전해질 422

4. 운동이 건강에 미치는 영향 • 422

찾아보기 427

성장과 발달

1. 생애주기 영양관리의 중요성

2. 인간의 성장과 발달

3. 생애주기의 분류

4. 인구 구성의 변화와 영양관리의 중요성

CHAPTER 1

생각열기

인간은 잉태된 순간부터 모체로부터 영양을 공급받아 성장과 발달이 이루어진다. 출생 후부터 노인기에 이르기까지 어떠한 형태로 식생활을 영유했는가에 따라 자신의 모습과 건강 상태는 달라질 수 있다. 우리는 어떤 식생활을 해야 할까? 행복하고 건강한 나날은 우리가 매일 먹는 음식과 어떤 관계가 있을까?

인간의 성장과 발달 및 유지와 쇠퇴 정도는 각 개체가 선천적으로 보유한 유전적 소인과 각자가 일생동안 영유한 생활환경적 요인에 의해 결정된다. 유전적 소인에는 인종, 민족, 가계, 연령, 성별 등이 있는데 모든 사람의 얼굴이 다르듯이 각 개인의 발육과정이 다르며, 사춘기 변화의 시기 차이, 신체의 크기가 크거나 왜소한 것 모두가 가계의 유전형질에 따라 결정된다. 유전형질은 각 가계의 유전적 요소가 복잡하게 혼합되어 나타나므로 동일 가족 내에서도 다르게 나타난다.

성장 · 발달을 좌우하는 생활환경적 요인으로는 사회 · 경제적 배경, 영양, 환경, 계절, 심리적 요인과 같은 외부요인이 있다. 영양이 불량하면 발육에 장애를 줄 수도 있으며, 영양의 과부족이나 운동량 등의 변수는 개인의 노화나 신체 기능의 쇠퇴를 촉진시킬 수도 있다. 불결한 위생 등 주변 환경은 질환 이환율을 높일 수 있으며 그 결과 성장속도에 영향을 미칠 수 있다. 심리적 요인으로는 주변 사람들과의 대인관계 및 개인의 인성이 영향을 끼칠 수 있다고 보고되었다.

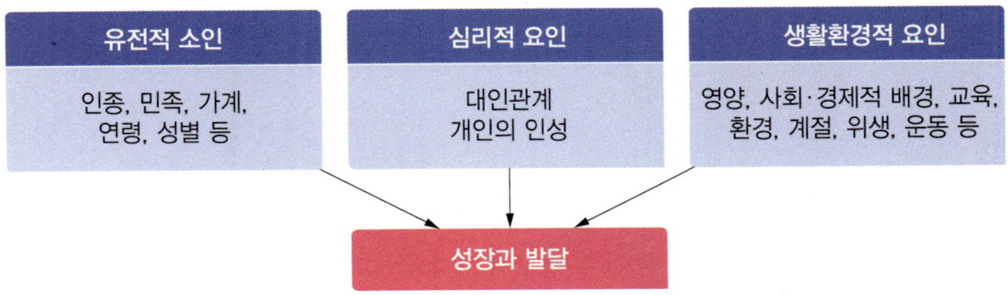

그림 1-1 **개인의 성장과 발달을 좌우하는 요소**

1. 생애주기 영양관리의 중요성

정자와 난자가 수정되는 순간부터 사망에 이르는 전 생애 동안 인간은 성장과 발달의 변화를 경험하게 된다. 성장과 발달은 사회적, 문화적, 생리적 그리고 유전적 차원의 많은 요소에 의해 달라질 수 있는 복합적 상징의 개념이다.

성장이라 함은 신체의 크기나 근육의 증가 등 세포가 양적으로 증가하는 과정을 말한다. 성장의 정도는 신체 일정 부위의 무게나 크기 등을 측정함으로써 평가가 가능하다. 발달은 성장에 따르는 신체 각 부위의 기능적인 발전과정을 의미하며, 체계적으로 일어나는 일련의 변화를 의미한다. 연령의 증가와 함께 나타나는 각종 변화는 신체적 변화일 수도 있고, 심리 및 기능적 변화일 수도 있다. 이러한 모든 성장과 발달을 포함한 개념을 발육이라고 하며 성장기에는 성장과 발달이라는 수레의 두 바퀴가 균형적이어야 양호한 발육이 된다고 할 수 있다.

성인기가 되면 성장은 어느 정도 정지가 되고 신체 각 기관의 기능 발달도 점차 쇠퇴기로 접어든다. 최적의 성장과 발달을 이룬 신체의 각 부분에 대하여 최적의 상태를 오래도록 유지하는 하는 것이 성인기 이후 영양관리의 중요한 역할이다. 생애주기영양관리는 이러한 생애주기별 신체의 변화에 대한 최적의 상태를 만들기 위한 영양관리로서, 각 시기별 개인의 요구에 맞추는 영양관리이므로 매우 역동적이다.

2. 인간의 성장과 발달

인간은 출생 후 노년에 이르기까지 성장속도를 중심으로 몇 단계의 발달과 쇠퇴기로 나눌 수 있다. 즉, 출생부터 2세까지 급성장하는 시기(제1 발육급진기), 2세부터 사춘기까지 서서히 성장하는 시기, 사춘기부터 15~16세까지 재차 급성장하는 시기(제2 발육급진기)를 거친 후 성숙기까지 성장속도가 감소하는 시기로 나눌 수 있으며, 이후에는 일정 발달 수준을 유지하는 시기를 거친 후 점차 신체의 각 기관이 쇠퇴하는 노인기를 거친다.

인간의 성장은 태아로부터 세포의 수와 크기가 증가함으로써 이루어진다. 세포의 분열을 통한 수가 증가하는 단계를 지나 세포의 수와 크기가 함께 증가하는 단계를 거친 후 세포의 수적 증가 없이 세포의 크기만 증가하는 시기가 있는 것으로 알려졌다. 세포의 수 혹은 크기의 결정은 각 기관의 성장단계별로 다르다.

세포성장이론(성장의 3단계 모형)

- 첫 번째 단계: 증식성 성장(hyperplasia) 단계라 하며, 세포 수 증가 단계로 세포분열만 진행되므로 총 DNA 양과 단백질이 모두 증가하여 각 단위세포의 무게는 정비례로 증가한다. 이 시기의 단백질/DNA 비율은 일정하다.
- 두 번째 단계: 증식성 성장과 비대형 성장(hypertrophy) 단계라 하며, 세포의 수와 크기의 증가가 동시에 일어나는 단계로 세포분열과 함께 세포의 크기 증가가 이루어진다. 이 시기의 세포 내 핵의 단위무게와 핵 내 단백질 함량은 증가하나 DNA 합성속도는 느려지는 특성이 있다.
- 세번째 단계: 비대형 성장 단계로 세포분열은 정지되고 세포의 크기가 커지는 단계이며, 이때 세포 내 DNA 양은 비교적 일정하나 세포의 무게 및 단백질 함량은 증가한다.

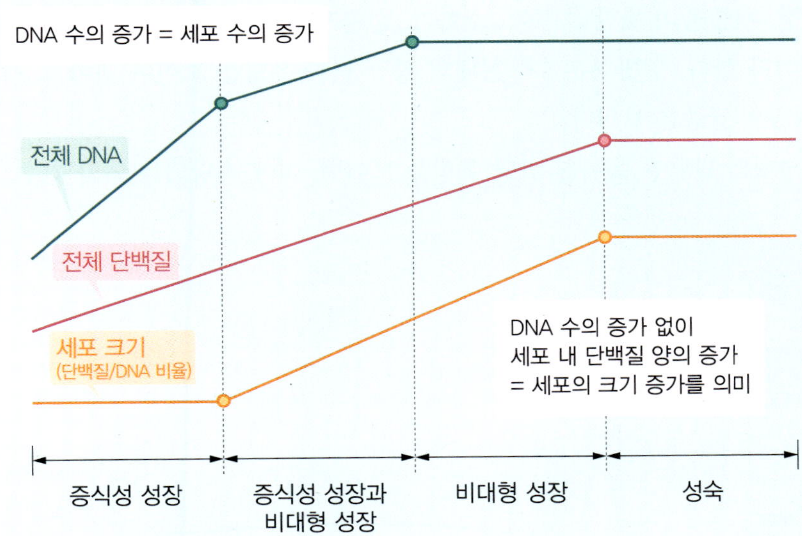

그림 1-2 **세포 성장에 따른 세포 크기, DNA 양, 단백질 양의 변화**

성장속도는 개인적 요소에 의해 달라질 수 있으며, 출생 초기에 성장속도가 늦더라도 특수 질환이나 장애요소가 없이 일정 시기가 지나면 정상적 성장을 따라 잡는 현상(catch up)도 나타난다. 지나치게 빠르거나 과도한 성장이 나타나는 경우 또한 특수 질환이나 특정 영양소의 과다 및 대상장애 등의 문제를 가지고 있는 경우도 있다.

유전적인 문제가 있거나 유전적인 문제가 없더라도 출생 후 성장 · 발육이 치명적인 장애에 노출된 경우에는 성장에 지장을 초래하며, 이때는 정상적인 성장곡선과는 다른 성장 유형을 보이게 된다.

개인에 따라 전반적인 성장속도에 차이가 있을 뿐 아니라 신체의 각 부분에 따라 각기 다른 속도로 성장 · 발달하게 된다. 스캐먼(R.E.Scammon)은 이러한 신체의 조직과 장기의 성장을 생애주기와 성장속도와의 관계 그래프로 표현하여 다음과 같이 4가지 유형으로 분류하였다(그림 1-3). 스캐먼의 성장곡선은 20세의 각 기관 성장 정도를 100%로 할 때, 각 연령대에서 나타나는 발육 정도를 상대적으로 표시한 것이다.

신장, 체중을 비롯한 호흡기, 소화기, 순환기, 근골격계 등의 증가 형태를 일반형이라 한다. 일반형은 S자 형태의 성장 변화 유형을 보이며 영아기, 사춘기에 성장의 급증을 보인다.

신경형의 발달은 독특한 발달 유형을 보이며, 이에 해당되는 뇌와 척수, 시각

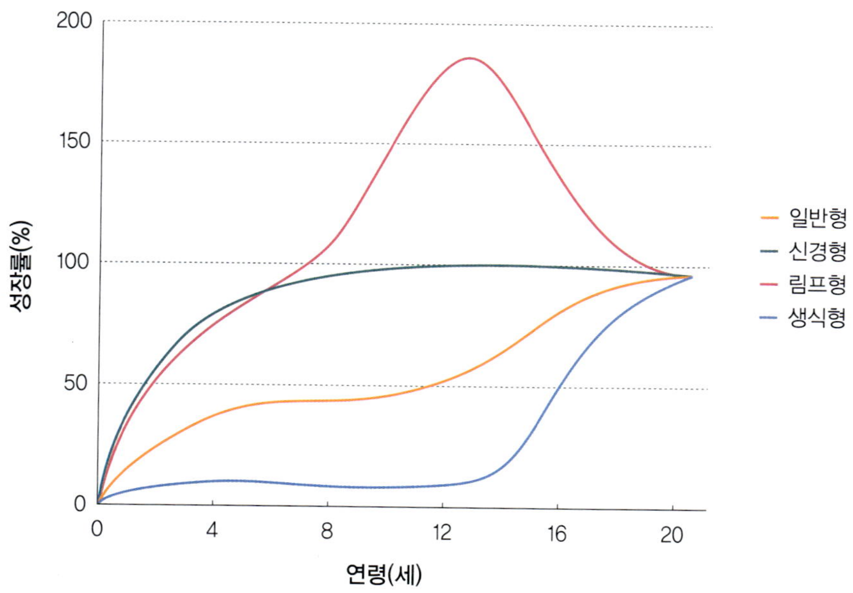

그림 1-3 **스캐먼의 신체 제 기관의 성장률**

기관 등과 같이 신경자극의 감지와 전달을 담당하는 뇌·신경기관은 다른 어떤 기관보다 빠르게 성장·발달하여 4세까지 급성장하는 독특한 발달 유형을 보인다. 4세가 되면 성인의 80%에 달하는 조직을 소유하며, 12세에는 성인과 거의 같은 수준에 도달한다. 그래서 아동영양의 중요성을 강조할 때 신경형의 발달 유형을 예를 들어 두뇌의 세포 수 증가와 연관하여 조기영양의 중요성을 설명하기도 한다.

림프절이나 편도 등 림프조직의 발달 형태는 출생 후에는 일정 기간까지는 비교적 느린 속도로 발달이 진행되다가 10~12세 무렵에는 성인의 2배 수준에 도달할 정도로 높은 발달 수준을 보이다가 점차 쇠퇴하여 18세 쯤에는 성인 수준으로 저하한다. 이러한 기관의 성장 유형을 림프형이라 한다.

생식과 관련된 생식기, 유선, 음모, 자궁, 전립선 등의 기관은 출생 후 전체적인 성장지연 현상이 관찰되나 사춘기부터 급속히 크기와 기능이 발달되어 16~18세에 성인의 수준에 달하게 되는데 이를 생식기형이라 분류하고 있다.

이와 같이 신체의 각 기관은 생애주기별로 성장속도와 각 조직과 기관의 발달에 큰 차이를 보인다.

성장이 개체의 크기 증가에 큰 의미를 둔다면, 발달은 신체 및 정서적·지적 차원의 기능이 세련되고 성숙하는 과정으로 보며 다음과 같은 몇 가지 특성을 가지고 있다.

첫째, 발달은 일정한 방향성을 가지고 진행한다. 머리에서, 즉 상부에서 하부로, 중심부위에서 말초부위로, 전체운동에서 특수운동으로 진행한다. 발달의 진행이 덜된 영아는 우유병을 잡으려고 할 때 팔만 뻗쳐 잡지 못하고 몸 전체를 움직여야만 잡을 수 있다. 좀 더 발달이 이루어지면 몸은 가만히 두고 팔과 손을 움직여 우유병을 집거나 과자를 집을 수 있게 된다. 둘째, 발달은 연속적인 과정이나 각 부위별로 발달속도는 일정하지 않다. 셋째, 발달은 유전과 환경의 상호작용에 의하여 이루어진다. 최근의 연구결과는 어떤 질환의 유전적 소인을 가지고 태어나도 그러한 소인을 자극하지 않는 환경으로 식생활을 유지한다면 질환의 발병을 막을 수도 있다고 보고하며, 영양관리와 건전한 생활행동의 중요성을 강조하고 있다. 넷째, 발달은 정도와 속도에 있어서 개인적 차이가 있으므로 모든 이에게 시기나 부위별 일률적 발달을 기대하는 것은 잘못된 것이다. 다섯째, 발달은 여러 측면이 서로 밀접하게 영향을 주면서 전체적으로 이루어진다. 여섯째, 발달에는 결정적인 시기가 있으므로 신체적 · 물리적 · 정서적 환경의 차이에 의하여 결정적인 발달시기에 심각한 손상을 입을 경우 육체적 · 정신적 발달이 정상적으로 진행되지 못한다.

인간의 발달은 어느 시기에나 가능한 것이 아니라 가장 용이하게 이루어지는 최적의 시기에 어떠한 환경을 마련해 주는가에 따라 발달 정도가 달라질 수 있다는 점을 간과해서는 안 된다. 즉, 아동과 청소년의 경우 육체적 발달뿐만 아니라 식생활 습관 형성과 식생활에 대한 전체적인 감정적 발달이 이 시기에 이루어질 수 있다는 점에서 영양관리와 영양교육을 담당하는 보호자는 잊어서는 안 된다.

아동의 음식물 섭취 유형과 식생활 행동은 어린이의 성장 · 발달에 커다란 영향을 미친다. 음식물을 섭취하면서 행하게 되는 일련의 행동, 즉 저작 · 연하 · 소화 · 흡수기능 등의 성장과 발달은 신체 각 기관의 성장 · 발달뿐만 아니라 정신적 · 운동 측면의 발달에도 큰 영향을 미친다. 성인의 경우 영양섭취는 성장기에 형성된 식생활 습관에 의하여 좌우되며 이는 신체 유지에 영향을 미친다. 즉, 섭취한 영양소는 대사과정을 통하여 각 조직과 기관의 활동을 유지 · 촉진시키는 역할을 수행하면서 한편으로 유해물질이나 과다한 영양물질을 축적함으로써 신체 각 기관의 기능을 저해시키는 역할을 하기도 한다. 그 결과 나이가

성장 · 발달과 환경과의 관계

발달에 대한 논쟁은 유전적 요인이 모든 발달과정을 지배한다고 생각하는 연구집단과 양육환경이 미래를 결정짓는 유일한 요인이라고 인정하는 연구집단 간에 계속 논란이 되었으나, 오늘날에는 이 두 요인이 함께 작용한다고 보편적으로 인정한다. 그러나 개개인은 동일한 유전적 소양(일란성 쌍생아의 경우)이나 동일한 환경에서 성장하여도 서로 다르게 반응한다는 주장도 인정하고 있다.

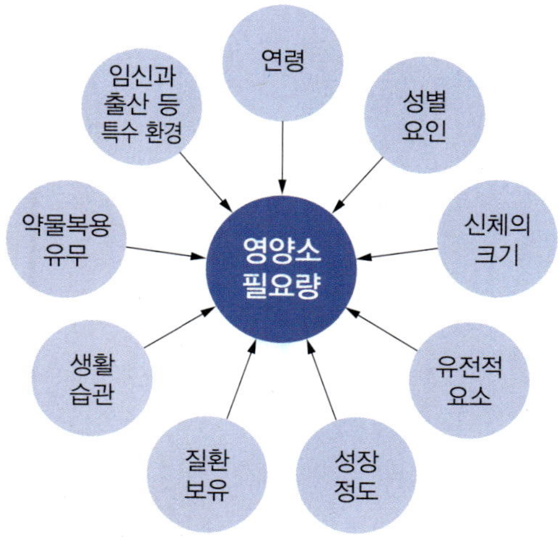

그림 1-4 인간의 영양소 필요량을 결정하는 요인

들수록 식생활을 비롯한 각종 생활습관에 따라 대사성질환 혹은 생활습관질환이 발생하고, 이로 인하여 성인기 이후 그동안의 식생활 형태와 내용에 따라 개인의 영양섭취는 달라지며 건강이 보장되기도 위협받기도 한다.

3. 생애주기의 분류

인간의 생애주기를 분류하는 기본 개념은 생물학적 측면의 연령을 기준으로 하되 정신적 측면과 사회발달적 측면을 고려하여 분류하고 있다. 즉, 인간의 일상적 생활은 자신이 속한 사회적 인간집단 내에서 물질적 · 정신적 · 문화적 활동을 공유하기 때문에 생애주기의 분류는 생물학적 연령의 개념에 사회적 소속을 가미한 형태로 나누고 있다.

가장 큰 분류는 사춘기까지를 생의 전반기, 그 이후를 생의 후반기로 나누며, 현재는 각 성장 · 발달단계에 근거하여 영양적 필요량을 중심으로 한 분류가 대체적으로 적용되고 있다. 그림 1-5에 제시한 것처럼 수정에서 출생 이전까지를

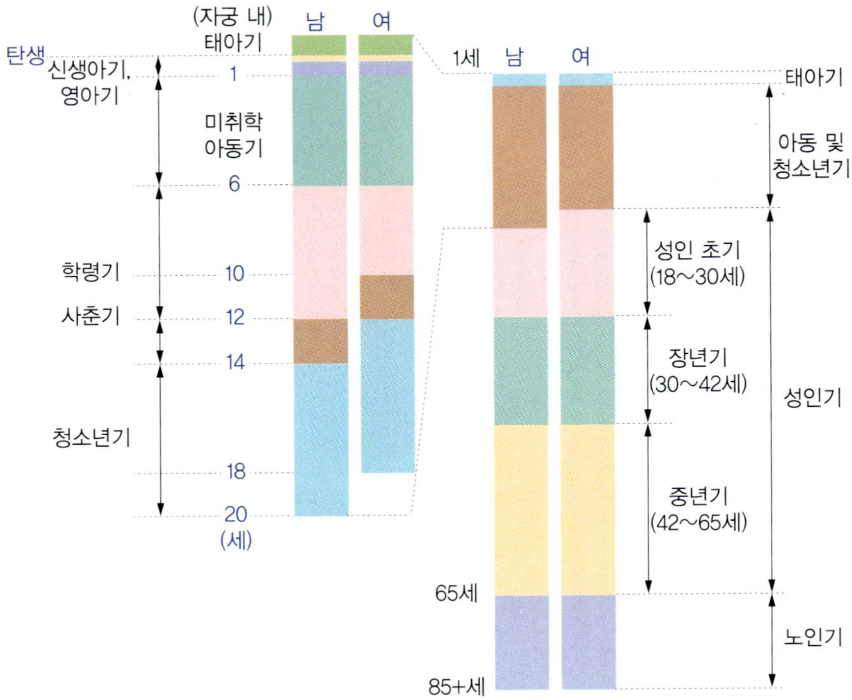

그림 1-5 **생애주기의 분류**

기대수명(life expectancy)
인구통계학에서 출생자가 출생 직후부터 생존할 것으로 기대되는 평균 생존 연수를 말함. 평균 생존 연수이므로 생명을 다해 살다가 죽는 경우만을 대상으로 하며 자살이나 교통사고로 인한 생존 기간은 평균치 계산에 포함하지 않음. 기대수명이 시기에 따라 다른 것은 영양 상태, 의료기술, 건강관리 정도 등에 따라 차이를 보이기 때문임. 2010년 남자 76.15세, 여자 82.88세의 기대 수명을 예측하고 있음. 기대수명의 연장은 노후기간이 점차 길어짐을 뜻함.

태아기, 출생 후 만 1세까지를 영아기, 1세부터 초등학교 취학 전까지를 유아기 혹은 미취학 아동기, 만 6세부터 사춘기의 발달 변화가 시작될 때까지를 학령기, 사춘기의 시작부터 남자는 만 20세까지, 여자는 만 18세까지를 청소년기, 그 이후 64세까지를 성인기, 65세 이후를 노인기로 분류한다. 노인기는 경우에 따라 노인 전기와 노인 후기로 나누며, 기대수명이 점차 늘어감에 따라 노인기의 분류기준에 대한 논의가 제기되고 있다.

1) 태아기

모체의 태 내에서 잉태된 순간부터 출생까지의 기간을 태아기라 한다. 수정 후 난자는 자궁내벽에 안착되면서 활발한 세포분열을 진행한다. 배아기를 거치면서 세포의 급격한 세포분열이 이루어지고 조직과 기관이 형성되는 시기를 거치면서 태아기에 돌입하게 된다. 태아기는 출생을 위한 모든 성장이 매우 빠른 속도로 진행된다. 수정 9주 후 약 10 g의 배아는 출생 직전인 임신 40주 정도에 약 3,500 g으로 600배 정도 그 무게가 증가하며, 태반을 통해 왕성한 영양공급이 이루어진다. 태아가 모체 내에서 성장이 이루어지는 이 시기는 모체에 있어서는 임신기에 해당되므로 임신부의 영양과 태아의 성장 · 발달은 같은 맥락에서 많은 연구가 진행되고 있다.

2) 영아기

영아기는 출생 후 1년간 성장 · 발달이 이루어지는 시기로 출생 후 약 4주 28일간은 신생아기라 한다. 태내 환경과 급속히 달라진 외부 환경에 적응하는 매우 민감한 시기이며 유즙을 중심으로 영양공급이 이루어지므로 보호자에 대한 영양지도가 요구되는 시기이다.

모유를 섭취하는 영아의 경우 수유부의 영양상태 및 영양섭취와 관련된 관점에서 영양지도가 이루어지며, 수유부의 모유 생성과 대사 정도가 영아가 섭취하는 모유의 양과 질을 좌우한다.

영아기 영양관리의 또 하나의 관심은 바로 이유식에 있다. 구체적으로 이유식을 시작하는 시기나 이유식 재료의 선택, 이유식 양의 조절 등과 함께 식생활 습관의 형성에 많은 관심이 몰리고 있다. 유즙에만 의존하던 영아를 서서히 정상식으로 이끄는 식생활 변화의 과도기로써 새로운 식품과의 만남을 통해 식품에 대한 기호가 형성될 수 있다는 점을 고려해야 한다.

3) 유아기(미취학 아동기)

유아기는 만 1세 이후 5세까지로 일반적으로 학교에 취학하기 전의 시기를 일컬으며, 영아기에 비하여 성장률이 감소한다. 이 시기에 유아에게서 관찰되는 현상으로 식욕 부진과 자아 형성과 관련된 식품기호의 편중 등 식생활 문제가 있다. 제공되는 음식의 양과 질에 의하여 영양섭취량이 좌우되며 식생활에 있어 의존적 시기이고, 스스로 식품섭취에 대한 의사표현이 가능하며 가정을 떠나 식생활을 영유하는 시간이 생겨난다. 그러므로 가정에서의 식생활지도도 중요하나 어린이집이나 유치원에서 보내는 시간이 길어짐에 따라 보육시설과 유아교육기관에서의 점심과 간식의 섭취 및 영양 식생활교육이 많이 이루어지고 있다는 현실을 고려할 때 건강한 식생활습관 형성을 위한 가정 이외 장소에서의 영양관리와 교육에 대하여 관심을 가져야 한다(그림 1-6).

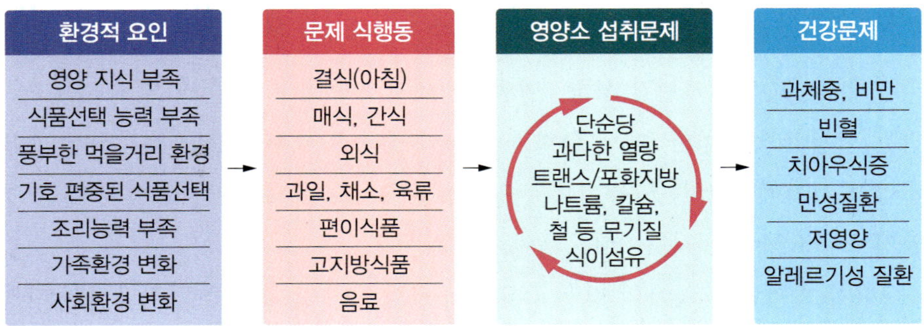

그림 1-6 유아의 먹을거리 환경과 영양문제

4) 학령기(아동기)

학령기는 초등학교에 입학하는 만 6세 전후부터 초등학교에 재학하는 시기로 사회적 활동 공유군을 중심으로 분류한다. 생리적으로 사춘기 이전으로 정의하므로 생리적 연령군과 사회적 활동집단군의 분류 개념이 중복되어 적용된다. 대부분 초등학교 생활을 중심으로 식생활과 영양섭취 수준이 결정되는 경향이 크다. 이 시기부터 남녀의 생리적 발달 유형에 따라 영양필요량을 분류하는 연령 기준이 달라지며, 남녀 간 발달적 특징은 여아에게 더 빨리 나타난다. 사춘기 발현 시기도 여아에게 빨리 나타나며 남아에 비하여 여아가 다소 짧을 수 있다. 이 시기의 성장속도는 유아기와 유사하게 다소 완만하나 성장속도의 둔화는 향후 사춘기에 나타나는 급성장을 위한 체내 영양보유기로 볼 수 있다. 결국

학교생활 등 활동필요량이 증가하고 향후 급성장을 위한 영양의 보유가 이루어지므로 이를 근거로 영양필요량을 산출해 보면 유아기에 비하여 영양필요량은 상당히 높아진다. 학령기 아동의 식생활은 친구와 매체의 광고 등에 영향을 받으나 학교나 부모의 교육이 무엇보다도 아동의 태도와 가치관 형성에 큰 영향을 줄 수 있으므로 아동과 부모를 대상으로 한 교육이 절실히 요구되며 부모의 적극적인 건강식생활교육은 아동의 건강 식생활의식과 건전한 식습관을 형성할 수 있다.

5) 청소년기

사춘기 이후 2차 성징의 발현과 함께 제2의 급성장기가 나타나면서 지금까지와는 다른 독특한 성장과 발달 유형이 나타나는데 12~19세 전후에 해당하는 이 시기를 청소년기라고 한다. 개인별로 사춘기가 일찍 올 수도 있고 늦게까지 지속될 수도 있으므로 사춘기의 시작과 종료 시기를 일률적으로 한정하기는 어렵다. 특히 이 시기는 급성장이 이루어지므로 영양필요량이 크다.

이 시기는 자신의 가치관에 따라 또는 생활환경에 따라 식습관을 형성할 수도 있고, 건강에 유해한 음주나 흡연, 약물 등을 접할 수도 있어 집중적인 관심과 교육이 요구된다.

여학생의 경우 체형에 대해 민감한 반응을 보이므로 저체중과 함께 거식증과 폭식증 등의 섭취장애와 빈혈 등의 영양문제가 제기되며, 남학생의 경우 최근 국민건강영양조사 결과에서 나타난 바와 같이 과체중과 비만이 급증하므로 스스로 식생활 조절이 가능하도록 적극적인 영양지도가 필요하다.

6) 성인기

성인기는 청소년기 이후부터 노인기에 이르는 시기로 인간의 전 생애를 나누어 볼 때 가장 길다. 사춘기 이후 성장속도는 급격히 감소하며 이후 성인기에는 성장보다는 발달과 유지라는 측면이 강조된다. 즉, 성인기 초입인 청년기에 완

만성대사성 질환(chronic metabolic disease)
생체 내 물질대사 장애에 의해서 발생하는 질환의 총칭으로, 비전염성이며 만성퇴행성질환(慢性退行性疾患)으로 과거에는 성인병이라고 불리는 질병임. 장기간에 걸친 환경요인인운동과 영양상태, 생활환경 및 생활습관 등의 영향을 받아 발병이 되므로 생활습관질환이라고도 불리움. 발병 후 신체의 상태는 점차 악화되나 일정 수준까지는 무자각적으로 진행되는 경우가 많고, 때로는 몇 개의 질병이 동시에 발생함. 종래의 의료서비스 의한 증상의 치료 보다는 건강교육, 식생활지도에 의한 생활의 개선을 통한 예방과 조기발견과 조기치료가 중요하며, 성인병 중에는 순환기질환, 소화기질환 등이 관리의 주된 대상 질환으로 암 · 심장병 · 당뇨병등과 뇌혈관질환 및 신경계의 장애 등이 나타남.

성된 신체의 성장수준을 어떻게 발달시키고 유지할 수 있게 하는가에 대한 문제가 최근 성인기 관리의 최대 관심사이다. 신체의 생리적 활성정도는 발달을 통하여 최고의 정점에 도달 후 점차 감소하는 신체적 변화를 경험하게 되며, 성호르몬의 변화에 따라 남녀 모두 폐경기라는 신체적 · 심리적 변화를 겪게 된다.

성인은 직장 회식 및 외식으로 인해 과식의 기회가 많아지나 에너지소비량은 점차 감소하고 체지방량이 증가하면서 비만의 위험이 높아지고, 규칙적인 운동을 하지 않을 경우 신체기관의 기능이 점차 감퇴되어 만성대사성질환의 발생이 증가하는 가능성이 존재한다.

최근 성인기를 생애전환기 건강관리의 중심 시기로 인식하는 경향이 증가하면서 방어 차원의 식생활관리 중요성이 제기되고 있다. 건강한 노후를 위한 이상적인 건강체중의 개념 인식과 채소 위주의 한식 우수성, 규칙적인 운동의 생활화도 이러한 맥락에서 강조되고 있다.

7) 노인기

만 65세 이후의 시기를 노인기라 칭한다. 성인기에 이루어진 신체기관의 성숙이 노인기에 들어오면 전반적으로 세포 수 및 기능이 감퇴하여 음식물의 섭취와 관련된 소화와 흡수 및 대사와 배설 등 전반에 이르는 기능 감소와 감각기관이나 내분비기관을 비롯한 모든 기관의 기능이 감퇴하고, 기능적인 예비능력뿐 아니라 면역능력까지도 약화되어 질병 감염과 질환 발생이 증가한다. 물론 각 개인의 유전적 소인과 노년에 이르는 동안의 생활습관은 신체 기능의 퇴화 정도를 달리할 수 있다. 노인의 이러한 신체적 기능 저하와 함께 경제적 환경의 악화나 심리적 위축, 거동의 불편은 식욕 저하와 식사 준비의 어려움을 초래하여 많은 노인에 있어 영양불량의 위험이 증가되는 것이 보고되었다.

우리나라 65세 이상 노인 86.7%가 최소한 한 가지 이상의 만성질환을 가지고 있는데 이들 질환의 대부분이 영양과 관련이 있으므로 노인기의 만성질환 치유와 증상 발현의 억제 차원에 있어 영양관리는 매우 중요하다.

4. 인구 구성의 변화와 영양관리의 중요성

1) 우리나라 인구 구성의 변화

지난 50년 동안 경제적 발달과 의료전달 체계의 개선으로 인하여 우리나라의 영유아 사망률은 크게 감소되었고 평균수명은 길어졌다. 이와 함께 사회노동인구층의 변화와 교육으로 인한 가치관의 변화는 여성의 사회 진출을 급속히 증가시켰다. 1960년대와 1970년대 실시된 인구억제정책은 최근의 출산율 감소 현상을 초래하였고, 그 결과 생애주기별 인구 구성의 비율이 급속히 변화되어 현재 형성된 항아리 모양의 인구 구조는 향후 심각한 사회 부작용을 우려하는 수준에 이르게 되었다. 그림 1-7과 같이 1960년대 영유아 연령층이 넓게 분포하고 노인 인구가 적은 피라미드형에서 최근에는 영유아 인구의 급격한 감소와 성인 인구층의 유입 증가로 인한 항아리형으로 바뀌고 있으며, 성인층이 점차 노령화되어 노년인구 비율은 급격히 증가될 전망이다. 향후에는 현재의 잠재적 노령인구가 증가된 결과, 전체 구성인구의 노령화로 인하여 국가경쟁력에 문제가

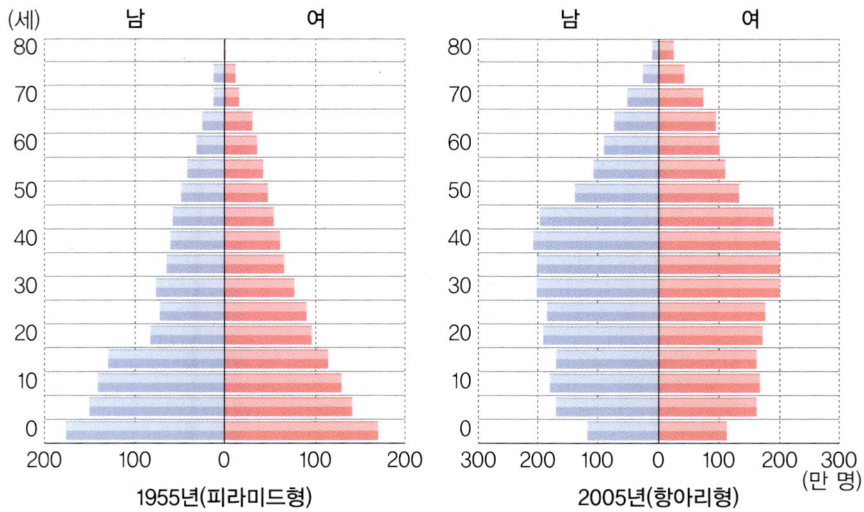

그림 1-7 우리나라 인구 형태의 변화

될 수 있는 역삼각형 모양으로 바뀔 것으로 전망된다. 정부 차원에서 저출산율에 의한 인구구조의 왜곡현상을 극복하기 위하여 출산지원 및 아동양육지원 정책을 확대하고 있다.

2) 생애주기별 새로운 영양문제의 대두

2026년 인구의 20%가 65세 노인인 초고령화 사회에 진입이 예상되고 있는 현실에서 우리는 생애주기별 올바른 영양의 섭취와 건강 식생활을 통하여 행복하고 건강한 삶의 초석을 마련하는 것이 개인과 국가 모두에게 매우 중요한 문제이다. 산업화 · 도시화에 따른 핵가족, 단독세대의 증가와 함께 저출산 · 고령화 인구의 증가는 우리 사회에 또 다른 관점의 영양관리와 교육의 필요성을 다음과 같이 제기하고 있다.

첫째, 영유아의 영양관리 주체가 가정에서부터 어린이집이나 유치원 등으로 그 의존도가 변화되고 있다.

둘째, 미취학아동 이후부터 청소년기까지 부모나 보호자에 의한 식생활 관리가 이루어지기보다는 아동과 청소년 개개인의 자율적인 식품 선택의 기회가 늘어남에 따라 이들을 대상으로 한 영양소 섭취를 결정하는 식품선택 및 식생활 관리에 대한 바른 지식의 전달과 태도 형성 교육의 필요성이 과거보다 높아지고 있다.

셋째, 가임기 젊은 여성의 마른 몸매에 대한 비정상적인 선호와 육아에 대한 부담감으로 인하여 출산을 기피하는 경향이 늘고, 한편으로 청 · 장년층의 편의식 선호와 가정식보다 외식의존도가 높아지면서 외식의 영양불균형 문제가 제기되고 있다.

넷째, 가정식사 비율의 감소로 가정 내의 영양교육 및 식생활교육이 이루어지는 기회가 감소함으로써 고령화시대를 대비한 건전한 식생활습관의 확립을 위하여 사회에서의 영양 · 식생활교육의 필요성이 증대되고 있다.

다섯째, 먹을거리가 풍부하고 경제가 발달할수록 영양과다나 영양불량이 사회에 공존하며 식생활과 건강과의 관련성이 밀접하게 제기되고, 풍요로움 속에

한국인 영양섭취기준(Dietary Reference Intakes for Koreans, KDRIs)

- 영양섭취기준은 성별과 연령에 맞게 생애주기별로 섭취해야 하는 영양소의 기준량을 의미한다. 이 기준은 매 5년마다 신체의 변화와 환경 변화에 따라 조정, 개정되고 있다.
- 영양섭취기준은 필요한 영양소뿐만 아니라 영양소의 과다섭취와 질병의 예방까지도 고려하여 만들어졌으며, 다음과 같이 4가지의 섭취기준으로 제시되고 있다(부록 참고).

표 1-1 영양섭취 기준의 종류 및 개념

종류	개념
평균필요량	대상집단을 구성하는 건강한 사람들의 중간에 해당하는 사람들의 일일 필요량을 충족시키는 값임
권장섭취량	평균필요량에 표준편차의 2배를 더하여 정함
충분섭취량	권장섭취량을 산출할 수 없는 경우에 역학조사에서 관찰된 건강한 사람 들의 영양소 섭취수준을 기준으로 함
상한섭취량	인체 건강에 유해 영향이 나타나지 않는 최대 영양소 섭취수준임

서 건전한 식생활을 선택함으로써 노후 대사성질환을 예방하여 삶의 질을 확립하는 것이 무엇보다도 중요해졌다.

여섯째, 단독거주 노인세대 증가와 경제적 · 신체적 취약노인의 영양관리에 대한 문제가 제기되고 있다. 대부분 몇 가지 질환과 함께 거동불편으로 인한 신체적 제약이 있는 노인에 대한 영양지원 등이 절실히 요구되며, 이 또한 정부의 사회복지정책의 일환으로 점차 정립되고 있다.

이에 생애주기별 영양관리의 중요성에 대한 올바른 이해와 영양중재 등의 방안을 모색하기 위하여 정확한 생애발달 단계별 특징과 문제를 파악하고 적절한 교육 및 지원 방향을 찾아가도록 한다.

더 알아보기 2010년 국민건강영양조사

보건복지부에서는 전체 한국인을 대상으로 국민건강영양조사를 매년 실시하고 있다. 2008년 영양섭취기준 대비 섭취비율을 조사한 자료에 의하면 필요추정량 대비 에너지 섭취비율은 평균 89.0%이었으며, 남자 93.5%, 여자 84.4%이었다. 남자의 섭취비율은 2005년에만 98.3%로 높았을 뿐 나머지 1998년, 2001년, 2007년 등 모두 유사하였다. 반면, 여자의 경우에는 2005년 이전 조사결과에 비해 2007년 이후 5~10%가량 낮아졌다.

권장섭취량 대비 단백질 섭취비율은 143.8%, 인은 153.0%로 권장섭취량의 약 1.5배를 섭취하고 있으며, 철, 비타민 A, 티아민, 니아신, 리보플라빈, 비타민 C 섭취량은 권장섭취량의 75~125% 범위였으나, 칼슘은 권장섭취량의 65.4%를 섭취하고 있었다. 칼슘은 만 3세 이상 전 연령대에서 권장섭취량의 75% 미만을 섭취하는 것으로 조사되었으며, 특히 만 12~18세 청소년과 만 65세 이상 노인의 권장섭취량 대비 섭취비율은 50% 수준이었다. 나트륨은 충분섭취량에 비해 3배 이상 섭취하고 있었으며, 칼륨은 충분섭취량의 60.7%만을 섭취하고 있었다.

노인(만 65세 이상)은 단백질, 인, 나트륨, 철을 제외한 모든 영양소의 섭취수준이 영양섭취기준에 비해 적었으며, 칼슘 외에도 리보플라빈의 섭취수준이 매우 낮았다. 반면, 나트륨의 섭취수준은 다른 연령층의 성인과 마찬가지로 충분섭취량의 3배 이상을 섭취하고 있었다.

소득수준이 낮을수록 영양섭취기준 대비 칼슘, 칼륨, 철, 티아민, 리보플라빈, 니아신, 비타민 C 등의 섭취비율이 낮았다.

우리나라의 영양섭취상태의 문제점을 간략히 요약해 보면 다음과 같다.

- 칼슘 부족, 나트륨 과잉 등 영양섭취 불균형 지속
- 10~20대, 65세 이상, 저소득자의 영양섭취 부족 위험
- 10~20대, 저소득자의 아침식사 결식률 높은 경향

식품 총 섭취량은 1998년 이후, 1,274.3 g(2005년)에서 1,302.6 g(2010년)로 큰 차이가 없었으나 10년 사이 곡류 섭취량은 337.2 g에서 286.5 g으로 감소하고, 음료 및 주류 섭취량은 94.2 g에서 163.6 g으로, 유류 역시 79.7 g에서 97.9 g으로 크게 증가하였다. 과실류는 1998, 2001년 약 200 g에서 2005년 87.6 g으로 감소하였다가 2007년 175.4 g으로 다시 증가하였으며 2008년 158.4 g으로 다소 감소하였다.

자료: 보건복지부, 2010.

참고문헌

강순아(2003). 중년여성의 생리적 변화와 영양상태. 대한지역사회영양학회 8(6): 1021~1029.

김영식(2003). 건강생활습관과 만성질환–고혈압과 당뇨병의 발병요인 규명을 위한 코호트 연구를 중심으로. 대한지역사회영양학회 8(6): 1010~1020.

김은경, 남혜원, 박영심, 명춘옥, 이기완(2010). 생애주기영양학. 신광출판사.

박유경(2009). 대사증후군의 영양학적 관리. 대한지역사회영양학회지 14(5): 625~630

박혜련(2002). 한국형 WIC 프로그램의 구축을 위한 제언. 대한지역사회영양학회지 7(6): 912~921.

보건복지부 건강정책과(2010). 새로 개정한 한국인을 위한 식생활 지침–II.영 · 유아, 어린이, 청소년, 국민영양 3: 22~26.

보건복지부(2012. 7. 제1차(2012~2016년) 국민영양관리 기본계획.

보건복지부, 질병관리본부(2010). 2008 국민건강통계–국민영양조사 제4기 2차년드.

보건복지부(2010). 한국인을 위한 식생활 지침.

서정숙(2010). 최근 제정된 영양 · 식생활 관련법에 따른 학교 영양 · 식생활교육 활성화 방안. 학교 영양교육 활성화 기반 마련을 위한 정책 토론회 자료집, 27~34.

안은정, 노화영, 정자용, 백희영(2010). 한국 젊은 성인의 아연 영양 상태가 짠맛 인지와 기호도, 나트륨 섭취 및 혈압에 미치는 영향. 한국영양학회지 43(2): 132~140.

윤진숙(2005). The Present and Future of Community Nutrition in Korea. 대한지역사회영양학회지 10(5): 745~752.

이보숙(2008). 기관에서의 영양관리 실태 및 지원방안. 대한지역사회영양학회지 13(5): 749~757.

이해정, 이행신, 이윤나, 장영애, 문재진, 김초일(2007). 식생활 관련 건강위험도 평가. 대한지역사회영양학회지 12(5): 659~662.

정효지(2004). 저 출산 시대의 청소년 영양의 중요성. 대한지역사회영양학회지 9(6): 762~765.

최영선(2008). 유아 영양, 건강–그 현황과 문제점. 대한지역사회영양학회지 13(5): 737~748.

통계청(2010). 2009년 사망원인통계.

한국보건사회연구원 어린이먹거리안전관리사업단(2008~2011). 어린이 먹거리 안전관리 연구. 올바른 어린이 먹거리 선택을 위한 역량 연구보고서.

Brown, JE & Isaacs, JS(2011). *Nutrition through the life cycle* (4th ed.). Belmont, CA: Wadsworth, Cengage Learning.

더 생각해 보기

Q1 보건복지부에서 제시한 한국인 식사지침의 제정 배경과 각 생애주기별 주요 영양관리 문제에 대하여 토론해 보자.

Q2 생애주기영양학을 공부하면서 다음과 같은 생각을 정리해 보자.

1. 신체의 발달과 변화는 어떻게 이루어지는가?
2. 각 생애주기별로 변화와 발달이 이루어지는데 영양소는 얼마나 필요한가?
3. 영양섭취 상태에 영향을 주는 요소는 어떤 것이 있는가?
4. 각 시기별 영양문제는 무엇인가?

단원정리

- 성장과 발달은 인체를 구성하는 세포의 수와 크기가 증가하는 성장과 각 세포와 이로 구성된 조직과 기관의 기능이 정교해지는 신체의 발달로 나눌 수 있다.
- 인간의 개체는 성장 · 발달과 함께 연령에 따라 신체적 · 정신적 · 사회적 완성도를 높인다.
- 생애주기별 분류는 성장 · 발달의 관점에서 연령을 중심으로 나누고 있으나 사회적 소속감을 반영하여 구분하고 있다.
- 각 생애주기별 신체 각 기관의 성장과 발달 그리고 유지 정도는 개인의 영양섭취와 관련 생활습관에 따라 달라진다.
- 각 생애주기별 최적의 건강과 노년의 행복을 위해 시기별 적절한 영양관리는 매우 중요하다.

마무리

다음의 그림을 보고 음식을 먹고 있는 인물이 인지하고 있는 영양문제를 말풍선 속에 채워 보자.

임신기 영양

1. 임신기의 중요성
2. 임신기의 생리적 특성
3. 임신기 식생활행동
4. 임신기 영양섭취기준
5. 임신기 영양 · 건강문제
6. 임신기 건강증진 방안

CHAPTER 2

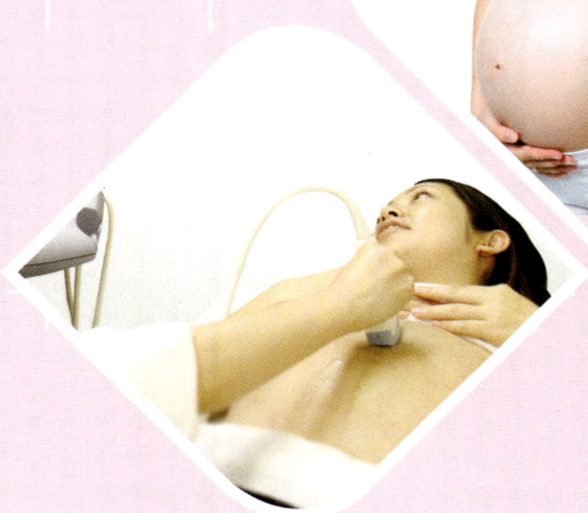

생각열기

흔히들 임신을 하면 두 몫을 먹어야 한다고 한다. 그렇다면 임신을 하고 나면 건강한 아기를 낳기 위해 마음껏 먹어도 괜찮은 걸까? 임신 중이나 출산 후에도 연예인들처럼 날씬한 몸매를 유지하고 싶은데 임신 중 다이어트를 하면 어떨까?

임신기 영양은 임신 전 과정 동안 임산부의 건강은 물론 정상적인 태아의 성장과 발달을 위한 영양관리를 의미한다. 임신기의 부적절한 영양관리는 임산부의 질병 발생, 태아의 성장 지연, 선천성 기형, 유산, 조산, 사산 등의 부정적인 결과를 초래한다. 청소년 임신, 고령 출산의 증가 등 사회적 변화도 고위험 임신을 증가시키는 요인이다. 반면, 임신기의 적절한 영양관리를 통해 태아의 건강뿐만 아니라 출생 후 생애 전 기간의 건강을 보장받을 수 있다는 연구결과는 이 시기의 영양관리의 중요성을 다시 한 번 강조한다.

1. 임신기의 중요성

임신 전 또는 임신기의 부적절한 영양섭취는 모체뿐만 아니라 태아에 심각한 결손을 초래하며 저체중아 출산율을 높이는데, 저체중아는 정상체중 출산아에 비해 사망위험, 지적 발달 손상 및 성인기 만성질환의 발병위험이 높다. 더 심각한 문제는 저체중아는 영양불량 상태의 아동, 청소년으로 이어지고 이들이 성인이 되어 임신을 할 경우 다시 저체중아를 출산할 확률이 높아 영양불량의 연결고리가 다음 세대에까지 계속 전달될 수 있다는 것이다(그림 2-1).

출생 시 신생아 체중은 2.5 kg 이상을 정상으로 간주한다. 신생아 체중이 2.5 kg 미만인 경우를 저체중아, 1.5 kg 미만을 극저체중아라고 하는데, 최근 우리나라의 저체중아와 극저체중아의 출생비율도 계속 증가하고 있다는 데 주목할 필요가 있다(그림 2-2).

표 2-1에 제시된 영양적 위험이 높은 임산부는 특히 영양상태와 식사섭취가 적합한지를 주의 깊게 평가하도록 한다. 임산부를 위한 영양섭취기준에 따른 적절한 영양섭취와 체중 증가를 통해 성공적인 임신결과(재태 37주 이상, 출생 시 체중 2.5 kg 이상, 모체의 양호한 건강유지)를 얻는 것은 개인의 행복일 뿐만 아니라 더 나아가 국민건강에 크게 기여하는 것이다.

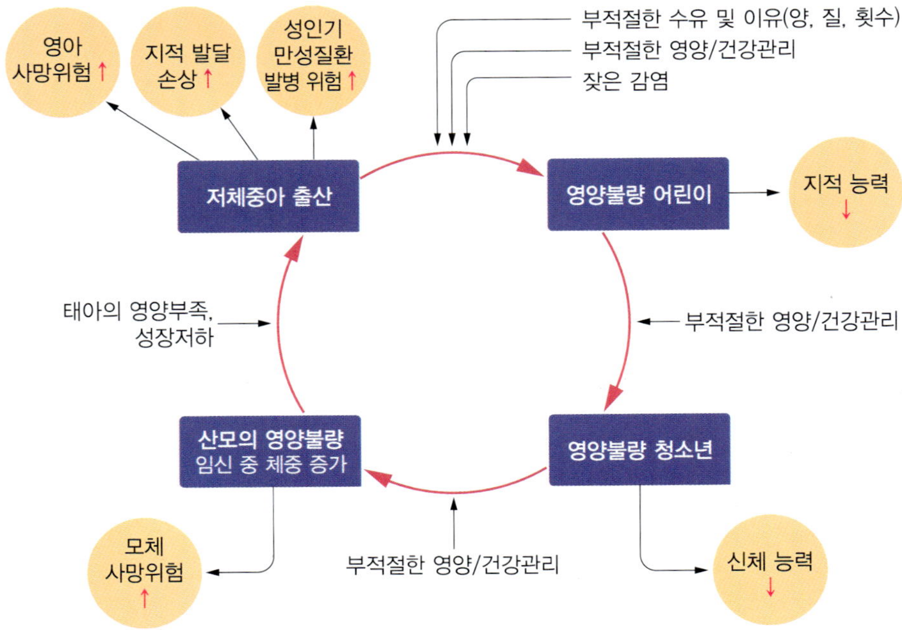

그림 2-1 **임산부 영양의 중요성**

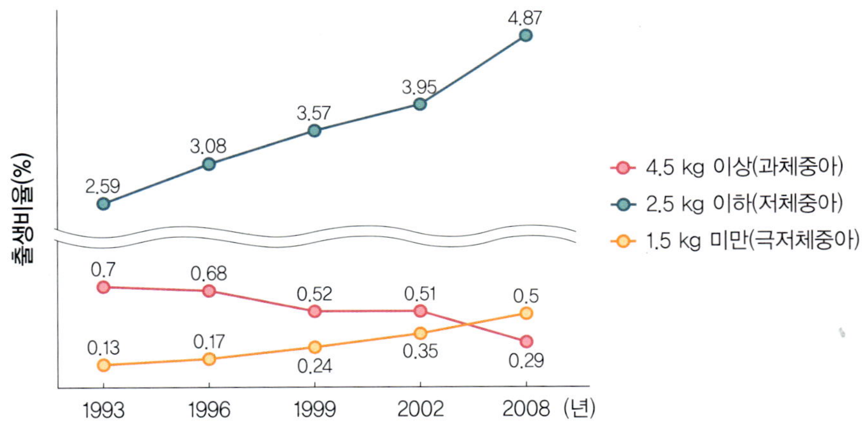

그림 2-2 **우리나라 신생아 체중별 출생비율**

자료: 한나라당 안홍준 의원실, 2009.

표 2-1 영양적 위험이 높은 임산부

- 청소년기(특히 만 15세 미만)
- 만 35세 이상
- 12개월 전 출산 경험이 있는 경우
- 유당불내성이 있는 경우
- 편식이 심한 경우
- 임신 중 과다 또는 부족한 체중 변화
- 산과(obstetrics) 합병증의 병력
- 혈색소(hemoglobin) 농도나 적혈구용적률(hematocrit)이 낮은 경우
- 저소득층
- 잦은 출산
- 임신 전 저체중이나 비만인 경우
- 흡연, 음주, 약물중독
- 수유 중인 경우
- 당뇨병 등 만성질환이 있는 경우
- 유해식품 사용, 이식증(pica)이 있는 경우

2. 임신기의 생리적 특성

1) 임신과정

(1) 월경주기

수정과 임신을 준비하기 위해 난소와 자궁은 각기 주기적인 변화(평균 28일, 24~35일)를 겪게 되는데, 이를 월경주기라고 하며 난소주기와 자궁주기로 구성된다(그림 2-3). 월경주기는 매월 성숙된 난자 1개를 생성하여 배란이 가능하게 하며, 수정이 이루어질 경우에는 수정란을 보호하고 임신이 유지되도록 자궁 내 환경을 조절한다. 월경주기는 시상하부, 뇌하수체 및 난소에서 분비된 호르몬들 간의 복잡한 상호작용에 의해 조절된다(표 2-2).

난소주기는 난포기와 황체기로 구분된다. 난포기는 월경 시작에서 배란까지

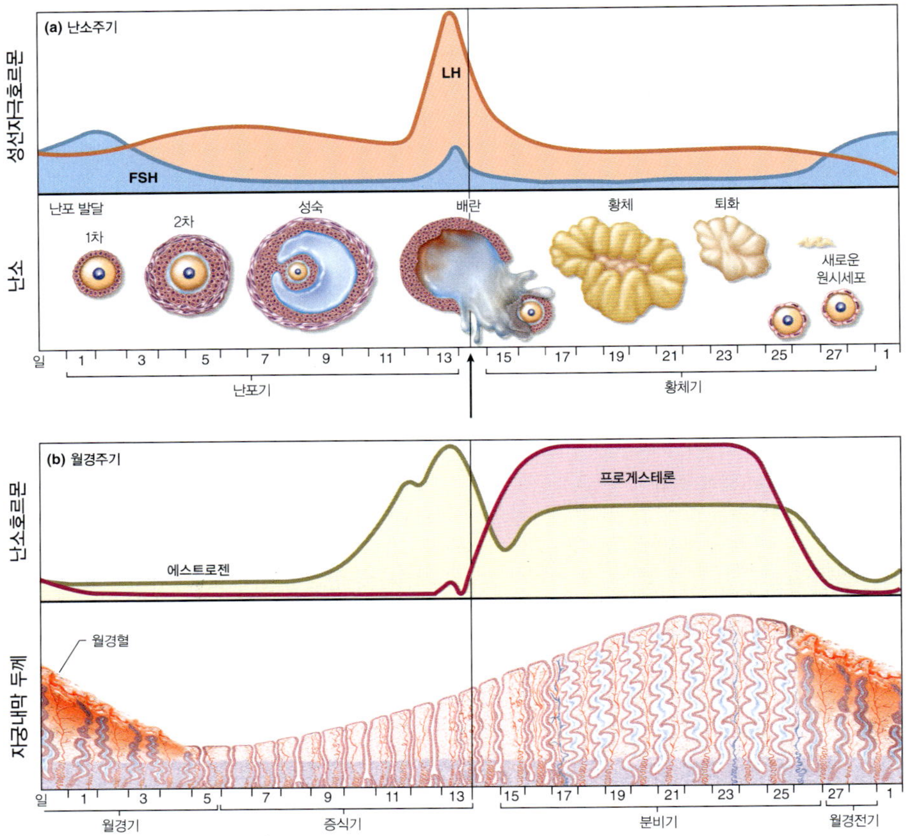

그림 2-3 **여성의 월경주기**

자료: 민혜선 외, 2011.

의 기간으로서 10~21일 동안 지속되고, 나머지 기간은 황체기로서 14일간 지속된다.

난소주기와 같이 일어나는 자궁 내의 주기적인 변화를 자궁주기라고 한다. 월경기는 자궁주기에서 초기 난포기(1일에서 3~5일)에 해당하고, 증식기는 나머지 난포기인 월경이 끝나는 날에서 배란까지이며, 분비기는 황체기에 해당한다.

(2) 수정과 착상

배란된 난자와 정자가 결합하여 수정되면 임신이 시작된다(그림 2-4). 사정 시

표 2-2 월경주기와 호르몬의 작용

월경주기		호르몬의 분비와 작용
난소 주기	난포기	월경주기의 전반부에 해당되는 시기로 뇌하수체호르몬인 난포자극호르몬(follicle stimulating hormone, FSH)과 황체형성호르몬(leutenizing hormone, LH)의 영향을 받아서 난자가 발달하고 성숙하며 난소의 난포에서 영양을 공급받는다. 배란 직전 혈액의 FSH와 LH는 최고치에 달했다가 배란 후에 감소한다.
	황체기	배란 후 난포는 황체로 발달되며 황체는 다량의 프로게스테론과 에스트로젠을 분비한다. 이들 호르몬은 자궁내막의 분화를 촉진하여 수정된 난자가 자궁 내에서 잘 보호되고 성장하는 것을 도와준다. 만약 난자가 수정되지 않으면 황체에서의 호르몬 생성은 감소하고 난포 발달의 다음 주기를 위해 FSH와 LH 분비가 자극된다.
자궁 주기	월경기	월경은 난자가 수정되지 않을 경우 황체가 퇴화됨에 따라 혈중의 에스트로젠과 프로게스테론이 감소하는 것에 대한 반응으로 자궁내막이 떨어져 배출되는 것이다. 죽은 조직이 분리되면서 혈관이 파열되어 출혈되는 것이 월경혈이다.
	증식기	월경이 끝나면서 자궁은 다음 배란에서 임신이 될 가능성에 대비한다. 월경으로 떨어져 나간 조직이 다시 증식하여 두꺼워지며 선조직이 커지고 혈관이 풍부하게 발달한다. 증식이 일어나는 자궁의 변화는 난포에서 분비되는 혈중 에스트로젠에 의해 촉진된다.
	분비기	이 시기에는 황체에서 분비된 에스트로젠과 프로게스테론에 의해 자궁내막이 착상과 태아 발달에 유리한 형태로 변화한다. 난자가 수정되면 황체가 퇴화하지 않으므로 프로게스테론과 에스트로젠이 계속 높은 상태로 지속되어 임신 기간에 분비기가 유지된다.

약 3억 개의 정자가 배출되지만 자궁을 거쳐 난관에 도달하는 정자는 약 100여 개 정도이다. 그중 단 한 개의 정자만이 난관 팽대부에서 난자의 세포질을 통과하여 세포핵과 접촉할 수 있다. 정자의 세포핵과 난자의 세포핵이 만나 23쌍의 염색체를 가진 수정란은 자궁 쪽으로 이동하면서 분열을 시작하고, 수정된 지 6일 정도 후 수정란은 포배 형태(blastocyst)로 자궁에 착상한다. 포배는 내세포괴(inner cell mass)와 영양막(trophoblast)의 두 가지 세포군으로 구성되는데, 내세포괴는 이후의 발달과정을 거쳐 배아, 태아로 발달하고, 자궁벽에 접촉한 영양

막은 수정 후 5주가 지나면 두꺼워지면서 배아를 감싸는 튼튼한 주머니처럼 생긴 융모막(chorion)으로 변하여 이후 태아에 영양물질과 호르몬을 공급할 태반으로 발달한다.

(3) 태반 형성과 태아 발달

① 태반

초기 배아는 모체로부터 확산에 의해 산소와 영양소를 제공받지만 발달이 진행됨에 따라 태아의 혈류와 모체 혈류 사이 원활한 물질교환을 위해 태반이 발달한다(그림 2-5). 임신 4개월 무렵에 완성되는 태반은 출생 시에는 그 크기가 지름 15~20 cm, 두께 1~3 cm, 무게 0.5~1 kg 정도가 된다. 태반은 모체의 자궁동맥과 정맥, 그리고 태아 제대(umbilical cord) 동맥과 정맥 내의 혈액이 서로 혼합되지 않으면서 모체와 태아 사이의 물질을 교환하게 한다. 태반은 모체 혈액으로부터 공급되는 포도당의 30~40%를 사용하므로 모체로부터 영양공급이 부족

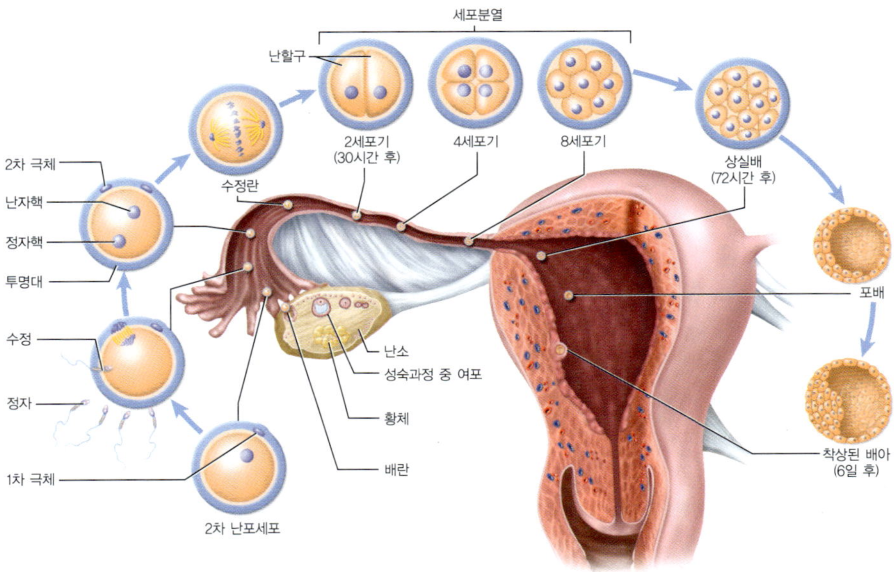

그림 2-4 **수정과 착상**

자료: 민혜선 외, 2011.

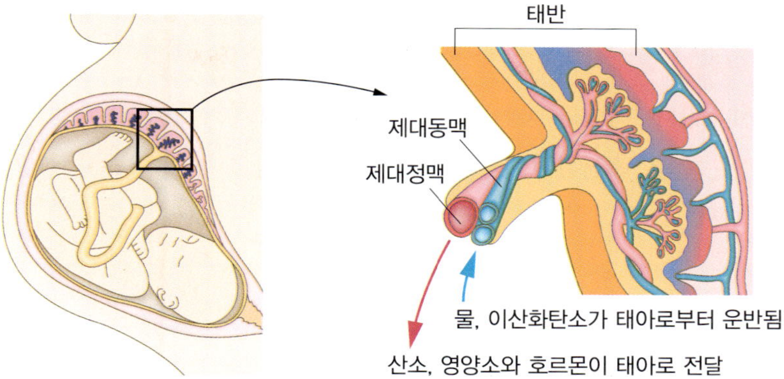

그림 2-5 **태반의 구조**

하면 태아로 영양소가 전달되기 전에 태반이 우선적으로 사용한다. 그 밖의 태반의 기능은 표 2-3에 제시하였다.

표 2-3 **태반의 기능**

항목	기능
영양소와 노폐물 운반	• 모체로부터 영양소와 산소가 태반을 통해서 태아로 운반된다. 모체 혈액 내 영양소의 농도는 태아의 혈액에서의 농도보다 높다. • 태반은 태아 내에서 생성된 노폐물과 탄산가스를 모체로 보내는 통로로도 작용한다. • 임신 후반기에는 자궁 혈류량이 급격히 증가하여 태아에게 영양소와 산소를 공급함으로써 태아의 성장을 지속시킨다. • 태반막은 영양소와 기체 교화, 투과성을 증가시킨다.
영양소의 조절	• 모체가 영양소를 대량 섭취하여 혈액 농도가 높아져도 태반에 일시 저장하여 태아에게 직접 대량으로 이동하지 않도록 조절하며, 영양소가 부족한 경우에는 합성하기도 한다. • 모체의 아미노산 농도가 낮아도 태반과 태아의 아미노산 농도가 증가하는 것을 볼 수 있다.
호르몬 분비	• 태반에서 분비되는 호르몬에는 에스트로젠, 프로게스테론, 생식선자극호르몬, 최유호르몬, 성장호르몬 등이 있다. • 이 호르몬들은 태아와 모체에게 필요한 영양소의 합성과 대사에 영향을 미쳐 태아의 성장과 모체의 건강유지에 중요한 역할을 한다.
보호 역할	• 세균 등에 의한 감염으로부터 태아를 보호한다.

임신과정 동안 상당량의 혈액이 태반 쪽으로 순환하여 영양소가 태아에게 전달된다. 임신기 모체의 영양불량은 태반의 크기를 감소시키고 결과적으로 태아성장을 저해한다. 태반을 통한 영양소 이동기전은 복합적이면서 잘 조절된 과정으로 단순확산, 촉진확산, 능동수송 및 음세포작용 등의 방법으로 영양소가 이동한다(표 2-4).

표 2-4 태반을 통한 영양소의 이동

이동기전	방법	이동 영양소
단순확산	농도차에 의해 모체 혈액의 농도가 높은 영양소가 태아 제대혈의 낮은 농도 쪽으로 이동	산소, 이산화탄소, 물, 일부 아미노산과 포도당, 유리지방산, 콜레스테롤, 스테로이드, 뉴클레오타이드, 케톤체, 비타민 E와 K, 전해질(나트륨, 염소)
촉진확산	운반체를 이용하여 더욱 빠른 속도로 영양소가 이동(농도가 높은 쪽에서 낮은 쪽으로 수송)	일부 포도당, 철, 비타민 A와 D
능동수송	에너지(ATP)를 이용한 물질의 이동으로 농도차에 역행해서 태아쪽 제대혈의 농도가 모체 혈액보다 높아도 제대혈 방향으로 영양소가 이동	아미노산, 일부 무기질(칼슘, 철, 요오드, 인), 수용성 비타민
음세포 작용	세포막에 의해 물질을 집어삼키는 형태의 이동	면역글로불린, 알부민

② 태아의 성장과 발달

수정란은 수정란기, 배아기, 태아기의 세 단계를 거쳐 발달한다. 임신기간은 약 280일(40주)로 이 기간에 태아가 성장·발달한다(표 2-5, 그림 2-6). 태아의 신체기관과 조직의 발달은 임신 16주까지 주로 이루어진다. 각 조직의 발달은 임신 주수에 따라 결정적인 시기와 계속 발달되는 시기로 나눌 수 있다. 뇌신경계, 폐, 신장, 팔, 다리, 눈, 귀 등은 임신 초기에 분화·발달하며, 치아, 입천장, 외성기 등은 이후에 분화한다. 이러한 결정적 시기에 영양이 부족하면 태아에 좋지 못한 영향을 미치게 된다.

표 2-5 **정상적 배아와 태아의 성장과 발달과정**

기간		발달
수정~착상 (난자 배출 후 10~14일)	수정란기 (ferilization period)	• 수정란이 세포 분화하여 머리, 외배엽, 내배엽 등의 팽배가 나타나기 시작하는 형태 발생기이다. • 아직 사람의 형태를 갖추지 않은 채 융모조직에 둘러싸여 모체의 자궁벽을 통해서 영양물질을 얻는다. • 수정란의 착상은 임신의 지속과 태아의 정상적 성장에 매우 중요하므로 착상이 유지되도록 각별한 주의가 필요하다.
착상~8주	배아기 (embryo period)	• 신체 주요 기관과 조직이 형성되고 분화되는 시기이며 사람의 형태를 갖추고 있지 않아 배아라고 한다. • 형태 발달의 첫 번째 단계는 배아가 3배엽으로 발달한 후 세포분화에 의해 외배엽에서는 뇌, 신경계, 피부 등이 형성되고, 중배엽에서는 심장순환계, 신장, 근육 및 골격계통이 만들어지고, 내배엽으로부터는 소화기, 호흡기 및 선 조직들이 발달된다. • 세포분화가 왕성하며 각 조직과 기관의 발달이 이루어지므로 적절하고 균형적인 영양이 매우 중요하다. • 반면 이 시기의 영양결핍은 선천성 기형 또는 태아의 발달장애를 초래하거나 유산의 위험을 높인다.
8주~출산	태아기 (fetus period)	• 태반이 형성되고 탯줄을 통해 태아에게 영양이 공급되는 시기이다. • 일생 중 성장 속도가 가장 빠른 시기로 태아의 무게는 배아기 때 약 6 g에서 3,000 g 이상 증가한다. • 임신 후반기에는 마그네슘, 철, 칼슘 등의 태아 저장량이 증가한다. • 임신 후반기의 영양결핍은 전반적인 성장 저해의 원인이 된다.

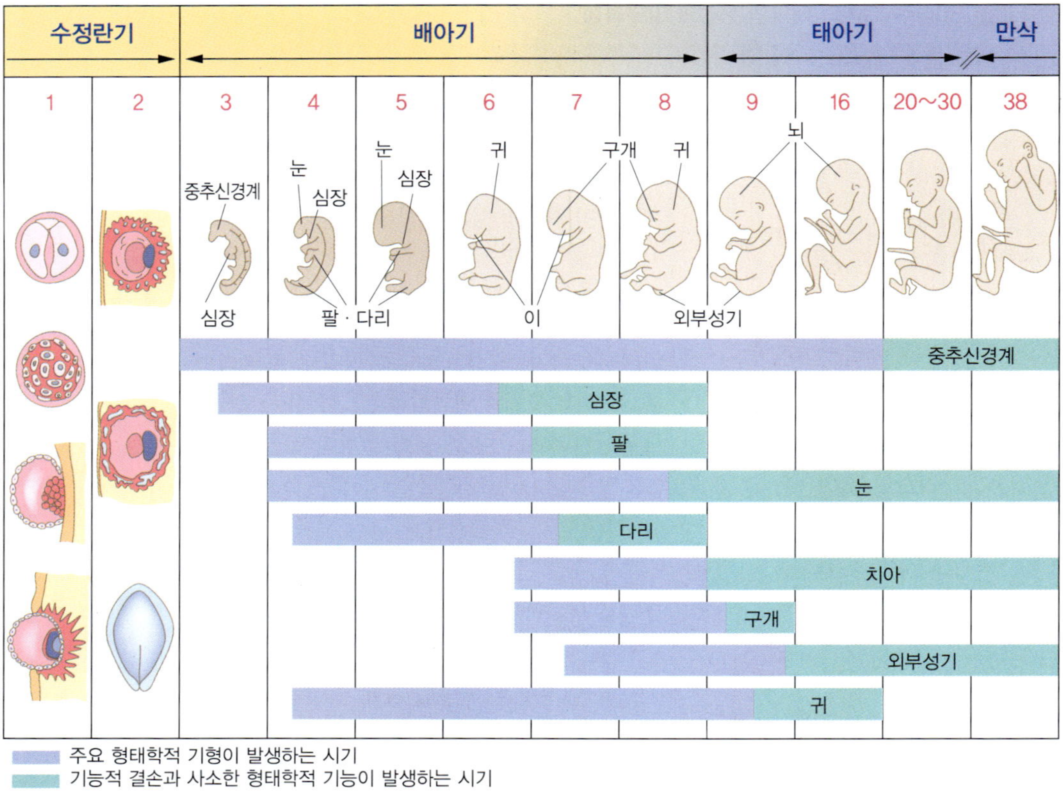

그림 2-6 **태아의 성장과 발달**

자료: Moore, KL & Persaud, TVN, 1998.

(4) 분만

수정으로부터 38주, 마지막 월경 시작일로부터는 40주가 분만예정일이 된다. 대개 38~41주를 정상분만으로 본다. 분만은 진통이라고 불리는 강력한 자궁수축에 의해 시작되는데 이는 뇌하수체후엽호르몬인 옥시토신과 자궁에서 생성되는 프로스타글란딘의 작용이다. 분만이 진행되면서 양수가 터지고 진통은 더욱 강해지면서 자궁경부가 10 cm 이상 벌어진 후 태아가 만출된다. 출산 15~30분 경과 후 후산진통이 일어나면서 태반이 모체 밖으로 배출된다.

2) 임신기의 모체의 생리적 변화

임신기간 중 모체는 수정란의 착상, 태반의 발달 및 태아의 성장으로 인해 많은 생리적 변화를 겪게 된다(표 2-6). 이러한 변화는 모체와 태아의 영양요구량을 충족하여 태아의 정상적인 성장을 유지하고 분만 후 성공적인 수유를 준비하기 위한 것이다.

표 2-6 **임신기간 중 모체 생리의 정상적인 변화**

기관	변화
호르몬	• 태반은 임신 유지를 위한 다양한 호르몬 분비(표 2-7 참조)
대사	• 임신 후반기 기초대사량 증가 • 체온 증가 • 영양소 대사의 변화
혈액	1. 혈액 부피의 증가 • 혈액 부피 20% 증가 • 혈장 부피 50% 증가 • 부종(임신 여성의 60~75%) 2. 혈액 희석(hemodilution) • 혈중 대부분의 비타민과 무기질 농도 감소 3. 혈액 지질 수준 • 혈중 총 콜레스테롤, LDL-콜레스테롤, 중성지방, HDL-콜레스테롤 증가 4. 혈액 포도당 수준 • 인슐린 저항성 증가로 혈장의 포도당과 인슐린 농도 증가
순환기계	• 심장박동수와 박출량 증가로 심박출량 30~50% 증가
호흡기계	• 폐 환기량 증가 • 산소 섭취량 10% 증가
위장관계	• 위장관 근육의 이완 • 위장관 통과시간 지연 • 메스꺼움, 구토 • 가슴쓰림 • 변비

(계속)

기관	변화
식품 섭취	• 식욕과 식품섭취의 증가로 인한 체중 증가 • 미각과 향 감각의 변화, 음식에 대한 선호도가 달라짐 • 갈증 증가
신장	• 사구체여과율 50~60% 증가 • 나트륨 보유 증가 • 소변을 통한 영양소 손실 증가
면역체계	• 면역기능 감퇴 • 요로와 생식기계 감염위험 증가
모체 기관과 조직의 확대로 인한 체중의 증가	• 심장, 갑상선, 간, 신장, 자궁, 가슴, 지방조직 증가

자료: Brown, JE et al., 2011.

(1) 호르몬의 변화

임신기간에 에스트로젠과 프로게스테론의 혈장 수준은 꾸준히 증가한다(그림 2-7). 이 두 호르몬은 황체에서 분비되는데, 수정이 되면 임신 초기 2개월간 황체에서 활발하게 분비된다. 이는 착상 시점에서부터 영양막에서 분비되는 융모막 성선자극호르몬(human Chorionic Gonadotropin, hCG)이 황체가 퇴화되지 않고 에스트로젠과 프로게스테론이 분비되도록 자극하기 때문이다. 마지막 월경일로부터 3개월이 되면 hCG 수준이 감소하고 황체도 퇴화하지만, 이후 태반에서 에스트로젠과 프로게스테론이 계속 분비된다. 에스트로젠은 자궁과 태반, 유방의 발육에 관여하며 출산 시 자궁을 확장시키는 작용을 한다. 대사적으로는 지방의 합성과 저장, 단백질의 합성을 증가시킨다. 프로게스테론은 유산 방지, 배란 억제, 태아의 성장에 따라 자궁 평활근을 이완시키고, 위장관을 이완시켜 장의 운동을 감소하게 하고 이로 인해 영양소의 흡수시간을 연장시킨다. 또 유즙 분비를 위한 유방의 발달, 모체 내 지방의 축적 및 신장에서 나트륨 배설에도 관여한다.

융모막 성선자극호르몬
초기 임신 진단에 이용되는 지표

태반에서 분비되는 또 다른 호르몬인 태반락토젠(human Placental Lactogen, hPL)은 유즙 분비, 성장 촉진의 작용과 함께 모체에서 에너지원으로 지방을 이

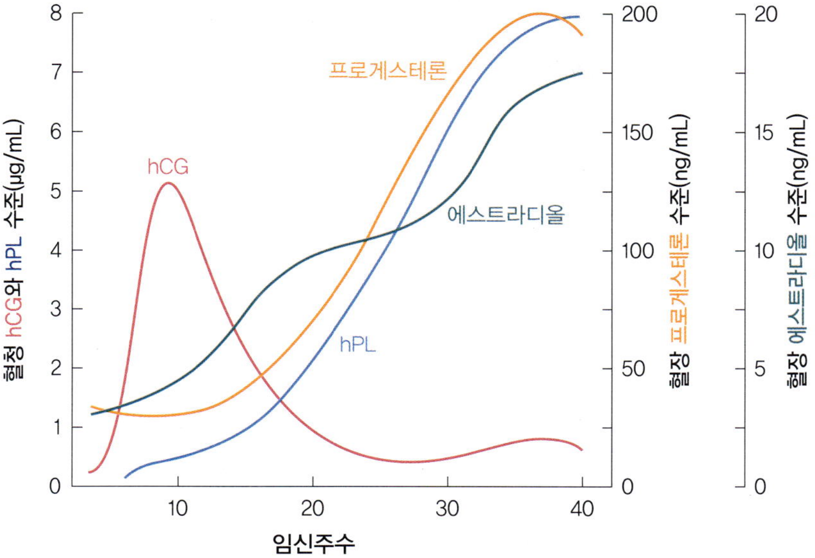

그림 2-7 **임신기간 중 호르몬 분비의 변화**

자료: 민혜선 외, 2011.

동시키고 글리코젠을 분해하여 혈당을 증가시킨다.

뇌하수체 전엽에서 분비되는 프롤락틴(prolactin)은 유즙의 합성을 돕고, 임신 3개월 이후부터 인슐린의 저항성이 증가하면서 췌장에서의 인슐린 분비가 증가하는데 심한 경우 임신성 당뇨를 유발하기도 한다. 임신 중 증가하는 혈액량을 유지하기 위해 부신에서는 알도스테론과 신장에서 레닌 분비량이 증가한다. 또 임신 중 갑상선호르몬의 분비량 증가로 인해 기초대사율과 산소소비량이 증가한다(표 2-7).

표 2-7 **임신기간 중 분비되는 호르몬과 그 역할**

분비장소	호르몬	역할
태반	프로게스테론	• 위장운동 감소 • 지방합성 촉진 • 신장에서 나트륨 배설 증가

(계속)

분비장소	호르몬	역할
태반	에스트로겐	• 혈장 단백질 감소 • 결체조직의 친수성 증가 • 뼈의 칼슘 방출 저해 • 부갑상선호르몬 작용 억제
	태반락토젠	• 글리코젠 분해에 의한 혈당 증가
	융모성 고나도트로핀	• 에스트로젠과 프로게스테론을 생성하는 황체 자극 • 초기 임신 유지 • 자궁내막 성장 자극
	융모성 소마토트로핀	• 태아의 포도당 유용성을 증가시키기 위하여 모체 인슐린 저항성 증가 • 단백질 합성 증가 • 모체의 사용을 위하여 에너지원으로 지방 분해 증가
	렙틴	• 식욕과 지질대사 조절, 체중 증가에 관여
뇌하수체 전엽	프롤락틴	• 유즙 생성 촉진
	성장호르몬	• 혈당 증가 • 뼈의 성장 자극 • 질소 보유 증가
	갑상선자극 호르몬	• 갑상선 내로 요오드 유입 증가 • 티록신 분비 자극
뇌하수체 후엽	옥시토신	• 분만 시 자궁수축에 관여 • 유즙 분비 촉진
부신피질	알도스테론	• 나트륨 보유, 칼륨 배설 촉진
	코르티손	• 단백질 분해로 인한 혈당 증가
갑상선	티록신	• 기초대사율 조절
부갑상선	부갑상선 호르몬	• 뼈에서 칼슘 방출 증가 • 소장 내 칼슘 흡수 증가 • 요 중 인의 배설 증가
췌장의 α세포	글루카곤	• 글리코젠 분해에 의한 혈당 증가
	인슐린	• 임신 초기: 인슐린 민감성 상승, 글리코젠과 지방 축적 • 임신 말기: 인슐린 저항성 상승, 당신생합성 촉진
신장	레닌-안지오텐신	• 알도스테론 분비 자극 • 나트륨과 수분 보유 • 갈증 유발

자료: Worthington-Roberts, BS & Williams, SR, 2000; Brown, JE et al., 2011.

(2) 대사의 변화

임신 중 태아의 성장을 위해 충분한 에너지와 영양소를 공급하고 동시에 모체 필요량을 충족시키기 위해 영양소의 흡수, 대사, 저장, 배설 방법 등에 급격한 변화가 생긴다.

표 2-8 임신기간 중 모체와 태아의 에너지 요구

구분	에너지 요구 이유
모체	• 임신으로 인한 새로운 조직의 합성 • 임신의 유지, 분만, 출산 후 수유 준비를 위한 에너지와 영양소 저장
태아	• 자궁 내 성장과 발달 • 출산 후 신생아기에 필요한 에너지와 영양소 축적분

① 기초대사율의 변화

임신 2/3분기부터 기초대사율이 증가하며 이로 인해 모체, 태아, 태반에서의 산소 소모량이 증가하고 당질 · 단백질 · 지질대사에 변화가 생긴다. 또한 임신기에는 말초혈관이 확장되어 열방출이 많아지는데, 이러한 이유로 임신 중에는 임신 전에 비해 기초체온이 높아진다.

② 영양소 대사의 변화

모체 대사 변화의 우선적인 목적은 태반을 통한 영양소 이동을 원활하도록 모체 혈액에 충분한 양의 영양소를 유지하는 데 있다. 태아는 필요한 에너지의 80%는 포도당으로부터, 나머지 20%는 아미노산(알라닌, 글리세롤 등)의 이화작용을 통해 공급받는다. 모체 혈액 중 대부분의 포도당과 아미노산은 태아를 위해 전환되기 때문에 모체는 지방산을 주 에너지원으로 사용하고 이로 인해 모체 혈액 중에 유리지방산과 콜레스테롤 및 중성지방의 농도가 상승한다.

임신은 전반적으로 동화적(anabolic) 생리단계로 식욕이나 음식 섭취의 증가, 신체적 활동 감소에 의해 많은 양의 단백질과 지질이 모체와 태아조직에 축적된다. 태아와 태반은 임신기간 내내 동화적 상태인 반면, 모체는 임신 초기에는 동화적 상태이나 임신 후반기에는 이화적 상태로 전환된다. 임신 전·후반기 대사의 특징을 표 2-9에 제시하였다.

공복이 길어질수록 혈중 포도당·아미노산 농도 감소, 포도당 내성 감소, 유리지방산·중성지방·케톤체 농도 증가로 인해 저혈당증와 케톤혈증 발생. 이는 임산부의 건강상태나 태아 성장에 좋지 않으므로 임신기의 규칙적인 식사와 간식이 중요함

표 2-9 임신 전·후반기 대사의 특징

	임신 전반기(동화적 상태)	임신 후반기(이화적 상태)
당질 대사	• 식사 후 인슐린 분비 급격히 증가 • 고농도의 인슐린이 임신 전반기의 동화적 상태 조절 • 여분의 식사당질이 글리코겐으로 저장되거나 지방으로 전환되어 모체 지방조직에 저장 • 태아의 포도당 요구량은 소량	• 인슐린 길항 호르몬(hPL 등) 분비 증가로 인해 인슐린 동화작용 둔화(그림 2-8) • 식후 흡수된 포도당은 대부분 태아에게 전달되는 반면, 모체의 포도당 이용 제한 • 모체 혈당은 상당 시간 높은 수준으로 유지되다가 공복 시에는 혈당수준이 비임신 시와 비교해 10~20%로 낮아짐
단백질 대사	• 모체의 단백질 합성 증가 • 모체조직(혈구, 태반)에 단백질 축적	• 식후 흡수된 아미노산은 태아에게 직접 이동되어 새로운 단백질 합성에 사용 • 공복 시 모체의 단백질을 분해하여 태아로 이동 • 임신부의 혈중 아미노산 농도는 비임신부에 비해 낮음
지방 대사	• 식사로 섭취한 지방산은 중성지방으로 빠르게 합성되어 저장	• 모체 저장 지방을 분해하여 케톤체를 합성한 후 에너지원으로 사용(혈액 내 케톤에 농도 증가) • 모체의 혈중 콜레스테롤 증가
	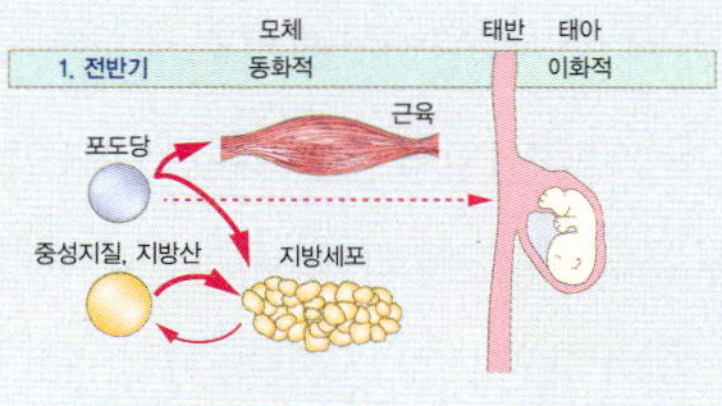	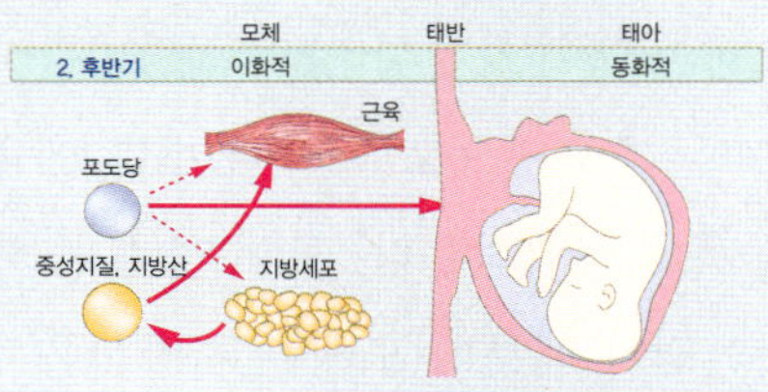

자료: Kretchmer, N & Zimmermann, M, 1997.

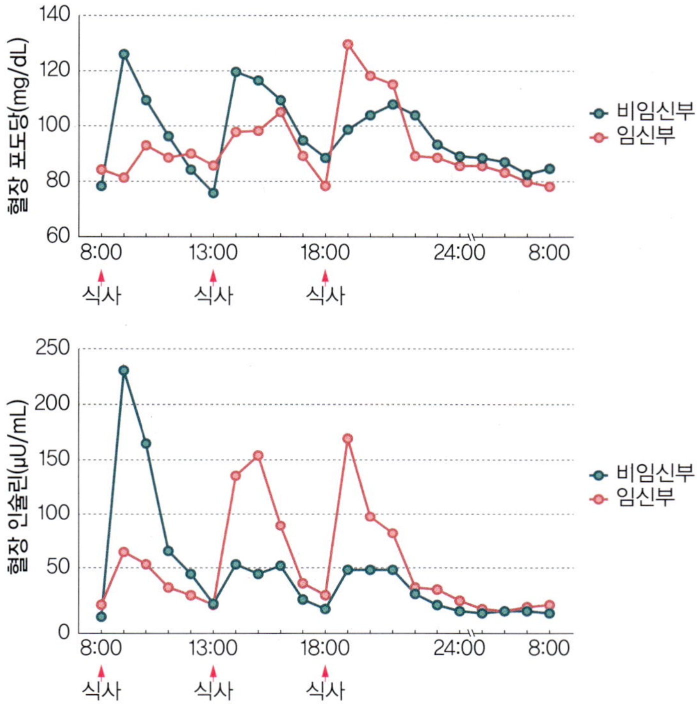

그림 2-8 임신 후반기 임신부와 비임신 여성의 식후 혈장 포도당과 인슐린 농도

자료: Phelps, RL et al, 1981.

(3) 혈액 및 심·순환계의 변화

임신기간에는 태아에게 필요한 영양소와 산소 등을 공급하기 위해 모체의 혈액량이 증가하면서 전체적인 심장 기능의 변화가 일어난다.

① 심박출량의 증가

심박출량은 심박동률과 수축기 혈류량의 증가로 임신 전에 비해 30~50% 증가하여 태반과 신장으로 많은 양의 혈액을 보낸다. 임신 전반기 동안 말초혈관 저항이 감소하여 혈압이 5~10 mmHg 정도 감소하며 이로 인해 자궁 내, 태반, 신장 등으로 혈액이 원활히 흐를 수 있도록 해준다.

② 혈액의 변화

임신 1/3분기 말부터 혈장이 증가하여 임신 34주째에는 혈장량이 약 45% 정도 증가한다(그림 2-9). 혈장의 증가와 함께 적혈구의 양도 증가하지만 적혈구 증가량은 최대 18% 정도로 혈장의 증가률에 비해 낮기 때문에 혈액희석(hemodilution) 현상이 나타난다. 이때 철을 보충해 주면 적혈구 용량을 30%까지 증가시킬 수 있다. 혈액희석현상으로 인해 혈색소(hemoglobin) 농도와 헤마토크릿(hematocrit)치가 상대적으로 감소하므로 임신기에는 빈혈 판정기준이 비임신기보다 낮다(표 2-10). 혈장단백질, 특히 알부민의 합성은 임신기에 현저히 증가하나 그 증가량이 혈장 증가량에 미치지 못해 혈중 알부민 농도는 감소한다.

혈액 내 영양소, 비타민, 무기질의 양은 그대로이거나 증가하지만 혈액희석현상에 의해 임신 중에는 비임신 여성의 수치보다 낮게 나타난다. 반면 혈액 내 중성지방, 유리지방산, 지용성 비타민, 콜레스테롤과 같은 지용성 물질은 대사 변화로 임신기간에 증가하며, 특히 콜레스테롤은 태반에서 에스트로젠과 프로게스테론을 합성하는 전구체로 이용된다.

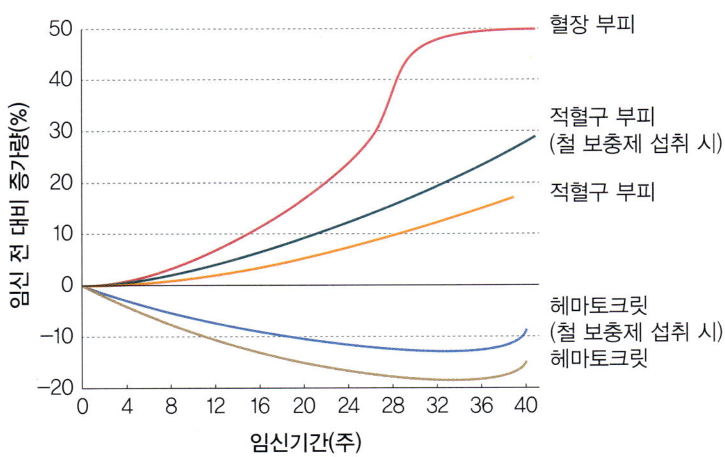

그림 2-9 임신기간의 혈액성분의 변화(철 보충 섭취의 효과)

자료: Pitkin, RM, 1976.

표 2-10 빈혈 여부를 선별하기 위한 혈색소(Hb) 농도와 적혈구 용적률(Hct)의 기준

구분		혈색소 농도(Hb, g/dL)	적혈구 용적률(Hct, %)
비임신 여성		12.0	36
임신 여성	제1기	11.0	33
	제2기	10.5	32
	제3기	11.0	33

자료: Center for Disease Control(CDC), 1989.

(4) 위장관과 식품섭취의 변화

프로게스테론의 분비 증가로 인해 소화관의 평활근이 이완되어 식도하부 괄약근의 운동성을 감소시켜 위 내용물이 위산과 함께 역류되는 위식도역류증의 원인이 된다. 또한 평활근의 이완으로 위배출 속도가 지연되므로 식사 후 포만감 또는 복부 팽만감을 느끼게 된다. 장 내 음식물의 이동 속도도 느려지는데 이는 영양소의 흡수율은 증가시키나 결장에서 수분의 흡수도 증가시켜 임신기의 보편적인 변비의 원인이 되기도 한다. 임신기에는 담즙의 분비가 지연되고 담즙 성분 중 콜레스테롤의 함량이 더 많아져 담석증 유병률이 높다.

대체로 임신 초기에는 입맛이 떨어지고 울렁거리고 구토기를 느끼는 입덧과 신맛을 선호하며, 특정 식품의 맛이나 향미에 대한 기호가 변한다. 임신 중기에는 단맛이 있는 음식을 선호하며, 후기에는 짠맛에 대한 예민도가 저하되면서 짠 음식을 선호하게 된다.

입덧
입덧은 최종 월경일로부터 4주 후에 시작됨. 여러 원인 중 임신으로 인한 호르몬과 자율신경계의 변화에 대한 적응현상으로 추정

(5) 신장 기능의 변화

임신기에 레닌-안지오텐신-알도스테론계(renin-angiotensin-aldosterone system)의 활성이 증가하여 신장은 수분과 나트륨 보유력을 증가시켜 혈장과 세포외액양을 증가시킨다. 신장으로의 혈류량과 사구체여과율이 임신 전에 비해 증가하므로 모체와 태아조직에서 생성된 크레아티닌, 요소 등 다량의 대사산물의 배설이 가능하다. 반면 사구체에서 여과되는 영양소의 양이 증가해 세뇨관에서의

레닌-안지오텐신-알도스테론계
세포외액량의 항상성을 유지하기 위한 조절 기구의 하나. 세포외액량이 감소하거나 동맥 내 혈액량이 감소하면 신동맥의 혈압이 저하하기 때문에 방사구체세포에서 레닌이 분비됨. 레닌의 작용에 의해서 혈장 중의 안지오텐시노젠은 활성화해서 안지오텐신 I이 되며, 나아가서 별도의 효소에 의해서 안지오텐신 II가 되어 알드스테론 분비를 증가시킴. 분비된 알도스테론에 의해서 신장에서의 나트륨 이온과 수분의 재흡수가 촉진되기 때문에 세포외액이 증가하여 항상성이 유지됨

재흡수 범위를 초과하면 소변으로 포도당, 아미노산, 비타민과 무기질 등 영양소의 배설량이 많아진다. 따라서 임신부를 위한 영양섭취기준 설정 시 이들 영양소가 결핍되지 않도록 주의해야 한다.

(6) 체중의 변화

임신기의 체중 조절은 태아와 모체가 최적의 영양상태를 유지하기 위해서 매우 중요하다. 따라서 체중 증가 정도는 성공적인 임신 결과를 예측하는 주요 인자이다.

① 바람직한 체중 증가량과 속도

모체의 체중 증가가 적은 경우 조산, 저체중아 또는 미숙아 출산율이 높고 사산율도 증가한다. 반면 과도한 체중 증가는 과체중아의 출산율, 임신성 당뇨, 고혈압, 자간전증, 제왕절개, 사산, 분만장애 및 모유 부족 등의 위험을 증가시키고, 모체 측의 과다한 지방 축적으로 인해 산후 비만의 가능성을 높인다.

미국의학협회(Institute of Medicine)에서는 임산부의 BMI를 기준으로 한 임신기간 중 바람직한 체중 증가량의 기준을 표 2-11과 같이 제시하였다. 임신 전 정상체중에 속하는 임산부의 경우 11.5~16 kg의 체중 증가가 이상적이고, 저체중이었던 임산부는 좀 더 많은 체중 증가(12.5~18 kg)가 요구된다. 태아는 필요에너지의 일부를 모체의 열량 저장고로부터 취할 수 있으므로 과체중인 여성도 약

표 2-11 임신 전 체중 상태에 따른 체중 증가 범위(kg)

임신 전 체중	바람직한 체중 증가 범위	체중 증가율/주(2/3, 3/3분기)
저체중(<18.5 kg/m^2)	12.5~18	0.51(0.44~0.58)
정상체중(18.5~24.9 kg/m^2)	11.5~16	0.42(0.35~0.50)
과체중(25~29.9 kg/m^2)	7~11.5	0.28(0.23~0.33)
비만(≥30 kg/m^2)	5~9	0.22(0.17~0.27)
다태아를 임신한 경우	11~25	–

자료: Rasmussen, KM & Yaktine, AL, 2009.

간의 체중 증가는 허용되며, 과체중이나 비만이었던 임산부는 각각 11.5 kg과 9 kg 이하로 체중 증가를 제한하는 것이 바람직하다.

임신기간의 체중 증가량뿐 아니라 체중 증가율에도 관심을 기울여야 하는데, 정상체중인 여성의 임신 중·후반기 동안은 매주 0.35~0.50 kg 정도의 체중 증가가 적당한 것으로 권장한다. 그러나 이 기준은 미국인을 대상으로 제안된 기준이므로 한국인 임산부를 위한 바람직한 체중 증가와 체중 증가율에 대한 기준의 설정이 요구된다.

② 체중 증가 요인

임신기간 중 총 체중 증가량의 40% 정도는 태아, 태반, 양수 등의 태아측 요인이고, 나머지 60%는 모체의 체지방, 체액 및 혈액, 자궁과 유방 등의 모체 측 요인이다(그림 2-10). 체중 증가의 구성은 수분이 약 62%(7~8 kg)로 가장 많고, 지방 30%(3.5 kg), 단백질이 10%(1 kg) 정도이다. 축적된 대부분의 단백질(2/3가량)은 태아와 태반에 존재하는 반면, 지방의 90%는 주로 모체의 지방조직에 저장된

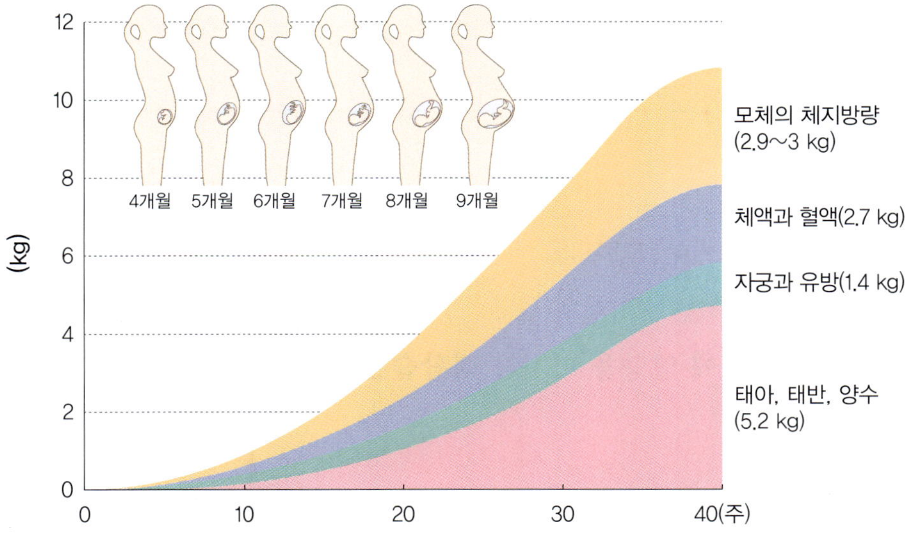

그림 2-10 **정상 임신기간의 체중 증가 요인과 체중 증가량(12.3 kg 증가)**

다. 이는 임신 후반기에 사용할 에너지 보유와 수유 준비를 위해 필요한 양이다.

임신 1/3분기에는 모체조직의 형성으로 인해 체중이 약간 증가하고, 2/3분기에는 대부분의 모체조직과 적은 양의 태아조직이 증가되며, 3/3분기에는 대부분의 태아조직의 증가로 체중이 증가한다. 모체조직의 축적량은 임신 후반기의 태아의 성장을 위해 사용된다.

③ 체중 증가의 결정 요인

임신 전 체중, 나이, 분만 횟수, 소득 수준, 약물이나 특정 식품의 섭취, 활동 정도 등은 임신 기간의 체중 증가에 영향을 미친다(표 2-12).

표 2-12 **체중 증가량에 영향을 미치는 요인**

요인	영향
임신 전 체중	BMI 26 이상의 비만 여성은 저체중인 여성보다 임신 중 체중 증가량이 적다.
나이	10대 임신부는 성인에 비해 체중 증가량이 적다.
분만 횟수	초산부는 경산부에 비해 체중 증가량이 많다.
소득 수준	저소득층 또는 미혼모의 경우 체중 증가량이 적다.
유해 습관	흡연과 약물의 남용은 체중 증가량을 감소시킨다.

3. 임신기 식생활행동

1) 임신 결과에 영향을 미치는 생활습관

(1) 흡연

소변 내 코티닌 성분 측정결과에 의한 우리나라 전체 성인 여성의 실제 흡연율은 알려진 5.9%(2008년 국민건강영양조사)의 2.4배인 13.9%이며, 특히 주 가임기인 30대 미만 여성의 흡연율은 23.4%에 달한다는 조사결과가 나왔다.

임신 시 흡연에 의한 태아의 손상은 흡연에 의한 일산화탄소와 니코틴의 위해 작용에 의한 것으로, 특히 담배의 니코틴은 모체의 혈관을 수축시켜 태아로 이행되는 산소 및 영양소의 공급을 감소시켜 미숙아 및 저체중아 출산의 위험을 증가시킨다. 그 외에 담배에 포함된 4,000가지 이상의 성분 가운데 여러 독성 물질들이 태아의 성장 장애에 직·간접적으로 영향을 줄 수 있다. 반면 임신 중 금연을 하면 사산율이 11%, 신생아 사망률이 5% 감소한다고 한다. 임신 중 흡연에 의한 모체 및 태아의 부정적인 영향을 표 2-13에 제시하였다.

표 2-13 임신 중 흡연의 결과

- 조산, 사산, 자연유산의 위험성 증가
- 저체중아 출산율 2배 이상 증가
- 태아의 신체적 성장과 지적 수행 저해(뇌성마비, 정신박약, 학습장애 등)
- 임신 초기 첫 3개월의 흡연은 선천성 심장병과 연관
- 흡연으로 인한 미량영양소 대사의 변화로 모체와 태아의 비타민 C, 비타민 B_6, 엽산, 비타민 B_{12} 영양상태 불량
- 태반의 혈액량을 감소시키므로 태아에게 산소와 영양소의 전달 저해
- 모체의 낮은 체중 증가

(2) 알코올의 섭취

우리나라 가임기 여성의 월간 음주율은 19~29세 52.1%, 30~39세 49.1%로 조사되었고, 주 2회 이상, 1회 평균 음주량이 5잔 이상인 고위험음주율은 19~39세 여성이 평균 약 10%로 조사되었다(2010년 국민건강영양조사). 임신 중 다량의 알코올 섭취는 태아알코올증후군(fetal alcohol syndrome, FAS)의 원인이 된다(그림 2-11, 표 2-14). 알코올과 주요 대사물질인 아세트알데하이드가 태반을 통해 태아에게 전달되고 직접적인 독성을 나타낼 수도 있으며 이 독성효과는

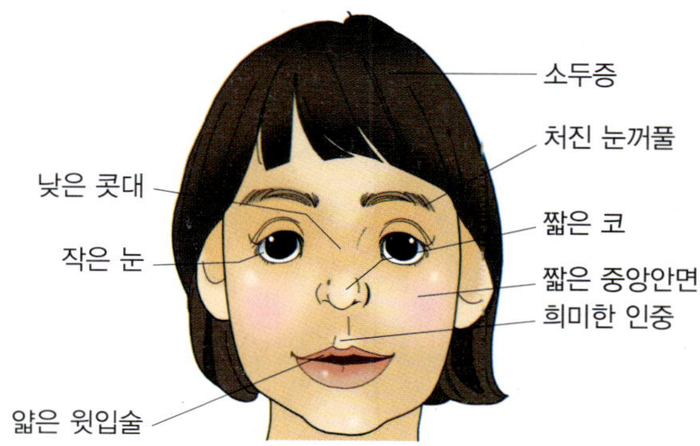

그림 2-11 태아알코올증후군 아동의 얼굴 특징

월간 음주율
최근 1년 동안 한 달에 1회 이상 음주한 분율

특히 임신 초기 여러 가지 장기가 형성되는 시기에 더 클 수 있다. 또한 알코올 섭취로 인한 모체의 영양불량이 결국 태반의 기능부진과 영양결핍을 초래한다. 임신 중 다량의 알코올 섭취로 인한 또 다른 출생기형으로는 심장, 관절, 생식기의 기형과 피부의 혈관종 등이 있다.

임신 중 안심할 수 있는 알코올 섭취량은 알려진 바 없으나 태아에게 치명적인 해를 입힌다는 것은 확실하므로 임신 중에는 알코올 섭취는 금하도록 한다.

표 2-14 태아알코올증후군의 진단을 위한 임상적 기준

증상	정의
성장 지연	• 태아기 또는 출생 후 성장 지연 • 성장 실패(체중, 키, 머리둘레)
중추신경계이상	• 신경적 · 발육적 · 행동적 비정상(지적 손상과 관련된 발육적 지연) • 유아기의 자극민감성 또는 아동기의 주의산만과 과잉행동
특징적인 안면기형	• 소두증 • 소안구증 • 윗입술의 발육 저하와 편편한 위턱

자료: Beattie, JO, 1992.

(3) 카페인

최근 우리나라의 커피전문점이 급속히 증가함과 동시에 카페인의 건강에 긍정적인 영향에 관한 연구결과가 밝혀지면서 커피 섭취량이 점점 늘고 있다. 커피에 주로 함유된 카페인은 홍차, 코코아, 콜라, 청량음료, 초콜릿, 진통제, 감기약, 각성제, 체중 조절약 등에 들어 있는 흥분제로서 태반 및 태아의 뇌, 중추신경계, 심장, 신장, 간 및 동맥이 형성되는 데 부정적인 영향을 미친다. 임산부의 경우 간에서 카페인 제거 속도가 느려져 카페인이 모체 혈액에 오래 머물게 되고 이로 인해 태반을 통해 빠르게 태아에게 전달된다. 태아는 카페인 분해효소가 발달되어 있지 않아 장시간 카페인의 영향을 받게 된다. 카페인은 혈관을 수축하여 태아에게 영양소와 산소의 공급을 제한하고 조산, 유산, 태아 성장 부진,

산과적 문제를 초래한다.

2007년 식품의약품안전청 용역연구결과에 의하면 우리나라 성인(20~59세)의 평균 카페인 섭취량은 313.88 mg이었으며, 식품의약품안전청은 한국인의 카페인 섭취 수준과 인체에 미치는 영향을 고려해 임산부의 카페인 일일섭취 기준량을 300 mg 이하로 설정했다. 예방적 측면으로 미국 FDA에서는 임신부에게 카페인이 함유된 식품이나 약물 투여를 제한 또는 금지할 것을 권장하고 있다.

표 2-15 카페인 함유량

종류	카페인함유량(mg)
캔커피(150 mL)	74
커피믹스 1봉(12 g)	69
에너지음료(250 mL)	62.5
커피우유(200 mL)	47
콜라(250 mL)	23
초콜릿 1개(30 g)	16
녹차(티백 1개)	15

자료: 김숙희, 2007.

(4) 허브차

허브는 일반적으로 건강에 도움이 되고 매우 안전하다고 여겨진다. 미국의 경우 45%의 임산부가 허브제품을 섭취하는 것으로 추정하고 있다. 임신기간 중 여러 가지 약초로 만든 차류는 주의해야 하는데, 이는 자세한 성분과 안전성이 아직 확실하게 입증되지 않았기 때문이다. 일부 차류는 안전한 것으로 입증되었으나 콤프리 등을 비롯한 몇 가지는 위험성이 있는 것으로 보고되었다(표 2-16).

더 알아보기 임산부 하루 200 mg 이상 카페인 섭취 저체중아 출산 비율 높여

영국 Leeds 대학과 Leicester 대학 연구팀은 임산부 2635명(임신 8~12주)을 대상으로 임신 때 하루 카페인 섭취량을 조사하고 출산 뒤 아기들의 체중을 비교한 결과, 하루 200 mg 이상 카페인을 섭취한 여성에서 저체중아 출산 비율이 높았다고 '영국 의학저널(British Medical Journal)' 2008년 11월에 발표했다(http://www.bmj.com/content/337/bmj.a2332). 저체중으로 태어난 아기는 일찍 사망할 위험과 자라면서 심장병, 당뇨병 등의 문제로 고통 받을 확률이 상대적으로 높다. 이 연구를 지원한 영국 식품표준청(Food Standards Agency)은 이 같은 연구 결과를 반영해 앞으로 하루 카페인 제한량을 현재의 300 mg에서 200 mg으로 낮출 계획이라고 밝혔다(http://food.gov.uk).

카페인 200 mg은 인스턴트 커피로는 3봉지, 원두커피는 일반 컵으로 2잔, 차 4잔, 콜라 5캔, 에너지 음료 3잔, 초콜릿 바 5개에 들어 있는 양이다. 영국 식품표준청은 "커피 전문점에서 판매하는 커피에는 작은 사이즈라도 카페인이 200 mg 이상 들어 있는 경우가 많으므로 임신부는 미리 카페인 함량을 물어보는 등의 주의가 필요할 것" 이라고 권고하고 있다.

우리나라의 경우 식품의약품안전청은 카페인의 일일 섭취 기준량을 성인 400 mg 이하, 임신부 300 mg 이하, 어린이는 체중 1 kg 당 2.5 mg 이하로 정하고 있는데 이번 연구에 따라 우리나라 임신부에 대한 카페인 하루 섭취 기준량에 대한 재설정이 필요한 것으로 보인다.

표 2-16 임신 중 피해야 할 허브

Aloe vera	알로에 베라(알로에 추출물질)
Anise	아니스(씨앗이 향미료로 쓰이는 미나리과 식물)
Black cohosh	검은 노루삼
Black haw	검은 산사나무
Blue cohosh	파란 노루삼
Borage	서양지치
Buckthorn	갈매나무
Comfrey	콤프리(잎이 크고 작은 종모양의 꽃이 피는 식물)
Cotton root	목화 뿌리
Dandelion leaf	민들레 잎
Ephedra, ma huang	마황
Ergot	맥각
Feverfew	화란국화
Ginkgo	은행나무
Ginseng	인삼
Juniper	노간주나무, 향나무
Kava	카바(후추과의 관목)
Licorice	감초
Pennyroyal	페니로열(박하의 일종)
Raspberry leaf	라즈베리 잎
Saw palmetto	톱야자
Senna	차풀

자료: Brown JE et al., 2011.

(5) 이식증

이식증(pica)이란 정신행동학적 질환의 일종으로서 진흙, 분필 및 전분가루 등 음식이 아닌 물질을 먹는 비정상적인 섭식장애이며, 임산부나 영양불량 소아에게서 나타나는 도착적인 식욕현상이다. 이식증을 가진 임산부는 대부분 흙, 먼지, 세제풀, 얼음, 자갈, 숯, 머리카락, 좀약, 베이킹소다, 성냥, 담뱃재, 커피 알갱이 등을 섭취하는 것으로 보고되었다. 이식증의 원인은 잘 알려져 있지 않지만 철 부족 등 특정 영양소 요구에 의한 것이라는 의견도 있고 지역적인 습관과 전통적 관습에 의한 현상이라는 의견도 있다.

이식증으로 인해 영양이 풍부한 식품의 섭취가 줄어들거나 납 등의 중금속 중독, 빈혈, 위장장애 및 기생충 감염 등의 위험 발생 가능성이 있으므로 음식이 아닌 물질은 먹지 않도록 해야 하며, 질감이 유사한 다른 음식으로 대체하도록 한다. 예를 들어 분필이나 세탁용 전분을 먹는 경우 탈지분유 등으로 대체할 수 있다.

(6) 비타민 과잉 섭취

식이보충제 복용경험률
1년 이내 2주 이상 지속적으로 비타민/무기질 혹은 건강기능식품을 복용한 적이 있다고 응답한 분율, 만 1세 이상

가임여성(19~49세)의 식이보충제 복용경험률이 2005년 평균 28.7%에서 2010년 42.9%로 점차 증가하고 있는 추세이다. 그러나 임신기간의 과량의 비타민 A, 비타민 D, 비타민 C 및 비타민 B_6 복용은 오히려 태아에게 해로울 수 있으므로 피해야 한다(표 2-17).

표 2-17 과량의 비타민 섭취에 의한 영향

비타민	과량 섭취에 의한 영향
비타민 A	• 임산부가 6,000 RE 섭취 시 태아의 두뇌, 얼굴, 심장 및 중추신경계 기형 유발 • 건선 또는 여드름 치료제인 합성 레티노이드 계열 약물(아이소트레티노인, 트레티노인, 에큐탄, 아시트레틴 등) 복용 금지
비타민 D	• 태아의 고칼슘혈증, 비이상적 뼈의 성장, 치아형성 이상, 대동맥 기형 유발
비타민 C와 B_6	• 임산부가 비타민 C 400 mg이나 비타민 B_6 50 mg 섭취 시 출생 후 신생아에서 이들 영양소 결핍증 유발(비타민 금단현상)

(7) 채식주의

채식주의자인 경우에도 식사를 잘 계획하면 적절한 영양소를 공급받을 수 있다. 그러나 이들에게는 초기부터 비타민 B_{12}를 포함하여 여러 가지 무기질, 비타민 등의 보충이 권장된다.

(8) 임신 중 다이어트

임신기간의 체중 감량은 피해야 하는데, 이는 철, 칼슘, 엽산과 같은 중요한 미량영양소의 부족을 초래할 뿐 아니라 영아의 신경정신학적 이상 및 저체중아를 분만할 위험이 있기 때문이다. 임신 중에 굶거나 열량 섭취가 크게 제한되면 모체 혈액 중에 케톤체 농도가 상승하게 되어 태아에게 유해한 영향을 끼치게 된다. 체중이 과다일지라도 비만 임신부는 일반 식사지침에 따라 적절한 체중 증가가 이루어지도록 해야 한다.

(9) 과한 운동

임신 중에 가벼운 운동은 도움이 되지만 과한 운동은 임신의 유지와 태아에게 부정적 영향을 미칠 수 있다. 실제로 임신 후 활발하게 운동을 한 모체에서 태어난 태아의 평균 출생체중이 3,200 g으로 운동을 하지 않은 대조군 여성에서 태어난 태아의 출생체중 3,600 g에 비해 400 g 더 적었다. 이 외 과한 운동이 임신 유지나 태아에 미치는 영향은 표 2-18과 같다.

표 2-18 과한 운동이 임신 유지나 태아에 미치는 영향

과한 운동의 결과	영향
체온 증가	• 임신 초기 체온의 증가(39.2℃ 이상)는 태아 성장 지연과 선천성 기형 유발 가능성
혈당 감소	• 운동 시 포도당이 근육의 에너지원으로 사용되므로 혈당량 감소 • 모체 내 혈당은 태아의 주된 에너지원이므로 모체의 혈당 감소는 태아의 포도당 사용 제한
태아로 혈류 흐름의 감소	• 운동 시 피부와 근육으로의 혈액순환량이 증가함에 따라 자궁이나 태반으로의 혈류량 감소 • 태아에게 이동되는 산소와 영양소 감소
신체조직의 스트레스 증가	• 임신 시 프로게스테론에 의해 결체조직이 이완되어 있는 상태에서 과한 운동은 근육과 골격의 긴장을 증가시키고 신체조직의 스트레스를 유발하여 조기분만의 위험을 높임

(10) 약물 복용

임신기간 중에는 의사에 의해 처방받는 약을 제외하고는 일체 복용을 금한다. 약물이 태반을 통해 태아에게 나쁜 영향을 미칠 수 있고 임산부에게도 독성을 일으킬 수 있기 때문이다. 임산부의 약물 복용이 태아에 미치는 영향은 매우 다양해 유산, 태아 조기 사망, 자궁 내 성장 장애 및 종양 유발 등을 일으킬 수 있다. 이 중 가장 문제되는 것이 태아의 기형 유발로 외형적 이상뿐 아니라 기능 및 행동 장애까지 포함한다. 미국 FDA는 약물마다 태아에 미치는 영향을 가장 안전한 카테고리 A부터 가장 위험한 카테고리 X까지 다섯 단계로 구분해 표시해 놓았다. 그중 태아에게 부정적인 영향을 줄 수 있는 D와 X 단계 약물에 대한 설명과 예시는 표 2-19에 제시하였다.

표 2-19 태아에게 부정적인 영향을 미치는 약물(미국 FDA 분류)

단계	설명	예시
D	태아에 대한 위험이 증명되었으나 산모에 사용함으로써 얻는 이익이 태아에 대한 위험보다 큰 경우(임신부의 생명이 위급한 경우나 다른 약물로 효과가 없는 경우에만 부득이하게 사용)	• 테트라사이클린(Tetracycline) 항생제 • 에탄올(Ethanol) 술 • 카르바마제핀(Carbamazepine) 항전간제(두개안면 기형, 손톱 기형) • 리튬(Lithium) 정신신경용제(심장 기형) • 밸프로산(Valproic acid) 항전간제(중추신경계 기형) • 페니토인(Phenytoin) 항전간제(두개안면 기형, 사지 기형, 성장 장애)
X	인체와 동물 모두에게서 태아의 기형이 증명된 약물(임산부, 가임여성에게 금기)	• 아이소트레티노인(Isotretinoin) 비타민 A 유도체, 여드름 약 • 메틸수은(Methyl mercury) • 탈리도마이드(Thalidomide) 항암제 • 와파린(Warfarin) 혈액응고제(안면 기형, 중추신경계 기형) • 비타민 A 비타민제(두개안면 기형, 심장 기형, 중추신경계 기형)

2) 임신 중 나타나는 불편한 증상을 완화시키는 방법

임신 중 모체의 생리 변화로 인해 메스꺼움(입덧), 변비, 가슴앓이 및 부종과 같은 불편한 증상을 겪게 되는데 각 증상을 완화시키는 방법은 다음과 같다.

(1) 메스꺼움

- 소량씩 자주 먹는다.
- 공복상태가 되지 않도록 한다.
- 저지방, 고단백식품 및 소화되기 쉬운 당질식품을 선택한다(예: 말린 누룽지, 비스킷).
- 식사 시보다는 식사와 식사 사이에 수분을 섭취한다.
- 튀긴 음식은 피하고, 가스가 많이 발생되는 과일, 채소와 같이 위장관에 부담을 줄 수 있는 식품은 제한한다.
- 찬 음식을 이용하면 음식 냄새를 덜 느끼게 된다.
- 1~2시간 간격으로 원액 과일주스를 소량씩 마신다.
- 카페인이나 알코올이 포함된 음료는 피한다.
- 잠자리에 들기 전에 간단한 간식을 한다.

(2) 변비

- 하루에 1~1.5 L 정도의 수분을 섭취한다.
- 식이섬유가 많이 함유된 식품 섭취를 늘린다(전곡류, 두류, 채소 및 과일류 등).
- 허용된 범위 내에서 규칙적으로 운동을 한다.
- 적절한 휴식을 취한다.
- 철 보충제의 양을 체크한다. 1일 120 mg 이상의 철 보충제 복용 시 종종 변비가 문제가 된다. 철 보충제를 처음 복용한 지 3~5일 후 메스꺼움, 경련 및 설사 등이 나타나는 경우가 가끔 있다. 빈혈이 없는 건강한 임산부의 경우 1일 30 mg 정도의 철 보충이 적절하다.
- 의사의 처방없이 변비완화제를 복용하지 않도록 한다.

(3) 가슴앓이

- 2~-3시간 간격으로 소량씩 자주 먹는다.
- 안정된 분위기에서 천천히 식사한다.
- 잠자리에 들기 전에 많은 양의 음식을 먹지 않도록 한다.
- 식후 1~2시간 동안은 누워 있지 않도록 한다.
- 의사의 처방없이 제산제를 복용하지 않는다.
- 몸에 꼭 끼는 옷은 입지 않는다.
- 기름, 땅콩, 버터 등 지방성 음식이나 짜고 매운 음식은 피한다.

(4) 부종

- 복대를 사용하여 하지의 압박을 줄이거나 자주 안정을 취하고 잘 때에는 책상 또는 이불 등에 다리를 올린다.
- 다리, 복부, 음부, 손, 얼굴 등에 부종이 나타나는 수가 있으니 이럴 때는 우유나 녹색채소를 먹도록 한다.

4. 임신기 영양섭취기준

임신기에는 정상적인 임신의 유지와 건강한 태아의 성장을 위하여 적절한 양의 영양이 공급되어야 한다. 임신기의 영양섭취기준은 가임기 여성(19~49세)의 영양섭취기준에 임신기간에 추가로 섭취해야 하는 영양소의 양이 설정되었다. 필요한 영양 설정을 위한 가임기 여성의 체위기준의 기준치는 표 2-20과 같고, 임신기간에 추가해야 할 영양소는 각 영양소별로 그 근거를 제시하였다.

표 2-20 **성인 여성 영양섭취기준 설정을 위한 체위기준**

성별	연령(세)	신장(cm)	체중(kg)	임신 중 체중 증가량(kg)
여성	19~29	160	56.3	10~12
	30~49	157	54.2	

자료: 한국영영학회, 2010.

1) 에너지

임신기의 모체는 임신으로 인한 새로운 조직의 형성과 태반 및 태아의 발달에 추가적인 열량을 필요로 한다. 임신기 에너지 필요추정량은 비임신 여성의 에너지 필요추정량에 임신으로 인한 에너지 소비량 증가분과 모체조직 성장에 요구되는 에너지 축적량을 합산하여 산출하였으며, 그 근거는 다음과 같다.

에너지 소비량 증가분

임신 3분기별 기초대사량 증가량(4, 7, 19%)
임신 25주 이후 신체활동에 소비되는 에너지 10~19% 증가

에너지 축적량

임신기간의 에너지 축적량 39,862 kcal(지방 축적량 1.9~5.9 kg, 단백질 축적량 925 g)

이를 근거로 임신 1분기에는 임신으로 인한 에너지 소비량 증가분과 모체조직 내 에너지 축적량이 없는 것으로 보아 이 시기의 에너지 필요추정량은 성인 여성의 에너지 필요추정량과 동일하게 설정하였다. 임신 2분기와 3분기의 에너지 소비량 증가분은 각각 158 kcal/일, 269 kcal/일이며, 에너지 축적량은 180 kcal/일로 이 시기의 에너지 필요추정량은 성인 여성의 에너지 필요추정량에 임신으로 인한 에너지 소비량 증가분과 에너지 축적량의 합계인 340 kcal/일, 450 kcal/일을 추가한다.

표 2-21 임신기의 에너지 필요추정량

(단위: kcal/일)

임신분기	에너지 소비량 증가분	에너지 축적량	합계
1분기	0	0	0
2분기	158	180[1)]	+338 → +340
3분기	269	180[1)]	+449 → +450

[1)] 에너지 축적량 39,862 kcal를 220일로 나누어 계산(입덧기간의 식사섭취량 감소를 감안해서 280일에서 60일을 뺀 220일 기준으로 계산함).

자료: 한국영양학회, 2010.

이 시기의 탄수화물과 지방의 에너지 적정비율은 각각 55~70%, 15~25%로 성인 여성의 에너지 적정비율과 같다.

2) 탄수화물과 지질

임산부는 태아의 뇌 발달에 필요한 포도당의 요구량을 충족시키기 위해 하루 최소 175 g의 탄수화물을 섭취해야 한다. 2007년 국민건강영양조사 자료에 의하면 우리나라 성인 여성의 탄수화물 섭취량은 256.8 g이고, 임신기에는 총 에너지 섭취량의 증가로 탄수화물 섭취량이 더 증가할 것으로 예상되므로 탄수화물의 양보다는 질에 더 신경을 써야 한다. 과일, 채소 및 전곡류 위주의 탄수화물을 선택하여 식이섬유 섭취량을 늘려 임신기 변비를 예방하며, 설탕과 같은 단순당이 포함된 식품의 섭취를 줄여 임신기 적정 체중을 유지하도록 한다.

임신기간 중 추가되는 에너지에 비례하여 지방 섭취량이 부가될 것을 고려해 임신부의 경우 지방의 추가 섭취량은 산정하지 않았다. n-6계 지방산인 리놀레산(linoleic acid)과 n-3계 지방산인 알파-리놀렌산(α-linolenic acid) 등의 필수지방산은 체내에서 합성되지 않으므로 반드시 식사를 통해 공급되어야 하나, 임신기의 이들 영양소의 추가 충분섭취량 설정에 대한 근거가 부족하므로 19세 이상의 성인 기준을 그대로 적용하고 있다(n-6계 에너지 적정비율 4~8%, n-3계 에너지 적정비율 1% 내외).

3) 단백질

태아의 급속한 성장, 양수 · 태반 · 모체조직의 성장, 증가된 모체의 혈액량, 출산을 위한 모체의 단백질 비축 등을 위하여 충분한 단백질의 공급이 필요하다. 임신 여성의 추가 단백질 평균필요량은 요인가산법으로 질소평형 유지와 체단백질 축적에 필요한 양을 추가하여 산정하였다. 임신 1분기에는 체중 증가량 및 체단백질 축적이 거의 없는 것으로 보아 이 시기의 단백질 평균필요량은 성인 여성과 동일하게 설정하였다. 임신 2분기와 3분기의 체중 증가량 4.88, 13.81 kg에 성인 여성의 단백질 평균필요량인 0.66 g/kg/일을 곱해 체중 증가에 따른 부가 단백질량은 각각 3.2와 9.1 g/일이다. 임신기의 체단백질 축적은 2, 3분기 각각 3.6과 7.2 g으로 보고 식이단백질이 조직단백질로 전환되는 효율 43%를 적용해 체단백질 축적에 대한 식이단백질 필요량은 2분기 8.4 g, 3분기 16.7 g으로 계산되었다. 이를 근거로 임신 중 추가되는 단백질 평균필요량은 2분기 12 g/일, 3분기 25 g/일로 설정하고 이에 변이계수 12.5%를 적용해(×1.25) 부가되는 권장섭취량은 2, 3분기 각각 15와 30 g/일로 산정하였다.

요인가산법
섭취량, 배설량 및 불가피 손실량 등 여러 가지 요소들을 고려하여 필요량을 결정하는 방법

표 2-22 **임신기의 에너지 필요추정량**

임신 분기	체중 증가 (kg)	체중증가에 따른 부가 단백질량(g)	단백질 축적량(g)	식이단백질 필요량 (g, 전환효율 43% 적용)	평균필요량 부가량(g)
1분기	-	-	-	-	-
2분기	4.88	4.88×0.66=3.2	3.6	3.6/0.43=8.4	+11.6
3분기	13.81	13.81×0.66=9.1	7.2	7.2/0.43=16.7	+25.8

자료: 한국영양학회, 2010.

1 μg RE 레티놀당량 (retinol equivalent)
= 1 μg (트랜스)레티놀(all-trans-retinol)
= 2 μg (트랜스)베타-카로틴 보충제(supplemental all-trans-β-carotene)
= 6 μg 식이 (트랜스)베타-카로틴(dietary all-trans-β-carotene)
= 12 μg 기타 식이 프로비타민 A 카로티노이드 (other dietary provitamin A carotenoids)

1 α-TE 토코페롤당량
=1 mg α-토코페롤
= 2 mg β-토코페롤
= 10 mg γ-토코페롤
= 3.3 mg α-토코트리에놀

1 mg NE 니아신당량
= 1 mg 니코틴산
= 1 mg 니코틴아미드
= 60 mg 트립토판

1 μg DFE 엽산당량 (Dietary Folate Equivalents, DFEs)
= 식품 중 엽산 1 μg
= 강화식품 또는 식품과 함께 섭취한 보충제 중의 엽산 0.6 μg
= 빈속에 섭취한 보충제 중의 엽산 0.5 μg
= μg of food folate + (1.7 × μg of folic acid)

표 2-23 임신기 권장섭취량

영양소	가임기 여성		임신부
	19~29세	30~49세	
열량(kcal/일)[1)]	2,100	1,900	+0/+340/+450
단백질(g/일)	50	45	+0/+15/+30
수분(mL/일)[2)]	2,100	2,000	+200
식이섬유소(g/일)[2)]	20		+5
비타민 A(μg RE/일)	650		+70
비타민 D(μg/일)[2)]	5		+5
비타민 E(mg α-TE/일)[2)]	10		+0
비타민 K(μg/일)[2)]	65		+0
비타민 C(mg/일)	100		+10
티아민(mg/일)	1.1		+0.4
리보플라빈(mg/일)	1.2		+0.4
니아신(mg/일)	14		+4
비타민 B_6(mg/일)	1.4		+0.8
엽산(μgDFE/일)	400		+200
비타민 B_{12}(μg/일)	2.4		+0.2
칼슘(mg/일)	650		+280
인(mg/일)	700		+0
나트륨(g/일)[2)]	1.5		+0
칼륨(g/일)[2)]	3.5		+0
마그네슘(mg/일)	280		+40
철(mg/일)	14		+10
아연(mg/일)	8		+2.5
요오드(μg/일)	150		+90

[1)]에너지필요추정량
[2)]충분섭취량
자료: 한국영양학회, 2010.

4) 비타민

(1) 지용성 비타민

① 비타민 A

비타민 A는 세포 분화와 정상적인 태아 발달에 매우 중요한 영양소이다. 임신부의 비타민 A 평균필요량은 임신기 동안 태아의 간에 축적된 비타민 A를 근거로 설정되었다. 임신 37~40주 태아의 체내 비타민 A 함량은 3600 μg 정도이고, 이는 대부분 임신기 마지막 90일 내에 축적되며 모체의 비타민 A 흡수율이 평균 70%라는 것을 감안하면 임신부의 비타민 A 필요량은 임신 3기 하루에 약 50 μg(3,600/90×1.4)이 증가된다. 이를 근거로 임신부 비타민 A 평균필요량은 각 연령에 해당되는 비임신부에 비해 50 μg RE를 추가하는 것으로 설정하였다. 권장섭취량은 평균필요량에 2배의 변이계수를 더하여(×1.4) 70 μg RE를 추가하는 것으로 계산하였다.

임신부가 비타민 A를 식품과 보충제로부터 하루에 4,500 μg 이상 섭취하였을 때 1,500 μg 미만으로 섭취한 임신부보다 태아의 기형 발생 위험도가 높음이 보고되었다. 따라서 임신부와 수유부를 포함한 가임기 여성의 경우 태아 기형 발생을 독성종말점으로 하여 최대 무독성량 4,500 μg RE, 불확실계수 1.5를 적용하여 3,000 μg RE/일로 비타민 A의 상한섭취량을 설정하였다.

② 비타민 D

임신부의 비타민 D 영양상태는 태아와 신생아의 성장속도, 구루병 발생률과 연관있다. 임신부는 칼슘 요구가 높아지기 때문에 임신기간에 따라 1.25-디하이드록시비타민 D의 생성 능력이 높아지며 출산 후에는 저하된다. 임신부의 비타민 D 섭취량은 0.75~5.3 μg으로 조사되었으며, 햇빛을 받을 기회가 적은 임신부는 임신기간 중에 혈중 25-하이드록시비타민 D 농도가 낮아지는 반면, 7 μg 이상 섭취하는 임신부에는 비타민 D 부족이 나타나지 않았다. 따라서 임신부는 적어도 7 μg 이상의 비타민 D 섭취가 필요한 것으로 보고 비임신 여성의 기준량을 고려하여 5 μg을 추가하는 것으로 설정하였다. 최근 우리나라에서 산모와 아기의 자외선 조사 감소, 다이어트 붐이나 몸매 관리의 이유로 부적절한 영양 섭취는 산모와 아기의 비타민 D 결핍의 발생률이 증가될 것으로 추정되나 이에 관한 연구는 미비한 실정이다.

임신부의 비타민 D 상한섭취량은 60 μg/일로, 성인 여성의 기준을 그대로 적용하여 설정하였다.

③ 비타민 E

임신기간에 혈중 지질 농도 증가와 함께 α-토코페롤의 농도가 증가하나 태반을 통한 비타민 E의 이동은 큰 변화가 없는 것으로 보고되었다. 따라서 임신기간에 비타민 E 충분섭취량은 비임신 여성과 같은 10 mg α-TE/일이다.

임신부의 비타민 E 상한섭취량은 임신부에 대한 비타민 E 독성증에 관한 보고가 없으므로 비임신 성인 여성과 동일하게 540 mg α-TE/일로 설정하였다.

④ 비타민 K

비타민 K는 태반을 통과하기 어려우나 이로 인해 임신부의 비타민 K 섭취가 태아나 신생아의 비타민 K 영양상태에 영향을 준다는 근거가 없으므로 비임신 여성과 동일한 기준으로 비타민 K 의 충분섭취량을 설정하였다(65 μg/일).

(2) 수용성 비타민

① 비타민 C

비타민 C는 태아를 산화에 의한 손상으로부터 보호하는 역할을 하고 능동수송의 방법으로 태반을 통해 태아에게 활발히 전달된다. 그러나 임신이 진행되면서 혈액량 증가에 따라 임신부의 혈장 비타민 C 농도는 상대적으로 감소하게 되므로 임신기에는 비타민 C 섭취량을 증가시켜야 한다. 충분하지는 않지만 7 mg/일 섭취량은 태아의 괴혈병을 예방한다는 자료가 있으므로 임신부의 비타민 C 평균필요량은 임신기간 구분없이 비임신 성인 여성의 평균필요량(75 mg/일)에 10 mg/일을 추가하도록 설정하였다. 권장섭취량은 평균필요량에 개인변이계수 10%를 고려하여 110 mg으로 임신기간 구분 없이 10 mg을 추가로 권장한다.

임신부가 다량의 비타민 C를 섭취할 경우 유해영향에 더 민감하다는 연구는 보고된 바 없으므로 임신부의 비타민 C 상한섭취량은 성인과 동일하게 2,000 mg으로 설정하였다.

② 티아민

임신 중에는 모체와 태아의 체구성 성분의 증가와 에너지 사용의 증가로 티아민의 필요량이 증가하며, 이 증가분은 임신 초기에 나타나 임신 전 기간 동안 계속 유지된다. 임신부의 티아민 평균필요량과 권장량은 표 2-24와 같은 설정근거에 의해 비임신 성인 여성 평균필요량과 권장섭취량에 각각 0.4 mg/일을 추가로 권장한다.

표 2-24 임신부의 티아민 영양섭취기준의 설정근거

구분	평균필요량	권장섭취량
임신부	비임신 성인 여성 평균필요량(0.9 mg/일) +모체조직과 태아의 성장에 필요한 양 (0.9 mg/일×20%) +모체의 에너지 이용증가에 따른 증가량 (0.9 mg/일×20%) =0.9 mg/일+0.18 mg/일+0.18 mg/일 =1.26 mg/일 ≒1.3 mg/일 =성인 여성 평균필요량(0.9 mg/일) +0.4 mg/일	반올림 전 평균필요량×120% =1.26 mg/일×1.2 =1.512 mg/일 ≒1.5 mg/일 =성인 여성 권장섭취량(1.1 mg/일) +0.4 mg/일

자료: 한국영양학회, 2010.

③ 리보플라빈

리보플라빈은 임신기간에 태아의 조직 발달을 위하여 요구량이 증가하고, 임신기간의 리보플라빈 섭취와 신생아의 체중과 관련성이 높다고 보고되었다. 임신부의 리보플라빈 평균필요량은 비임신 성인 여성의 평균필요량 1.0 mg/일에 모체조직과 태아 성장 및 에너지 이용 증가분 0.3 mg을 가산하여 1.3 mg/일로 설정하였으며, 권장섭취량은 평균필요량에 개인 변이계수 10%를 가산하여 1.6 mg으로 0.4 mg을 추가로 권장한다.

④ 니아신

임신기에 니아신 섭취량이 적을 경우 이분척추, 구강안면열의 위험이 높아진다는 것이 보고되었다. 임신기에 에너지 필요량이 증가하므로 니아신 필요량도 증가한다. 즉, 임신부의 니아신 평균필요량은 비임신 성인 여성의 평균필요량(11 mg NE/일)에 모체조직과 태아 성장 및 에너지 이용증가분(3 mg NE/일)을 더하여 14 mg NE/일로 설정하였다. 권장섭취량은 평균필요량에 대한 변이계수를 15%로 간주하여 18 mg NE/일로 설정하여 추가로 4 mg NE/일을 섭취하도록 권장한다. 임신부의 니아신 상한섭취량은 비임신부 여성과 동일하게 1,000 mg NE/일로 설정하였다.

⑤ 비타민 B_6

임신기 단백질 부가량에 따른 비타민 B_6 필요량의 증가, 아미노산 교체율의

표 2-25 임신부의 비타민 B_6 영양섭취기준의 설정근거

구분	평균필요량	권장섭취량
임신부	비임신 성인 여자 평균필요량(1.2 mg/일) +임신부 체내 축적량÷식품 중의 비타민 B_6 생체이용률(0.1 mg/일÷0.75≒0.13 mg/일) +임신 시 부가된 단백질 섭취량으로 인한 비타민 B_6 필요량(0.02 mg/g 단백질 ×25 g단백질=0.5 mg) =1.2 mg/일+0.14 mg/일+0.5 mg/일 =1.83 mg/일 ≒1.8 mg/일 =성인 여성 평균필요량(1.2 mg/일) +0.6 mg/일	평균필요량×120% =1.83 mg/일×1.2 =2.196 mg/일 ≒2.2 mg/일 =성인 여성 권장섭취량(1.4 mg/일) +0.8 mg/일

자료: 한국영양학회, 2010.

증가, 태아의 비타민 B_6 요구량 증가, 모체의 대사 요구량 증가로 인해 임신 중에는 비타민 B_6 필요량이 증가한다. 임신부의 비타민 B_6 평균필요량과 권장량은 표 2-25와 같은 설정근거에 의해 비임신 성인 여자 평균필요량과 권장섭취량에 각각 0.6, 0.8 mg/일을 추가로 권장한다.

식품을 통한 비타민 B_6의 부작용은 알려진 바 없으나, 보충제로 쓰이는 비타민 B_6 유도체 중 하나인 피리독신(pyridoxine)의 경우 신경증상의 부작용이 보고된 바 있다. 그러나 임신부가 다량의 피리독신 섭취 시 유해영향에 더 민감하다는 자료는 없으므로 임신부의 피리독신 상한섭취량은 성인과 동일하게 100 mg/일로 설정하였다.

⑥ 엽산

임신기는 태아의 성장, 자궁의 확대, 혈액 증가, 태반 발달 등으로 엽산의 요구량이 증가하는 시기이다. 엽산이 체내에 저장되지 않지만 생과일이나 생채소를 포함한 적절한 식사를 하는 경우 필요량만큼 섭취가 가능하다. 그러나 엽산의 결핍증으로 인한 거대혈구성 빈혈, 유산, 태반박리, 저체중아, 신경관 손상(neural tube defect, NTD) 등 태아 기형을 초래할 수 있으므로 일반적으로 보충해 주는 것이 바람직하다. 임신기간 중 엽산의 평균필요량은 비임신 여성의 평균필요량 320 μgDFE/일에 200 μgDFE/일을 추가하여 520 μgDFE/일으로 정하였고, 권장섭취량은 1일 600 μgDFE/일으로 비임신 여성의 권장섭취량보다 200 μgDFE/일이 더 추가되었다.

신경관 손상
중추신경계가 형성되는 수정 후 22~28일 사이에 태아 신경관 표피조직이 제대로 닫히지 않아서 생기는 기형으로 하지 마비, 항문의 괄약근 이상, 수두증이 동반됨. 치료하지 않으면 90%가 출생 1년 이내에 사망함

표 2-26 식품의 엽산 함유량

식품	양	엽산(μg)
오렌지	1개	40
오렌지 주스	170 mL	82
파인애플 주스	170 mL	44
파파야 주스	170 mL	40
말린 콩	1/2컵	50

임신부가 인공합성된 엽산(folic acid)을 다량 섭취할 경우 유해영향에 더 민감하다는 자료는 없으므로 임신부의 엽산 상한섭취량은 성인과 동일하게 1,000 μgDFE/일으로 설정하였다.

⑦ 비타민 B_{12}

임신기에는 모체가 섭취한 비타민 B_{12}가 쉽게 태반을 통해 태아로 이동되므로 태아와 모체의 혈청 비타민 B_{12} 농도는 상관관계가 매우 높다. 또한 모체의 비타민 B_{12} 결핍은 영아의 중추신경계 손상, 조산과도 관련이 있는 것으로 보고되었다. 임신기간에 평균적으로 하루 0.1~0.2 μg의 비타민 B_{12}가 태아에 축적되는데 이 시기에는 모체의 흡수율이 좋아지는 점을 감안하여 가임기 여성 평균필요량보다 0.2 μg을 증가시켜 2.2 μg/일을 평균필요량으로 설정하였고, 권장섭취량은 평균필요량에 변이계수 10%의 2배를 더하여 2.6 μg/일로 설정하였다(부가량 0.2 μg).

5) 무기질

① 칼슘

임신기에는 태아의 조직과 골격, 태아 부속물의 성장 발달 및 모체조직의 증가를 위해 칼슘의 필요량이 비임신기에 비해 증가한다. 또한 임신기간에는 호르몬의 변화와 함께 칼슘의 흡수율이 높아지는데, 특히 평상시 칼슘 섭취량이 낮은 임신부(500 mg/일)의 경우 흡수율이 70% 이상임이 보고되었다. 따라서 임신 중 칼

임신부 칼슘 하루 권장섭취량인 930 mg 섭취방법의 예

우유 3컵(600 mg) + 잔멸치 1/4컵(200 mg) + 두부 1/4모(200 mg)

- 우유를 많이 마신다.
- 어육류와 유제품, 콩류를 골고루 먹도록 한다.
- 비타민 C · D를 충분히 섭취한다.
- 칼슘 흡수를 저해하는 식품을 피한다.

슘 축적량 추가분 160 mg에 흡수율 70%를 적용하면 추가 필요량은 230 mg/일이고, 권장섭취량 추가분은 변이계수 10%를 적용하면 280 mg(230 mg×1.2=280 mg)으로 930 mg을 임신기의 칼슘 권장섭취량으로 설정하였다.

임신부의 칼슘 상한섭취량은 성인 칼슘 상한섭취량인 2,500 mg/일을 그대로 적용하여 사용한다.

② 철

임신 중에는 태반조직 및 태아의 형성과 모체의 적혈구 증가량, 태아의 간내 철 비축을 위해 철 요구량이 증가한다. 여성의 평균체중 56.3 kg에 평균 기본 철 손실량 14 μg/kg/일을 적용하고 임신 총 기간을 280일로 할 때 총 220 mg이 요구된다. 또 임신기간 중 태아와 태반 성장으로 인한 철 증가량 315 mg, 출산 시 출혈로 인한 철 손실량 220 mg으로 할 때 임신 및 출산으로 인한 총 철 요구량은 735 mg이므로 임신부의 하루 철 요구량은 2.6 mg(735/280=2.6 mg)으로 계산된다. 임신부의 철 흡수율을 14%로 적용하면 평균필요량은 18.6 mg/일(2.6/0.14=18.6 mg)로 산출된다. 권장섭취량은 평균필요량에 변이계수 15%를 적용하여 24 mg/일(18.6×1.3=24.2 mg)이므로 비임신 여성의 권장섭취량인 14 mg보다 10 mg을 추가하였다. 이는 많은 양의 철 섭취를 통해서만 가능하기 때문에 임산부의 충분한 철 공급을 위해 철을 약제로 투여하도록 권장하고 있다. 빈혈인 경우 철 섭취량을 더 증가시켜야 한다.

임신부의 철 상한섭취량은 성인 철 상한섭취량인 45 mg/일을 그대로 적용하여 사용한다.

③ 아연

아연은 성장과 발달에 중요한 영양소로서 임신기간에 아연 요구량이 증가하며, 임산부의 아연 영양상태는 임신 결과와 출생 후 영아의 성장 및 인지발달에 영향을 미칠 수 있다.

임신 마지막 분기의 모체와 태아의 평균 아연 축적량 0.73 mg/일에 평균 아연 흡수량인 40%를 적용하면 이 시기의 아연 요구량의 증가는 1.8 mg/일이다. 따라서 임신기에 추가되는 평균필요량을 2.0 mg/일로 설정하고 이를 근거로 아연 권장섭취량의 부가량은 개인변이 10%를 고려하여 2.5 mg/일(2.0×1.2=2.5)이므로 임신기 아연 권장섭취량은 비임신 여성 권장섭취량 8 mg에 2.5 mg을 추가한 10.5 mg/일이다.

④ 나트륨

임신기에는 세포외액이 증가되기는 하지만 임신부의 나트륨 필요량이 비임신부와 다르다는 증거가 부족하므로 충분섭취량 설정에 있어 나트륨을 추가하지 않는다. 나트륨의 목표섭취량도 성인 기준인 2,000 mg/일을 그대로 유지한다.

6) 수분

임신기에는 임신에 따른 생리적 변화(세포내액 및 양수 증가, 태아 발달)로 인하여 혈장 삼투압이 비임신기와 차이가 있으므로 이 변화에 대한 적절한 수분 섭취가 요구된다. 그러나 우리나라 임산부의 수분 섭취량에 대한 조사자료가 없으므로 성인 여성의 수분 충분섭취량 산출방식을 기초로 임신기에 추가되는 에너지 섭취량을 계산하여 수분 충분섭취량을 설정하였다. 즉, 성인 여성의 일상식의 수분량인 0.53 mL/kcal에 임신기 부가 에너지 필요추정량인 350, 450 kcal를 적용하여 계산한 추가 수분량은 2, 3분기 각각 175, 228 mL/일(0.53×350, 450)이고, 이를 100 mL 단위로 조절하여 임신기에 추가되는 수분량은 2, 3분기 동일하게 200 mL/일이다.

7) 식이섬유

식이섬유의 섭취가 증가할수록 임신성 당뇨의 위험이 감소한다는 보고는 있으나 임신기에 식이섬유 섭취가 비임신기에 비해 더 효과가 있다는 증거는 없으므로 임신기의 식이섬유 부가섭 취량은 에너지 필요추정량의 부가량을 근거로 계산하였다.

계산결과 임신 1분기에는 부가섭취가 필요없고, 2분기와 3분기에 각각 4, 5 g/일이 추가되었으나 분기별 차이의 중요성이 크지 않아 임신기 부가섭취량을 5 g으로 단일화하여 설정하였다.

표 2-27 임신기의 식이섬유 부가섭취량

임신분기	부가 섭취량
1분기	12 g/1,000 kcal × 0 kcal/일 = 0 g/일
2분기	12 g/1,000 kcal × (+340) kcal/일 = +4.08 g/일 → +4 g/일
3분기	12 g/1,000 kcal × (+450) kcal/일 = +5.40 g/일 → +5 g/일

자료: 한국영양학회, 2010.

5. 임신기 영양 · 건강문제

1) 고위험 임신의 영양

고위험 임신은 임신 또는 기존의 질병으로 인하여 모체나 태아가 심각한 위험에 빠지는 경우로 정의된다. 고위험 임신은 임신 여성의 10~20%를 차지하며 모든 주산기 유병률의 50% 정도에서 고위험 임신과 관련되어 있다. 임산부의 신장, 영양상태, 이전 임신의 기왕력, 산부의 병력, 태아의 자궁 내 상태뿐만 아니라 임산부의 나이 역시 고위험 임신의 기준이 된다. 19세 이하의 어린 나이에 임신을 하거나 35세 이상의 초임부인 경우 태아의 자궁 내 성장 장애, 태아곤란증, 자궁 내 사망 등의 위험을 증가시켜 고위험 임신에 해당하게 된다.

(1) 청소년 임신

청소년기에 접어들면서 내분비계의 영향을 받아 생식 기능이 성숙되고 동시에 사춘기의 심리적 변화와 이성에 대한 강한 성적 요구가 발생되기 쉽다. 서구

문명의 급속한 유입으로 인해 전통적인 윤리관과 도덕관에 변화가 생기면서 우리나라 청소년기 임신이 사회적 문제로 대두되고 있다. 또한 사회·경제적 발달로 인해 신체 성장이 빨라짐에 따라 여아의 초경 연령이 점차 낮아지고 있는 것도(우리나라 평균 초경 연령 1970년대 14.4세, 2009년 11.9세, ㈔보건교육포럼조사결과) 청소년 임신 문제를 가중시키는 요인이다. 한국여성정책연구원의 2012년 발표자료에 따르면, 고등학교 2학년 1,007명 중 성관계를 경험한 학생이 8.6%에 해당하는 것으로 나타났다. 중고생의 성경험도 3.6%로, 매해 점차 증가하고 있는 추세이며 전문가들은 "실제로 성경험을 한 학생의 비율이 조사결과보다 더 많을 것"이라고 예측했다. 19세 이하 청소년 출산 현황을 살펴보면 2005년 3,132명으로 감소했다가 다시 증가하고 있는 추세이다(그림 2-12).

청소년 임산부는 성인 임산부에 비해 철 결핍성 빈혈, 임신성 고혈압, 분만 후 비만의 유병률이 높다. 또한 저체중아 출산율, 조산의 위험과 신생아 사망률이 높고 분만 시 난산을 경험할 확률도 높다. 이는 청소년 임산부 자신이 아직 성장단계이므로 본인의 성장을 위한 영양소 요구량이 증가할 뿐만 아니라 태아와 임신 부속기관의 발달을 위해서 영양적 요구가 크게 증가한 데 반해 부적절한 식습관, 체중 조절을 위한 다이어트, 모체의 미성숙, 임신 전 체중의 부족 등이 원인이 될 수 있다. 뿐만 아니라 청소년 임산부들은 대체적으로 가정의 경제수준과 교육수준이 낮고, 임신 중에도 흡연, 음주 및 약물복용의 습관을 지속하는 것도 청소년 임신의 위험성을 증가시킨다.

청소년기에 임신을 했을 경우에는 태아의 성장뿐 아니라 모체의 성장을 위해 열량, 단백질을 포함하여 여러 가지 영양소가 성인 여성이 임신했을 때에 비해 더 많이 요구된다. 임신 전반기에는 하루 300 kcal, 중반과 후반에는 600~650 kcal를 추가로 섭취해야 필요한 에너지와 영양소를 충족시킬 수 있다. 임신기간 중의 체중 증가는 최소 11 kg 이상은 되어야 하며, 권장되는 체중 증가 범위의 상한선으로 체중이 증가되도록 해야 한다. 이들은 체중이 증가되는 것을 기피하는 경향이 있으므로 임신 중의 적절한 체중 증가의 필요성을 강조하여 교육하도록 한다.

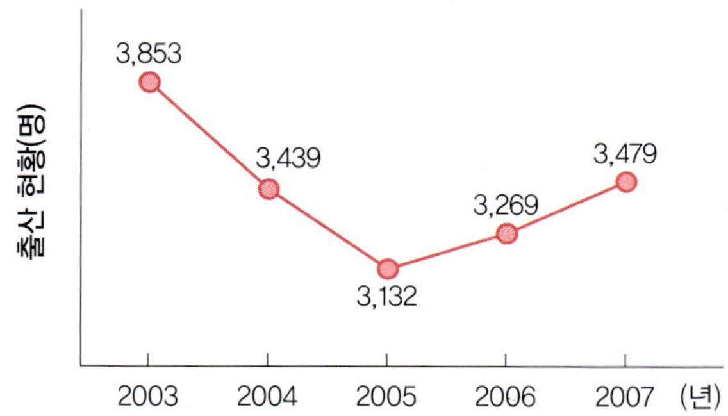

그림 2-12 **청소년(19세 이하) 출산 현황**

자료: 보건복지부, 2008.

(2) 고령 임신

세계보건기구(WHO)는 초산 여부에 상관없이 35세 이상의 출산을 '고령출산'으로 정의하여, 산모와 신생아의 건강에 특별한 주의를 기울일 것을 권고하고 있다. 통계청 발표에 따르면 35세 고령 임산부의 비율이 1990년 2.5%이었던 것이 매년 꾸준히 증가해 2010년 17%에 이르렀다. 게다가 만 35세 이상이면서 초산인 경우는 2010년 2만 3,577명으로 2000년(1만 593명)의 2배 이상, 1990년(4,561명)의 5배 이상으로 늘었다. 이는 결혼 연령이 점차 늦어지고 경제력이 생기면서 늦둥이를 낳는 경우도 많아 고령 임산부가 늘고 있는 것이다.

고령 임신의 경우 임신성 당뇨, 임신성 고혈압, 태반 조기박리나 전치태반, 조산 등 합병증의 위험률이 높아지고, 신생아는 일과성 호흡증후군, 신생아 황달, 패혈증, 폐렴, 기형 등의 위험이 높다. 대한산부인과학회에 따르면 임신부의 자연유산율은 20대에는 10%이지만 45세가 넘어가면 90%까지 높아진다. 또 태아가 다운증후군이 될 위험도 20대에는 1,000명당 1명이지만 35세 이상에서는 300명당 1명으로 커지게 된다(그림 2-13).

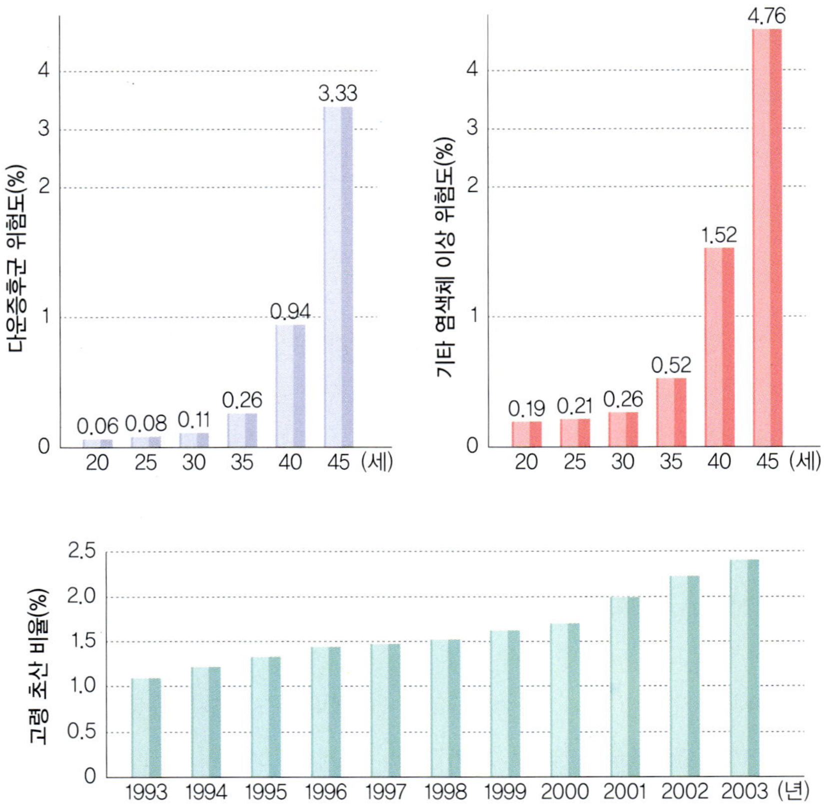

그림 2-13 국내 고령 초산 비율 및 염색체 이상 확률

자료: 대한산부인과학회, 2004.

(3) 다태아 임신

자연임신으로 쌍둥이가 태어날 확률은 약 0.43%다. 통계청 발표에 따르면 우리나라 쌍둥이 출생률은 2004년 2.09%에서 2005년 2.17%, 2006년 2.40%, 2007년 2.73%로 계속 높아지고 있다. 의학계는 쌍둥이 출산 증가가 임신부의 평균 나이가 많아지면서 자연임신이 어려운 고령 여성의 불임치료 시술이 증가하기 때문인 것으로 추측하고 있다.

다태아 임신 시에는 조산, 자간전증, 임신성 당뇨, 빈혈, 전치태반, 제왕절개 분만 등의 위험이 증가한다. 신생아의 경우 사망, 선천성 기형, 호흡곤란증후군, 뇌성마비 등의 위험률이 높아진다.

다태아 임신을 한 임산부는 혈액량, 세포외액, 자궁 · 태반 · 태아에 필요한 에너지와 영양소 요구량의 증가와 함께 임신으로 인한 체중 증가량이 더 높다. 총 체중 증가는 두 쌍둥이의 경우 16~20 kg, 세 쌍둥이의 경우 20~25 kg 정도가 적절하다. 만약 쌍둥이 임신 시 체중 증가량이 18.2 kg라면 단태아 임신에 비해 약 4.5 kg 이상의 체중이 증가되는 것이므로 총 임신기간에 35,000 kcal를 더 섭취해야 하는데 이는 단태아 임신에 비해 매일 약 150 kcal의 열량을 더 섭취해야 하는 양이다.

2) 임신으로 인해 발생 가능한 질환

(1) 임신성 당뇨

임신성 당뇨(gestational diabetes mellitus)는 임신 중에 처음으로 진단된 당뇨병으로 우리나라의 임신성 당뇨 유병률은 2.2~4.9% 정도이다.

① 원인

임신 중 분비되는 에스트로젠, 프로게스테론, 태반락토젠, 프롤락틴, 코티솔 등의 호르몬 작용으로 인해 인슐린의 혈당조절 능력이 저하된다. 정상 임산부는 인슐린 저항성을 극복하기 위해 췌장에서 인슐린 분비가 증가하지만, 임신성 당뇨에 걸린 임산부에게는 인슐린 저항성을 극복할 만한 인슐린 분비가 충분하지 않아 혈당조절이 어렵게 된다. 임신성 당뇨의 위험요인은 표 2-28과 같다.

표 2-28 임신성 당뇨의 위험요인

• 임신 전 비만	• 저체중
• 고령 임산부(35세 이상)	• 임신성 당뇨의 가족력
• 거대아 출산 경험(4,100 g)	• 만성 고혈압
• 다낭난소 증후군 환자	• 임신성 당뇨의 병력이 있는 경우
• 섬유소의 섭취가 낮고 혈당지수가 높은 식사를 하는 경우	

자료: 이현옥 외, 2011.

② 진단

임산부의 첫 산전검사 시 위험도를 평가하고 고위험군인 경우 곧바로 선별검사를 한다. 선별검사 결과가 정상인 경우라도 임신 24~28주 무렵에 다시 선별검사를 하도록 권고하며 검사결과의 판정은 다음과 같다.

임신성 당뇨 진단 기준

- 선별검사(50 g 경구당부하검사): 당부하 1시간 후 혈중 포도당 ≥ 140 mg/dL이면 이상 소견이므로 확진검사를 시행한다.
- 확진검사(100 g 경구당부하검사): 아래 기준을 두 가지 이상 만족하면 임신성 당뇨로 진단한다.
  1) 공복 혈중 포도당 ≥ 95 mg/dL이면 이상 소견
  2) 1시간 혈중 포도당 ≥ 180 mg/dL이면 이상 소견
  3) 2시간 혈중 포도당 ≥ 155 mg/dL이면 이상 소견
  4) 3시간 혈중 포도당 ≥ 140 mg/dL이면 이상 소견

③ 임신성 당뇨로 인한 문제점

임신 중 혈당이 조절되지 않으면 태아에게 좋지 않은 영향을 끼쳐 거대아가 될 수 있으며, 이는 분만 중 산모 및 신생아에게 합병증이 생길 위험이 높아진다(표 2-29). 임신성 당뇨는 대부분 출산 후에 정상으로 회복되나, 15%는 내당능장애, 23%는 당뇨병이 지속된다(대한당뇨병학회).

표 2-29 임신성 당뇨의 문제점

산모	태아
• 제왕절개에 의한 출산 증가 • 임신 중 임신중독증 위험 증가 • 출산 후에도 제2형 당뇨병, 고혈압, 비만의 위험 증가 • 차후 임신에도 임신성 당뇨 위험 증가	• 사산 위험 증가 • 자연 낙태 위험 증가 • 선천성 기형 • 거대아 • 인슐린 저항성, 제2형 당뇨병, 고혈압, 비만의 위험 증가

자료: 이현옥 외, 2011.

④ 치료

임신성 당뇨의 치료목표는 공복혈당 95 mg/dL 미만, 식후 1시간 후 140 mg/dL 미만, 식후 2시간 후 120 mg/dL 미만이다. 임상영양치료를 실시하여도 혈당조절 목표를 달성할 수 없는 경우 인슐린 치료를 시작한다. 경구혈당강하제 사용은 권장되지 않고 있으나 최근 임신성 당뇨 치료에 경구혈당강하제 사용을 재고하는 연구보고가 발표되었다. 임신성 당뇨 환자들은 후에 당뇨병이 될 가능성이 높기 때문에 출산 후 적절한 체중을 유지하고 균형 잡힌 식사, 규칙적인 운동과 함께 활동적인 생활을 하는 것이 중요하다. 또한 일정 기간마다 혈당을 측정하는 것이 권장된다.

임신성 당뇨의 영양관리 원칙

- 정상적인 혈당수준을 유지할 수 있도록 식사계획이 이루어져야 한다.
- 임신기간 중 적절한 체중 증가가 이루어져야 한다. 임신성 당뇨 환자에 있어서 임신 시 체중 증가는 당뇨가 없는 임산부의 경우와 동일한 수준으로 권장한다. 체중 증가의 목표는 임신 전 체중을 기본으로 한다.
- 임신 시 필요한 영양소가 충족될 수 있도록 계획되어야 하며, 임신기 여성의 영양섭취기준에 준한다.
- 1일 에너지 섭취량이 1,700 kcal 이하인 경우에는 케톤뇨증이 일어날 수 있으므로 그 이하로 제한하지 않는다.
- 총 열량의 50%를 당질에서, 20%는 단백질에서, 30%는 지방에서 공급한다. 그러나 소변에 케톤이 나오지 않는 한 바람직한 식후 혈당조절을 위해서 식사의 당질 양을 조정할 수 있다.
- 태아가 산모로부터 일정하게 포도당을 빼앗아 사용하므로 공복 시에는 저혈당이 초래되어 케톤증이 나타날 수 있다. 따라서 1일 3회의 식사와 간식으로 식사를 분배하는 것이 바람직하다.
- 아침식사 중의 당질을 30~45 g 정도로 제한하기도 하는데, 이는 코티졸의 작용을 완화시킴으로써 아침식사 후 급격한 혈당 상승을 방지하기 위한 것이다. 아침식사는 전체 필요량의 10%, 점심식사는 20~30%, 저녁식사는 30~40%로, 30%는 간식으로 배분하는 것을 권장한다. 새벽의 저혈당 발생 및 공복 시 케톤증의 발생을 방지하기 위해 야식 섭취를 권장하며, 이때 당질, 단백질, 지방이 균형 있게 식사를 계획한다.

(2) 임신기 고혈압

임신으로 인해 급성적으로 유발되는 고혈압을 일컫는 것이며, 과거에는 임신 중독증(toxemia of pregnancy)이라는 용어를 사용하기도 했다. 임신과 합병된 고혈압이란 임신 중 고혈압이 발견되는 경우라 할 수 있다. 임신 전부터 고혈압이 있거나 임신 20주 이전에 고혈압이 발견되는 경우는 만성 고혈압이라 하고, 임신 20주 이후에 새로이 고혈압이 발견되고 출산 후에 정상화되는 경우 임신성 고혈압이라고 한다. 고혈압과 동반되어 소변에서 단백 성분이 나오면 자간전증이라 하며 이는 질병이 더 진행된 형태이다. 자간증이라는 것은 임신 중에 고혈압성 질환을 원인으로 경련, 발작을 일으키는 경우를 말한다(표 2-30).

표 2-30 임신기간의 고혈압

분류	증상
만성 고혈압	• 임신하기 전 또는 임신 20주 이전에 진단된 고혈압 • 수축기 혈압 140 mmHg 이상, 이완기 혈압 90 mmHg 이상
임신성 고혈압	• 임신 중반기(2/3분기) 이후 처음으로 진단된 고혈압 • 단백뇨 없음 • 심한 부종(안면, 손등), 현기증, 두통, 시각이상, 상복부 통증, 식욕 결핍, 메스꺼움, 구토 • 산후 12주 이전에 정상혈압으로 회복됨(회복되지 않으면 만성 고혈압으로 진단함)
자간전증	• 임신 20주 이후 진단된 고혈압(수축기 혈압 140 mmHg 이상, 이완기 혈압 90 mmHg 이상) • 단백뇨 수반(0.3 g 단백질/24시간 소변)
자간증	• 자간전증 증상과 함께 경련 또는 발작 증세 유발
만성 고혈압 환자의 자간전증	• 만성 고혈압 임산부 중 단백뇨 수반 • 임신 20주 전 단백뇨, 혈압 상승, 혈소판 증가, 간 효소 수치 증가

자료: Brown JE et al., 2011.

① 원인

임신기 고혈압은 일차적으로 착상 이후 발달단계에서 정상적으로 발생하는 영양막 세포가 모체 내로 잘 침투되지 않아 결과적으로 태반으로의 혈류 공급에 장애가 생기는 것이 그 원인이며, 이것이 이차적으로 산모와 태아의 혈관에 손상을 입혀 다양한 증상들이 발생한다. 산모의 비만, 당뇨, 유전적 요인과 같은 다양한 인자가 영향을 미쳐 상태가 더 나빠지기도 한다(표 2-31).

표 2-31 임신기 고혈압의 위험요인

- 비만한 임산부
- 고령 임산부
- 빈혈이 있는 임산부
- 가족 중에 임신중독증을 앓았던 사람이 있는 임산부
- 임신성 당뇨를 앓고 있는 임산부
- 쌍둥이를 임신 중인 임산부
- 신장질환이 있는 임산부

② 진단

산전검사를 위해 산부인과를 방문하는 경우 매번 혈압과 소변검사를 시행하는데, 이는 증상이 없는 상태에서 조기에 환자를 발견하기 위한 검사이다. 혈압과 소변검사에서 혈압이 상승하거나 소변에서 단백 성분이 검출되는 경우에는 입원하여 임신기 고혈압에 대한 평가를 하는 것이 원칙이다.

③ 임신기 고혈압으로 인한 문제점

임신기 고혈압은 전체 임산부 사망 원인의 15% 정도를 차지한다. 초기에는 단순히 혈압이 오르는 것으로 나타나므로 정기검사에서 혈압 상승의 소견이 발견되며 별다른 증상이 없는 경우가 많다. 그러나 질환이 진행될수록 다양한 증상이 나타나는데 부종이 심해지고, 소변 양이 감소하며, 두통, 상복부 통증, 시야장애 등이 발생한다(자간전증). 이러한 경우들은 매우 심각한 증상으로 이미 질환이 많이 진행되었음을 의미한다. 또한 태아의 성장 · 발육 부전이나 심한 경우 태아 사망 등이 나타나기도 한다. 한편 본태성 고혈압(essential hypertension)이 있는 사람의 경우 임신으로 인해 상태가 더욱 악화될 수 있다.

④ 치료

가장 원칙적인 치료는 아이를 분만하는 것이다. 일반적으로 34주 이후에 발견되는 자간전증의 경우 분만을 하는 것이 원칙이며 분만을 하지 않는 경우 질환은 점점 나빠진다. 34주 이전의 치료는 태아의 조산에 대한 위험성과 고혈압 관련 질환의 진행으로 인한 태아와 산모의 위험성을 고려하여 결정하게 되며, 질환이 많이 진행된 경우와 발작을 일으키는 경우에는 조산 여부와 무관하게 무조건 분만을 해야 한다.

이 질환이 있을 때의 영양관리는 임신기간의 적정 체중 증가를 위한 균형식이 권장되고 있다. 과거에는 단백질을 제한하는 것이 도움이 되리라고 생각하였으나 최근에는 단백질 결핍이 오히려 임신기 고혈압의 발생인자가 될 수 있으므로 양질의 단백질을 충분히 섭취할 것을 권장한다. 나트륨은 과잉으로 섭취하면 혈압을 상승시키기 쉬우므로 임신기 고혈압 환자의 경우 증상에 따라 저나트륨식을 실천하도록 한다. 칼슘, 비타민 C, 비타민 E와 같은 항산화영양소, 엽산의 보충섭취가 자간전증 예방에 효과가 있다는 보고도 있으나 더 많은 연구결과가 뒷받침되어야 한다.

(3) 철결핍성 빈혈

세계보건기구(WHO)는 전 세계 임산부의 2/3 이상이 빈혈이고 대부분이 철 결핍으로 인한 것이라고 한다. 헤마토크릿(hematocrit)치를 판정기준으로 한 우리나라 임산부의 빈혈 유병률은 임신 1/3, 2/3, 3/3분기별로 각각 2.8, 28.4, 30.0%로 보고되었다. 철 결핍성 빈혈은 저체중아와 조산아의 출산율을 높이고 분만 시 과다출혈 현상을 초래하며, 특히 철 결핍 임산부로부터 태어난 신생아는 잠재적 빈혈 발생률이 높다.

표 2-32 철결핍성 빈혈의 위험요인

• 청소년 임신	• 빈곤
• 교육의 부족	• 월경 시 다량의 출혈
• 육류와 비타민 C 섭취 부족	• 다출산 경험
• 아스피린 만성 복용	

자료: Retchmer, N & Zimmermann, M, 1997.

철 결핍성 빈혈을 예방하기 위해서 육류, 가금류, 어패류, 콩류, 녹황색 채소류 등을 충분히 섭취하도록 하고, 철의 흡수를 증가시키기 위해 공복 시 또는 비타민 C가 풍부한 식품을 함께 섭취하도록 한다. 반면 커피, 홍자, 녹차에 포함된 타닌 성분은 철의 흡수를 방해하므로 철과 함께 섭취하지 않도록 주의한다.

임신기 철의 필요량을 식품으로 섭취하기 어려운 임산부의 경우 임신 20주부터 철 보충제의 복용을 권장하기도 한다. 지나치게 고용량의 철을 보충하는 경우 장점막 손상, 아연의 장내 흡수 저하, 변비, 설사 및 복통과 같은 위장장애 등의 부작용이 있는 것으로 나타났다.

6. 임신기 건강증진 방안

1) 임신기의 식생활관리

임산부는 비임신 여성에 비해 에너지의 추가량은 16~21% 정도이지만 단백질, 비타민 D, 비타민 B_6, 엽산 · 철 · 칼슘 등의 무기질을 많게는 100%까지 더 섭취할 것을 권장하고 있다(그림 2-14). 따라서 임신기에는 에너지는 높지 않으면서 단백질과 비타민, 무기질을 풍부하게 함유한 다양한 식품을 골고루 섭취하는 것이 좋다. 임신 각 분기별 식사지도의 특징은 표 2-33과 같다.

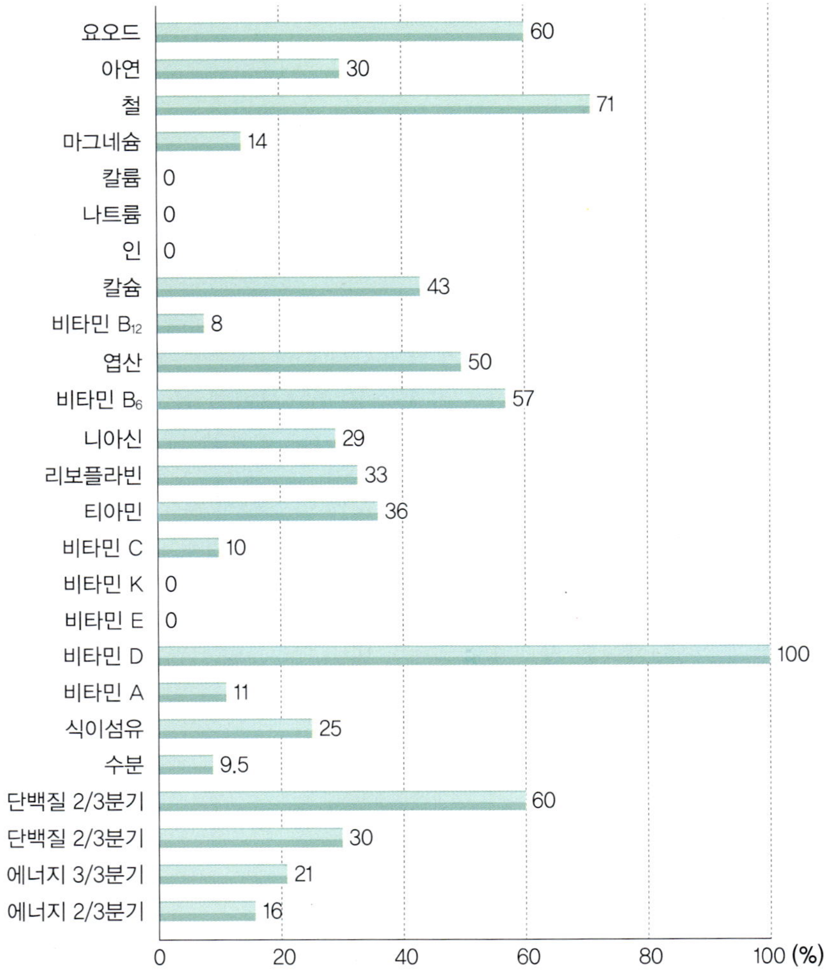

그림 2-14 임신기간 추가 섭취량 증가비율(19~29세)

2) 임신부 식생활지침

보건복지부는 2009년 임신·수유부를 위한 식생활지침을 발표한 바 있다. 임신·수유부를 위한 식생활지침은 '2010 국민건강증진 종합계획' 중 가임기 여성의 식생활 관련 목표 및 추진 현황을 토대로 국민건강영양조사 자료를 분석하여 이용하였으며, 미국 IOM(Institute of Medicine)의 임신 중 체중증가 관련 권

표 2-33 임신 각 분기별 식사지도의 특징

임신분기	식사지도
임신 1/3분기	• 각종 영양소의 필요량이 비임신기와 큰 차이 없음 • 태아의 주요 기관과 조직들이 형성되므로 필요한 영양소들이 결핍되지 않도록 주의 • 입덧이나 음식의 기호 변화에 의한 편식 주의
임신 2/3분기	• 적정 체중 증가가 이루어지도록 균형 있는 식사 섭취 • 빈혈 예방을 위한 식사 • 특히 붉은 살코기, 어패류, 녹황색 채소, 우유 및 유제품 충분히 섭취 • 단순당질이나 지방의 섭취 제한
임신 3/3분기	• 태아의 성장 속도가 가장 빠른 시기 • 소화불량, 가슴앓이, 변비 예방을 위한 식사 • 자극성 있는 음식이나 찬 음료는 설사를 유발할 수 있으므로 제한 • 임신기 고혈압 예방을 위한 적정 나트륨 섭취

고사항, 미국 · 캐나다 보건복지부의 임신 · 수유부를 위한 식생활지침, 등푸른 생선 등의 섭취 가이드를 참고하여 선정하였다.

표 2-34 임신 · 수유부 식생활지침

목표	실천지침
우유 제품을 매일 3회 이상 먹자.	• 우유를 매일 세 컵 이상 마십니다. • 요구르트, 치즈, 뼈째 먹는 생선 등을 자주 먹습니다.
고기나 생선, 채소, 과일을 매일 먹자.	• 다양한 채소와 과일을 매일 먹습니다. • 생선, 살코기, 콩 제품, 달걀 등 단백질 식품을 매일 한 번 이상 먹습니다.
청결한 음식을 알맞은 양으로 먹자.	• 끼니를 거르지 않고 식사를 규칙적으로 합니다. • 음식을 만들 때는 식품을 위생적으로 다루고 먹을 만큼만 준비합니다. • 살코기, 생선 등은 충분히 익혀 먹습니다. • 보관했던 음식은 충분히 가열한 후 먹습니다. • 식품을 구매하거나 외식할 때 청결한 것을 선택합니다.

(계속)

목표	실천지침
짠 음식을 피하고, 싱겁게 먹자.	• 음식을 만들거나 먹을 때는 소금, 간장, 된장 등 양념을 적게 사용합니다. • 국물은 싱겁게 만들어 적게 먹습니다. • 김치는 싱겁게 만들어 먹습니다.
술은 절대로 마시지 말자.	• 술은 절대로 마시지 않습니다. • 커피, 콜라, 녹차, 홍차, 초콜릿 등 카페인 함유식품을 적게 먹습니다. • 물을 충분히 마십니다.
활발한 신체활동을 유지하자.	• 임신부는 적절한 체중 증가를 위해 알맞게 먹고 활발한 신체활동을 규칙적으로 합니다. • 산후 체중조절을 위해 가벼운 운동으로 시작하여 점차 운동량을 늘립니다. • 모유 수유는 산후 체중조절에도 도움이 됩니다.

자료: 보건복지부, 2009.

3) 임신기의 운동

의학적 · 산과적 합병증이 없는 건강한 임신부의 경우 운동의 강도나 양을 어느 정도로 제한하여야 한다는 보고는 아직 없으나 임신으로 인한 고혈압, 태아 성장 저해 등을 비롯하여 운동이 위험요소가 되는 경우에는 이를 삼가야 한다. 또한 심혈관질환, 갑상선질환 및 고혈압 등의 만성적 질환이 있는 경우에는 전문가와 운동시행 여부 및 강도 등을 상의해야 한다

더 알아보기 임신부를 위한 정부 대책

• 제3차 국민건강증진 종합계획(2011~2020)

보건복지부는 "온 국민이 함께 만들고 누리는 건강세상"을 비전으로 2011년 제3차 국민건강증진 종합계획(Health Plan 2020)을 발표하였다. 총 32개의 중점과제 중 20번째 중점과제인 모성건강 항목에서는 저출산 경향이 지속되는 가운데 향후 인구의 자질 향상을 위해 지속적인 모성건강에 대한 정책을 강화하기 위해 다음과 같은 사업을 계획하였다.

항목	중점과제 20. 모성건강
목적	모성의 건강행위 실천과 주산기 관리를 강화하여 임신부 및 태아의 건강위험요소를 사전 예방함으로써 건강한 출산을 도모하고 장애발생을 최소화하며 모성의 사망률을 감소시킴
목표	○ 임신부 사망률을 감소시킴 • 모성사망률(출생10만 명당)을 2008년 15명에서 2020년 9명으로 감소 ○ 임부의 고위험 요인을 예방하고 조기발견 치료 • 임신 8주 이내 산전검진율을 2009년 93.6%에서 2020년 97.0%로 감소 • 임부 빈혈률을 2009년 54.8%에서 2020년 30.0%로 감소 ○ 제왕절개분만 비율을 30%로 감소 유지 • 2008년 36.9%에서 2020년 31%로 감소 ○ 원치 않는 임신으로 인한 인공임신중절 경험률 감소 • 인공임신중절 경험비율을 2009년 26.0%에서 2020년 15%로 감소 • 피임실천비율을 2009년 80.0%에서 2020년 90%로 증가
사업	○ 분만 취약지역의 단계적 해소를 위한 지역별 맞춤형 지원 및 공공투자 확대 • 찾아가는 임산부 검진 서비스 • 분만 취약지역별 거점 산부인과를 지정하여 시설 및 운영비 지원 ○ 고령임신 및 고위험 임산부 건강관리 강화 및 공적지원 확대 • 임신 · 출산 진료비(e-바우처) 지원 확대 • 임신 · 출산 · 육아 정보제공사업 강화 • 마더세이프프로그램 운영으로 태아 기형 예방 • 임산부 철제 지원사업 확대 • 고령산모 등에 대한 엽산제 지원 신설로 기형아 출생률 감소 도모 • 산모 · 신생아 도우미 지원사업 확대 ○ 산전 · 산후 건강관리 표준 가이드라인 개발 및 보급 • 산전 · 산후 진찰 표준 가이드라인 개발 보완 • 표준 산모수첩 제작 · 배포

사업	○ 불임(난임) 부부 임신 및 출산을 위한 의료적, 사회적 지원체계 구축 • 난임 부부의 보조생식시술 의료비 지원 확대: 체외수정 시술비 지원금액 및 지원횟수 확대 ○ 청소년 생식건강 증진 • 청소년 생식건강수준에 대한 정기적 통계 생산체계 구축 • 안전방법 등 생식건강 정보를 제공하기 위한 온라인용과 스마트폰용 소프트웨어를 개발하여 무료 보급 • 취약대상 가구에 대한 피임도구의 무료 보급 • 위기임신 전문상담 핫라인 구축 • 불법 인공임신중절 시술기관에 대한 신고체계 마련

• 임신부 영유아 영양지원 프로그램(영양플러스 사업)

영양플러스 사업은 보건복지부에서 시행하고 한국건강증진재단에서 지원하는 사업으로서 영양상 위험이 큰 임산부와 영유아의 건강유지에 필요한 영양교육을 실시하고, 필수영양소를 식품형태로 지원하여 영양위험군인 임산부 및 영유아의 영양문제를 해결하여 평생 건강유지의 틀을 확보하고자 하는 것이다. 2008년부터 시작하여 현재 전국으로 확대하여 시행하고 있다.

① 사업대상

분 류	사업대상
상분류	만 6세(72개월) 미만의 영유아 또는 임신·출산·수유부(한국인을 포함한 다문화가정 포함)
거주기준	사업운영 보건소별 관할지역 내 거주
소득수준	가구 규모별 최저생계비 대비 200% 미만(필요서류 구비 및 확인절차 필요)(최저생계비 대비 120~200%인 경우 보충식품비의 10% 자부담)
영양위험 요인	빈혈, 저체중, 성장부진, 영양섭취상태 불량 등 한 가지 이상의 영양위험요인 보유자

② 사업내용

- 각 대상별 특성에 따른 식생활교육 및 영양교육 및 상담
- 영양보충식품 제공: 식생활에서 부족한 영양소를 보충하기 위한 식품으로 구성된 보충식품을 제공하며 계절 및 대상자의 특성에 따라 대체식품 제공 가능
- 정기적인 영양평가

참고문헌

구재옥, 김정희, 변기원, 손정민, 이정원, 이종현, 최영선(2011). 생활주기영양학. 파워북.

김숙희(2007). 취약계층의 카페인 일일권장량의 설정에 관한 연구. 식약청 용역연구개발사업보고서.

김은경, 남혜원, 박영심, 명춘옥, 이기완(2011). 생애주기영양학(제4판). 신광출판사.

노만 크레츠머, 마이클 짐머만 저, 임현숙 외 역(2000). 발달의 관점에서 본 생애주기영양학. 교문사.

민혜선, 장경자, 권오란, 이선영, 이홍미, 김현아(2011). 인체생리학. 양서원.

보건복지부(2009). 임신 · 수유부를 위한 식생활 실천지침.

보건복지부(2011). 제3차 국민건강증진종합계획(2011~2020).

이연숙, 이현숙, 안홍석, 장남수(2011). 생애주기영양학(제3판). 교문사.

이현옥, 오세인, 조혜경, 최미경, 김미현(2011). 생애주기영양학. 교문사.

한국영양학회(2010). 한국인 영양섭취기준 개정판.

Beattie, JO(1992). Alcohol Exposure and the Fetus. *European Journal of Clinical Nutrition*, 46(Suppl 1), S7-17.

Brown, JE, Isaacs, JS, Krinke, B, Lechtenberg, E, Murtaugh, MA, Sharbaugh, C, Splett, PL, Stang, J & Wooldridge, NH(2011). *Nutrition through the life cycle* (4th ed.). Belmont, CA: Wadsworth, Cengage Learning.

CDC(1989). CDC criteria for anemia in children and child bearing-aged women. *Morbidity and Mortality Weekly Report*(MMWR), 38(22), 400-404.

Clapp, JF, 3rd(1994). A clinical approach to exercise during pregnancy. *Clinical Sports Medicine*, 13(2), 443-458.

Irani, RA & Xia, Y(2011). Renin angiotensin signaling in normal pregnancy and preeclampsia. *Seminars in Nephrology*, 31(1), 47-58.

Jung-Choi, KH, Khang, YH & Cho, HJ(2011). Hidden female smokers in Asia: a comparison of self-reported with cotinine-verified smoking prevalence rates in representative national data from an Asian population. Tobacco Control, (Epub ahead of print).

Kretchmer, N & Zimmermann, M(1997). *Developmental Nutrition*. Boston, MA: Allyn & Bacon.

Moore, KL & Persaud, TVN(1998). *The Developing Human: Clinically Oriented Embryology*(6th ed.). Philadelphia, NY: W.B. Saunders Company.

Phelps, RL, Metzger, BE & Freinkel, N(1981). Carbohydrate metabolism in pregnancy. XVII. Diurnal profiles of plasma glucose, insulin, free fatty acids, triglycerides, cholesterol, and individual amino acids in late normal pregnancy. *American Journal of Obstetrics & Gynecology*, 140(7), 730-736.

Pitkin, RM(1976). Nutritional support in obstetrics and gynecology. *Clinical Obstetrics and Gynecology*, 19, 489-513.

Rasmussen, KM & Yaktine, AL(2009). *Weight Gain During Pregnancy: Reexamining the Guidelines*. Washington, D.C.: The National Academies Press.

Worthington-Roberts, BS & Williams, SR(2000). *Nutrition throughout the life cycle*(4th ed.). Boston, MA: McGraw-Hill.

서울대학교 의학정보센터 http://www.snuh.org/

한국건강증진재단 http://www.khealth.or.kr/

단원정리

- 임신기 영양은 임신 전 과정 동안 임산부의 건강은 물론 정상적인 태아의 성장과 발달을 위한 영양관리를 의미한다.
- 임신기의 부적절한 영양관리는 임산부의 질병 발생, 태아의 성장 지연, 선천성 기형 유발, 유산, 조산, 사산 등의 부정적인 결과를 초래한다.
- 월경주기는 매월 성숙된 난자 1개를 생성하여 배란이 가능하게 하는데 월경주기는 시상하부, 뇌하수체 및 난소에서 분비된 호르몬들 간의 복잡한 상호작용에 의해 조절된다.
- 태반은 태아와 모체 사이의 영양소와 노폐물 운반, 영양소의 조절, 호르몬 분비, 태아 보호 역할 등을 수행한다.
- 태반을 통한 영양소 이동기전은 복합적이면서 잘 조절된 과정으로 단순확산, 촉진확산, 능동수송 및 음세포작용 등의 방법으로 영양소가 이동한다.
- 임신기간 중 모체는 수정란의 착상, 태반의 발달 및 태아의 성장으로 인해 많은 생리적 변화를 겪는데 이러한 변화는 모체와 태아의 영양요구량을 충족하여 태아의 정상적인 성장을 유지하고 분만 후 성공적인 수유를 준비하기 위한 것이다.
- 임신기의 체중 조절은 태아와 모체가 최적의 영양상태를 유지하기 위해서 매우 중요하다. 따라서 체중 증가 정도는 성공적인 임신결과를 예측하는 주요 인자이다.
- 임신 중 흡연, 알코올, 커피나 다른 카페인음료 등은 태아의 성장에 직 · 간접적으로 영향을 줄 수 있으므로 피한다.
- 임신기에는 정상적인 임신의 유지와 건강한 태아의 성장을 위하여 적절한 양의 영양이 공급되어야 한다. 임신기의 영양섭취기준은 가임기 여성(19~49세)의 영양섭취기준에 임신기에 추가로 공급해야 하는 영양소의 양이 설정되었다.
- 임산부는 비임신 여성에 비해 에너지의 추가량은 16~21% 정도이지만 단백질, 비타민 D, 비타민 B_6과 엽산 · 철 · 칼슘 등의 무기질은 많게는 100%까지 더 섭취할 것을 권장하고 있다. 따라서 임신기에는 에너지는 높지 않으면서 단백질과 비타민, 무기질을 풍부하게 함유한 다양한 식품을 골고루 섭취하는 것이 좋다.
- 청소년 임신, 고령 출산의 증가 등 사회적 변화는 고위험 임신을 증가시키는 요인이다.

더 생각해 보기

Q1 만약 당신이 보건소 영양사라면 보건소를 방문한 임산부가 아래와 같은 질문을 했을 때 어떻게 상담하겠는가?

1. 임신 중에 커피를 마셔도 될까요?

2. 종합 비타민 · 무기질 영양제를 먹어야 하나요?

3. 아기 낳고 나서 하루 빨리 처녀 때 날씬한 몸매로 돌아가려면 임신 중에 먹는 것과 운동은 어떻게 해야 할까요?

Q2 임신 · 수유부를 위한 식생활지침의 항목을 정리해 본 후 이 항목들이 지침으로 선정된 배경에 대해서 알아보자.

마무리

태아의 건강을 위해 임산부는 과연 어떤 음식을 먹어야 할까요?

수유기 영양

1. 수유기의 중요성

2. 수유기의 생리적 특성

3. 수유기 영양 · 식생활행동 및 문제점

4. 수유기 영양섭취기준

5. 수유 관련 건강문제

6. 수유기 건강증진 방안

CHAPTER 3

생각열기

포유류인 인간에게 있어 모유수유는 가장 자연스런 영양 공급방법이다. 수천 년 동안 인간은 모유수유를 해왔으며, 모유의 조성은 인간의 요구에 맞춰 같이 진화된 최상의 영양원이다. 뿐만 아니라 한 개인 내에서도 영아가 성장함에 따라 모유의 조성 및 분비량은 자연스레 변화하며 영아에게 필요한 모든 영양소를 공급한다. 심지어 영아가 젖을 먹을 때마다 시간에 따라 영양소 조성이 변하는데, 젖을 거의 다 먹어갈 무렵이 될수록 지방 함량이 높아져 영아를 배부르게 하고 기분 좋게 잠이 들 수 있도록 유도한다. 이처럼 신비하고 완벽한 음식이 또 어디 있을까?

석기시대

중세

현대

최근 들어 모유수유의 장점에 대한 과학적인 근거가 더욱 많이 밝혀지고, 모유수유를 권장하는 사회 분위기의 조성으로 인해 우리나라 산모의 모유수유율이 증가하는 추세에 있다. 하지만 아직 모유수유율이 가장 높은 유럽 국가의 수준에는 미치지 못하고, 모유수유 기간이 짧으며, 취업여성의 모유수유 환경이 좋지 못한 점 등 개선해야 할 것이 많이 남아 있다. 성공적인 모유수유를 위해서는 산모 개인의 모유수유에 대한 신념과 관련 지식은 물론, 남편과 가족 및 동료들의 적극적인 지지, 사회와 직장의 배려와 모유수유를 지원하고 권장하는 다양한 정책 등 다각적인 노력이 필요하다. 우리나라에서는 제3차 국민건강증진종합계획(HP2020)에서 2020년까지 6개월 완전모유수유 실천율을 60%로 향상시키고, 직장 내 모유수유실 설치 증가와 보건소 모유수유클리닉 운영 등을 주요 목표 사업으로 설정하였다.

1. 수유기의 중요성

1) 수유기 영양의 중요성

수유기의 바람직한 식생활은 영아의 적절한 성장과 모체의 산후 회복 및 건강 유지를 위해 매우 중요하다. 대체로 수유기의 에너지 및 각 영양소 요구도는 매우 높은 편이다. 이는 수유부가 모체의 영양소 요구량과 영아의 성장을 위해 모유로 분비되는 영양소 요구량을 동시에 충족시켜야 하기 때문이다. 출생 후 첫 6개월간 영아의 성장속도는 매우 빠르며, 완전모유수유를 하는 경우 이때 필요한 영양소를 모두 모유로부터 공급해야 한다. 따라서 일부 영양소를 제외한 대부분의 영양소 필요량은 임신기의 필요량과 같거나 오히려 더 많아진다. 하지만 수유부의 영양소 섭취량이 모유의 조성에 그대로 반영되는 것은 아니며, 수유부의 지나친 에너지 섭취의 증가 및 영양적으로 불균형한 식사는 여러 건강 문제를 유발할 수 있다. 따라서 수유기의 생리적 변화와 그에 따른 영양요구도의 변화, 수유기에 적합한 식생활, 수유기의 영양 · 건강 관련 문제 및 이에 대한 대처법 등을 이해하는 것이 필요하다.

2) 모유수유의 중요성

(1) 영아의 이득

모유는 영아의 적절한 성장과 발달을 위한 최상의 맞춤 식품이며 질병 예방, 인지기능 발달, 정서적 안정감 등 영아에게 다양한 이득을 제공한다.

① 적절한 영양 공급

모유에는 영아의 성장과 발달에 필요한 다양한 영양 성분이 빠짐없이 그리고 알맞은 비율로 구성되어 있다. 모유 성분의 영양적 우수성은 여러 연구를 통해 잘 알려져 있으며, 그 주요 특징은 다음과 같다.

- 모유의 에너지, 지방, 유당의 함유량은 영아의 적절한 성장에 필요한 양과 잘 부합한다.
- 모유의 단백질 함유량은 우유에 비해 낮은 편으로, 아직 완전히 성숙되지 않은 영아의 신장 부담을 덜어준다. 우유에 비해 부드럽고 잘 소화되는 형태인 유청단백질의 함유량이 높다.
- 필수지방산의 함유량이 풍부하다. 또한 DHA가 함유되어 있어 두뇌 발달을 촉진한다.
- 무기질은 대부분 단백질에 결합되어 있어 생체흡수율이 높다.

② 면역 증진 및 질병 예방

모유에는 대식세포, 백혈구, 항체, 라이소자임, 락토페린, 비피더스인자 등의 면역 성분이 함유되어 있으며, 특히 초유에 높은 농도로 존재한다. 모유 속 항체로는 분비성 면역글로불린 A(secretory immunoglobulin A, sIgA)가 가장 많은데, 엄마 몸에서 만들어진 항체가 모유로 분비된 것으로 엄마의 면역력을 영아에게 전달하는 경로가 된다. 모유의 면역 성분은 구토, 설사, 중이염, 폐렴 등 각종 감염성 질환으로부터 영아를 보호한다. 따라서 감염성 질병의 발병이 높은 저개발국에서 모유수유는 영아 유병률 및 영아 사망률을 낮추는 효과적인 수단이 된다.

분비성 면역글로불린 A
분비액에서 발견되는 면역 단백질로서, 감염으로부터 체내 점막 표면을 보호함. 특히 초유에 많이 포함되어 있음

또한 모유수유는 아토피 피부염, 식품 알레르기, 알레르기성 호흡기 질환 등

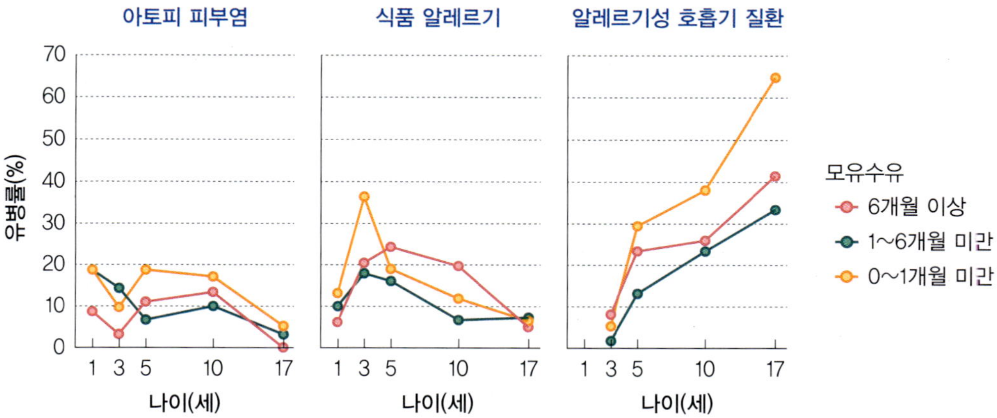

그림 3-1 **모유수유 기간에 따른 알레르기 질환 유병률(17세까지의 추적 조사)**

자료: Saarinen, UM et al., 1995.

각종 알레르기성 질환의 위험을 낮추는데, 이들 질병에 대한 예방 효과는 모유수유 당시뿐만 아니라 성인기까지 지속될 수 있다(그림 3-1). 이밖에 모유수유아는 인공영양아에 비해 영아돌연사증후군(Sudden Infant Death Syndrome, SIDS)과 제1형 당뇨병, 염증성 장질환, 소아지방변증, 특정 형태의 암 등의 만성 질병의 위험도를 낮춘다는 연구 보고가 있다.

영아돌연사증후군(SIDS)
건강하던 아기가 잠든 후, 갑자기 뚜렷한 이유 없이 사망하는 경우를 말함. 12개월 미만 영아사망의 주요 원인 중의 하나임

③ 인지기능 발달

두뇌는 영아기 동안 매우 빠른 속도로 발달하는데, 모유 내 지방산은 두뇌 발달을 촉진하는 역할을 한다. 실제로 모유수유아는 인공수유아에 비해 지능지수나 다른 인지능력 수치가 더 높다는 연구결과들이 발표되었다. 이러한 차이는 모유수유 기간에 비례해서 증가하며, 저체중아에서 더욱 두드러지게 나타난다.

(2) 모체의 이득

엄마들이 모유수유를 결심하는 이유는 대개 영아에게 좋을 것이라는 믿음 때문이다. 하지만 모유수유는 영아뿐만 아니라 엄마에게 정서적 · 신체적 · 경제적으로 많은 이득을 준다.

① 심리적인 면

모유수유 동안 신체적 접촉은 영아와 엄마 간의 친밀한 유대관계 형성을 도와준다. 이를 통해 엄마는 영아의 요구나 행동의 작은 변화에도 민감하게 대처할 수 있다. 또한 영아와의 신체적 · 심리적 교감을 통해 엄마는 만족과 기쁨을 느끼며 정서적으로 안정감을 얻는다. 모유수유를 하는 산모는 인공수유 산모에 비해 산후우울증이나 불안감을 덜 느끼고 영아와의 친근감이 더 높다.

② 건강적인 면

모유수유 시 분비되는 옥시토신은 자궁수축을 촉진하므로 산후 출혈을 줄여주고 자궁을 원래의 크기로 되돌리는 것을 도와 산후 회복을 빠르게 한다. 또한 모유 생산을 위해서는 많은 양의 에너지가 필요하므로 출산 후 체중 감소에도 도움이 될 수 있다. 좀 더 장기적인 건강 이득으로 유방암과 난소암의 발병 위험을 낮춘다.

한편 모유수유는 배란을 지연시켜 다음 임신을 늦추는 효과가 있다. 이는 젖

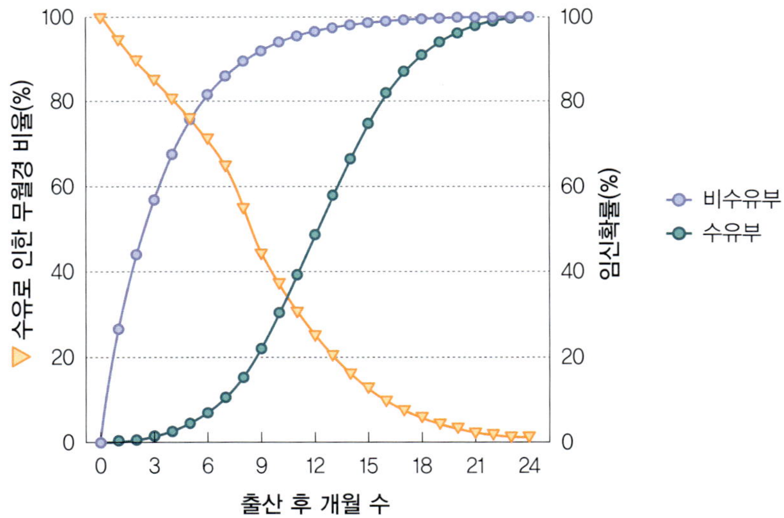

그림 3-2 **모유수유 중의 임신 확률**

자료: Short RV et al., 1991.

빨기 자극이 시상하부에서 생식인자분비호르몬(gonadotropin-releasing hormone)의 분비를 억제하여 뇌하수체의 황체호르몬 분비를 감소시키기 때문이다. 하지만 모유수유의 의존 정도, 횟수 및 시간에 따라 배란이 억제되는 정도가 달라지며 완전한 피임방법은 아니다.

③ 경제적인 면

모유수유는 경제적이다. 적절히 균형 잡힌 식사를 한다면, 모유의 생산을 위해 특별히 식이를 바꿀 필요가 없다. 또한 우유병, 젖꼭지, 소독장비, 분유 등이 필요하지 않아 부가 비용이 적다.

2. 수유기의 생리적 특성

1) 수유기의 생리적 변화

(1) 유방의 성장과 발달

유방은 다른 신체기관과는 달리 출생 당시 발달이 다 이루어지지 않는 기관이다. 유방의 성장과 발달은 태아기, 사춘기, 임신기 및 수유기에 걸쳐 단계적으로 이루어지고, 이 과정에서 유방은 크기와 기능이 크게 변하며 최종적으로 모유의 생성과 분비에 적합한 구조를 갖추게 된다.

① 유방의 구조

성숙한 유방은 유선엽(lobe)이 결체조직과 지방조직 사이에 분포한다. 유선엽은 유포(alveoli)와 유관(duct)으로 이루어져 있으며, 결체조직은 유방의 구조를 지지해 주고, 지방조직은 유방을 외부의 충격으로부터 보호한다. 유선엽의 발달은 유즙의 생성 및 분비기능과 밀접한 관련이 있는 반면, 결체조직이나 지방조직의 크기는 유즙 생성량에 직접적인 영향을 미치지 않는다. 따라서 유방의 크기가 작거나 크다고 해서 모유 생성량이 달라지지는 않는다. 일반적으로 각 유방에는 약 15~20개의 유선엽이 있고, 각 유선엽은 20~40개의 소엽으로 이루어지며, 소엽은 다시 10~100개의 유포가 모여 구성된다(그림 3-3).

유방의 기능적 단위는 유포이다(그림 3-3-C). 각 유포는 미세유관의 끝에 위치하고 있으며, 여러 개의 모유 분비세포가 모여 있어 모유의 생성 및 분비를 담당한다. 분비세포는 근상피세포가 둘러싸고 있어 수축 시 유포의 내강에 모여 있던 모유가 미세유관으로 분비되도록 한다. 미세유관은 나뭇가지 모양으로 분포하며 다시 큰 유관으로 합쳐지고 유방의 중심부인 유두로 이어진다. 유두에는 여러 개의 구멍이 있어 모유의 출구 역할을 한다.

근상피세포
유즙분비세포를 둘러싸고 있는 수축성 상피세포. 유즙분비세포에서 합성된 유즙이 미세유관으로 분비되는 데 관여함

유두의 주위에는 지름 1.5~2.5 cm 원형의 착색된 유륜(areola)이 있다. 유두와

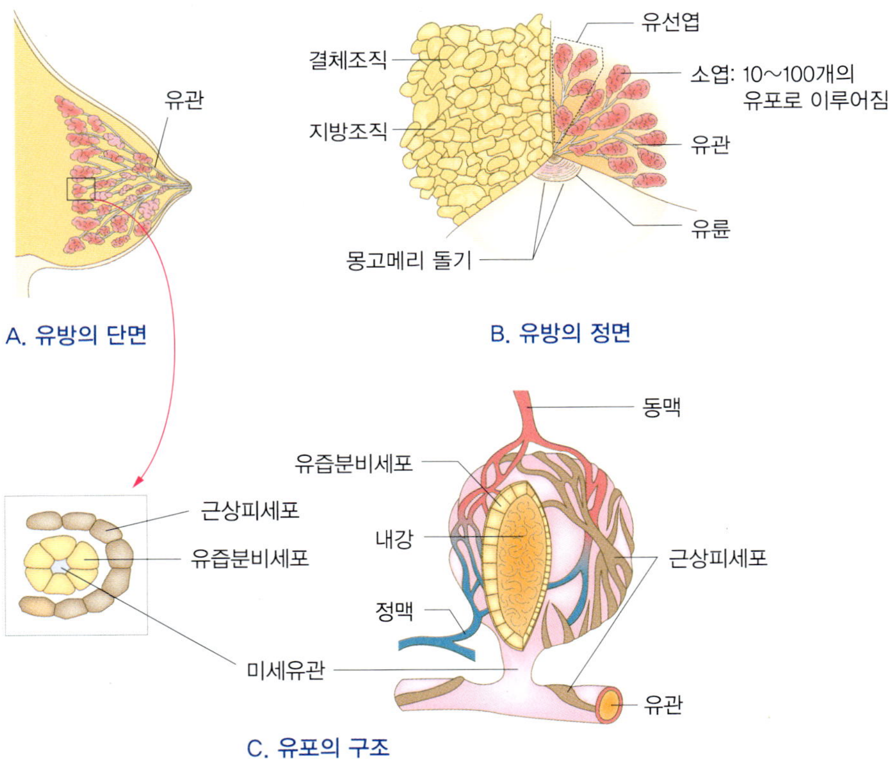

그림 3-3 유방의 해부학적 구조

자료: Lawrence et al., 2011.

유륜에는 평활근 섬 다발이 있어 수축되면 유두를 단단하고 더욱 튀어나오게 하여 영아가 젖을 무는 것을 도와준다. 유륜조직 밑에는 몽고메리돌기라는 분비조직이 위치한다. 이곳에서 분비되는 물질은 유두를 부드럽게 하여 유두를 보호한다. 뿐만 아니라, 휘발성 성분을 지녀 영아의 후각신경을 자극함으로써 유두를 찾기 쉽게 하고 젖 먹는 것을 촉진한다. 또한 유륜에는 유방의 다른 부위에 비해 감각신경 말단이 더 많이 갈라져 분포하여 각종 자극에 가장 예민하게 반응한다.

② 유방의 발달 단계

유방은 태아기의 매우 초기에 발생이 시작되는데 임신 4주째 원시 유선이 발생하며 이후 태아기 동안 유방조직의 발달이 계속된다. 임신이 진행되는 동안 모체의 태반 호르몬이 태아에게 전달되면서 유관의 형성이 촉진되고, 출생 무렵이 되면 유두와 유륜이 더욱 발달한다. 이때의 유방은 소량이지만 유즙을 생성하고 분비할 수 있는 구조를 갖고 있어 출생 후 2~3일간은 유즙 같은 액('기유'라 불림)을 분비하기도 한다. 하지만 이러한 신생영아의 현상은 오래 지속되지 않으며, 유방조직의 발달은 유영아와 아동기 동안 휴지기를 거치게 된다.

사춘기의 시작과 더불어 난소의 성숙으로 에스트로젠과 프로게스테론의 주기적 분비가 증가하면서 유방의 성장과 발달이 다시 시작된다. 월경주기마다 관조직의 증식과 성장이 난포기와 배란기에 일어나며, 황체기 후반에 프로게스테론 분비가 최고조에 이르면서 유방조직의 발달은 더욱 활발해진다. 이 시기에는 관조직의 발달과 함께 관조직을 둘러싸고 있는 결체조직과 지방조직의 증가, 유포의 발달, 유두의 성장 및 색 변화가 일어난다. 일반적으로 초경 후 12~18개월이 되면 성숙한 형태의 유선엽-유관-유포 구조를 갖추게 된다(그림 3-4).

임신이 되면 모유 분비를 준비하기 위해 유방조직의 크기와 무게가 크게 변한다. 평소 150~200 g 정도이던 유방 무게가 임신기 후반에는 400~500 g 정도로 늘어난다. 또 유륜의 지름이 커지고, 유두가 좀 더 뺏뺏해지며, 몽고메리돌기가 더욱 커진다. 이는 황체와 태반에서 분비되는 다양한 호르몬들의 분비 증가에 의한 것이다. 즉, 에스트로젠은 주로 관 계통을 증식 · 분화시키며, 프로게스테

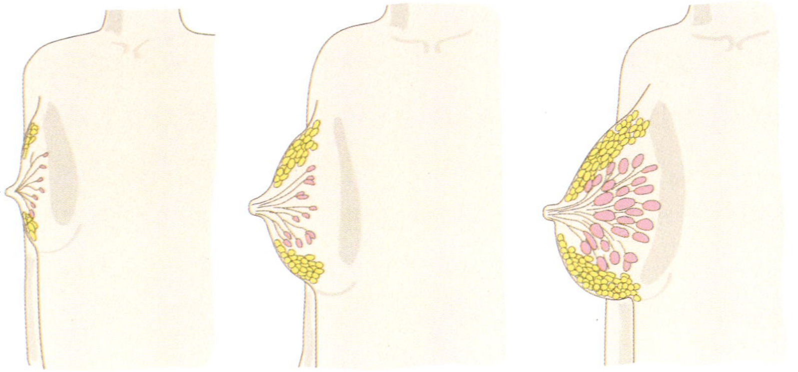

그림 3-4 사춘기부터 임신기 동안 유방조직의 발달

자료: Brown et al., 2011.

론은 유즙을 분비하는 유포와 소엽, 유선엽의 크기를 증가시킨다. 이밖에 인체 태반락토젠(human placental lactogen, hPL)은 유륜의 성장, 프롤락틴은 유두의 성장에 관여하며, 부신피질호르몬(adrenocorticotropic hormone, ACTH)은 프롤락틴과 프로게스테론의 작용을 상승시켜 유방조직의 발달을 촉진한다.

(2) 모유 생성

모유 생성은 출산 후 갑자기 시작되는 것이 아니라 임신기부터 준비가 시작된다. 임신 초반기에는 관 계통의 성장과 증식, 유선엽 증가 등 유방조직의 성장이 주를 이루고, 임신 후반기에는 모유 생성이 시작된다.

모유 생성은 일반적으로 세 단계로 나누어 볼 수 있다.

첫 번째 단계는 모유 생성이 시작되는 단계로 임신 중반기부터 출산 후 초기 며칠에 해당한다. 이 시기에는 분비세포의 활성이 높아지며, 유포는 모유를 축적하여 부푼 형태를 나타낸다. 분비세포에 지방구가 축적되고 모유 내 유당과 단백질 함량이 증가한다. 출산 직후의 모유 분비량은 많지 않다.

표 3-1 **모유 생성의 단계**

모유 생성 단계	주요 특징
1단계 (임신기 중반~출산 후 2~3일)	• 모유 합성 개시 • 모유분비세포(유포)의 분화 • 유당과 단백질 함량의 증가, 지방구의 축적 • 프롤락틴에 의한 모유 생성 자극
2단계 (출산 후 2~5일~출산 후 10일)	• 모유 분비량이 급격히 많아지기 시작함 • 모체의 프로게스테론 분비 저하로 시작됨 • 유포세포의 밀착 결합 • 나트륨, 염소 등의 전해질 감소, 유당과 지방 함량 증가 • 호르몬에 의한 모유 분비 조절에서 모유 요구도(젖빨기)에 의한 조절로의 전환기
3단계 (출산 후 10일 이후)	• 모유의 조성 안정화 • 모유 요구도(젖빨기)에 의한 모유 분비 조절 • 유방의 크기가 출산 후 6~9개월에 감소하기 시작함

자료: Riordan et al., 2010.

모유 생성 2단계는 출산 후 2~5일 무렵 모유의 분비량이 급격히 많아지는 시기로 '젖이 돌기 시작한다'라고 표현하기도 한다. 이 단계는 출산 후 혈중 프로게스테론의 급격한 저하로 시작되며 유방으로의 혈액 이동이 급증하고, 모유 생성량이 많기 때문에 유방은 더욱더 커지고 단단해진다. 이때 영아의 젖빨기와 유방을 비우는 것은 모유의 생성 및 분비를 촉진하는 주요 요인이 된다. 모유의 조성에도 많은 변화가 일어나는데, 모유 내 유당과 지방 함량은 증가하고, 나트륨과 염소 등의 전해질과 단백질 함량은 감소한다.

모유 생성 3단계는 출산 후 10일 무렵부터 시작되고 모유의 조성이 안정화되는 시기이다.

프롤락틴과 옥시토신은 모유 공급을 시작하고 지속하는 데에 주요하게 작용하는 호르몬이다(그림 3-5). 프롤락틴은 뇌하수체 전엽에서 분비되며 모유의 합성을 자극한다. 프롤락틴을 분비하게 하는 주요 인자는 영아의 젖빨기로, 영아가 젖을 빨게 되면 모체 혈액의 프롤락틴 농도가 급격히 증가한다. 임신기 동안

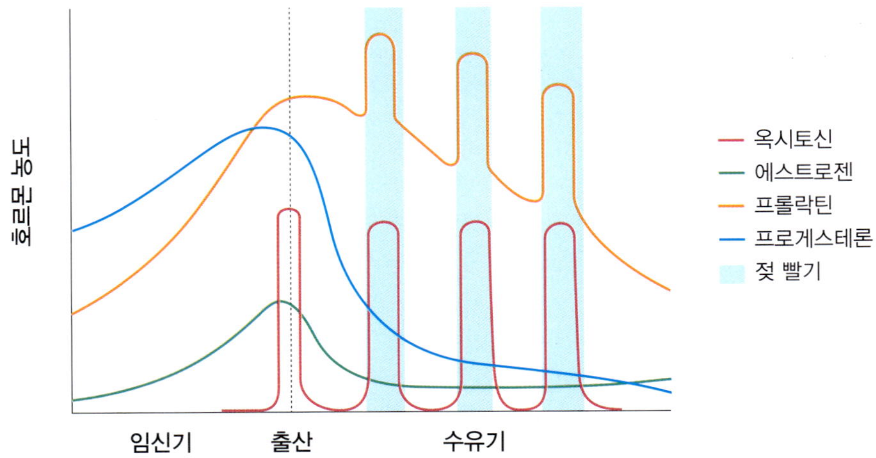

그림 3-5 임신기부터 수유기까지의 호르몬 농도의 변화

자료: Love, 1990.

프롤락틴 억제인자
시상하부에서 분비되는 물질로 프롤락틴의 합성과 분비를 억제함. 프롤락틴 억제호르몬이라고도 불리며, 도파민(dopamin)이 이에 속함

프롤락틴의 활성은 프로게스테론에 의해 억제되다가 출산 후 태반 제거에 의한 프로게스테론 농도의 감소로 인해 프롤락틴의 활성이 높아지고 이에 따라 모유 생성이 증가된다. 이밖에, 임신 말기에는 모유 생성을 억제하기 위해 시상하부에서 프롤락틴 억제인자(prolactin-inhibiting factor)가 분비되어 프롤락틴 활성을 억제한다.

옥시토신도 영아의 젖빨기나 유두 자극에 의해 분비된다. 옥시토신의 주요 기능은 모유 사출이다. 모유 사출 반사는 모유가 유방으로부터 나오는 것을 자극한다. 영아가 젖을 빨면 자극이 신경을 통해 시상하부로 가게 되고, 뇌하수체 후엽에서 옥시토신의 분비를 촉진한다. 옥시토신은 모유 분비세포의 주변에 있는 근상피세포를 수축시킨다. 그 결과, 유포에 머물러 있던 모유가 유두로 나와 영아에게 전달된다. 젖빨기 자극 이외에도 영아의 울음소리를 듣거나 모유수유에 대한 생각만으로도 옥시토신이 분비되어 모유가 분비될 수 있다. 옥시토신은 자궁에도 작용하여 자궁을 수축시키고 원래 상태로 회복하는 데 도움을 준다 (그림 3-6).

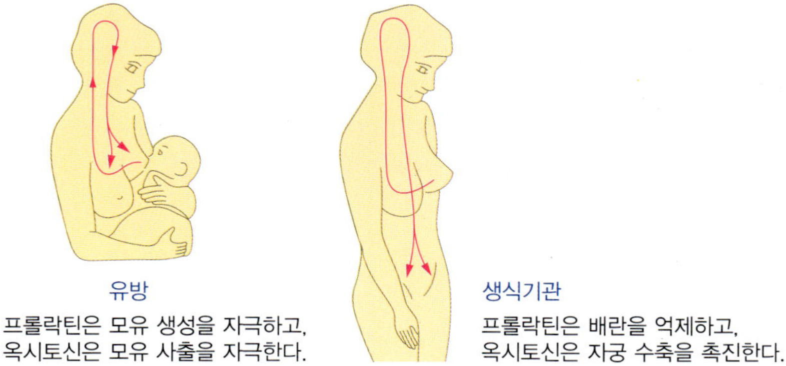

그림 3-6 모유 사출반사

영아가 젖을 빨면 시상하부를 자극하여 옥시토신과 프롤락틴 분비를 촉진시킨다. 이때 분비된 두 호르몬은 모두 유방조직과 생식기관에 작용한다.
자료: Brown et al., 2011.

(3) 모유 분비량

모유 분비량은 수유부마다 달라서 한 아이에게 수유하는 경우 450~1,200 mL까지 매우 다양하다. 일반적으로 출산한 달의 모유 분비량은 하루 약 600 mL이고, 점점 증가하여 출산 후 4~5개월 무렵에는 750~800 mL가 된다. 영아의 무게, 모유의 에너지 함량, 영아의 개월 수 등에 따라 모유 분비량이 달라지며, 쌍둥이나 세쌍둥이 등 요구도가 높아질 때는 모유 분비량이 늘어나고, 모유를 짜는 것도 모유 분비량을 늘릴 수 있다.

이와 같이 모유 분비량은 수유부의 생성 능력보다는 영아의 요구도에 따라 정해진다. 즉, 유방에서 모유를 비우는 행위가 모유를 더 합성하는 신호가 되며, 대부분의 수유부는 영아의 요구도에 맞춰 모유를 생성할 수 있다. 영아가 젖을 빨고 난 후에도 대개 유방에는 약 24%의 모유가 남아 있어, 어느 정도의 모유를 저장할 수 있다. 또한 하루의 모유 생성량은 최대 생성 가능량의 약 64% 정도밖에 되지 않으므로 모유가 더 필요할 때는 모유 합성량이 더 많아질 수 있다.

Q. 엄마의 모유 생성량이 충분한지, 영아가 충분히 젖을 먹고 있는지 어떻게 알 수 있나?

A. 엄마의 몸은 영아의 필요에 따라 모유를 충분히 만들 수 있다. 모유 생성을 자극하도록 각 유방에서 20분씩 매 2~3시간마다 수유를 하면, 영아가 먹을 수 있는 충분한 양의 모유가 만들어진다. 이때 유방은 모유로 채워졌다가 수유 후에는 부드러워지고, 다음 수유할 때까지 다시 모유로 채워지는 것을 반복하게 된다. 영아가 모유를 충분히 먹었는지는 다음과 같이 확인할 수 있다.

- 하루 24시간 내에 6번 이상 기저귀를 적신다.
- 모유를 먹고는 이내 잠을 잔다.
- 하루에 2번 이상 변을 본다.
- 체중이 증가한다.

2) 수유기 영양과 모유 생성

모유 생성에 필요한 영양소는 수유부의 식이와 체내 저장분의 두 가지 급원으로부터 공급된다. 영양소의 공급이 제한적일 경우, 모체는 체내에 저장해 두었던 영양소를 모체 자신의 대사보다는 모유 생성에 우선적으로 사용한다. 그러므로 식이가 심하게 부족하지 않는 한 모유 분비량과 대부분의 조성은 일정하게 유지되며 계속 수유가 가능하다. 하지만 모체의 영양불량 상태가 계속 지속되면 체내 저장분이 고갈되고 모체조직의 소모가 일어난다. 또한 심각한 정도의 모체 영양결핍은 모유 분비량을 감소시키고 일부 모유 조성에 변화를 가져온다.

(1) 수유부 영양과 모유 분비량

영양 상태가 비교적 양호한 경우, 수유부의 영양 상태는 모유 분비량에 큰 영향을 주지 않는다. 예를 들어, 저체중 수유부의 모유 분비량은 정상체중 혹은 비만인 수유부와 비교하여 크게 다르지 않다. 또한 저개발국과 선진국 수유부들의 모유 분비량을 비교해 보면 이들 국가별 수유부의 에너지나 여러 영양소 섭취의 차이가 비교적 큼에도 불구하고 평균 모유 분비량은 비슷하다.

역치(threshold)
자극에 대해 반응을 일으키는 데 필요한 최소한의 자극의 세기

하지만 에너지 섭취 수준이 일정 수준 이하로 내려가면 모유 분비량의 감소를 유발한다(threshold effect, 역치효과). 한 예로 영장류인 비비(baboon)를 이용한 연구에서 사료 섭취량을 평소 섭취량의 80% 수준으로 공급하였을 때에는 유즙

생성량에 유의적인 변화가 없으나, 평소 섭취량의 60% 수준으로 더욱 제한하였을 때에는 유즙 생성량이 유의적으로 감소하였다. 사람을 대상으로 한 연구에서도 비교적 영양 상태가 양호한 수유부의 에너지 섭취를 1,500 kcal 이상, 평소의 2/3 수준으로 1주일간 제한하였을 때 모유 분비량의 유의적 변화는 없었으나, 하루 1,500 kcal 미만으로 에너지 섭취를 제한한 경우는 모유 분비량이 유의적으로 감소하였음이 보고된 바 있다.

한편, 특정 영양소 섭취가 모유 분비량에 영향을 미치는지 여부는 잘 알려져 있지 않다. 저개발국에서의 초기 연구에서 단백질 섭취량과 모유 분비량의 연관성에 대한 보고가 있으나 확실치 않다.

또한 수유기의 충분한 수분의 섭취는 모체의 건강 유지를 위해 바람직하지만 갈증 해소 이상의 여분의 수분 섭취가 모유 분비량을 더 증가시키지는 않는다.

(2) 수유기 영양과 모유 조성

수유부 영양 상태가 모유의 조성에 미치는 영향은 영양소 종류에 따라 다르게 나타난다.

① 에너지, 탄수화물, 단백질

모유의 에너지, 탄수화물, 단백질 함량은 모체의 식이 섭취량 혹은 영양 상태에 의해 별로 영향을 받지 않고 비교적 일정하게 유지된다. 예를 들어, 모체의 단백질 총 섭취량이 낮거나 섭취하는 단백질의 질이 낮은 경우에도 모유의 단백질 함량은 감소하지 않는다. 이는 식이 단백질이 부족한 경우 조직 등 모체의 단백질 저장분으로부터 이동시켜 모유 생성에 사용하기 때문이다. 모유의 단백질 농도는 모체의 식이나 혈청 단백질 농도보다는 영아의 개월 수(출산 후 기간)에 따라 달라진다.

② 지방

모유의 총 지방 함량은 모체의 지방 섭취량에 의해 영향을 받지 않는다. 하지만 모유의 지방산 조성은 모체의 식이 지방산 조성을 반영한다. 식물성 유지 등

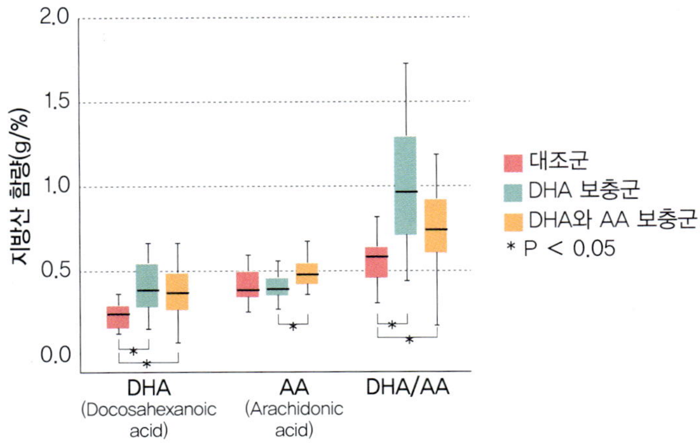

그림 3-7 **수유부에 대한 불포화지방산의 식이 보충이 모유의 불포화지방산 함량에 미치는 영향**

자료: Van Goor et al., 2009.

불포화지방산이 많이 포함된 식이를 하는 경우, 모유 내 불포화지방산 함량이 높다. 특히 모체의 식이에 두뇌기능 발달에 중요한 eicosapentanoic acid(EPA)나 docosahexanoic acid(DHA)를 보충할 경우 모유의 EPA 혹은 DHA 함량을 유의적으로 증가시킨다(그림 3-7).

한편, 모체의 에너지 섭취가 심하게 결핍된 경우 모유의 지방산 조성은 모체 체지방조직의 지방산 조성과 비슷해진다. 이는 에너지 결핍 시 모체의 저장 지방조직이 모유 생성에 사용되기 때문이다. 또한 초저지방 식이로 탄수화물의 섭취 비율이 매우 높은 경우 탄소 16개 미만의 중간 사슬 지방산(medium-chain fatty acid)의 함량이 높아진다.

모유의 콜레스테롤 함량은 모체의 식이와 상관없이 일정하게 유지되며, 모체의 혈중 콜레스테롤 농도가 높은 경우에도 일정량만 분비된다.

③ 비타민

모유의 비타민 함량은 모체의 영양 상태와 식이 섭취량에 따라 민감하게 영향을 받는다. 일반적으로 모체의 특정 비타민 섭취량이 낮은 경우 모유 속의 해당 비타민 함량도 낮아지고, 반대로 모체의 비타민 섭취량이 증가하면 모유의 함량도 증가한다. 모유의 비타민 D 함량은 모체의 식이 섭취량 이외에 햇빛 노출 정도에 따라서도 변한다.

비타민 C, 리보플라빈, 니아신, 비타민 B_6, 비오틴 등 수용성 비타민의 모유 함량은 지용성 비타민에 비해 모체 식이에 더욱 민감하게 반응한다. 그중에서도 모유의 비타민 B_6는 결핍되기 쉬우며, 모체의 식이와 매우 높은 상관관계가 있다(상관관계 계수 R=0.8). 하지만 모유 내 비타민 함량이 일정 수준에 도달하면 식이나 보충제 투여로 섭취량을 더욱 증가시켜도 더 이상의 증가는 없다. 예를 들어, 비타민 C를 하루 90 mg 혹은 250 mg을 섭취한 수유부의 모유를 비교한 결과, 이들의 모유 비타민 C 함량은 비슷하였고, 비타민 C 섭취량을 하루 1,000 mg까지 높여도 모유의 비타민 C 함량의 증가는 미미하다.

예외적으로, 비타민 B_{12}와 엽산은 모체 식이의 영향을 덜 받는다. 이들 비타민은 모유 내에서 유청단백질에 결합되어 있기 때문에 단백질 분비에 관련된 요인(호르몬, 영아 개월 수 혹은 수유기간)들이 모유 함량에 더 영향을 줄 수 있다. 특히 엽산의 모유 함량은 모체의 혈청 및 적혈구 엽산 농도가 낮은 경우에도 감소하지 않으며, 더욱이 수유기간에 따라 모유 함량이 증가한다. 그러므로 수유부의 엽산 섭취량이 부족한 경우 모체의 엽산결핍이 더욱 악화될 수 있다.

④ 무기질

모유의 무기질 함량은 모체의 식이 섭취량에 거의 영향을 받지 않는다. 이는 칼슘, 인, 마그네슘 등의 무기질 혈청 농도가 식이 섭취량에 의해 변하지 않고 일정하게 유지되기 때문이다. 수유부에서 이들 무기질의 섭취가 부족할 경우 혈청 농도가 그대로 유지되어 모유 분비량에는 영향을 주지 않지만, 모체의 영양결핍 위험도는 증가하게 된다.

요오드는 예외적으로 유방조직에 활발하게 축적되며 모체의 요오드 식이 섭취량이 모유 함량에 반영된다. 또한 셀레늄은 항산화효소인 글루타티온 과산화효소의 보조인자 형태로 존재하므로 모체의 지방산 종류와 에너지 섭취 정도에 따라 모유 내 셀레늄 함량이 달라진다.

3. 수유기 영양 · 식생활행동 및 문제점

1) 산후 비만

(1) 산후 비만의 원인과 실태

임신기 동안 증가한 체중은 출산과 동시에 5.5 kg이 바로 감소하며, 이후 이뇨와 발한작용, 자궁의 회복 등으로 더욱 감소한다. 따라서 임신 중 체중 증가가 약 12 kg인 경우에 산후 6~8주가 되면 대략 임신 전 체중으로 회복될 수 있다. 그러나 실제 산후 6주에 임신 전 체중 혹은 그 이하로 돌아가는 여성의 비율은 28% 미만에 불과하다. 출산 후 체중이 임신 전 체중에 비해 높은 것을 산후 체중 저류(weight retention)라고 하는데, 산후 체중 저류는 임신 중 지나친 체중 증가와 함께 산후 비만의 주요 원인이 된다. 산후 체중 저류를 증가시키는 요인으로는 낮은 교육 수준, 낮은 경제력, 높은 임신 전 체질량지수, 분만 횟수의 증가 등이 있다.

출산 후 체중 변화 양상을 살펴보면, 최대의 체중 감소는 출산 후 첫 3개월 동안 일어나며, 이후 3~6개월에 걸쳐 서서히 줄어든다. 반면, 출산 6개월 이후의 체중 변화는 적은 편이며, 체중 감량을 위해서는 의도적인 에너지 섭취 감소 혹은 신체활동량의 증가가 동반되어야 한다. 또한 이 시기의 지속적인 모유수유는 모체의 체지방량 소모에 도움이 될 수 있다. 우리나라 산모의 출산 후 체중 변화를 관찰한 한 연구에 의하면, 출산 후 6주에서 6개월까지는 점차적으로 감소하다가 이후에는 다시 증가하여 평균 5.2 kg까지 증가하는 것으로 나타났다(그림 3-8). 이때 출산 후 12개월의 체중 증가량은 산후 6개월의 체중 증가량과 유의한 상관관계를 나타내었다. 또 다른 외국 연구에서도 출산 6개월 이내에 임신 전 체중으로 회복한 경우는 출산 이후 10년 동안 증가된 체중이 2.4 kg으로 그렇지 않은 경우의 8.3 kg으로 큰 차이를 보였다. 이와 같이 출산 후 초기의 체중 회복은 이후의 체중 감량 및 산후 비만 예방의 성공 여부에 중요한 영향 요인이 된다.

(2) 수유부의 체중 조절

정상체중의 수유부 경우, 출산 후 1개월부터 한 달에 0.5~1.0 kg 정도를 감량

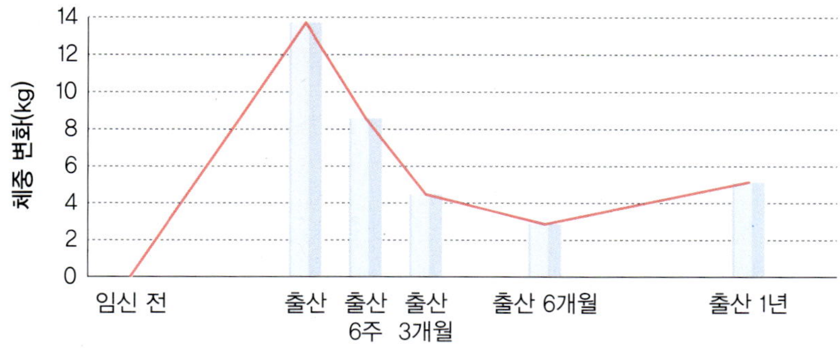

그림 3-8 우리나라 산모의 출산 후 체중 변화

자료: 김상만, 이진 외, 2001; 임정한 외, 2002.

하는 것이 좋다. 과체중 수유부의 경우는 한 달에 2 kg까지 감량할 수 있으며, 이때는 영아의 성장에 영향을 주지 않는지 잘 살펴야 한다. 한 달 2 kg 이상의 감량은 수유부에게 권장되지 않는다.

적정 에너지 섭취를 판정할 때에는 운동량도 함께 고려하며 하루 1,500 kcal 이상 섭취하도록 한다. 출산 후 첫 2~3주 동안의 에너지 섭취 감소가 미치는 영향에 대해서는 잘 알려져 있지 않으므로 이 시기의 식이 조절은 가능한 피하도록 한다.

체중 조절 중에는 단순 당류와 고지방 식품의 섭취 감소를 통해 에너지 섭취를 제한하도록 한다. 또한 칼슘과 각종 비타민과 무기질의 섭취가 부족하지 않도록 저지방 혹은 무지방 유제품과 과일, 채소, 전곡류 식품을 충분히 섭취하도록 한다.

2) 수유부의 영양불량

수유부의 영양 상태를 판정할 때에는 일반 성인에 대한 영양판정 기준과 함께 수유기에 흔히 생길 수 있는 문제들에 중점을 두고 평가한다. 특히 수유기의 높아진 영양소 요구도를 충족함과 동시에, 임신 전 체중으로 회복하기에 적절한 정도의 에너지 섭취가 이루어지는지 관심을 두어야 한다. 따라서 식이 및 보충제 섭취와 신체활동량, 수유에 영향을 미칠 수 있는 질병 여부 등에 대한 정보를 종합적으로 판단하여 영양문제를 진단한다. 수유기의 주요 문제로는 바람직하지 못한 체중 변화, 순수 채식주의자 등의 특정 식이로 인한 비타민 B_{12}의 결핍, 모유 분비량 부족에 대한 걱정 등이 있다.

수유부 중 영양불량이 발생하기 쉬운 위험집단은 다음과 같으며, 이들에 대한 세심한 식생활 관리가 필요하다.

- 10대 수유부: 십대 수유부인 경우 모유 생성에 필요한 영양소 요구량 이외에도 모체의 건강 유지 및 성장을 위해 필요한 영양소 요구도가 높다. 하지만 십대들은 식습관이 별로 좋지 못하다. 따라서 식품 섭취에 대한 자세한 평가가 필요하다. 특히 칼슘 급원식품의 섭취가 부족하지 않은지, 비타민과 식이섬유가 풍부한 과일과 채소의 섭취가 부족하지 않는지 살펴보는 것이 좋다.
- 다태아 수유부: 식욕을 충분히 만족시키는 음식물의 섭취와 부족하지 않은 수분 섭취가 필수적이며 가능한 많은 휴식을 취하는 것이 필요하다.
- 저소득층 수유부: 영양플러스사업 등의 대상자인지 파악하여 도움을 받을 수 있도록 한다.
- 출산 후 지나치게 급격하게 체중 조절을 하거나 특정 식품군의 섭취를 기피하는 경우: 에너지 혹은 특정 영양소의 섭취가 불충분하기 쉬우므로 영양결핍이 되지 않도록 식생활관리에 신경 써야 한다.
- 임신기 동안 체중 증가가 너무 적었던 경우, 출산 후 체중이 이상체중의 85% 미만인 경우: 수유기 동안 영양결핍의 위험이 높으므로 세심한 관리가 필요하다.
- 수유하는 동안 임신한 경우: 이 경우에도 모유수유를 계속할 수 있으며, 음식물과 수분을 충분히 섭취하고, 가능한 많은 휴식이 권장된다.

3) 수유에 영향을 주는 생활습관

(1) 음주

수유부가 섭취한 알코올은 모유를 통해 영아에게 직접 전달된다. 모유의 알

표 3-2 음주 후 모유 알코올 함량이 0이 되는 데까지 걸리는 시간

(시간:분)

수유부 체중(kg)	음주량		
	1잔	2잔	3잔
45.4	2 : 42	5 : 25	8 : 08
54.4	2 : 40	5 : 00	7 : 30
63.5	2 : 19	4 : 38	6 : 58
72.6	2 : 10	4 : 20	6 : 30
81.6	2 : 01	4 : 03	6 : 05

자료: E. Ho et al., 2001.

코올 농도는 모체의 혈중 알코올 농도와 비슷한 수준으로 분비되는데, 수유부가 음주한 지 30~60분에 최고에 도달한다. 이때 모유를 짜서 버린다고 해도 모유의 알코올 함량이 바로 낮아지지는 않으며, 모체 혈중 알코올 농도가 지속되는 한 모유로의 알코올 분비는 계속된다.

모유를 통해 알코올에 노출된 영아는 젖 먹는 양이 감소하고, 운동기능 발달에 영향을 받는다. 또한 수면 패턴이 달라지고 램(REM) 수면이나 총 수면시간이 줄어든다. 또한 알코올 섭취는 수유부의 호르몬 조성을 변화시킨다. 특히 수유부의 옥시토신 분비가 줄어들어 모유 분비량이 적어지고 사출반사가 억제된다.

일반적으로 수유부는 음주를 하지 않는 것이 가장 안전하다. 하지만 수유기간 중 지나친 여러 가지 제약은 모유수유를 오래 지속하는 데에 오히려 방해가 될 수 있다. 그러므로 모유 분비에 지장을 주지 않는 정도의 가벼운(1~2잔 정도) 음주를 가끔씩 하는 것은 허용하도록 한다. 이때는 음주와 수유의 시간 간격을 최대한 멀리하여, 모체의 혈중 알코올이 완전 제거된 뒤 수유를 하는 것이 좋다. 표 3-2에는 모체의 체중과 음주량에 따라 알코올이 모유에 더 이상 분비되지 않는 데까지 걸리는 시간을 나타내었다. 예를 들어, 체중 55 kg인 여성이 맥주 2캔을 마신 경우, 음주 후 최소 5시간이 지난 후에 수유를 하는 것이 좋다.

(2) 흡연

수유부가 흡연을 하거나 담배 연기에 노출된 경우, 담배의 니코틴이나 이산화탄소, 시안화물 등이 모유를 통해 영아에게 전달될 수 있다. 니코틴은 모유 생성량을 저하시키고 옥시토신 분비를 낮춰 모유 사출반사를 방해한다. 수유부의 흡연은 영아의 성장 저해, 호흡기질환 증가, 영아산통의 증가와 관련되는 것으로 알려져 있다. 또한 모유의 니코틴은 영아의 구토, 호흡이 느려짐, 혈압 증가, 무관심 등을 유발할 수 있다. 보통 모유의 니코틴 농도는 모체의 혈중 농도에 비해 1.5~3배 높으며, 흡연량이 많을수록 모유 속 니코틴 농도가 높아진다. 이와 같이 흡연은 모유수유의 안전에 영향을 주며, 수유부 모체의 건강에도 나쁜 영향을 미치므로 수유부는 금연하는 것이 필요하다. 하지만 흡연을 하고 있는 수유부의 경우에도 모유수유를 계속하도록 권장되고 있다. 이는 모유의 높은 항산화 영양소 함량 및 다른 여러 이로운 점이 니코틴 노출에 의한 위험에 비해 훨씬 더 크기 때문이다.

(3) 카페인

지나치지 않은 수준의 카페인 섭취는 수유부와 영아 모두에게 별다른 문제가 되지 않는다. 커피 1잔에 들어 있는 정도의 카페인 섭취 시 모체의 혈중 카페인 농도의 약 1% 수준 정도만 모유로 배출되므로 영아에게 노출 수준은 높지 않은 편이다. 하지만 3~4개월 이전의 영아는 아직 카페인 분해 능력이 완전히 발달하지 않아서 카페인이 체내에 축적될 수 있다. 카페인 과잉 시 영아가 보이는 증상으로는 잠을 잘 깨거나 과잉행동, 신경질적인 태도 등이 있으며, 수유부가 카페인 섭취를 중단하면 정상으로 회복된다.

일반적으로 하루 2~3잔 정도의 커피 섭취는 영아에게 문제를 유발하지 않는다. 하지만 하루 5잔 이상의 과량의 카페인 함유 음료를 섭취했을 경우에 일부 영아는 좀 더 민감하게 반응할 수도 있다. 따라서 수유부는 카페인 섭취 후 영아의 행동에 변화가 있는지 잘 관찰할 필요가 있다. 카페인은 커피 이외에 차, 청량음료, 초콜릿, 일부 진통제 등에도 함유되어 있다.

4. 수유기 영양섭취기준

수유기의 영양소 필요량은 모유의 분비량과 조성, 그리고 모체의 영양소 요구도와 영양 상태에 따라 결정된다. 한국인 수유부의 영양섭취기준은 모유 분비량 750 mL/일을 기준으로 여기에 포함된 영양소 함량과 이용효율 등을 고려하여 해당 연령대의 비수유부 평균필요량에 대한 추가량을 정하였다. 또한 권장섭취량은 평균필요량에 개인 변이계수를 가산하여 계산한다.

1) 에너지

수유부의 추가 에너지 필요량은 모유 방출 에너지−모체의 체지방조직에서 동원되는 에너지이다. 이때 수유부의 에너지 소비량은 비수유부와 다르지 않은 것으로 간주한다. 이에 따라 1일 모유 방출 에너지(490 kcal/일)는 모유의 에너지 밀도(65 kcal/100 mL)와 모유 분비량(750 mL/일)을 곱한 값이고, 여기에 모체의 체지방으로부터 충족되는 에너지(170 kcal/일)를 차감하여 수유부의 추가 에너지 필요추정량(320 kcal/일)을 설정하였다.

모유로 방출되는 에너지 (모유 에너지 밀도×1일 모유분비량)	모체 지방으로부터의 동원 에너지	수유부의 에너지 소비 변화량	추가 필요추정량
65 kcal/100 mL×750 mL/일 = 490 kcal/일	−170 kcal/일	0	320 kcal/일

2) 단백질, 탄수화물 및 수분

(1) 단백질

단백질 유지 필요량은 비수유부와 같고, 모유 생성에 필요한 단백질은 모유 분비량과 모유의 단백질 함량에 비례하여 증가한다. 여기에 식이 단백질이 유즙 단백질로 전환되는 효율을 고려하여 추가 평균필요량을 계산한다. 따라서 모유의 단백질 함량 12.6 g/L에 모유 분비량 750 mL/일을 곱하여 1일 모유로 분비되는 단백질 양을 9.45 g/일로 보고, 여기에 식이 단백질이 유즙단백질로 전환되는 효율을 47%로 추산하여 추가 평균필요량은 20 g/일로 산출하였다. 여기에 개인 변이계수 12.5%를 적용하여 추가 권장섭취량은 25 g/일로 정하였다.

모유로 방출되는 단백질 (모유 단백질 함량×1일 모유 분비량)	식이단백질 이용효율	추가 평균필요량	추가 권장섭취량
12.6 g/L×750 mL/일 = 9.45 g/일	÷0.47	20 g/일	20 g/일×1.25 = 25 g/일

(2) 탄수화물 및 식이섬유

탄수화물의 영양섭취기준은 설정되지 않았으며, 다만 탄수화물로부터의 에너지 섭취비율은 비수유부와 같은 55~70%가 권장된다. 한편, 수유부의 식이섬유 추가섭취량은 수유기의 에너지 추가요구량을 고려하여 +5 g/일로 정하였다. 성인 여자의 식이섬유 충분섭취량이 20 g/일이므로 수유부의 식이섬유 충분섭취량은 25 g/일이 된다.

(3) 수분

수유부의 신장기능을 비롯한 생리 상태는 비수유부와 비슷하다. 하지만 모유를 통한 수분 손실을 고려하여 수분섭취량의 증가가 바람직하다. 모유의 수분 함량이 87%이므로, 하루 모유를 통한 수분 손실량은 약 700 mL가 되며 이를 수유부의 추가 충분섭취량으로 설정하였다. 한편, 수유부는 에너지 섭취 증가에 의해 음식을 통해 수분을 추가로 섭취한다. 즉, 일상식의 수분량이 0.53 mL/kcal이므로, 추가 섭취 에너지 320 kcal로부터 얻어지는 음식수분량이 170 mL(0.53 mL/kcal×

모유의 수분 분비량 (모유수분 함량×모유분비량)	수분 추가 충분섭취량	수분 추가 충분섭취량: 700 mL	
		음식을 통한 수분섭취량	물과 음료를 통한 수분섭취량
(750 mL×0.87) = 650 mL → 700 mL	700 mL	0.53 mL/kcal× 320 kcal = 170 mL	700 mL−170 mL = 530 mL → 500 mL

320 kcal)가 된다. 따라서 수유부는 700 mL에서 170 mL를 제외한 약 500 mL의 수분을 순수하게 물과 음료의 형태로 마시면 추가 충분섭취량을 충족할 수 있다.

3) 비타민

(1) 지용성 비타민

수유부의 비타민 A 섭취기준은 모유 내 비타민 A 함량을 48 μg RE/100 mL로 간주하여 하루 350 μg RE/일(48 μg RE/100 mL×750 mL/일)을 추가 평균필요량으로 정하였다. 여기에 20% 개인 변이계수를 가산하여 490 μgRE/일(350×1.4)을 추가 권장섭취량으로 정하였다. 비타민 D는 수유기의 칼슘 균형 유지를 위해

표 3-3 수유기 비타민 권장섭취량

영양소		평균필요량		권장섭취량	
		비수유부[1]	수유부추가량	비수유부[1]	수유부추가량
지용성 비타민	비타민 A(μg RE/일)	460/450	+350	650	+490
	비타민 D(μg/일)[2]	–	–	5	+5
	비타민 E(mg α-TE/일)[2]	–	–	10	+3
	비타민 K(μg/일)[2]	–	–	65	+0
수용성 비타민	비타민 C(mg/일)	75	+35	100	+35
	티아민(mg/일)	0.9	+0.3	1.1	+0.4
	리보플라빈(mg/일)	1.0	+0.4	1.2	+0.4
	니아신(mg/일)	11	+3	14	+5
	비타민 B.(mg/일)	1.2	+0.6	1.4	+0.8
	엽산(μgDFE/일)	320	+130	400	+150
	비타민 B_{12}(μg/일)	2.0	+0.3	2.4	+0.4

[1] 19~29세/30~49세 혹은 19~49세(두 연령군이 같은 경우), [2] 충분섭취량

자료: 한국영양학회, 2010.

5 μg을 추가량으로 정하였고, 비타민 E의 경우 모유로 분비되는 양이 2.3~4 mg/일임을 고려하여 평균인 3.0 mg/일을 추가량으로 설정하였다. 한편 비타민 K는 수유부와 비수유부의 섭취량이 다르지 않고, 모유 내 비타민 K 함량은 전형적인 식사를 하는 수유부에서 비타민 K 섭취량에 거의 영향을 받지 않으므로 추가 섭취량을 설정하지 않았다.

(2) 수용성 비타민

모유의 비타민 C 함량은 4~6 mg/100 mL로 매우 풍부하다. 따라서 하루 모유로 분비되는 비타민 C의 양은 30~45 mg/일이며, 이를 근거로 수유부의 평균필요량과 권장섭취량에 대한 추가량을 35 mg/일로 정하였다. 모유 중 엽산의 농도는 85 μg/L이며 하루 모유 분비량 750 mL에 필요한 양은 63.75 μg이 된다. 여기에 엽산의 생체 이용률 50%를 고려하여 수유부의 평균필요량에 대한 추가량을 130 μg/일로 정하였다. 또한 10%의 개인 변이계수를 고려하여 추가 권장섭취량은 150 μg DFE/일로 정하였다.

4) 무기질

(1) 칼슘과 인

수유부의 칼슘 추가 평균필요량은 모유로 분비되는 칼슘량 202.5 mg/일(270 mg/L×750 mL/일)에 흡수율 65%를 고려하여 310 mg/일으로 정하고, 추가 권장섭취량은 개인 변이계수 10%를 가산하여 370 mg/일로 정하였다. 한편 모유로 분비되는 인의 필요량은 수유기 동안 뼈 흡수(bone resorption)로 인한 인 분비 증가와 소변 인 배설량 감소로 인해 충족될 수 있다. 또한 우리나라 수유부의 인 섭취량은 매우 높은 편이므로 수유부의 추가필요량은 설정하지 않았다.

(2) 철

수유기는 월경을 하지 않으므로 철 손실이 지연되며 모유로 분비되는 철 함량은 0.29 mg/일이다. 이는 비수유 여성의 월경으로 인한 손실량 0.5 mg/일에 비

표 3-4 수유기 무기질 영양섭취기준

영양소		평균필요량		권장섭취량	
		비수유부[1]	수유부 추가량	비수유부[1]	수유부 추가량
다량 무기질	칼슘(mg/일)	530/510	+310	650	+370
	인(mg/일)	580	+0	700	+0
	나트륨(g/일)[2]	–	–	1.5	+0
	칼륨(g/일)[2]	–	–	3.5	+0.4
	마그네슘(mg/일)	235	+0	280	+0
미량 무기질	철(mg/일)	10.8/10.5	+0	14	+0
	아연(mg/일)	7.0/6.8	+4	8	+5
	요오드(mg/일)	95	+130	150	+180

[1] 19~29세/30~49세 혹은 19~49세(두 연령군이 같은 경우), [2] 충분섭취량
자료: 한국영양학회, 2010.

해 적으므로 수유부에 대한 철 추가량을 따로 설정하지 않고 일반 여성과 동일하게 영양섭취기준을 설정하였다.

(3) 아연과 요오드

아연의 모유 내 함량은 2.2 mg/L로 하루 모유로 분비되는 양은 1.65 mg이다. 여기에 아연 흡수율 40%를 적용하여 4.0 mg/일을 추가 평균필요량으로 정하고, 10% 개인 변이계수를 가산하여 5.0 mg/일을 추가 권장섭취량으로 정하였다. 한편 모유 내 함량이 모체의 식이 섭취량에 따라 달라지는 요오드는 180 μg/일을 추가 권장섭취량으로 정하였다.

5. 수유 관련 건강문제

1) 수유부의 질병

일부 수유부는 자신의 질병 때문에 모유수유를 할 수 없다고 스스로 포기하는 경우가 있다. 하지만 수유부의 질병과 관련하여 모유수유가 허용되지 않는

상황은 매우 드물다. 수유부가 질병이 있더라도 모유수유를 지속함으로써 얻는 이점이 매우 많으며, 당뇨병과 같이 모유수유가 당 조절에 도움이 되고 인슐린 투여량도 줄어드는 등 수유부의 질병 관리에 도움이 되는 경우도 있다.

(1) 감염성 질환

감기 혹은 위장관 감염과 같은 흔한 급성 감염성 질환인 경우에도 모유수유를 중단할 필요가 없다. 엄마가 감기에 걸린 경우 영아도 비슷한 환경에 있었기 때문에 감기에 걸리기 쉽지만, 모유의 면역성분으로 인해 감기에 대한 저항을 높일 수 있다. 하지만 좀 더 심각한 감염성 질환인 경우 이들 질병 치료에 사용하는 약물이나 감염인자가 모유를 통해 영아에게 전해질 수 있으므로 조심해야 한다. 예를 들어, 수유부가 에이즈 환자인 경우 HIV(Human Immunodeficiency Virus)가 모유를 통해 영아에게 전달되므로 모유수유를 하지 않는 것이 좋다. 또 결핵환자의 경우 치료기간 혹은 감염의 위험이 없어질 때까지 일시적으로 모유수유를 중단해야 한다.

(2) 대사성 질환

영아가 특별히 조제된 분유를 필요로 하는 대사성 질환을 진단받았다면 모유수유를 피하도록 한다. 예를 들어, 페닐케톤뇨증이나 갈락토스혈증 등의 선천성 대사질환을 가진 영아에게 모유수유는 모유 속의 높은 페닐알라닌과 갈락토스가 이들 영양소를 대사시킬 수 없는 영아에게 문제를 일으켜 심각한 질병이나 심지어 사망에 이르게 할 수도 있다.

2) 수유부의 약물 복용

수유부가 질병 치료를 위해 약물을 복용해야 하는 경우 모유수유에 적합한 약물을 선택함으로써 모유수유를 계속할 수 있다. 대개 영아에게 전달되는 약물의 양은 엄마가 복용한 양의 1~2% 정도로 매우 적은 양이 전달되어 영아에게 거의 영향을 미치지 않는다. 감기, 근육통에 처방하는 약물을 포함해 많은 종류

더 알아보기 유방 관련 문제

- 유두 통증: 많은 여성들이 분만 후 며칠간 모유수유가 익숙해질 때까지 일시적인 유두의 불편감이나 통증을 느낀다. 하지만 유두가 빨갛게 갈라지고 통증이 심하게 지속되면 원인을 찾아 해결해야 한다. 영아의 입술과 잇몸이 유륜까지 깊숙이 물고 있는지, 영아를 안는 자세가 올바른지 등을 점검한다.
- 유방울혈(젖몸살): 수유 초기에 모유의 생성량이 증가하면서 유방에 모유가 지나치게 꽉 차는 울혈이 발생할 수 있다. 아직 모유의 요구량-생성량 간의 균형이 확립되지 않은 수유 초기에 주로 나타나며, 수유를 처음 하는 산모에게서 더 흔하다. 울혈을 예방하는 방법은 모유수유를 자주하여 유방을 비우는 것이다. 울혈이 있는 경우 모유를 짜서 유방의 압력을 낮추고 유방이 부드러워진 후에 영아가 젖을 빨도록 한다.
- 막힌 유관: 모유가 완전히 사출되지 않고 유관에 남아 유관을 막을 수 있다. 이로 인해 아픈 작은 덩어리가 막힌 쪽 유방에서 만져진다. 막힌 유관을 뚫는 방법은 가능한 한 최대로 유방을 비우는 것이다. 좀 더 효율적인 수유를 위해 모유수유 자세를 바꾸거나 수유 전에 유관의 막힌 부분을 가볍게 마사지한다.
- 유선염: 유방에서 젖이 충분히 배출되지 않았을 때 세균이 이 부위에 자라기 시작해서 감염을 일으키는 것을 유선염이라고 한다. 유선염의 증상에는 부종, 타는 듯한 느낌, 발적이나 통증이 포함되고 발열, 독감 같은 증세나 전신의 통증이 나타나기도 한다. 증상이 심하면 의사와 상의하여 항생제를 복용한다.

표 3-5 유방울혈, 유관 막힘, 유선염의 증상 비교

특징	유방울혈	유관 막힘	유선염
개시	분만 직후, 서서히 발생	수유 후, 서서히 나타남	수유 개시 10일 이후, 갑자기 나타남
부위	양쪽 유방	한쪽 유방	대개의 경우 한쪽 유방
통증	유방 전체 부위에 걸쳐 나타남	경미하고, 국소적인 통증	국소적인 매우 심한 통증
발열	없음	없음	발열 있음
전신 증상	없음	없음	독감과 유사한 증상

수유 중 약물 사용의 일반원칙

① 약 복용이 절대적으로 필요하지 않다면 약 없이 증상을 해소하도록 노력한다.

② 약물이 필요하다면 국소적으로 사용하는 약물을 사용한다.

③ 모유수유 엄마에게 주의가 필요한, 가능하면 영아에게 부작용이 적다고 알려진 약을 사용한다.

④ 모유로의 영향이 적은 약물을 사용한다. 이부푸로펜은 다른 소염진통제보다 선호된다.

⑤ 가능하면 짧은 반감기의 약을 선택한다. 잠을 자기 전에 약을 복용하거나 수유 후 바로 약을 복용하는 것은 영아에게 약물 축적을 최소화시킬 수 있다.

자료: 한국마더세이프전문상담센터(www.mothersafe.or.kr)

의 약물이 일반적 용량 사용 시 안전한 것으로 알려져 있다. 한편 항암화학치료제, 방사선동위원소 관련 약물, 마약류, 리튬, 에르고트 알칼로이드 등은 모유수유에 부적합한 약물이다. 한방차나 한약은 이들 약물에 포함되어 있는 성분에 대한 충분한 자료가 없으므로 가능한 사용을 제한하는 것이 좋다. 또한 복합경구용 피임약은 모유 생성량을 저해할 수 있다.

6. 수유기 건강증진 방안

1) 수유부의 식생활관리

수유기에는 수유부 자신의 건강은 물론 모유를 통해 영아의 적절한 성장을 위해 필요한 모든 영양소가 충분히 공급되어야 한다. 이를 위해 다양한 식품을 균형 있게 섭취하는 것이 중요하다. 다양한 식품을 골고루 섭취한다면 모유수유를 위해 평소 식생활을 많이 바꿀 필요는 없으며 특별히 제한하거나 더 많이 먹어야 하는 식품은 별로 없다.

(1) 에너지와 미량 영양소 섭취

에너지는 하루 중 여러 번에 나누어 섭취한다. 모유를 계속 합성하고 있으므로 끼니를 거르지 말고 에너지 섭취가 규칙적이 되도록 한다. 아침, 점심, 저녁 식사와 두세 번 이상의 간식을 섭취하는 것이 좋다. 식품은 각 식품군이 골고루 포함되도록 선택하며, 간식으로는 저지방 유제품이나 과일 그리고 여분의 수분을 섭취하도록 한다. 하지만 지나친 에너지 섭취는 산후 비만의 원인이 되므로 피하고, 가급적 영양밀도가 높은 식품을 선택하여 미량 영양소의 섭취가 부족하지 않도록 해야 한다.

우리나라 수유부의 식이에서 부족되기 쉬운 미량 영양소는 칼슘, 아연, 비타민 A, 철 및 리보플라빈 등이다. 따라서 칼슘의 섭취를 위해 우유를 매일 3컵 이상 마시며 요구르트, 치즈, 뼈째 먹는 생선을 자주 먹는 것이 좋다. 아연은 달걀, 밀가루, 고기 등에 많이 들어 있으며, 비타민 A는 당근, 녹황색 채소, 생선 및 고기에 많이 포함되어 있다.

또한 엽산과 비타민 A는 모유 분비량에 비해 모체 저장량이 낮은 편이므로 이들 영양소가 식이에서 결핍되지 않도록 주의한다. 영양소별 6개월간 모유 생성을 위한 필요량과 모체의 체내 저장량의 비율을 살펴보면(그림 3-9), 칼슘과 철의 경우, 모유 분비량이 체내 저장량의 각 4%, 14%로 상대적으로 적은 반면, 비타민 A와 엽산은 모유 분비량/체내 저장량의 비율이 높은 편이다. 특히 엽산은

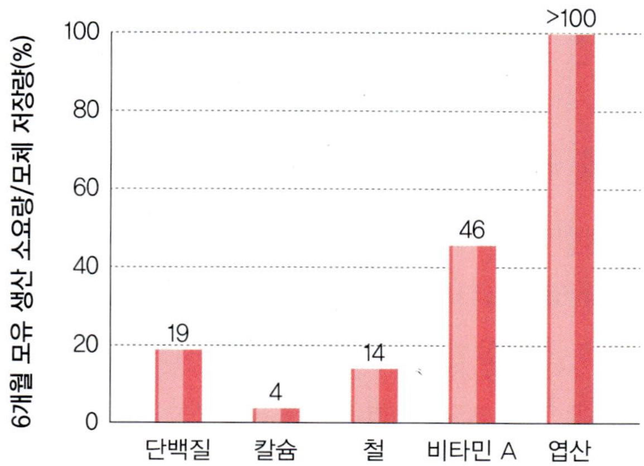

그림 3-9 영양소별 6개월 모유분비량과 모체의 체내 저장량의 비교

자료: National academy of sciences, 1991.

6개월 모유 분비량이 모체 체내 저장량보다 더 많다. 따라서 수유부가 엽산을 섭취하지 않으면 모체 체내 저장량이 가장 먼저 고갈되고 모유 내 엽산 함량에도 영향을 주게 된다. 엽산은 시금치나 브로콜리와 같은 엽록색 채소, 오렌지와 자몽 등의 과일 및 시리얼에 많이 함유되어 있다.

이밖에 망막과 뇌의 발달에 필요한 영양소인 DHA는 모체의 식이 섭취량에 따라 모유 함량이 비례하므로 충분히 섭취하도록 한다. 또한 양질의 단백질 섭취를 통해 모유 필수아미노산 함량을 늘린다.

(2) 수분 섭취

모유 생성을 위해 여분의 수분이 필요하므로 수분을 충분히 섭취한다. 물을 많이 마신다고 해서 모유 생성량이 늘어나지는 않는다. 일반적으로 하루에 약 8컵 정도의 물 또는 음료수 섭취가 권장되는데, 갈증을 느끼는 대로 얼마든지 마시고 싶은 양만큼 섭취하는 것이 좋다. 물이나 저지방 혹은 무지방 우유, 주스 등을 수유하는 동안 가까이 두고 필요할 때마다 마실 수 있도록 한다. 또는 매번 수유가 끝난 후 물이나 우유 한 잔을 마시는 습관을 들이는 것도 좋다. 우유나 주스는 수분 이외에도 칼슘이나 비타민 C 등의 다른 영양소를 제공하는 급원이 된다. 설탕 등의 단순당이 많이 첨가된 음료수는 되도록 피한다.

소변색이 짙어지는 것은 수분 섭취가 부족하다는 징후인데, 수분 섭취가 부족하면 변비나 탈수증상이 생겨 몸이 피곤하고 지치기 쉽다.

(3) 식사구성안을 이용한 수유부 권장식사패턴

수유기에 모유 생성을 위해 추가로 필요한 에너지는 320 kcal이다. 특히 단백질과 대부분의 미량 영양소의 섭취가 추가로 필요하다. 수유부의 영양섭취기준을 충족하고 동시에 균형 잡힌 영양 공급을 위해서는 각 식품군별 에너지 및 영양소 함량을 고려한 식단 작성이 필요하다. 식사구성안을 이용하여 수유부를 위한 권장식사패턴을 작성해 보면 표 3-6과 같다.

수유부는 비수유부에 비해 우유 · 유제품류의 섭취 횟수를 2회 증가시켜 하루

3회 섭취를 권장하고, 고기 · 생선 · 계란 · 콩류의 섭취도 증가시켜 하루 6회 이상의 섭취를 권장한다. 이밖에 과일류와 채소류의 충분한 섭취로 비타민과 무기질이 부족하지 않도록 한다.

표 3-6 수유부의 권장식사패턴

수유부 연령	에너지 (kcal)	식품군별 1일 섭취 횟수[1)]					
		곡류	고기 · 생선 · 계란 · 콩류	채소류	과일류	우유 · 유제품류	유지 · 당류
19~29세	2,400	3.5	6	7	3	3	4
30~49세	2,200	3	6	7	2	3	4

[1)]1인 1회 섭취분량 섭취 횟수(한국영양학회 식품군별 1인 1회 섭취분량 기준 참고

(4) 비타민 및 무기질 보충제 사용

영양 상태가 비교적 양호하고 균형 잡힌 식사를 하는 수유부의 경우 비타민 혹은 무기질을 보충제의 형태로 추가로 섭취할 필요는 없다. 이러한 보충제의 사용은 특별한 영양문제를 가지고 있는 경우에 제한하여 사용한다. 예를 들어, 유제품을 전혀 섭취하지 않는 경우 칼슘(1,200 mg)과 비타민 D(10 μg)의 보충을 생각해 볼 수 있다. 보충제를 사용할 때는 모유에 어떻게 분비되는지, 영양소-영양소 상호작용의 문제가 있는지를 고려해야 하며 반드시 의사나 영양사와 상담 후 복용하도록 한다. 성분을 잘 모르는 한약이나 허브차 등은 마시지 않는 것이 좋다.

(5) 채식주의와 수유

최근 들어 건강, 종교, 경제, 문화 및 생태환경 등의 이유로 육식을 피하고 채식 위주의 식사를 하는 채식주의자들이 늘어나는 추세이다. 잘 계획된 채식주의 식단은 비교적 영양소를 고루 함유하고 있으며, 지방 함량이 낮고 섬유소가 많아서 에너지는 조금 낮은 편이다. 그러므로 채식주의자 수유부의 모유 조성은

영양적으로 크게 문제되지 않는다. 하지만 달걀 및 유제품을 전혀 섭취하지 않는 순수 채식주의자(vegan)인 경우 비타민 B_{12} 등의 섭취량이 부족해질 수 있다.

채식주의자 수유부는 식사계획 시 에너지 섭취가 부족하지 않도록 유의해야 하며, 아미노산 구성이 상호 보완적인 단백질이 골고루 포함되도록 식사를 구성해야 한다. 또한 철, 칼슘, 비타민 D, 비타민 B_{12}, 리보플라빈 등의 미량 영양소가 충분히 공급되도록 신경 써야 한다. 특히 비타민 B_{12}는 동물성 급원식품에만 주로 존재하므로 강화식품 혹은 보충제 섭취가 필요할 수 있다.

(6) 운동과 수유

규칙적인 운동은 건강 증진에 도움이 되며 수유부의 경우도 예외는 아니다. 일반적인 운동은 수유부의 모유 분비량이나 영아의 섭취 습관에 영향을 주지 않는다. 운동량이 늘어나면 대개의 경우 에너지의 섭취량도 늘어나기 때문에 모체의 체중 변화, 모유 분비량과 조성, 영아의 체중 증가량 및 혈청 프롤락틴 농도 등에 큰 변화가 없다. 또한 적절한 정도의 에너지 섭취 제한과 함께 신체 활동량을 늘리는 경우는 모체의 체지방량 감소를 동반한 체중 감소를 유도할 수 있으며, 이 경우에도 모유 분비량이나 모유의 에너지 함량 및 영아 성장에 별로 지장을 주지 않는다.

한편, 매우 지치는 정도의 과격한 운동은 혈중 젖산 농도를 높이고, 이로 인해 모유로 젖산이 분비되어 영아가 모유수유를 거부할 수도 있다. 이 경우, 운동 전에 수유를 하거나 모유를 미리 짜서 보관함으로써 문제를 해결할 수 있다.

수유부를 위한 식생활지침은 2장의 표 2-34에 자세히 제시하였다.

2) 모유수유 실태 및 관련 요인

(1) 우리나라 모유수유율 현황과 추이

우리나라 모유수유 비율의 연도별 변화를 살펴보면 1970년대는 90%로 매우 높았으나 이후 계속 감소하는 추세를 보이다가 최근 10년간 다시 증가되는 양상을 보인다(그림 3-10). 산업화와 함께 1980년대에는 48~69%, 1990년대에는

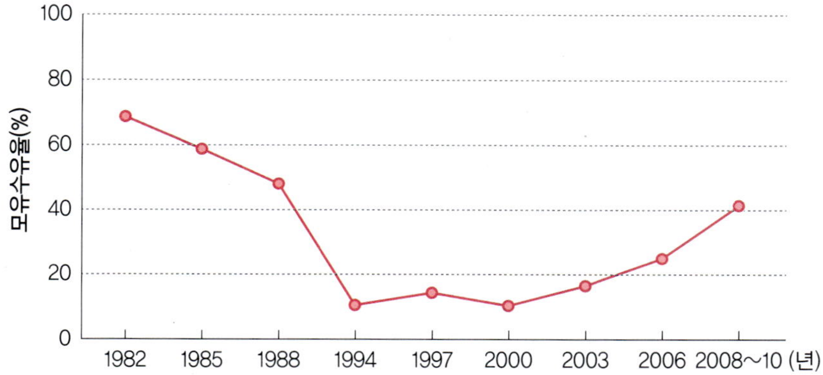

그림 3-10 **우리나라 모유수유율의 연도별 변화**

자료: 김승권 외, 2009; 보건복지부, 질병관리본부, 2011; 보건복지부, 2011.

11~14%로 계속 낮아졌으며, 2000년에는 10.2%로 가장 낮았다가 모유수유의 중요성에 대한 인식이 점차 확대되고 모유수유를 지원하는 각종 정책 및 사업의 영향 등으로 모유수유율이 다시 증가하기 시작하여 2003년에는 16.5%, 2006년에는 24.2%를 나타냈다. 특히 최근의 국민건강영양조사 결과 2008~2010년의 평균 모유수유율은 41.1%로 나타나 모유수유율이 지속적으로 증가하는 바람직한 추세를 보이고 있다.

국가별 모유수유율을 비교해 보면 우리나라의 모유수유율은 다른 OECD 국가의 수준과 대체로 거의 동등한 수준이나, 노르웨이 등의 일부 유럽 국가에 비해서는 여전히 낮은 편이다(그림 3-11).

또한 우리나라 산모에서 전반적인 모유수유율의 증가 추세는 뚜렷한 반면, 모유수유 기간의 증가는 분명치 않다(그림 3-12). 월령별 모유수유율을 비교해 보면, 생후 1주, 1~2개월 미만, 3~4개월 미만 시점에서는 2000년에 비해 지속적으로 증가하는 대체로 유사한 양상을 보인다. 하지만 5~6개월 미만 시점에서의 완전모유수유율의 증가 추이는 다른 월령에 비해 훨씬 완만하다. 2009년 우리나라 완전모유수유율은 생후 5~6개월 미만 시 36.2%, 6~7개월 미만 시는 13.6%에 불과하다. 이는 2006년의 14.1%(생후 6~7개월 미만)에 비해 오히려 낮아진 수치로 이에 대한 개선이 시급하다. 세계보건기구(WHO)나 유니세프(UNICEF)에서

완전모유수유
모유 이외의 분유나 다른 식품을 공급하지 않고 모유만을 공급하는 것을 말함

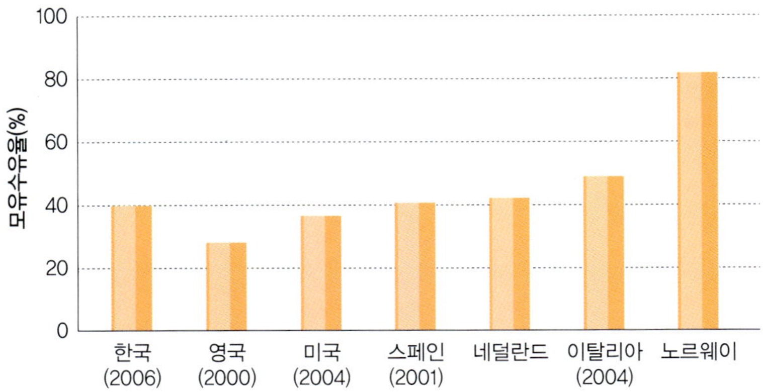

그림 3-11 **국가별 모유수유율 비교(6개월, 혼합)**

자료: 김승권 외, 2009; 보건복지부, 질병관리본부, 2011; 보건복지부, 2011.

는 영아의 건강을 위해서 생후 6개월까지 완전모유수유를 할 것을 권장하고 있고, 12~24개월까지 모유수유를 지속하면서 적절한 보충식을 먹이도록 권하고 있다. 우리나라 산모의 평균 모유수유 중단 시기는 약 7.5개월으로 나타나 모유수유 기간을 좀 더 연장하는 방안 모색이 필요하다.

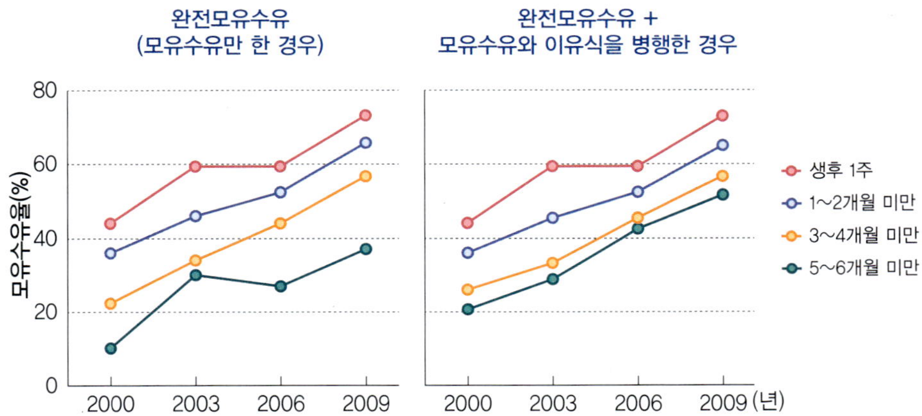

그림 3-12 **우리나라의 월령별 모유수유율 변화**

자료: 김승권 외, 2009.

(2) 모유수유에 영향을 주는 요인

모유수유의 중요성 및 여러 장점에도 불구하고 여전히 많은 수의 산모가 모유수유를 전혀 하지 않거나 수유 초기의 짧은 기간만 하거나 조제유와 혼합하여 수유를 하고 있다. 모유수유를 결심하고 지속할지 여부에 영향을 주는 요인으로는 모유수유에 대한 개인의 신념과 관련 지식, 남편과 가족, 친구 등 주변 사람들의 지지, 출산한 병원에서의 모유수유에 대한 태도, 취업 여부, 학력 및 소득 수준, 제왕절개 등의 분만 방식 등 매우 다양하다. 모유량의 부족 혹은 부족하다는 인식, 유두나 유방 관련 문제, 영아가 모유를 싫어함, 산모의 피로, 직장으로의 복귀, 공공장소에서의 모유수유의 어려움, 체중 혹은 식사 조절에 대한 걱정 등은 모유수유를 제한하는 요인이 된다.

한 예로, 우리나라 산모를 대상으로 모유수유를 전혀 하지 않은 이유를 조사한 결과, '모유량 부족'이 가장 많았고 다음으로 '엄마의 취업', '영아가 모유를 싫어하거나 젖을 빨지 않아서'의 순으로 응답하였다(그림 3-13).

미국 등의 외국에서는 학력이 높고 경제력이 높을수록 모유수유를 실천하는 비율이 높다. 우리나라의 경우 이와 대조적으로 학력과 소득 수준이 높을수

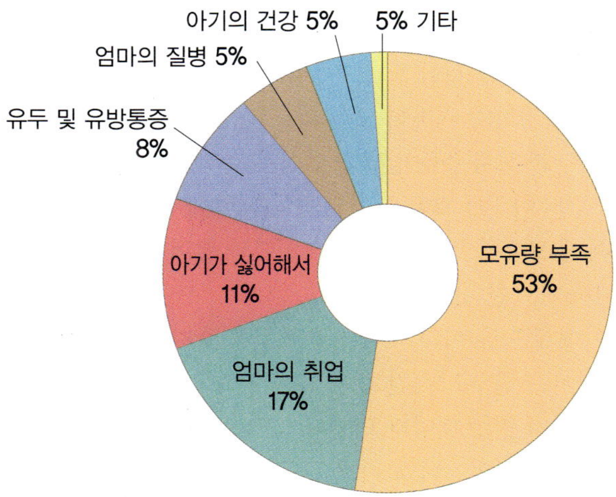

그림 3-13 **우리나라 수유부가 모유수유를 안 하는 이유**

자료: 김승권 외, 2009.

록 모유수유 비율이 오히려 낮아지는 경향을 나타낸다. 이는 여성의 직업 및 경제활동이 모유수유에 영향을 미치기 때문인 것으로 보인다. 실제로 취업여성인 경우 미취업여성에 비해 모유만 먹인 비율은 낮고, 분유만 먹인 비율은 높았다. 여성의 취업은 계속 증가하는 추세에 있으므로 직장 여성에 대한 산전·산후 휴가 연장, 직장 내 모유수유실 설치, 직장 동료들의 이해와 협조 등의 사회적 지원이 필요하다.

더 알아보기 영아에게 친근한 병원 만들기 운동

병원은 모유수유를 권장하고 지원할 수 있는 가장 중요한 매개체 중의 하나이다. 출산 전후 병원의 모유수유에 대한 태도와 지원은 초기 모유수유 결정과 경험은 물론 퇴원 후 모유수유의 지속기간에 매우 큰 영향을 미친다.

'영아에게 친근한 병원' 선정 사업(Baby-Friendly Hospital Initiative, BFHI)은 세계보건기구(WHO)와 유니세프(UNICEF)에서 주도하는 세계적인 프로그램으로 병원을 통한 모유수유 권장 사업의 대표적인 예이다.

성공적인 모유 먹이기 10단계 - 영아에게 친근한 병원의 국제적 기준

- 1단계: 병원은 의료요원을 위한 모유수유 정책을 문서화한다.
- 2단계: 이 정책을 실행하기 위하여 모든 의료요원에게 모유수유 기술을 훈련시킨다.
- 3단계: 모유의 장점과 모유수유 방법을 임산부에게 교육시킨다.
- 4단계: 출생 후 30분 이내에 모유를 빨리기 시작한다.
- 5단계: 임산부에게 모유를 먹이는 방법과 영아와 떨어져 있을 때 모유 분비를 유지하는 방법을 자세히 가르친다.
- 6단계: 갓난영아에게 모유 이외의 다른 음식물을 주지 않는다.
- 7단계: 엄마와 영아는 하루 24시간 같은 방을 쓴다.
- 8단계: 모유는 영아가 원할 때마다 먹인다.
- 9단계: 영아에게 인공 젖꼭지나 노리개 젖꼭지를 물리지 않는다.
- 10단계: 모유수유 모임을 만들도록 도와주고 퇴원 후 모임에 참여하도록 한다.

자료: 유니세프(www.unicef.or.kr)

참고문헌

구재옥, 김정희, 변기원, 손정민, 이정원(2011). **생활주기영양학**. 파워북.

김상만, 이진, 안병훈, 박샛별, 김광민, 김행수, 이득주(2001). 임신중 체중변화와 출산후 체중 증가에 대한 전향적 연구, **대한가정의학회지** 22(6): 895~903.

김승권, 김유경, 조애저, 김혜련, 임성은(2009). **2009년 전국 출산력 및 가족보건 · 복지실태조사**, 한국보건사회연구원.

김은경, 남혜원, 박영심, 명춘옥, 이기완(2011). **생애주기영양학**. 신광출판사.

보건복지부(2011). 제3차 국민건강증진종합계획 2011~2020.

보건복지부, 질병관리본부(2011). 2010 국민건강통계: 국민건강양영조사 제5기 1차년도.

임정한, 이수림, 최은미, 강명자(2002). 산후 체성분 변화 및 체지방과 BMI의 변화에 영향을 주는 요인에 대한 고찰, **대한한방부인과학회지** 15(1): 175~184.

Brown, JE & Isaacs, JS(2011). ***Nutrition through the life cycle*** (4th ed.). Belmont, CA: Wadsworth, Cengage Learning.

Ho, E, Collantes, A, Kapur, BM, Moretti, M & Koren, G(2001). Alcohol and breast feeding: calculation of time to zero level in milk. ***Biol Neonate***, 80(3), 219-222.

Lawrence, RA & Lawernce, RM(2011). ***Breastfeeding : a guide for the medical profession*** (7th ed.). Maryland Heights, Mo: Mosby/Elsevier.

Love, S(1990). ***Dr. Susan Love's breast book***. Boston: Addison-Wesley.

National Academy of Sciences(1991). ***Nutrition during Lactation***. Washington DC: National Academy Press.

Prentice, A, Paul, A, Prentice, A, Black, A, Cole, T & Whitehead, R(1986). ***Cross-cultural differences in lactational performance, Human Lactation 2: Maternal and Environmental Factors***. New York: Plenum Press

Riordan, J & Wambach, K(2010). ***Breastfeeding and human lactation*** (4th ed.). Sudbury, Mass: Jones and Bartlett Publishers.

Roberts, SB, Cole, TJ & Coward, WA(1985). Lactational performance in relation to energy intake in the baboon. ***Am J Clin Nutr***, 41(6), 1270-1276.

Saarinen, UM & Kajosaari, M(1995). Breastfeeding as prophylaxis against atopic disease: prospective follow-up study until 17 years old. ***Lancet***, 346(8982), 1065-1069.

Short, RV, Lewis, PR, Renfree, MB, & Shaw, G(1991). Contraceptive effects of extended lactational amenorrhoea: beyond the Bellagio Consensus. ***Lancet***, 337(8743), 715-717.

Strode, MA, Dewey, KG, & Lonnerdal, B(1986). Effects of short-term caloric restriction on lactational performance of well-nourished women. ***Acta Paediatr Scand***, 75(2), 222-229.

van Goor, SA, Dijck-Brouwer, DA, Hadders-Algra, M, Doornbos, B, Erwich, JJ, Schaafsma, A & Muskiet, FA(2009). Human milk arachidonic acid and docosahexaenoic acid contents increase following supplementation during pregnancy and lactation. ***Prostaglandins Leukot Essent Fatty Acids***, 80(1), 65-69.

Worthington-Roberts, BS & Williams, SR(2000). ***Nutrition throughout the life cycle*** (4th ed.). Boston: McGraw-Hill.

유니세프 한국위원회 http://www.unicef.or.kr/unicef/bfhi/hospital.asp
한국마더세이프 전문상담센터 http://www.mothersafe.or.kr/2_1.html

더 생각해 보기

Q1 취업 여성의 모유수유율을 높이기 위해 가정, 지역사회, 국가가 할 수 있는 일을 생각해 보자.

Q2 다음의 특수 상황에 있는 수유부의 식사계획 시 고려해야 할 점에 대해 생각해 보자.

1. 비만 수유부
2. 당뇨병을 앓는 수유부
3. 알레르기 질환이 있는 수유부

Q3 수유 중 한약, 기능성식품, 영양보충제 등을 섭취하는 경우 고려해야 할 점에 대해 생각해 보자.

단원정리

- 모유수유는 영아의 성장과 발달에 가장 적합한 영양공급 수단일 뿐만 아니라 엄마에게도 정서적 안정과 질병 예방 등 여러 이득을 준다.
- 유방조직은 태아기, 사춘기, 임신기 및 수유기의 여러 단계에 걸쳐 성장과 발달이 이루어지며, 성숙된 형태의 유방은 모유의 생성과 분비에 적합한 구조를 갖추게 된다.
- 수유 중 모체는 모유 생성에 우선적으로 영양소를 사용하므로 심한 영양결핍이 아닌 경우 모체의 식이가 모유 생성량에 크게 영향을 미치지 않는다.
- 모유의 지방산 조성과 비타민 함량은 모체의 식이에 따라 달라진다.
- 수유부의 영양소 필요량은 모유의 분비량과 영양소 조성, 그리고 모체의 영양소 요구도와 영양 상태에 따라 달라진다.
- 수유부는 다양한 식품을 골고루 섭취해야 하며, 미량 영양소 섭취가 부족하지 않도록 영양밀도가 높은 식품을 섭취해야 한다. 또한 수분 섭취를 충분히 해야 한다.
- 모유수유는 수유부의 체중 회복에 도움이 되며, 하루 1,500 kcal 이상 에너지 섭취를 유지하면서 한 달에 0.5~1.0 kg씩 서서히 감량하는 것이 좋다.
- 수유부의 질병과 관련하여 모유수유가 허용되지 않는 경우는 매우 드물다. 수유부가 질병 치료를 위해 약물을 복용해야 하는 경우라도 모유수유에 적합한 약물을 선택함으로써 모유수유를 계속할 수 있다.
- 우리나라 모유수유율은 계속 향상되는 바람직한 추세이나, 취업 여성의 모유수유율이 여전히 낮고 모유수유 지속기간이 짧은 점 등 개선해야 할 것이 많이 남아 있다.

마무리

숨은 낱말 찾기

거	울	출	칼	슘	양	초	엽
키	토	산	삼	향	수	유	기
부	등	호	두	유	포	들	마
레	산	모	자	방	송	국	전
옥	시	토	신	선	해	화	분
잠	넵	사	장	엽	산	국	수
수	스	춘	추	초	토	화	대
알	킬	기	유	부	끼	장	독

1. 유방의 기능적 단위 (   )

2. (   )와/과 비타민 A는 모유 분비량에 비해 모체 저장량이 낮은 편이므로, 이들 영양소가 식이에서 결핍되지 않도록 주의

3. (   )는/은 모유 사출을 자극하고 자궁수축을 촉진하는 호르몬임. 영아의 젖빨기나 유두자극에 의해 촉진됨

4. 난소의 성숙으로 에스트로젠과 프로게스테론의 주기적 분비가 증가하면서 유방의 성장과 발달이 다시 시작되는 시기 (   )

영아기 영양

1. 영아기의 중요성

2. 영아기의 성장과 발달

3. 영아기 영양섭취기준

4. 영아기 영양 · 식생활 건강문제

5. 영아를 위한 영양공급: 수유와 이유식

6. 영아기 건강증진 방안

CHAPTER 4

생각열기

삶을 영위하기 위해 영양분을 공급받는 방법이 이처럼 다양하게 변화하는 시기가 또 있을까?

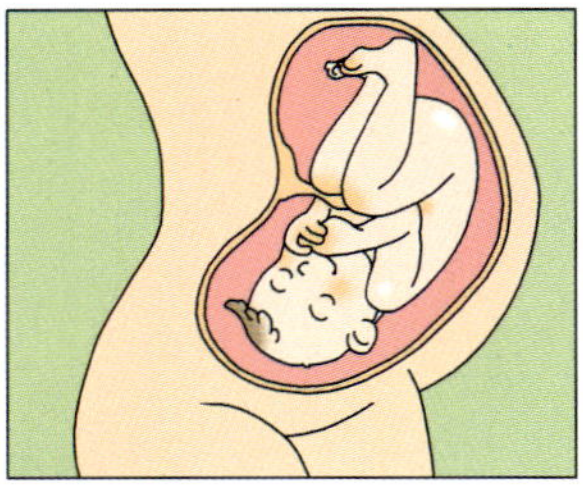

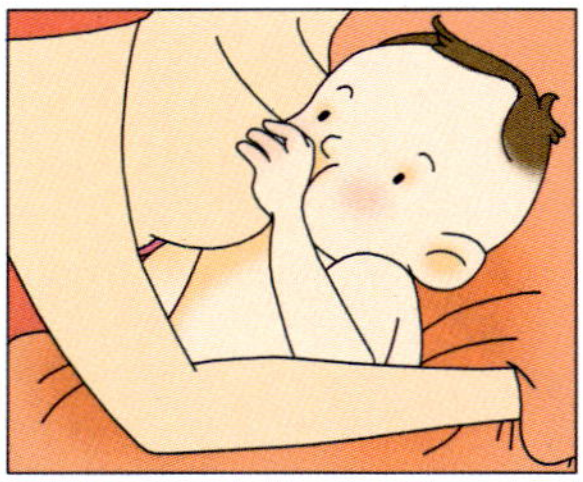

영아기는 출생 후 4주 이내의 신생아기 이후와 유아기 이전의 발달 시기를 말하며, 영양학적 관점에서는 1세 미만으로 정의한다. 이는 국제통계규정에 의한 영아 사망, 건강, 영향의 기준과도 일치되는 기간이다. 출생 직전까지 태아는 자궁 안에서 탯줄을 통해 영양분을 공급받다가 출생 후 유즙을 섭취하여 스스로 소화 · 흡수시켜 영양분을 얻는다. 생후 4~6개월 이후부터는 유즙만으로 부족한 영양분을 얻기 위해 이유식을 먹기 시작하면서 점차 다양한 식품을 접하게 된다. 이 과정을 통해 영아기 1년 동안 놀랄 만한 성장과 발달을 이룬다. 최근 저출산과 더불어 미숙아 · 저체중아의 출산 증가가 사회적 문제로 대두되고 있다. 이런 사회적 현상에 대한 영양학적 접근방법에 대한 고민이 필요한 때이다.

1. 영아기의 중요성

생존에 필요한 산소와 영양공급, 노폐물 배출 등의 대사를 모체의 태반과 제대(탯줄)에 의존하던 태아는 출생 직후부터는 자궁 밖의 생활에 적응해야 하는 극적인 변화를 겪게 된다. 태반을 통해 전달받던 산소는 폐를 통한 호흡과정에 의해 얻고, 영양분은 입을 통해 섭취하고 스스로 소화 · 흡수한다. 영양소 대사는 아직 불완전한 시기임에도 불구하고 성장률은 출생 후 가장 높기 때문에 단위체중당 영양소 요구량이 매우 높다. 이 시기에 가장 이상적인 영양 공급원이 바로 모유 또는 조제유이며, 생후 4~6개월 이후부터는 부족한 영양소를 이유식을 통해 보충해야 한다. 영아기에는 뇌세포, 신경세포의 분열이 활발하고 골격 및 근육이 발달하므로 이 시기의 영양 부족은 심각한 영양장애를 일으킬 수 있으며, 반대로 영양과잉은 지방세포 수의 증가를 동반한 비만을 유발할 수 있다. 따라서 영아기는 적절한 영양공급을 통해 평생 건강의 초석을 이룰 수 있는 중요한 시기이다.

2. 영아기의 성장과 발달

1) 성장과 발달

(1) 신장과 체중

우리나라 영아의 출생 시 평균신장은 남아 50.1 cm, 여아 49.4 cm, 평균체중은 남아 3.4 kg, 여아 3.3 kg이다(표 4-1). 신장은 생후 1년 동안 25~30 cm가 자라 출생 시 신장에 비해 1.5배 증가하며, 유전, 생활환경, 영양 등에 의해 영향을 받는다. 체중은 출생 후 3개월에 2배 정도로 증가하며, 그 이후로는 증가율이 다소 완만해져서 생후 1년이 되면 출생 시 체중의 3배가 된다. 영아기의 성장속도는 비록 자궁 내 높은 성장속도에 비해 낮지만 출생 후의 다른 시기에 비해서는 가장 빠르다.

신생아의 생리적 체중감소(initial loss of weight)

신생아는 생후 수분의 섭취가 적은 것, 피부, 호흡기, 요, 변으로부터의 수분 상실이 있고 수분 대사가 많기 때문에 분만 직후 체중이 점차 감소한다. 그렇게 생후 3~4일째에 최소가 되어 그 감소의 극도는 분만 직후 체중의 6~8%이나 이후 유즙(乳汁) 및 물의 섭취 증가와 함께 차차 증가하여 7~9일 무렵에는 출생 시의 체중을 넘게 된다.

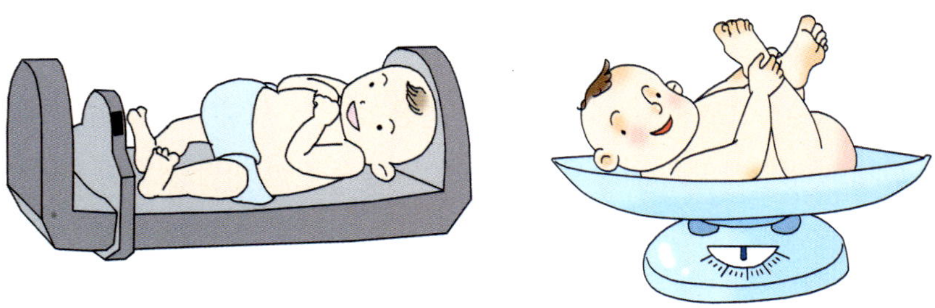

신장 측정　　체중 측정

그림 4-1 영아의 신장과 체중 측정

표 4-1 한국 소아의 발육 표준치

남아 체중 (kg)	남아 신장 (cm)	남아 머리둘레 (cm)	남아 가슴둘레 (cm)	연령	여아 체중 (kg)	여아 신장 (cm)	여아 머리둘레 (cm)	여아 가슴둘레 (cm)
3.41	50.12	34.70	33.5	출생 시	3.29	49.35	34.05	33.0
5.68	57.70	38.30	39.0	1~2개월	5.37	56.65	37.52	37.8
6.45	60.90	39.85	41.4	2~3개월	6.08	59.76	39.02	40.2
7.04	63.47	41.05	43.5	3~4개월	6.64	62.28	40.18	42.0
7.54	65.65	42.02	44.0	4~5개월	7.10	64.42	41.12	43.0
7.97	67.56	42.83	44.5	5~6개월	7.51	66.31	41.90	43.5
8.36	69.27	43.51	44.8	6~7개월	7.88	68.01	42.57	44.0
8.71	70.83	44.11	45.5	7~8개월	8.21	69.56	43.15	45.0
9.04	72.26	44.63	46.0	8~9개월	8.52	70.99	43.66	45.2
9.34	73.60	45.09	46.5	9~10개월	8.81	72.33	44.12	45.5
9.63	74.85	45.51	47.0	10~11개월	9.09	73.58	44.53	45.0
9.90	76.03	45.88	47.0	11~12개월	9.35	74.76	44.89	45.2

자료: 질병관리본부 만성병조사팀, 소아 · 청소년 신체발육표준치 제정위원회, 2007.

(2) 신체비율

신장과 체중의 증가로 인해 신체 구성비율에 변화가 생긴다. 출생 시 몸 전체의 1/4을 차지하던 머리의 비율이 점차 감소하고 몸통과 다리가 차지하는 비율이 증가하여 성인이 되면 머리의 크기가 신장의 1/8 정도로 줄고, 다리의 비율은 전체의 절반을 차지하게 된다(그림 4-2). 출생 시 가슴둘레는 약 33 cm로 머리둘레보다 1 cm가량 적은데 점차 가슴둘레가 머리둘레보다 커진다. 가슴둘레는 영양상태에 따라 영향을 받으므로 만약 2세 이후에 가슴둘레가 머리둘레보다 크지 않으면 영양장애가 있는 것으로 볼 수 있다.

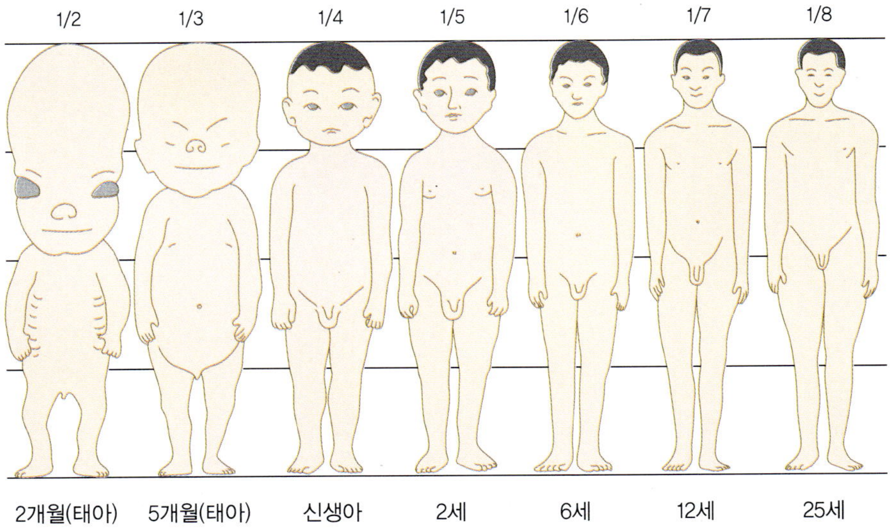

그림 4-2 연령별 신체의 비율 변화

(3) 신체 구성성분

영아기 동안 신장과 체중의 증가와 함께 신체 구성성분(수분, 지방, 단백질, 무기질)의 변화가 생긴다(그림 4-3). 출생 시 체중의 74%를 차지하던 수분은 점차 줄어들어 1년 후에는 60%로 감소하는데, 이는 주로 세포외액의 감소에 기인한다. 출생 시 체중의 12%를 차지하던 체지방의 비율은 생후 4~5개월에 급격히 증가하여 1년 후에는 23%로 증가한다. 단백질 비율은 출생 시 12%에서 1년 후 15%로 증가한다. 골격, 치아의 발달로 무기질의 절대량은 증가하지만 체중대비 무기질의 비율은 출생 시 체중의 2%를 차지하던 비율이 1년 후에도 그대로 유지된다.

성별에 따라 신체 구성성분이 차이가 나는데 남아는 여아에 비해 단백질 함량이, 여아는 남아에 비해 체지방 함량이 높다.

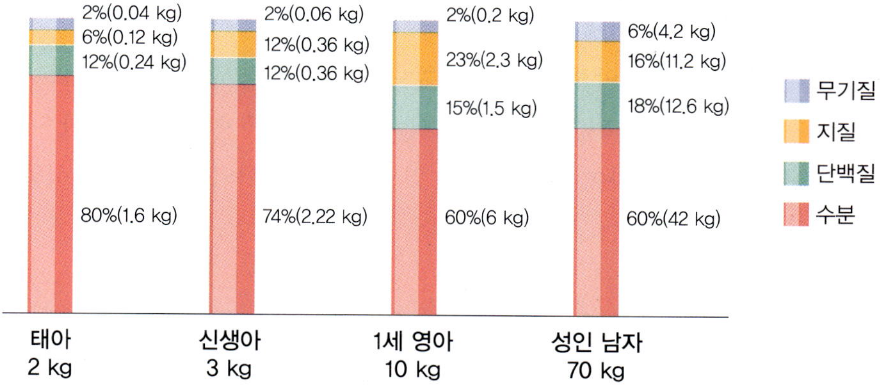

그림 4-3 성장에 따른 신체 성분의 변화

(4) 두뇌 발달

두뇌의 발달은 태아기와 영아기를 거쳐 빠르고 왕성하게 일어난다. 태아기에 이미 생성된 수십억 개의 뇌세포가 신경수초화(myelination)(그림 4-4) 등의 뇌세포 성숙과정을 거쳐 4세가 되면 성인 두뇌 무게의 약 80%까지 성장한다. 출생 시 신생아의 두뇌 무게는 300~350 g이고, 4세가 되면 성인 두뇌 무게의 1,200~1,500 g로 늘어난다. 이처럼 빠른 두뇌 성장시기를 가리켜 '두뇌성장 급등기'라고 하며, 이 시기의 두뇌 성장에 필요한 적절한 영양소의 공급이 필수적이다.

신경수초화
신경수초화 현상이란 뇌세포를 덮는 지질 보호막이 생기는 것으로 지질 보호막은 신경계에 있는 세포를 감싸서 두뇌세포의 기능을 촉진시킴

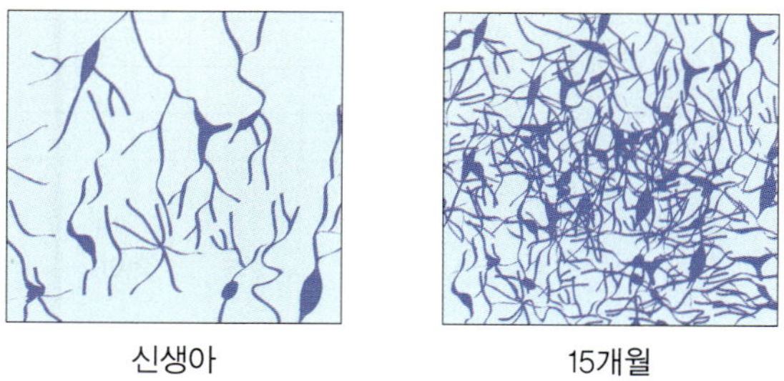

그림 4-4 신경수초화

(5) 치아 발달

치아는 생후 6개월에 아랫니 가운데 앞니부터 나오기 시작해서 2~2.5세에 20개의 유치가 나는데 그 시기와 순서에는 개인차가 존재한다. 치아가 나기 시작하면서 음식을 저작하여 잘게 부술 수 있으므로 유즙 이외에 다른 고형식품을 섭취할 수 있게 된다.

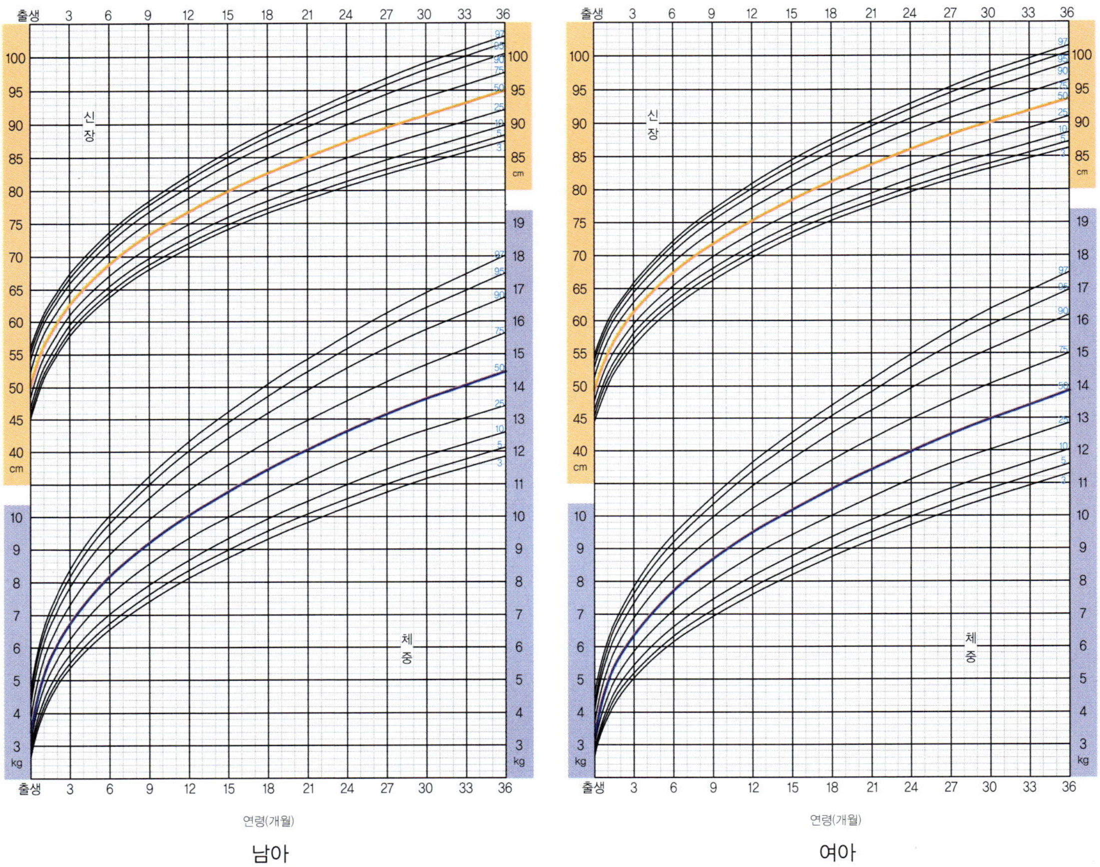

그림 4-5 한국 소아의 발육곡선(0~36개월)

자료: 대한소아과학회, 2007.

발육상태 평가

영아의 발육상태를 평가하는 방법으로 질병관리본부와 대한소아과학회에서 발표한 '한국 소아의 성별에 따른 신장, 체중, 두위 및 흉위 등 신체발육에 대한 표준치'(표 4-1 참조)가 있다. 이 발육표준치를 근거로 같은 성, 같은 연령대에서 3, 10, 25, 50, 75, 90, 97백분위(percentile)로 나타낸 것을 발육곡선이라 한다(그림 4-5 참조). 영아의 신장과 체중이 3백분위수 미만일 경우 임상적으로 저성장이라고 진단한다. 반대로 95백분위수 이상일 경우 과체중으로 정의한다. 영아기는 계속적으로 성장하는 시기이므로 현재의 수치로 영아의 성장상태를 평가해서는 안 되고, 성장과정을 연속적으로 측정하여 평가해야 한다. 즉, 정상이었던 영아가 비교적 짧은 시간을 두고 한두 급간의 하락이 있는 경우에는 비정상적이며 주의를 요한다. 예를 들어 한 영아의 체중이 9개월에 75백분위수였다가 12~15개월 검진에서 25백분위수로 떨어졌다면, 두 단계 급간 하락(75→50→25)이며, 이에 대한 원인 평가를 고려해야 한다.

영아의 발육상태는 신장, 체중으로부터 카우프지수를 계산하여 평가할 수 있다. 카우프지수는 3개월 이상 5세 미만의 영유아에게 적합한 방법으로 다음과 같이 계산한다.

$$\text{카우프지수} = [\text{체중(g)}/\text{신장(cm)}^2] \times 100$$

- 기준치: 10 이하 소모증, 10~13 매우 수척, 13~15 수척 경향, 15~18 정상, 18~20 비만 경향, 20 이상 비만

2) 생리적 발달

(1) 소화 · 흡수 기능

① 구강

신생아기의에 타액은 그 분비량이 적고 산성이지만 그 후 점차 타액량이 많아지고 중성 또는 약알칼리성으로 변한다. 타액 내 포함된 아밀레이스(프티알린)는 신생아기에는 미량이나 이유 개시부터 증가하여 생후 6개월~1세 사이에 성인 수준에 도달한다. 타액 라이페이스(lipase)는 성인보다 활성이 높아 지방 소화가 구강에서부터 활발히 일어난다.

② 위

신생아의 위 용량은 10~20 mL으로 유즙 섭취 후 2~3시간 후에 위가 비기 때

타액 프티알린(ptyalin)
포유류의 침 속에 들어 있는 아밀레이스로 전분을 가수분해하여 말토스로 만드는 소화효소. 이 작용은 구강 내에서는 충분히 진행할 시간이 없고, 보통 위액에서 강한 산성이 될 때까지 15~20분간 위 안에서 소화가 계속됨. 염소이온 등 무기이온에 의하여 활성화되고 식염이 있는 상태에서 작용 최적 수소이온농도(pH)는 6.9임

문에 하루 6~8회의 수유가 필요하다. 점차 위의 크기가 커지면서 생후 1년에 200~250 mL으로 증가하고 수유 횟수도 4회 정도로 줄어든다. 위의 모양은 가늘고 긴 통과 같은 모양으로 위의 만곡이 적고 분문 기능이 발달하지 못해 토하기 쉬우므로 수유 후 반드시 트림을 시켜 유즙이 역류되는 것을 방지한다.

출생 직후 위의 pH는 약알칼리성에서 생후 24시간 이내에 위산이 분비되면서 강한 산성을 띠게 된다. 위액 속에는 펩신, 라이페이스, 응유효소(rennin), 염산 등이 포함되어 있다. 신생아의 펩신 농도는 성인의 10%로 활성이 낮다. 응유효소는 모유에 들어 있는 카세인(casein)을 응고성 단백질로 전환시켜 위에 머무는 시간을 연장시키며 결과적으로 모유가 소화되기에 충분한 시간을 제공하는 데 도움을 준다.

영아의 위운동은 전체적으로 일어나는 수축작용에 의해 위 안의 내용물을 내보내며, 성인처럼 연동작용이 뚜렷하지 않다.

③ 소장

영아의 장 길이는 약 3~5 cm로 신장의 6배가량이며, 성인의 장 길이가 신장의 4.5배가 되는 것과 비교할 때 긴 편이지만, 소아의 소화기관은 아직 미숙한 상태이다.

영아의 소장 내 키모트립신과 카복시펩티데이스 농도는 성인의 10~60% 수준에 불과하지만 영아가 섭취하는 단백질을 소화시키기에는 충분한 것으로 알려져 있다. 신생아의 소장에는 췌장 라이페이스의 함량은 낮은 대신(성인의 5~10%) 구강과 위의 라이페이스 및 모유에 함유된 라이페이스가 지방의 소화 · 흡수를 돕는다. 담즙산의 생산능력에 제한되어 있고 담즙산 풀이 작기 때문에 소량씩 자주 섭취하는 것이 좋다. 영아 초기에는 포화지방산보다는 불포화지방산의 흡수가 쉬우므로 불포화지방산의 함량이 높은 모유나 조제유가 포화지방산의 함량이 높은 우유에 비해 지방의 소화 · 흡수에 용이하다.

소장 내 이당류 분해효소인 락테이스, 수크레이스, 말테이스는 신생아기에 거의 성인 수준으로 잘 발달되어 있으나 췌장 아밀레이스는 생후 4~6개월 이후에 분비되므로 곡류 이유식은 생후 4~6개월 이후에 시작하는 것이 좋다. 췌장 아밀레이스가 분비되기 전까지의 모유 내 함유된 아밀레이스가 소장에서 전분 또는 올리고당의 소화를 돕는다.

신생아기나 영유아기에는 장점막이 미숙하여 분자량이 큰 단백질이 소화되지 않아 미숙한 장벽을 통해 흡수되어 알레르기를 유발할 가능성이 있다. 생후 9개월부터 이러한 위험성은 줄어들지만, 알레르기에 대한 가족력이 있거나 위장관질환이 있는 영아는 식품의 단백질 공급에 더욱 세심한 주의를 기울여야 하고, 공급시기를 12개월 이후로 늦추는 것이 좋다.

표 4-2 출생 시 소화효소의 성인 대비 활성

효소		성인의 백분율
단백질	수소이온	> 30
	펩신	> 10
	키모트립신	10~60
	프로카복시펩티데이스	10~60
	엔테로네이스	10
	펩티데이스	> 100
지방	구강 라이페이스	> 100
	췌장 라이페이스	5~10
	담즙산	50
탄수화물	췌장 아밀레이스	0
	타액 아밀레이스	10
	락테이스	> 100
	수크레이스-아이소말테이스	100
	글루코아밀레이스	<100

자료: Worthington-Roberts BS & Williams SR, 2000.

(2) 신장 기능

신생아의 신장은 생리적으로 기능이 미숙하여 사구체여과율이 낮고, 요를 생성하고 체액을 조절하는 능력이 약하다. 요 농축력은 성인의 절반 수준인 700 mOsm/L로 수분 섭취가 줄어들거나 설사, 구토, 발열 등으로 체내 수분이 손실되면 탈수의 위험이 증가한다. 또한 영아는 신장의 노폐물 제거능력이 제한되어 있으므로 용질부하량이 낮은 모유(75~93 mOsm/L)가 우유 조제유(133 mOsm/L), 두유 조제유(177 mOsm/L), 우유(221 mOsm/L)에 비해 신장에 부담을 덜 준다.

3) 섭식 기능의 발달

① 출생~3개월

신생아의 입 주변과 볼을 건드리면 자극이 있는 쪽으로 고개를 돌려 입을 벌리며 빨려고 하는 뿌리반사와 함께 모로반사, 빨기반사, 연하반사, 혀내밀기반사가 있어 모유를 섭취할 수 있다. 또한 구강구조는 혀 운동이 젖꼭지를 빠는데 알맞게 되어 있어 누운 상태로 모유나 우유를 먹을 수 있다. 생후 3개월이면 물체의 움직임을 눈으로 좇을 수 있으며, 젖이나 젖병이 음식을 주는 것임을 알 수 있다.

뿌리반사
자극이 있는 쪽을 향해 움직여 먹으려고 하는 반사

모로반사
큰소리에 놀랐을 때나 몸에 접촉물이 닿을 때 팔 · 다리를 쭉 폈다 오므리며 머리를 굽히는 반사

빨기반사
신생아의 혀, 입술, 볼 등에 무엇이든지 닿으면 입을 움직여 자동적으로 빨려고 하는 반사

연하반사
음식물이 구협 부근의 점막이나 혀 안에 닿으면 일으키는 반사

혀내밀기반사
액체 외에 음식이 입에 들어왔을 때 혀로 내밀어버리는 반사

② 4~6개월

4개월이 되면 혀내밀기반사가 소실되면서 혀 운동이 상하에서 전후방으로 바뀌어 숟가락을 통해 음식의 섭취가 가능해진다. 6개월이면 씹기 패턴이 시작되고 두 개의 아랫니가 나오기 시작하면서 으깬 부드러운 음식을 삼킬 수 있다. 숟가락을 알아보고 숟가락이 오면 입을 벌리기도 하며, 손바닥을 이용한 잡기가 가능하므로 음식을 손에 쥐고 입에 넣을 수 있다.

③ 7~9개월

7개월에는 혼자서 앉은 자세로 젖병을 빨 수 있다. 8개월에는 숟가락 쥐기가 가능하며, 혀를 돌려가며 씹는 운동이 나타나기 시작하여 반고형식을 먹을 수

있다. 아직 섭식 기술이 완전하지 않아 기도폐색이나 이물 흡입으로 인한 위험이 있으므로 주의한다. 물체를 손바닥으로 잡아 입으로 가져가는 행동도 가능하므로 잘 녹는 과자를 손에 쥐어 주어도 좋다.

④ 10~12개월

입술과 턱의 운동이 강화되면서 컵으로 음식을 줄 수도 있고 부드러운 고형식을 주어도 무방한 시기가 된다. 혀로 돌려 씹기가 가능하여 구강 내에서 음식의 이동이 가능하다. 식사시간에 숟가락을 입으로 가져가기는 하나 흉내만 낼 뿐 아직 혼자 먹기는 어렵다.

표 4-3 영아의 행동 발달과 섭식운동의 발달

월령	행동발달	섭식운동의 발달	섭취가능 식품
출생~3개월	• 엎어 놓아도 질식하지 않도록 머리를 좌우로 돌릴 수 있는 정도의 방어적 운동 • 고개를 쳐들 수 있음	• 뿌리반사 • 모로반사 • 빨기반사 • 연하반사 • 혀내밀기반사	• 젖이나 젖병으로만 가능 • 모유, 조제유
4~6개월	• 목 가눔 • 도와주면 앉음 • 큰 물체를 잡고, 주먹과 장난감을 빰	• 혀내밀기반사 소실 • 혀의 상하운동이 전후방운동으로 전환됨 • 숟가락 잡음	• 이유 시작 • 숟가락으로 먹임 • 미음류(곡류, 거른 채소, 과일즙 등), 유동식
7~9개월	• 혼자 앉음 • 뒤집고 김 • 작은 물체를 손으로 잡기 시작함	• 음식을 몇 분간 입안에 넣고 있을 수 있음 • 혀 운동이 다양해짐 • 씹는 운동 시작	• 숟가락으로 잘 받아먹음 • 젖병을 들고 혼자 먹을 수 있음 • 죽류, 부드러운 고형식(푹 삶은 육류)
10~12개월	• 일어섬 • 작은 물체를 손가락으로 잡음	• 입술과 턱 운동 강화 • 혀 운동과 씹는 운동이 조화를 이룸	• 숟가락과 컵으로 스스로 먹음 • 좀 더 딱딱한 고형식

자료: 이현옥 외, 2011.

3. 영아기 영양섭취기준

영아는 단위체중당 체표면적이 크므로 많은 양의 영양성분이 필요하다. 영아의 섭취기준은 0~5개월에는 모유로부터 섭취하는 양을 바람직한 수준으로 제시하고, 6~11개월에는 모유의 섭취와 이유보충식을 통한 섭취를 같이 고려한다. 이때 평균 모유량을 0~5개월은 750 mL, 6~11개월은 600 mL로 한다.

영아기 영양섭취기준 설정을 위한 체위기준의 기준치로는 다음과 같다.

표 4-4 영아기 영양섭취기준 설정을 위한 체위기준

구분	연령	신장(cm)	체중(kg)
영아	0~5개월	60.3	6.2
	6~11개월	72.2	8.9

자료: 한국영양학회, 2010.

1) 에너지

영아의 에너지 요구량은 영아의 신체활동계수와 관련된 자료가 없어 정상적으로 성장하는 영아들의 실제 에너지 섭취량에 근거하여 추정한다(그림 4-6).

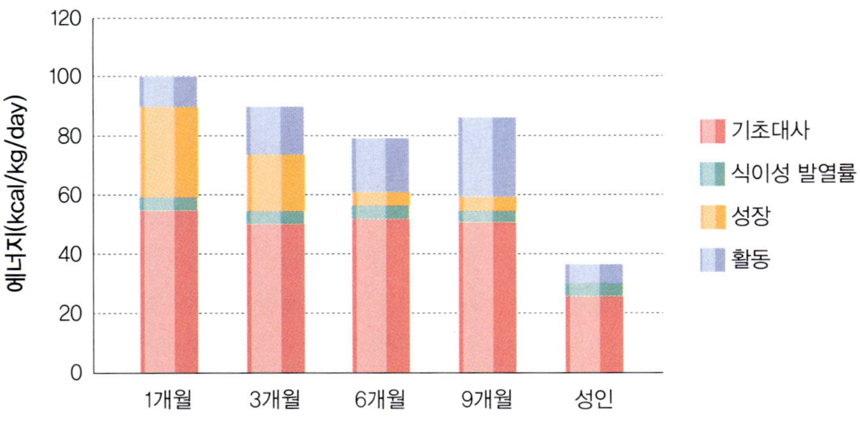

그림 4-6 영아의 에너지 필요량 추정

에너지 필요추정량 산출

- 에너지 소비량: 성별에 관계없이 89 kcal/일 × 체중(kg) − 100 kcal/일
- 성장에 따른 에너지 축적량
  - 영아 전기(0~5개월): 115.5 kcal/일
  - 영아 후기(6~11개월): 22 kcal/일
- 우리나라 영아의 표준체중
  - 영아 전기(0~5개월): 6.2 kg
  - 영아 후기(6~11개월): 8.9 kg
- 에너지 필요추정량
  - 영아 전기(0~5개월): (89 kcal/일 × 6.2 kg − 100 kcal/일) + 115.5 kcal/일
    = 567.3 kcal/일 ≒ 550 kcal/일
  - 영아 후기(6~11개월): (89 kcal/일 × 8.9 kg − 100 kcal/일) + 22 kcal/일
    = 714 kcal/일 ≒ 700 kcal/일

영아의 에너지 필요추정량은 영아의 에너지 소비량과 성장에 따른 에너지 축적량을 더하여 산출한다. 영아의 에너지 필요추정량은 0~5개월 550 kcal, 6~11개월 700 kcal이다(표 4-5).

표 4-5 영아의 에너지 필요추정량, 탄수화물 · 단백질 · 지질 충분섭취량

	열량 (kcal/일)	탄수화물 (g/일)	단백질 (g/일)	지질 (g/일)	n-3계 지방산 (g/일)	n-6계 지방산 (g/일)
0~5개월	550	55	9.5	25	2.0	4.5
6~11개월	700	90	13.5[1]	25	0.3	0.8

[1]권장섭취량

자료: 한국영양학회, 2010.

영아의 단위체중당 에너지 필요량은 성인의 2~3배로 생애주기 중 가장 높은 시기이다. 이처럼 영아기에 단위체중당 에너지 필요량이 높은 이유는 다음과 같다. 첫째, 체격에 비해 단위체중당 체표면적의 비율이 높아서 체표면으로

부터 열손실이 크기 때문이다. 둘째, 성장률이 높아 소비되는 에너지가 많기 때문이다. 셋째, 어른에 비해 활동량이 많고 대사율이 높아 필요한 에너지가 많기 때문이다.

영아기의 에너지 소비의 약 50%는 휴식대사에 이용되며, 나머지의 대부분은 생후 초기에 성장발달을 위해 이용되다가, 그 이후 성장속도가 감소함에 따라 신체활동을 하는 데 주로 쓰이게 된다.

2) 단백질

단위체중당 단백질 필요량은 일생에서 생후 1년간인 영아기에 가장 높은데, 이는 영아의 성장과정에서 일어나는 새로운 체조직 합성, 체단백질 축적, 효소 및 호르몬 생성, 면역기능 증가, 그 외 중요한 체내 물질의 합성 등에 단백질이 이용되기 때문이다. 0~5개월 영아의 단백질 충분섭취량은 모유 단백질 섭취량과 초기 기준체중 6.2 kg을 적용하여 9.5 g이고, 6~11개월 영아의 권장섭취량은 요인가산법(factorial method)에 의한 평균필요량에 유지에 요구되는 양과 성장으로 축적되는 양을 적용하여 체중당 1.1 g으로 정하였고, 후기 기준체중 8.9 kg을 적용하여 13.5 g이다.

단백질 영양섭취기준 설정 기준

- 영아 전기(0~5개월) 충분섭취량
  - 모유섭취량, 표준체중: 6.2 kg × 1.25 g/kg/일 ≒ 9.5 g/일
- 영아 후기(6~11개월) 권장섭취량
  - ① 평균필요량: 요인가산법 사용
    - 질소평형 질소섭취량: 110 mgN/kg/일
    - 단백질 축적량: 242 mg/kg/일
    - 단백질 이용효율 43%를 적용하여 1.1 g/kg/일로 설정
  - ② 권장섭취량: 평균필요량에 변이계수 적용
    - 유지에 필요한 변이계수는 성인의 값인 12.5% 적용
    - 성장에 필요한 변이(18세 미만) 43%를 적용하여 1.1 g/kg/일로 설정

영아의 필수아미노산은 히스티딘, 아이소류신, 류신, 라이신, 메티오닌, 페닐알라닌, 트레오닌, 트립토판, 발린의 9가지이며, 신생아기에는 이외에 시스테인, 타우린, 아르기닌 및 카르니틴 등이 조건적 필수아미노산이다. 타우린은 담즙산 대사 및 중추신경계에 작용하며, 카르니틴은 지질대사에 관여한다. 이밖에도 페닐케톤뇨증(PKU)을 가진 영아의 경우는 타이로신도 필수 아미노산이다.

3) 지질

지질은 농축된 에너지원으로 영아기의 급성장에 필요한 에너지를 공급하며, 섭취하는 에너지의 40~50%를 차지한다. 필수지방산의 공급, 지용성 비타민의 흡수 등에도 중요한 역할을 하므로 부족하면 성장이 저해된다. 0~5개월 영아의 지질 충분섭취량은 평균 모유 섭취량(750 mL/일)과 모유의 지질 함량(3.2 g/L)을 적용하여 1일 25 g이며, 이때 지방 에너지 비는 45%가 된다.

영아 후기 모유의 지방 함량은 영아 전기와 거의 같으나 모유 섭취량이 적으며, 이유 보충식은 영아용 시리얼, 채소, 과일 등이므로 지방으로 섭취되는 에너지비율은 점차 감소한다. 6~11개월 영아의 경우도 모유와 이유 보충식에 함유된 지질 함량과 평균 모유 섭취량(600 mL/일)을 적용하여 1일 25 g이다.

(1) n-6계 지방산

성인의 경우 필수지방산 최적 섭취량은 총 에너지 섭취량의 1%이지만, 영아기에 중요한 리놀레산의 경우 최소 필요량이 총 에너지 섭취량의 1% 정도이며 적정 섭취량은 4~5%이다. 영아기에는 필수지방산으로 리놀레산과 리놀렌산이 중요하며, 특히 리놀레산은 정상적인 성장 및 피부염 예방에 필수적인 물질로 50 mg/100 kcal 이상 섭취해야 한다. n-6계 지방산의 경우 0~5개월 영아의 충분섭취량은 2.0 g, 6~11개월 영아는 4.5 g이다.

(2) n-3계 지방산

태아기 및 영아기 뇌와 망막의 성장·발달에 필수적인 DHA를 공급하는 n-3

지질의 영양섭취기준 설정 기준

- 영아 전기(0~5개월) 충분섭취량
  모유 지방 섭취량: 0.75 L/일 × 32 g/L = 24 g/일 ≒ 25 g/일
- 영아 후기(6~11개월) 충분섭취량
  모유 · 이유보충식 지방 섭취량: 0.6 L/일 × 32 g/L + 5.6 g/일 = 24.8 g/일 ≒ 25 g/일

계 지방산의 공급은 매우 중요하다. n-3계 지방산은 0~5개월 영아의 충분섭취량은 0.3 g, 6~11개월은 0.8 g이다.

4) 탄수화물

영아기는 총 섭취에너지의 약 60%를 두뇌에서 소모하므로 체중당 포도당대사량은 성인보다 4배 정도 높다. 영아기의 뇌는 케토산만을 에너지원으로 사용할 수 있고, 영아는 포도당신생대사가 활발하기 때문에 탄수화물의 최소요구량 결정이 어렵다. 영아기에 요구되는 탄수화물의 최저 섭취수준이 분명하지는 않으나 생후 1년간은 모유로 섭취하는 양이 가장 바람직한 탄수화물 수준으로 간주되고 있다. 일반적으로 초기 4~6개월까지는 모유만 공급할 것을 권장하는데, 모유 내 탄수화물은 거의 대부분 유당이다. 모유의 유당 함량은 모체의 영양상태와 음식 섭취에 큰 영향을 받지 않고 일정한 수준을 유지한다. 모유의 유당 함량은 평균 74 g/L이며, 영아 전기의 모유 섭취량(750 mL/일)을 기준으로

탄수화물의 영양섭취기준 설정 기준

- 영아 전기(0~5개월) 충분섭취량: 55 g/일
  - 모유로부터 유당 섭취량: 74 g/L × 0.75 L = 55.5 g/일 ≒ 55 g/일
- 영아 후기(6~11개월) 충분섭취량: 90 g/일
  - 모유로부터 유당 섭취량: 74 g/L × 0.60 L = 44.4 g/일 ≒ 44 g/일
  - 이유식으로부터 유당 섭취량 추정치: 45 g/일

0~5개월 영아는 충분섭취량이 55g이고, 6~11개월 영아는 영아 후기의 모유 섭취량(600 mL/일)과 이유식을 통한 추정치를 더하여 충분섭취량이 90 g이다.

5) 비타민

영아의 1일 평균 모유섭취량(750 mL)과 모유 내 해당 비타민 함량을 토대로 비타민의 섭취기준이 설정되었다.

(1) 지용성 비타민

비타민 A는 영아의 성장 · 발육, 세포 분화 및 면역과정에서 중요한 역할을 한다. 점막 상피세포의 대사 및 시각에 관여하며 부족할 경우 발육장애, 피부의 각질화, 감염성 질환에 대한 저항력 저하, 야맹증, 건조성 안염을 유발한다. 건강한 어머니의 모유로 자란 영아에게서 비타민 A 결핍이 발견되지 않았으므로 정상 모유에서 분비되는 비타민 A의 양을 기준으로 하여 1일 충분섭취량을 정하였는데, 0~5개월 300 μg RE, 6~11개월 영아는 보충식을 통한 섭취를 감안하여 400 μg RE로 정하였다. 영아기 비타민 A의 상한섭취량은 600 μg RE이다.

국제연합식량농업기구(FAO)와 세계보건기구(WHO)에 의하면 하루 약 100 IU (1 IU = 0.025 μg 비타민 D_3)의 비타민 D로 구루병을 방지할 수 있다고 한다. 비타민 D는 7-dehydrocholesterol이 자외선 조사에 의해 생성되므로 일광욕을 하면 충분하다. 영아가 구루병을 예방하는 데 필요한 비타민 D의 양은 1일 약 2.5 μg이다. 0~5개월의 영아들은 모유에는 비타민 D 함량이 낮고 햇빛으로부터 비타민 D를 충분히 얻지 못하거나 일광에 노출되는 시간이 제한되어 비타민 D를 음식으로 섭취해야 하므로 5 μg을 충분섭취량으로 설정하였다. 6~11개월 영아의 경우 비타민 D가 풍부하게 들어 있는 달걀, 버섯 등을 영아의 발육에 맞게 조리하여 주는 것이 바람직하고, 이와 더불어 일광욕과 같이 햇볕을 쬐게 하는 것도 중요하다. 영아기 비타민 D의 상한섭취량은 250 μg이다.

모유는 비타민 E의 함량이 풍부하므로 영아의 비타민 E 충분섭취량은 0~5개월의 영아는 3.0 mg α-TE, 6~11개월 영아는 4.0 mg α-TE이다.

비타민 K는 장내 세균에 의해 합성되는데 아기는 출생 시 무균 상태의 장을 가지고 태어나므로 생후 수 주일 동안 비타민 K 결핍 위험에 처할 수 있다. 모유의 비타민 K 함량은 2 μg/L로 매우 낮으므로 신생아 출혈성질환의 위험성을 증가시킬 수 있다. 비타민 K의 충분섭취량은 0~5개월 영아는 4 μg, 6~11개월 영아는 7 μg이다.

표 4-6 영아의 지용성 비타민 충분섭취량 및 상한섭취량

연령	비타민 A (μgRE/일)		비타민 D (μg/일)		비타민 E (mg α-TE/일)	비타민 K (μg/일)
	충분섭취량	상한섭취량	충분섭취량	상한섭취량	충분섭취량	충분섭취량
0~5개월	300	600	5	25	3	4
6~11개월	400	600	5	25	4	7

자료: 한국영양학회, 2010.

(2) 수용성 비타민

영아에게는 모유가 가장 적합한 영양공급원이므로 모유 섭취량(평균 750 mL)과 모유 비타민 중 비타민 C 함량(40~60 mg/L)을 근거로 0~5개월 모유 영양아의 비타민 C 충분섭취량은 35 mg으로 설정하고, 6~11개월 영아는 이유 보충식 섭취를 고려하여 45 mg으로 설정한다.

티아민, 리보플라빈, 니아신은 모유에 충분히 함유되어 있다. 영아의 티아민 충분섭취량은 0~5개월 영아의 경우 0.2 mg, 5~11개월 영아는 0.3 mg이다. 리보플라빈 충분섭취량은 0~5개월은 0.3 mg, 6~11개월 영아는 0.4 mg을 정하였다. 모유 1 L에는 1.8 mg 정도의 니아신과 220 mg의 트립토판이 함유되어 있어 영양이 좋은 모체는 모유를 통해 영아의 니아신 필요량을 충족시킬 수 있다. 이를 근거로 설정한 0~5개월 영아의 니아신 충분섭취량은 2 mg NE, 6~11개월은 3 mg NE이다.

영아기는 단위체중당 단백질 필요량이 가장 큰 시기이므로 성장기에 적절한 단백질 대사가 이루어지도록 충분한 비타민 B_6의 섭취도 중요하다. 모유의 비타민 B_6 함량(0.15 mg/L)을 고려하여, 모유로 공급되는 비타민 B_6 농도가 0.2 mg/L 이면 모유 영양아의 성장과 영양상태를 유지할 수 있음을 고려하여 0~5개월 영아의 경우 충분섭취량이 모유 영양아는 0.1 mg, 6~11개월 영아는 0.3 mg이다.

세포 분열과 성장에 필수적인 엽산은 비타민 B_{12} 및 비타민 C와 함께 단백질 대사에 관여하여 핵산을 합성하고 헤모글로빈 형성에도 관여하며 위산 분비를 촉진시킨다. 영아기는 빠른 성장을 하는 시기이므로 엽산의 요구량이 증가한다.

영아기는 급속한 세포 분화 과정에서 비타민 B_{12} 및 비타민 C와 함께 단백질 대사와 핵산 합성 및 헤모글로빈 형성에 관여하며 위산 분비를 촉진시키는 엽산의 요구량이 증가한다. 엽산의 권장량은 영아 초기 모유영양아는 65 μg, 조제유 영양아는 100 μg이며, 영아 후기 권장량은 80 μg이다.

표 4-7 영아의 수용성 비타민 충분섭취량

연령	비타민 C (mg/일)	티아민 (mg/일)	리보플라빈 (mg/일)	니아신 (mgNE/일)	비타민 B_6 (mg/일)	엽산 (μgDFE/일)	비타민 B_{12} (μg/일)
0~5개월	35	0.2	0.3	2	0.1	65	0.3
6~11개월	45	0.3	0.4	3	0.3	80	0.5

자료: 한국영양학회, 2010.

6) 무기질

무기질은 조직의 구성 및 생체기능의 조절 등에 필수불가결한 영양소이다. 골격 치아의 형성에는 칼슘, 인, 마그네슘이, 세포외액은 나트륨과 염소가 주요 원소이며, 세포내액에는 칼륨과 마그네슘, 인 등이 함유되어 있다. 무기질 함량은 출생 시에는 체중의 3%이지만 성인이 되면 체중의 4~5%가 된다. 성장이 왕성한 영유아기에는 무기질 대사도 활발하고 필요량도 증가하지만 식품이나 음료수 중에 소요량을 상회하는 함량이 있으므로 철 · 칼슘 외에는 결핍 증상이 거의 없다.

표 4-8 영아의 다량무기질 충분섭취량

연령	칼슘 (mg/일)	인 (mg/일)	나트륨 (g/일)	칼륨 (g/일)	마그네슘 (mg/일)
0~5개월	200	100	0.12	0.4	30
6~11개월	300	300	0.37	0.7	55

자료: 한국영양학회, 2010.

(1) 칼슘과 인

영유아의 골격은 급격히 성장하므로 칼슘 필요량과 흡수율이 상당히 높다. 영아기의 칼슘 섭취는 골격 형성뿐 아니라 최대 골질량(peak bone mass) 형성에 중요한 역할을 한다. 건강한 모유영양아의 평균 칼슘섭취량을 기준으로, 영아의 1일 칼슘 충분섭취량은 0~5개월은 모유영양아의 경우 200 mg, 조제유영양아의 경우는 흡수율의 차이를 고려하여 300 mg이며, 6~11개월 영아 후기의 권장량은 모유 및 이유식의 칼슘 함량을 합한 양으로 하여 300 mg이다.

모유 내 칼슘은 이용률이 높아 70%가 체내에 보유되고 우유 칼슘의 체내 보유율은 25~30%이다. 칼슘의 흡수는 칼슘과 인의 비율, 비타민 D에 의해 영향을 받으며 장내의 pH도 영향을 미치는데 산성이면 흡수가 잘 된다. 출생 후 1년까지는 칼슘과 인의 비율을 2:1~1:1을 유지하는 것이 이상적이다. 영아 초기의 인 권장량은 모유영양아는 1일 100 mg으로 모유의 칼슘:인=2:1의 비율을 반영한 것이며 영아 후기의 인 권장량은 칼슘 권장량과 같은 300 mg이다.

(2) 철

건강한 영아(정상분만아)는 출생 시 충분한 철을 체내에 저장하고 있으므로, 생후 5개월까지는 다른 철의 공급 없이 모유만으로도 필요량을 충족시킬 수 있으나, 5개월이 지나면 저장량을 거의 다 소모하게 되어 이유식을 통해서 철을 공급해 주어야 한다. 따라서 적당량의 철을 외부에서 공급받지 않으면 1년 후에는 헤모글로빈 함량이 정상 이하로 떨어지게 되어 철 결핍증이 발생하기 쉽다.

철 결핍성 빈혈은 개발도상국뿐만 아니라 미국의 영아에서도 가장 흔히 볼 수 있는 결핍증이다.

0~5개월 영아의 충분섭취량은 모유의 철 농도와 분비량을 기준으로 0.3 mg이며, 6~11개월 영아는 기본적 철 손실량, 헤모글로빈 양 증가, 조직철 증가, 저장철 증가를 위해서 철의 필요량이 증가하며, 식사에서의 이용률이 13% 정도로 낮으므로 6 mg을 권장섭취량으로 한다. 모유나 우유는 모두 철 함량이 부족하고 철의 흡수율로 모유 50%, 우유 10% 정도에 지나지 않는다. 따라서 철이 풍부한 달걀 노른자, 녹색 채소, 육류, 농축 강화된 곡류 등을 이유식으로써 섭취하도록 한다.

(3) 아연

아연은 철과 달리 신생아의 체내에 저장되어 있지 않으므로, 출생 직후부터 섭취해야 하는 영양소 중 하나이며, 단백질 합성과정에 필요한 효소의 성분으로 작용하기 때문에 영아의 성장발달에 아주 중요하다. 모유의 아연 농도는 수유기간이 경과할수록 감소하며, 모유의 평균 아연 농도는 2.2 mg/L을 기준으로 모유를 섭취하는 영아의 평균 아연섭취량 1.7 mg을 0~5개월 영아의 충분섭취량으로 한다. 영아 후기에는 간에 저장된 아연이 거의 소모되므로 6~11개월 영아는 2.8 mg을 권장한다. 아연을 많이 함유한 육류, 치즈, 달걀, 견과류, 전곡을 영아가 잘 먹을 수 있도록 조리하여 충분히 섭취하도록 한다.

표 4-9 영아의 미량무기질 충분섭취량 및 상한섭취량

연령	철 (mg/일)		아연 (mg/일)	구리 (μg/일)	요오드 (μg/일)	
	충분섭취량	상한섭취량	충분섭취량	충분섭취량	충분섭취량	상한섭취량
0~5개월	0.3	40	1.7	230	130	250
6~11개월	6[1)]	40	2.8[1)]	230	170	250

1) 권장섭취량

자료: 한국영양학회, 2010.

7) 수분

영아는 신체 크기에 비해 체표면적이 크기 때문에 체표면으로 증발되는 수분의 양이 많고, 성인에 비해 호흡수가 많아 호흡을 통해 상실하는 수분의 양도 많을 뿐 아니라 새로운 조직 합성과 체액의 부피 증가로 더 많은 수분이 필요하다. 체내의 수분은 피부와 호흡기를 통한 불감 증발과 소변 및 대변에 의해 손실되는데, 영아는 총 수분손실 중 피부와 호흡기로 상실되는 불감성 수분 손실(insensible water loss)이 60%로서 성인 불감성 수분 손실인 40~50%보다 높다. 생후 1개월 된 영아의 불감성 수분 손실량은 하루에 210 mL 정도이며, 1년 뒤에는 500 mL에 달한다. 또한 수분은 조직과 체액의 구성 성분이므로 성장 시에는 이에 대비한 여분의 수분이 요구된다.

영아의 경우는 불감성 수분 손실량이 많고 어른에 비해 신장의 요농축 능력이 떨어지기 때문에 고온, 열, 구토, 설사 시 나타나기 쉬운 수분 불균형과 탈수에 유의해야 한다. 영아는 수분 필요량을 모유나 조제유 및 영아용 처방식에서 얻게 되는데, 고형 음식을 먹일 경우에는 추가로 물을 공급해 주어야 한다. 특히, 고형 음식에 단백질, 식염, 칼륨(K) 함량이 높을 경우에는 물을 추가로 더 주어야 한다. 영아의 수분 충분섭취량은 0~5개월에는 700 mL이고, 영아 후기에는 모유를 통한 수분섭취량과 이유보충식을 통한 수분섭취량을 더하여 6~11개월에는 800 mL이다.

4. 영아기 영양 · 식생활 건강문제

1) 성장 장애

영아 성장 장애는 신장과 체중이 해당 연령의 발육곡선에서 5백분위수 미만인 경우를 말한다. 모유를 충분히 빨지 못하거나 구토, 설사 등으로 섭취량 감소, 중추신경계 장애로 인해 에너지요구량이 증가하는 등의 영아측 요인과 모

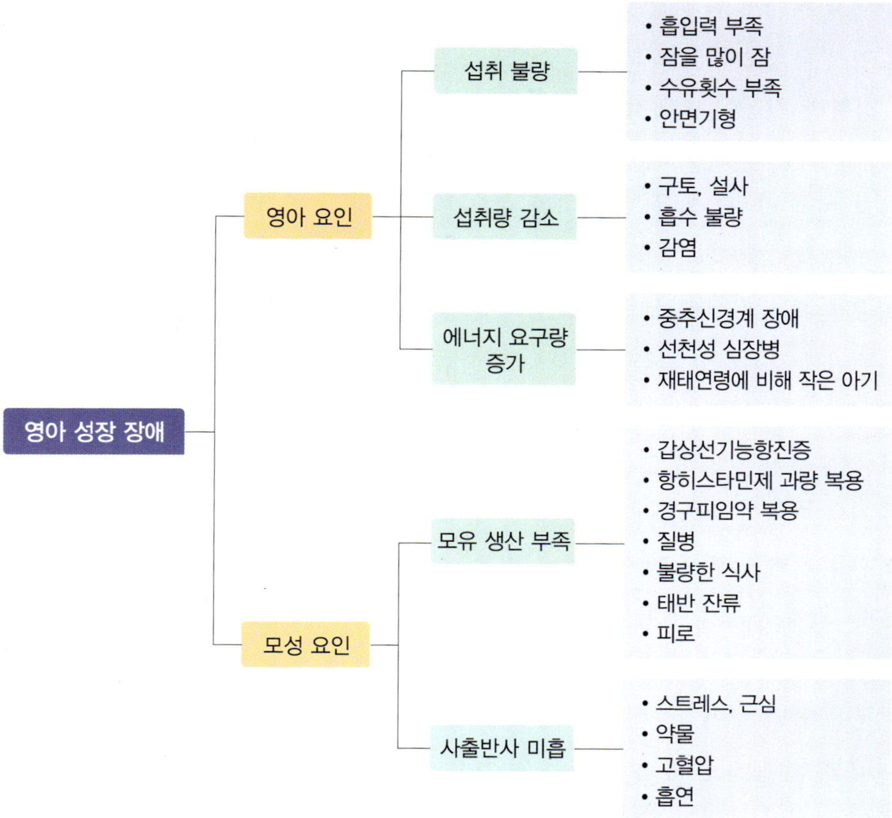

그림 4-7 **영아의 성장 장애 원인**

자료: Worthington-Roberts BS & Williams SR, 2000.

유 생산 부족이나 사출반사 미흡 등의 모성측 요인으로 구분된다(그림 4-7). 그 밖에 가정불화, 부모의 사랑 부족 등 사회 · 심리적인 요인에 의해서도 성장이 부진해진다.

2) 영아산통

영아산통(colic)은 기질적 원인 없이 발작적인 울음과 보챔이 하루 3시간, 최소 한 주 동안 3회 이상 발생할 때 영아 산통이라고 정의한다. 생후 4개월 이하의 영아에게서 하루 중 언제든지 발생할 수 있으나 주로 저녁이나 새벽에 이유 없이 발작적으로 울고 보채는 증상을 말한다.

정확한 원인이 밝혀져 있지 않지만 소화 기능의 미숙함에 의한 것으로 보인다. 분유에 함유된 유단백 또는 유당에 민감한 영아에게서 분해되지 않는 성분들로 인해 발생하는 복부 팽만감 또는 통증에 의한 것으로 여겨진다. 일부에서는 수유 중 공기를 과다히 삼키거나 배에 가스가 많이 찼을 경우, 사회적 · 정신적 스트레스로 인해 발생할 수 있다고 하나 과학적으로 입증된 바는 없다.

주위를 조용하고 자극적이지 않게 한 다음 푹신하게 포대기나 담요로 싸주고, 아기의 앞가슴과 어깨를 대고 안아주거나 아기의 무릎을 굽힌 상태로 안고 그네 태우듯이 천천히 살살 흔들어 주는 방법, 마지막으로 노리개 젖꼭지를 빨려주거나 따뜻한 손으로 배를 살살 쓸어 주는 방법 등을 시도해 본다.

수유 후에는 반드시 트림을 시키고, 젖병 꼭지의 구멍이 적당한가 확인하여 수유 중에 공기가 많이 들어가지 않도록 한다. 수유는 눕혀서 하지 말고, 안고 먹이도록 하고, 조용하고 쾌적하게 자극적이지 않은 환경을 만들어 준다.

분유를 먹는 아기들이 모유를 먹는 아기들에 비해 영아 산통 발생 빈도가 높다고 하는데, 이는 분유 단백이 원인이 될 수 있지만 분유 수유 시에 공기가 더 많이 들어가는 것이 원인이 될 수 있다. 모유수유를 하는 수유부가 우유나 양파와 같은 음식을 섭취하는 것도 그 원인이라고 알려져 있으나 이에 대해서는 아직 더 연구가 필요하다.

3) 빈혈

영아기에 이유가 늦어짐으로써 체내 철 고갈되거나 우유만 먹어 식사로부터 충분한 철 공급이 되지 않을 경우 철 결핍성 빈혈이 나타나게 된다. 이는 잘 먹지 못하는 나라뿐만 아니라 선진국에서도 흔한 질환으로 미국에서는 1~2세 인구의 9%가 철 결핍이 있으며, 3%는 철 결핍 빈혈에 걸려 있다고 한다. 또한 2010년에 발표된 미국소아과학회의 철 결핍 빈혈에 대한 지침에서는 생후 12개월 된 아이들에게 철 결핍 빈혈에 대한 검사를 건강검진에 넣도록 권고했을 만큼 철 결핍은 중요하며 흔한 문제이다.

살코기, 소간, 달걀노른자, 말린 과일, 종자류, 견과류 등 철 급원식품과 철의 흡수를 돕는 비타민 C가 풍부한 채소나 과일을 함께 먹는 것이 좋다.

4) 설사

영아는 신장기능이 미숙하여 수분 조절 능력이 낮으므로 설사 시 변으로의 수분 손실로 인한 탈수의 위험이 높다. 설사가 심해지면 젖 주는 것을 몇 차례 줄이고 탈수를 방지하기 위해 묽은 포도당액, 보리차, 끓인 물을 계속해서 조금씩 먹이고, 수분, 나트륨, 칼륨 등을 보충해 주어야 한다. 주스나 젖산음료는 설사를 악화시킬 수 있으므로 피한다. 설사 후 물을 먼저 먹이고 난 후 모유를 주어 모유 섭취량을 줄여 주고, 조제유의 경우 농도는 1/4~1/2로 희석하여 먹이다 상태에 따라 농도를 점자 늘려 원래의 농도로 증가시킨다.

5) 식품 알레르기

영아에서 식품 알레르기는 미숙한 장점막을 통해 소화되지 않은 단백질이나 큰 펩티드가 흡수되어 면역 체계에 의해 항원으로 인식될 때 발생한다. 또한 영아가 직접 알레르기 유발 식품을 직접 섭취하지 않더라도, 수유부가 섭취한 식품 성분이 모유로 분비되어 영아에게 알레르기를 유발할 수 있다. 식품 알레르기 증상으로는 습진이나 비염, 두드러기, 호흡곤란, 기침, 구토, 설사 등이 있다.

영아기에 가장 흔히 알레르기를 유발하는 식품은 우유이며, 그 외 달걀, 밀, 대두, 초콜릿, 쇠고기, 돼지고기, 토마토, 감귤류, 복숭아 등도 알레르기의 원인으로 작용할 수 있다. 표 4-10에 알레르기 항원식품과 그 대체식품을 제시하였다.

우유 조제유에 알레르기가 있는 영아의 경우에는 모유, 두유 조제유, 단백질 가수분해 조제유로 바꾸어 먹여야 하며, 달걀, 알레르기 유발물질로 잘 알려진 우유, 땅콩, 대두, 밀 등은 2~3세가 될 때까지 주지 않는 것이 좋다. 특정 식품에 알레르기 증상이 있는 것으로 진단되면 원인이 되는 식품은 일단 제한해야 하

표 4-10 알레르기 항원식품과 대체식품

제한식품	피해야 할 식품	대체식품
우유	치즈, 아이스크림, 요구르트, 크림, 수프, 버터	두유, 우유가 없는 식품, 코코아
달걀	커스터드, 푸딩, 마요네즈, 기타 달걀이 함유된 식품	달걀 없이 구운 빵, 쌀
밀	크래커, 마카로니, 국수 등 밀가루로 만든 식품	밀이 없는 빵과 크래커, 옥수수, 쌀, 팝콘, 고구마
두류	콩가루, 두유, 채실유, 콩소스, 콩버터	코코넛 우유
옥수수	팝콘, 콘시럽	밀가루, 고구마, 쌀가루
초콜릿	캔디, 코코아	설탕
쇠고기	쇠고기 수프, 쇠고기 소스	
돼지고기	베이컨, 소시지, 핫도그, 돼지고기로 만든 소스	쇠고기

자료: 권종숙 외, 2012.

며, 증세가 완화되면 의심되는 식품을 섭취시킨 후 반응을 관찰하고 이상이 없으면 양을 점차 늘려 나간다.

6) 젖병 치아우식증

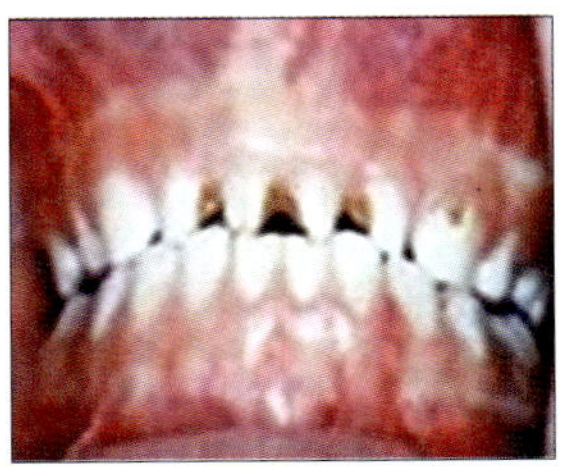

그림 4-8 치아우식증

젖병 치아우식증(baby bottle tooth decay, BBTD)은 주로 2세 이하의 영유아의 앞쪽 윗니에 충치가 생기는 것으로 주스, 우유 또는 조제유가 든 젖병을 물고 잠을 자는 습관이 있는 경우 발생한다. 잠자는 동안 타액의 분비가 감소되어 치아 표면에 존재하는 박테리아의 작용이 활발해져 박테리아가 액체 내 설탕, 전분 등을 분해하여 산(acid)을 형성하고 이 산이 영아의 치아의 에나멜 층을 파괴시켜 치아에 손상을 일으킨다. 그러므로 설탕, 전분이 포함된 액체가 든 젖병을 입에 문 채 잠들지 않도록 한다.

7) 선천성 대사장애

선천성 대사장애는 우리 몸의 생화학적인 대사 경로를 담당하는 효소나 조효소의 결핍으로 발생하는 질환이다. 정상적으로 꼭 필요한 최종 물질이 생성되지 못하여 결핍 증상이 나타나고 불필요한 전구물질은 다양한 중요 장기(뇌, 심장, 간, 신장 등)에 축적되어 지능장애와 같은 과잉 증상을 일으킨다. 1991년부터 2005년까지 15년간의 조사에 따르면, 4,000~5,000여 명당 1명꼴로 선천성 갑상선기능저하증, 페닐케톤뇨증, 단풍시럽뇨증 등의 선천성 대사이상 환자가 발생한다고 한다. 증상이 발현하기 전 조기에 진단하는 것이 중요하므로 정부에서는 모자보건사업으로 신생아 선별 검사를 지원하고 있다. 선천성 대사장애는 출산 전에 양수검사를 하거나 출생 후 3~6일 무렵에 발꿈치에서 채혈하여 진단할 수 있다.

선천성 대사이상 중 선천성 갑상선기능저하증은 갑상선자극호르몬의 결핍으로 발생하는 질환으로 갑상선 호르몬을 투여하여 치료하도록 하고, 아미노산 대사나 탄수화물 대사 등에 이상이 있다면 원인 질환에 따라 결함이 있는 대사 경로에서 쌓이게 되는 전구물질이 함유된 음식은 제한하도록 하는데(예: 페닐케톤뇨증의 경우 페닐알라닌 제한), 이는 해당 전문의와 전문 영양사와의 상담을 통해 적절한 성장 발달을 목표로 시행하도록 한다. 영유아기에는 처방에 따라 특수분유와 일반 분유를 일정 비율로 섞어서 먹이게 되며, 이유 진행 및 이후 식사 처방에 관해서 성장 · 발달에 필요한 적절한 영양상담이 필요하다.

8) 미숙아

① 미숙아의 특징

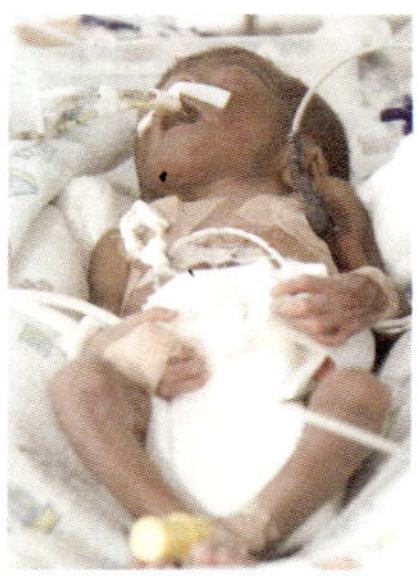

세계보건기구(WHO)에서 미숙아는 재태기간을 근거로 37주 이하에 태어난 신생아로 정의한다. 흔히 저체중아도 미숙아라고 하지만 재태기간에 따른 출생체중에 따라 다음 표 4-11과 같이 분류한다.

표 4-11 재태기간에 따른 출생체중 분류

출생체중 \ 재태기간	37주 이하	38~42주	42주 이상
적은 체중 (small, 10백분위수 미만)	적은 체중 미숙아	적은 체중 성숙아	적은 체중 과숙아
적정 체중(appropriate, 10백분위수–90백분위수)	적정 체중 미숙아	적정 체중 성숙아	적은 체중 과숙아
과체중 (large, 90백분위수 이상)	과체중 미숙아	과체중 성숙아	과체중 과숙아

- Low birth weight: 출생체중 < 2,500 g
- Very low birth weight: 출생체중 < 1,500 g
- Extremely low birth weight: 출생체중 < 1,000 g

의학의 발달로 미숙아의 생존율이 높아지면서 영아 사망률은 감소하고 있지만 미숙아 출생은 해마다 늘고 있어 미숙아의 영양관리가 매우 중요한 문제로 대두되기 시작하였다. 미숙아의 특징은 다음과 같다.

- 몸통에 비해 머리가 비교적 크고 사지가 짧다.
- 피하지방이 모자라고 근육조직이 제대로 발달하지 못했기 때문에 피부가 성숙아보다 얇고 붉은 기가 강하며 주름이 많다.
- 등과 사지의 안쪽에 솜털이 많고 머리카락은 짧고 드물게 나 있다.
- 체표면적이 성숙아보다 넓으며, 땀샘이 덜 발달되어 있어 체온 조절이 잘 안 되며, 입으로 빨거나 삼키는 동작을 제대로 하지 못한다.
- 위의 용량이 작아서 소화·흡수 기능도 미숙하고 면역 기능이 불완전하여 감염의 위험이 높고 호흡장애가 나타날 수 있다.
- 성숙아에 비해 체수분의 비율이 높고 출생 시 체중의 10~20%의 체중 감소가 나타나고 출생 시 체중으로 돌아오는 데는 2~3주가 걸린다.

② 미숙아의 대사 및 영양소 필요량

미숙아는 출생 직후 미처 자라지 못한 것을 만회하기 위해 성숙아에 비해 단위체중당 에너지와 단백질, 기타 영양소의 요구량이 높다(표 4-12).

표 4-12 미숙아의 영양소 대사

영양소	대사의 특징
에너지	• 미숙아의 상태나 활동 등에 따라 달라짐 • 에너지 필요량 유지를 위해 하루 50 kcal/kg체중 필요 • 질병, 스트레스, 빠른 성장 시 필요량 증가 • 성장을 위해서 105~130 kcal/kg체중 필요
단백질	• 1일 단위체중당 3.5~4 g • 과량의 단백질은 신장 용질 부하의 부담을 줄 수 있으므로 질적인 면 고려할 것
지질	• 미숙아는 십이지장 내 담즙산의 농도가 낮고 지질소화효소의 분비량이 적으므로 지질 흡수능력이 낮음 • 담즙산과 라이페이스 없이 소화가 가능한 MCT 보충
비타민	• 비타민 보충
무기질	• 칼슘 흡수가 불충분하므로 칼슘 보충 • 생후 2주부터 장관급식 시 철 보충(하루 2~3 mg/kg체중)

③ 미숙아의 영양공급 방법

에너지와 영양소의 높은 요구량, 모유를 섭취하는 데 필요한 반사 및 운동능력의 미숙, 적은 위 용량과 장운동능력의 감소, 괴사성 장염 등 여러 가지 요인으로 인해 미숙아는 경구를 통한 영양소 공급은 불가능하게 되며 정맥영양을 통하여 영양공급을 받아야 한다. 그러나 정맥영양으로 영양소를 공급하는 동안에는 위천공, 미주신경자극, 역류, 흡인과 장 상피세포의 퇴화 등 여러 가지 부작용이 발생할 가능성이 있으므로 하루 빨리 경구 영양공급으로 전환하도록 노력해야 한다.

미숙아에게도 미숙아를 분만한 산모가 분비하는 초유와 미숙유를 먹이는 것이 좋다. 따라서 병원에서는 미숙아를 출산한 산모에게 퇴원 후 집에서 유축기로 젖을 짜서 냉장 또는 냉동보관하여 아기에게 먹일 수 있도록 배려하는 것이 필요하다. 미숙아를 출산한 산모의 유즙은 단백질, 철, 칼슘 등 무기질 함량이 더 높고, 면역물질도 있어 미숙아에게 좋은 영양공급원이 된다. 그러나 미숙아는 영양소 요구량이 워낙 높기 때문에 미숙유만으로는 미숙아의 성장 · 발달에 지장이 올 수 있으므로 모유에 부족한 칼슘, 인, 비타민 C, 비타민 D, 엽산을 보충해야 한다.

5. 영아를 위한 영양공급: 수유와 이유식

영아의 성장·발달을 위해 가장 이상적인 영양공급원은 모유이나 모유수유가 불가능한 경우 조제유수유로 대체할 수 있으며, 경우에 따라 모유와 조제유수유를 병행하는 혼합수유를 하기도 한다. 영아가 6개월 이상이 되면 유즙만으로는 필요한 영양소를 충족시키기 어려우므로 부족한 영양을 보충하기 위한 이유식을 부가적으로 공급하여야 한다.

1) 모유 영양

모유는 초유, 이행유, 성숙유로 수유가 진행됨에 따라 영양소 및 생리적인 성분 등의 조성에 변화가 생긴다.

(1) 초유

출산 후 2~3일부터 1주일간 분비되는 모유를 초유(colostrum)라 하며, 묽고 노란색을 띤다. 성숙유에 비해 단백질 함량이 높고 지방, 유당, 에너지 함량은 낮고, 비타민 A (β-카로틴), 비타민 E 등의 지용성 비타민과 나트륨, 칼륨 등의 무기질이 다량 함유되어 있다(표 4-13). 또한 질병 감염과 알레르기 발생을 예방하는 면역글로불린과 식균작용을 하는 대식세포, 장을 튼튼하게 하는 비피더스 증식인자 및 황달의 원인인 태변 속 빌리루빈의 배설을 도와주는 성분들이 함유되어 있다.

(2) 이행유

출산 후 1~2주 사이에 분비되는 모유로 초유에 비해 단백질, 지용성 비타민,

면역글로불린의 함량이 낮아지고, 지방과 유당 및 수용성 비타민의 함량이 높아진다.

(3) 성숙유

이행유 분비 이후의 모유의 성분 변화가 거의 일정해지는 시기이나 4~6개월 정도가 지나면 일부 영양소의 감소가 나타나므로 이유식을 통한 보충이 필요하다. 모유에 함유된 각 영양소의 특징은 다음과 같다(표 4-14).

표 4-13 모유, 조제유, 우유의 영양성분 함량 비교

(단위: /100 mL)

영양소	모유[1]		조제유[2]	우유[3]
	초유(<5일)	성숙유(>15일)		
에너지(kcal)	52	78.2	60~75	63.6
단백질(g)	2.3	1.14	1.2~1.95	3.41
지질(g)	1.9	4.80	2.1~4.2	3.52
당질(g)	6.2	7.54	4.9~9.1	5.19
나트륨(mg)	34	17.8	13~39	74.7
칼륨(mg)	47	56.9	54	142.2
칼슘(mg)	35	35.5	59	120.8
인(mg)	9	14.2	16.3~58.5	92.4
마그네슘(mg)	5	3.5	4	10.7
철(mg)	0.03	0.04	0.3~1.0	0.04
아연(mg)	0.4	0.7	0.3	1.4
비타민 A(μg RE)	189	67.5	39~117	49.8
비타민 D(μg)	-	3.56	0.65~1.63	6.89
비타민 E(mg α-TE)	0.8	0.07	1.16	0.07
티아민(mg)	1.5	14	44	49.7
리보플라빈(mg)	25	39.1	87	184.9
비타민 B_6(mg)	12	10.7	35	39.1
니아신(mg NE)	75	195.5	593	96.0
엽산(μg DFE)	-	7.1	13.0	7.1
비타민 B_{12}(g)	0.2	0.07	0.27	0.48
비타민 C(mg)	4.4	5.33	5.2	0

자료: [1]Kretchmer N & Zimmermann M, 1997.
[2]Morgan JB & Dickerson JWT, 2003.
[3]Brown JE et al., 2011.

표 4-14 모유에 함유된 영양소의 특징

영양소	특징
탄수화물	• 대부분 유당(7 g/100 mL)이며 그 외 소량의 포도당, 갈락토스, 올리고당, 아미노당 함유 • 수유부의 영양상태와 관계없이 일정한 수준 유지 • 유당: 아기의 소장에서 느리게 흡수되며 삼투압을 적게 가함 • 아미노당: 비피더스균의 성장을 촉진하여 장내 해로운 세균의 성장 저해 • 올리고당: 소장 상피세포로 병원균의 침입을 방해
단백질	• 다른 유즙에 비해 단백질의 함량이 낮은 편이나 아기의 성장발육에 가장 이상적임 • 수유부의 영양상태와 관계없이 일정한 수준 유지 • 락토알부민(50~90%), 카세인(10~50%) 외에 소량의 락토페린, 락토글로불린, 당단백질 함유 • 질소 성분의 20~25%는 비단백태질소(펩타이드, 호르몬, 각종 유사분열인자): DNA와 단백질 합성, 세포 증식과 분화 촉진 • 타우린 함유: 지방의 소화를 돕고 중추신경계와 망막에서 신경전달물질로 작용 • 중추신경계에 해로운 페닐알라닌과 메티오닌의 함량은 낮은 대신 타이로신과 시스테인의 함량이 높음
지질	• 수유부의 영양 상태, 수유 시기에 따라 함량이 매우 다양함 • 주로 중성지방이며 그 외 소량의 인지질, 콜레스테롤, 모노글리세리드, 다이글리세리드, 당지질, 유리지방산 함유 • ω-6 계열의 리놀레산, ω-3계열의 EPA, DHA 풍부 • 모유 콜레스테롤: 영아의 뇌 발육, 수초 형성에 이용 • 지단백라이페이스, 담즙염자극 라이페이스가 함유되어 있어 소화가 용이함
비타민	• 수유부의 영양상태에 영향을 받음 • 비타민 A, β-카로틴, 비타민 E 풍부, 소량의 비타민 D, 비타민 K 함유
무기질	• 초유에 가장 많고 수유기간 경과함에 따라 감소 • 칼륨, 칼슘, 인 등의 다량무기질 충분 • 철, 구리, 아연, 망간 등 미량무기질 소량 • 체내이용률 높음
면역성분	• 비피더스 인자(bifidus factor): 비피더스균의 성장 촉진, 장내 병원균의 번식 억제 • Secretory IgA, IgM, IgG: 박테리아의 장 점막 침입과 소화관 내 증식 방지 • 항포도상구균성 인자: 포도상구균 감염 저해 • 락토페린(lactoferrin): 세균의 성장에 필요한 철과 결합하여 세균의 성장 억제 • 락토퍼옥시다아제(lactoperoxidase): 연쇄상구균과 장내 세균 살균 • 백혈구(leukocytes): 식균작용 촉진 • 인터페론(interferon): 세포 내 바이러스 증식 억제 • 라이소자임(lysozyme): 세균의 세포벽을 분해하여 직접적으로 세균을 파괴 • 비타민 B_{12}-결합단백질: 세균 성장에 필요한 비타민 B_{12}의 이용 방해 • 림프구(lymphocyte): Secretory IgA 합성 • 대식세포(macrophage): 보체, 락토페린, 인터페론, 라이소자임 등의 합성, 식균작용 및 기타 작용

2) 조제유 영양

조제유는 건강상의 문제나 직업 등의 이유로 모유수유가 불가능할 경우 모유 대신 영양식품으로 제공하는 것이다. 전지분유를 모유 성분과 비슷하도록 만드는 조제유는 원유 또는 유가공품을 주원료로 우유의 탄수화물 중 모유에 비해 함량이 낮은 유당, 올리고당, 설탕 등을 첨가하고, 단백질 중 카세인 함량은 낮추고 유청단백질(알부민, 글로불린, 면역글로불린, 락토페린 등)과 시스틴, 타우린, 이노시톨 및 콜린을 첨가한다. 또한 포화지방산의 일부를 제거하고 대신 리놀레산, DHA 등의 불포화지방산을 추가하며, 과량의 칼슘, 인, 나트륨, 염소 등을 줄이고 대신 부족한 철, 아연, 구리 등의 무기질과 비타민 A, B군, C, D 등을 첨가하여 분유와 액상유의 형태로 제조하여 공급한다. 에너지 함량은 모유와 비슷하게 조절하나 대부분의 영양소는 생체 내 이용률을 고려하여 모유보다 다소 높게 맞춘다(표 4-13). 조제유는 우유를 주원료로 한 것이 대부분이지만, 우유 알레르기가 있는 영아의 경우는 두유를 주원료로 한 조제유나 단백질을 아미노산으로 가수분해해서 제조한 조제유를 이용해야 한다. 선천성 대사장애아를 위한 특수조제유도 시판되고 있다(표 4-15).

엔테로박터 사카자키

엔테로박터 사카자키는 엔테로박터(Enterobacteriaceae)군에 속하는 장내 세균. 그람음성의 간균으로서 주로 면역력이 약한 신생아 및 저체중아에 뇌막염 또는 장염을 일으키는 것으로 알려져 있으며, 이 질병에 걸린 영유아의 20~50%가 사망한 적도 있다고 보고되었다.
식품의약품안전처에 따르면 이 균의 주매개체가 되는 조제분유가 사카자키균에 오염되는 것을 피하기 위해서는 70℃ 이상의 물로 조제하고, 조제 후에는 흐르는 물로 신힉 후 즉시 수유하며, 수유 후 남은 것은 보관하지 말고 버리고 젖병과 젖꼭지는 깨끗이 씻어 살균하고 손과 스푼 등도 청결히 해야 한다.

표 4-15 **시판되고 있는 일반 조제유 및 특수 조제유의 종류**

종류		특징	대상
우유 조제유		• 가장 많이 이용되는 조제유 • 유당 첨가 • 단백질: 카제인 줄이고 알부민과 글로불린 첨가 • 지질: 우유지방인 포화지방산 제거, 식물성 불포화지방산으로 대체 • 무기질: 칼슘, 인, 나트륨, 염소 등은 줄이고 철, 아연, 구리 등의 미량무기질 강화 • 비타민: 비타민 C, 비타민 D 및 니아신 등 여러 비타민 강화 • DHA 첨가, 락토페린과 같은 면역성분 첨가	• 일반 영아
두유 조제유		• 단백질: 대두단백질에 부족한 메티오닌 첨가 • 지질: 식물성 지질 첨가 • 탄수화물: 유당 대신 옥수수 전분과 설탕 첨가 • 우유 조제유에 비해 무기질을 더 많이 함유시킴	• 우유 단백질에 알레르기 반응을 나타내는 영아 • 유당불내증 영아
특수 조제유	단백질 가수분해물 조제유	• 카제인을 열과 효소로 처리하여 얻어진 가수분해물은 펩티드와 아미노산의 혼합물로 구성 • 유당 대신 설탕, 옥수수시럽 및 전분 혼합물 첨가 • 중간사슬지방이 함유된 지질 혼합물을 첨가 • 값이 비싸고 맛과 냄새가 별로 좋지 않아 한정적으로 사용	• 우유와 두유에 모두 알레르기 반응을 나타내는 영아
	페닐케톤뇨증 조제유	• 페닐알라닌 무함유	• 페닐케톤뇨증 영아
	갈락토스혈증 조제유	• 유당을 제거하여 식물성 당분으로 대체 분유를 만듦	• 갈락토스를 대사시키지 못하는 영아

더 알아보기 조제유의 준비

소독

조제유를 준비하는 동안 우유병, 젖꼭지 등 모든 용기는 철저히 씻어 말리고 준비하는 사람의 손과 준비하는 장소도 깨끗이 해야 한다. 물은 꼭 끓여서 사용하며 준비되면 즉시 먹이거나 냉장보관하고 만약 농축액인 경우 일단 개봉하면 반드시 냉장보관한다.

농도

조제유의 농도가 너무 옅거나 짙으면 영아에게 심각한 부작용을 일으킬 수 있기 때문에 농도를 적절히 맞추는 것이 중요하다. 일반적으로 개발도상국가나 저소득층일수록 경제상의 이유로 조제유를 희석하여 영아에게 먹이는 경우가 흔한데 이 경우 에너지와 필요한 영양소가 충분히 공급되지 않아 영양 장애와 성장 부진이 초래될 수 있다. 반면 준비과정의 실수나 영양이 더 좋을 것으로 잘못 생각하여 적정량보다 농도를 진하게 줄 경우도 영아에게 해로울 수 있다. 즉, 단백질과 전해질의 농도가 높아져 신장으로의 용질 부하로 탈수와 대사성 산증을 일으킬 수 있는데 특히 열이 있거나 질병이 있거나 주위 환경이 고온인 경우 잘 생긴다. 따라서 영아를 위한 조제유를 준비할 때 너무 희석되거나 진하지 않도록 주의해야 한다.

더 알아보기 너무 이른 우유 공급의 문제점

미국 소아과학회는 전유, 저지방유, 탈지유 또는 농축유 등을 생후 12개월 이전에 공급하지 않도록 권장한다. 표 4-13에서 보는 것처럼 모유와 우유의 영양소 함량은 차이가 많고 우유에는 신장에 부담을 주는 용질이 많이 들어 있어 탈수의 위험이 높다. 또한 우유에 함유된 철은 생체이용률이 낮은 반면 오히려 장을 자극하여 잠재출혈을 일으킬 수 있으며 생우유의 경우 우유알레르기의 가능성이 더 높다고 알려져 있다. 우유에는 비타민 C, 아연, 필수지방산의 함유량이 적어 우유만 먹일 경우 이들 영양소의 결핍이 초래된다. 영아의 에너지 요구량이 적어도 2/3이 이유식에 의해 충족되었을 때 생우유를 공급하기 시작해야 한다.

3) 이유식

(1) 이유의 정의

이유(weaning)란 영아가 액체 음식인 유즙만의 영양으로부터 다양한 식품으로 구성된 고형식으로 섭취 형태를 점차 옮겨가는 정상적인 영양행위를 말한다. 이유는 영양소 공급, 소화 기능 발달, 섭식능력 습득, 올바른 식습관 확립 및 지적 · 정서적 발달에 도움을 준다.

(2) 이유의 필요성

① 섭식 기능 발달

이유는 섭식 기능의 동작과 의욕을 일으키고, 유즙 이외의 음식 맛을 경험하게 한다. 영아가 성장하면서 섭식에 필요한 신체구조와 구강운동 능력 및 손놀림 등의 능력이 향상됨에 따라 이유식의 형태와 공급방법도 달라져야 한다. 영아의 능력에 비해 낮은 형태의 부드러운 식품만 제공하며 영아의 섭식 기능이 발달하지 못하고, 능력보다 높은 딱딱한 식품을 제공하면 사고의 위험이 증가한다. 그러므로 앞니와 혀 움직임의 발달로 음식이 입 밖으로 흘러나가지 않고 목으로 넘기는 능력, 송곳니의 발달로 질긴 음식을 자를 수 있는 능력, 어금니의 발달로 덩어리 음식을 잘게 부술 수 있는 능력을 갖추는 발달 정도에 따라 식품의 형태도 달리 공급해 주는 것이 필요하다.

생후 4~5개월이 되면 젖꼭지나 젖병을 입에 대면 빨기 위해 혀를 밖으로 내미는 혀내밀기 반사(Extrusion)가 사라지고, 숟가락으로 섭취가 가능해지므로 이 시기에 이유를 시작한다. 생후 4~5개월에는 미음류 농도의 유동식을 먹을 수 있으며, 재료는 갈아서 사용한다. 6~8개월에는 퓨레 농도의 죽을 먹을 수 있으며, 끓였을 때 잘 으깨지는 재료는 작은 알갱이 형태로 죽에 넣을 수 있다. 8~10개월에는 씹는 운동, 혀 운동 및 삼킴 운동이 발달하여 된죽이나 입에서 으깨질 수 있는 조각 음식의 섭취가 가능하고, 양손을 모아 병을 잡을 수 있으므로 식사 시 컵을 이용할 수 있다. 10~12개월 무렵에는 혀를 돌려 먹는 것이 가능하므로 좀 더 단단한 식품을 줄 수 있다. 12개월 이전에는 아직 섭식기술이 완전하지 않아기도폐색이나 이물흡인으로 인한 위험이 높기 때문에 완전히 익힌 채소나 잘 갈아서 완전히 익힌 고기가 적절하다. 손놀림이 더욱 정교해진 1~2세에는 젖병을 이용하지 않고 스스로 숟가락과 컵을 이용하게 한다.

이유식의 질감

이유식을 공급할 때는 음식물의 질감이 매우 중요하다. 신경근육의 발달에 따라 생후 4~6개월에는 삶아서 진하게 거른 반고형식을 삼킬 수 있고, 생후 8~10개월이면 잘게 다져진 고형식을 질식의 위험 없이 삼킬 수 있다. 또한 영아 후기에는 견과류, 당근, 포도와 같이 크고 딱딱한 덩어리 음식을 먹을 때 질식 또는 흡인의 위험이 있으므로 주의해야 한다.

② 영양보충

영아의 성장은 매우 빨라 생후 3개월에는 출생 시 체중의 2배, 5개월이 되면 2.5배로 성장하나 모유분비량은 이에 맞추어 증가하지 못한다. 따라서 영아가 생후 5~6개월이 경과되면 성장에 필요한 영양소가 부족하게 되므로 모유나 조제분유 이외에 다른 음식을 공급하여야 하고, 영아의 하루 필요 에너지는 100 kcal/kg이므로 체중이 7 kg이 넘으면 유즙 이외의 고형식품으로 부족한 에너지를 보충해야 한다. 영아는 태내에서 철, 구리 등의 영양소를 여분으로 저장해서 출생하나 생후 5~6개월이 되면 태아기 때 체내에 저장되어 있던 무기질 중 특히 철이 고갈되는데, 모유나 우유에는 철 함량이 극히 적으므로 이유식을 통해서 철을 보충해 주어야 한다. 영양결핍 상태가 되면 빈혈 등의 질병에 걸릴 위험이 증가할 뿐 아니라 세균 감염에 대한 저항력이 약화되므로 철, 구리, 단백질 등의 부족한 영양소를 이유식으로 보충하는 것이 중요하다.

③ 소화기의 발달

영아기에는 저작 기능이 발달하고, 형태가 있는 음식을 입에 넣어 주면 혀를 이용하여 목으로 내려보내는 등의 반사작용의 확립되며, 소화 기능도 발달한다. 월령이 높아지면서 소화효소의 분비가 많아지고 음식을 소화, 흡수하는 능력이 향상된다. 따라서 이 시기에는 음식을 조금씩 주면서 소화기관을 자극하여 그 발달을 촉진하고 음식을 씹어 삼키는 능력을 익히게 하는 것이 필요하다. 대체로 생후 4~5개월에 모유 이외로 공급하는 단백질, 지방과 탄수화물을 소화해 낼 수 있는 능력이 어느 정도 갖추어지게 된다. 췌장의 전분 소화효소가 분비되는 생후 4~5개월 무렵에 본격적인 곡물 섭취가 가능하게 된다. 지방의 소화능력은 생후 4~5개월에 성인의 40% 정도, 1~2년에 76% 정도밖에 되지 않아, 지방 특히 포화지방(동물성지방)이나 과량의 지방은 더욱 조심스럽게 추가해 주는 것이 좋다. 소화흡수 능력을 넘는 과다한 단백질 공급은 많은 잉여 단백질을 장내에 남기게 되고 이들은 영아의 미숙한 장벽을 통해 그대로 흡수되어 알레르기를 일으킬 가능성이 높게 되므로 주의해야 한다.

④ 정서적 발달 도모

영아는 생후 5~6개월이 되면 본능적으로 유즙 이외의 식품과 부모가 먹고 있는 음식에 관심을 가지고, 그것을 원하는 생리적 · 심리적 욕구가 나타나기 시작한다. 이러한 욕구를 만족시키는 것은 영아의 심리발달에도 매우 중요하며, 영아의 발달단계에 따라 새로운 질감, 색, 맛을 가진 식품을 먹는 연습 등을 통해 영아의 지적 · 정서적 발달을 돕도록 해야 한다. 이유식은 영아의 미각, 후각, 촉각을 자극할 뿐만 아니라 시각도 발달시킨다. 유즙 이외에 고형식을 주게 되면 씹는 연습을 통해 치근이 자극되면서, 유치 발생에 좋은 영향을 줄 뿐만 아니라 정서적 발달을 자극한다.

⑤ 바른 식습관 확립

영아는 이유식을 통하여 다양한 음식을 섭취함으로써 성장기에 편식을 예방하고, 올바른 식습관을 형성할 수 있다. 따라서 이유기는 인간생활 중에서 음식에 대한 첫인상을 형성하는 중요한 시기이므로 식품의 선택, 종류, 조리법, 주는 방법에 주의를 하여 이후의 바람직한 식습관을 확립하도록 해야 한다. 이 시기의 그릇된 식습관은 편식, 새로운 식품 거부 등의 식행동뿐만 아니라 인성 형성에 나쁜 영향을 줄 수도 있다.

(3) 이유식의 종류

① 가정 이유식

가정에서 이유식을 준비할 경우 만드는 장소, 재료, 기구들을 철저히 씻고 영양소를 유지하기 위해 재료를 소량의 물이나 전자레인지로 부드러워질 때까지 익힌다. 익힌 후 진하게 거른 것을 나누어 냉장 또는 냉동보관한다. 가정에서 조리한 당근, 시금치, 순무 잎 등에는 질산염이 많이 들어 있어 헤모글로빈과 결합하여 메트헤모글로빈혈증을 일으켜 산소 운반을 방해하므로 생후 4~5개월까지는 먹이지 않는다. 또한 꿀에는 열처리에도 줄지 않는 클로스트리디움 보툴리늄(*Clostridium botulinum*)이 있어 보툴리누스중독증(botulism)을 일으킬 수 있으므로 1세 미만 영아의 이유식 준비 시 꿀은 절대로 먹여서는 안 된다.

② 시판 이유식

시판 이유식은 이용이 간편하고 위생적이어서 널리 이용되고 있다. 대부분의 이유식은 곡류를 주원료로 하여 우유 및 유성분, 어육류, 두류, 채소, 과일, 식물성 기름, 당류 등이 첨가되어 있으며, 분말상 또는 완전 조리되어 직접 숟가락으로 떠서 먹이도록 된 통조림이나 병조림의 형태로 제조되고 있다. 일반적으로 이유 초기 단계에는 우유, 곡류, 과일, 채소 정도의 국한된 재료를 사용한 이유식을 이용하고, 차츰 곡류, 과일, 채소 등의 종류도 많아지고 쇠고기, 생선 등의 식품의 범위를 확대해 이유 단계별로 상품화하여 제공되고 있다.

시판되는 이유식에는 한 종류의 식품으로 구성된 단일이유식과 여러 종류의 식품을 함께 사용한 복합이유식이 있다. 단일이유식은 개별 식품에 의한 문제점을 쉽게 찾을 수 있고 또 맛의 경험을 골고루 쌓을 수 있는 장점이 있으나, 영양소의 공급은 다양하지 못한 단점이 있다. 한편, 육류, 채소류, 과일류 등 개별 식품뿐 아니라 여러 가지 식품을 혼합하여 만든 복합이유식은 영양소의 공급 측면에서 큰 장점을 갖고 있지만, 다양한 식품의 맛 경험이 어렵고 식품에 의한 문제점이 발견되었을 때 원인을 찾기 어려운 단점이 있다.

(4) 이유 실시의 원칙

① 이유의 시기

영아의 성장·발달은 개인차가 크므로, 이유는 영아의 생리적인 성숙 상태를 고려하여 진행해야 한다. 일반적인 이유의 시작은 생후 5~6개월 또는 체중이 출생 시 체중의 2배(6~7 kg)가 되는 시기를 권장한다. 모유영양아는 1일 수유 횟수가 8회 이상으로 증가되어 수유 간격이 3시간 이내로 짧아지는 때가 적당하며, 인공영양아는 1일 섭취하는 우유의 양이 1,000 mL를 넘을 때가 적당하다. 이유 시작이 너무 빠른 경우(생후 4개월 이전)에는 모유 분비량 감소, 소화불량, 대사기능의 미숙에 의한 설사, 탈수, 비만(지방세포 수의 증가), 음식과민, 장벽의 미숙에 의한 알레르기 질환, 삼킴 운동 미숙과 위식도 역류에 의한 호흡기 증상 등의 증세가 나타나기 쉬우며, 반면 이유 시작이 지연된 경우(생후 6개월 이후)에는 영아에게 필요한 영양소를 모유만으로는 공급할 수 없어 영양소 부족으로 성장과 발육이 지연되고 빈혈, 면역 기능 저하, 근력발달 저조, 음식섭취에 대한 거부감, 편식, 신경증세, 정신적인 의존성 등의 문제가 나타날 수 있다. 그러나 발육이 좋고 먹겠다는 의욕이 있을 때, 젖을 먹고 있으나 체중 증가가 잘되지 않는 경우에는 한 달가량 먼저 이유해도 좋다.

② 이유의 시간

이유는 영아의 건강상태가 양호할 때 시작하도록 하고, 일정한 시간에 이유식을 주도록 한다. 영아의 기분이 좋고 공복일 때 이유식을 먼저 먹이고, 수유(모유나 조제유)를 나중에 하도록 한다. 그러나 건강한 영아일지라도 식욕이 매일 똑같지 않으며 약간의 변화가 있으므로, 식욕의 리듬을 존중해서 시간과 분량을 결정한다.

③ 이유의 도입방법

새로운 식품은 하루에 한 숟가락 정도 주고 양을 차츰 늘려 나가되 사흘 정도 같은 식품을 주어 식품에 대한 거부 또는 알레르기 반응 여부를 관찰한다. 이와 같은 원칙으로 새로운 음식을 추가할 때에는 1주일 정도의 간격을 두고 시행하며, 될 수 있는 대로 다양한 식품을 접하게 한다. 또한 이유식은 미음–죽–밥의 형태로 바꿔주고, 수저나 컵으로 음식을 제공해 아기의 섭식운동과 소화 기능의 정상적인 발달을 도모해야 한다.

새로운 것에 대한 두려움(neophobia)

아기들은 신체 보호 본능으로 새로운 것에 대한 두려움을 가지고 있다. 이유식을 통해서 처음 접하는 음식에 아기들이 거부반응을 보이는 것은 보호 본능에 의한 자연스러운 현상이다. 거부한다고 해서 억지로 먹이려고 하지 말고 여러 번 시도하여 두려움을 없애도록 노력해야 한다.

④ 이유식의 진행원칙

이유식은 소화가 잘되어야 하므로 식품의 조리 형태, 입자의 크기를 고려해야 한다. 초기에는 수분이 많고 풀 같은 질감, 형태는 있으나 혀에 닿으면 부서지는 것(감자 으깬 것), 입안으로 들어오면 잇몸으로 자를 수 있는 것(토스트, 죽 등)의 순서로 진행한다.

또한 영아의 신체적 발달을 고려하여 이유식의 종류와 양을 결정하게 되는데, 이유식 중 가장 처음 줄 수 있는 식품은 곡류이다. 곡류 중에서 알레르기 반응을 일으키지 않는 쌀가루를 먹이고 차츰 다른 종류의 곡류를 먹이는 것이 좋다. 생후 6개월이 되면 매끼마다 채소와 과일을 줄 수 있는데, 과일을 갈아서 주거나 채소를 삶은 후 걸러서 먹일 수 있다. 채소와 과일의 경우는 어느 것을 먼저 시도해도 좋으나 과일을 먼저 접하게 되면 단맛에 더 익숙해지게 되므로 이를 고려하여 채소를 먼저 접할 수 있도록 한다. 생후 8~9개월이 되면 죽, 토스트, 조리하여 다진 육어류, 달걀 반숙을 먹을 수 있고, 요구르트, 치즈 등을 시도한다. 1세가 되면 진밥, 치즈, 아이스크림, 토스트, 잘게 썰은 육어류, 삶은 채소, 부드러운 과자를 먹을 수 있다. 흰살 생선, 두부, 달걀 노른자, 쇠고기 등을 시도할 때는 혹시 식품에 의한 이상 반응을 일으킬 수 있으므로 5~7일의 간격을 두고 이유식에 이들 식품을 첨가한다. 알레르기 가족력이 있는 경우 알레르기 발생 위험 식품의 도입을 늦추고, 알레르기 질환이 있는 아기의 경우 진단에 근거해서 전문가의 도움을 받아 이유식을 진행하도록 한다.

영아는 이유식으로 다양한 식품을 경험하고 미각을 형성하게 되므로, 너무 강하거나 자극적인 음식으로 인해 미각 발달에 장애가 생기지 않도록 주의해야 한다. 이유식의 초기에는 소금, 설탕 등의 간을 하지 말고 단순하게 조리하여 영아가 식품 자체의 맛을 즐길 수 있도록 하며, 후기부터 아주 약하게 간을 한다. 소금을 너무 많이 먹으면 영아의 신장에 과중한 부담을 주게 되므로 주의하고, 자극성 있는 식품이나 향신료의 사용을 피한다.

이유식 실시를 위한 안전과 위생

- 영양가가 풍부하고, 깨끗하고 신선한 재료를 선택하도록 한다.
- 가급적 시판 이유식이나 인스턴트 식품을 피하고 자연식품을 이용한다.
- 알레르기 반응을 일으키기 쉬운 식품은 초기에는 피해야 한다.
- 항원성이 강한 달걀흰자는 7개월 이후에 사용하고 생선, 고기 등은 잘 가열해서 먹인다.
- 땅콩, 젤리, 건포도, 고기 덩어리, 미성숙과일 등은 영아의 식도나 기도를 막을 수 있으므로 주의한다.
- 영양소의 손실을 최소화하기 위하여 식품 재료를 소량의 물로 씻고 열에 민감한 영양소가 파괴되지 않도록 가능한 한 소량의 물로 연해질 때까지 가열한다.
- 설탕이나 소금 등은 가능한 한 적게 사용하고, 강한 향신료의 사용은 삼간다.
- 조리하기 전에 손을 깨끗이 씻는다.
- 조리에 사용하는 모든 기구, 재료, 조리대는 청결하게 유지한다.
- 식품의 저장을 안전하게 하고 준비 후 즉시 음식을 제공한다.

(5) 이유의 단계에 따른 이유식 준비

이유는 이유 준비기, 이유 초기, 이유 중기, 이유 후기 및 이유 완료기로 나누어 단계에 따라 진행되며, 영아의 건강상태 및 이유식의 섭취 정도에 따라 개인차가 있을 수 있다.

① 이유 준비기

본격적인 이유식을 시작하기 전에 수유 시각과 간격에 규칙성을 잡고, 액체 음식 등으로 이유를 준비하는 단계이다. 수유 시간과 간격이 불규칙하고 수유 간격이 너무 짧은 경우에는 위장장애와 이유식에 대한 거부감이 나타나기 쉬우므로, 수유는 규칙적으로 4시간 간격으로 하면서 횟수를 5~6회로 조절하며, 밤에는 수유를 하지 않도록 시도해 본다. 이러한 규칙성은 아기의 신체적 리듬을 만들어주고 보호자도 아기의 변화를 예측하는 데 도움을 준다.

주로 과즙, 채소즙, 미음 등의 유동식을 이용하며 조금씩 숟가락으로 주면서 젖과 다른 새로운 맛에 대해 경험하게 하고, 숟가락 사용에 익숙해지도록 한다. 처음에는 20 mL 정도로 시작하여 점차로 100 mL 정도까지 양을 늘려 간다. 영아가 설사를 하거나 제대로 소화시키지 못하는 경우에는 이유식을 강행하지 않는 것이 좋다.

② 이유 초기(생후 5～6개월): 이유 도입기

이유를 시작하는 시기로 영양 보충보다는 모유나 조제유 이외의 새로운 음식에 적응하는 시기이다. 이유식은 하루 1회 주는 것을 원칙으로, 오전 수유 전 공복에 준다. 또한 이 시기에는 수유(모유 또는 조제유)를 하루 4~5회 정도 정해진 시간에 규칙적으로 준다. 이 시기는 이유 준비기에서 익숙해진 액상식품의 횟수를 늘리는 동시에 차츰 새로운 음식을 주며, 여러 가지 재료를 혼합하지 말고 한 가지씩 재료의 맛을 알 수 있도록 제공한다. 쌀은 미리 조리해 두면 부분적으로 가수분해되어 영아가 잘 받아들이고 소화도 쉽게 잘되므로 첫 선택으로 가장 적합하다. 또한 삶아서 으깨거나 곱게 긁은 과일, 삶아 으깨어 체에 걸러낸 채소, 찐 감자나 삶은 흰살생선을 연하게 으깬 묽은 죽, 갈거나 삶은 쇠고기 · 닭고기를 소량 첨가한 묽은 죽, 철 보충을 위해 달걀 노른자를 첨가한 미음이나 수프 등을 이유식으로 제공할 수 있다.

대부분의 음식이 미음 형태이지만 이유식을 아기에게 먹일 때는 젖병에 넣지 말고 반드시 숟가락으로 떠먹여야 한다. 하루에 한 가지 식품을 한 숟가락부터

표 4-16 **첫 1년 동안 권장되는 이유 보충식**

개월 / 식품	0~2	2~4	4~5	6~8	8~10	10~12
모유나 조제유	5~9회	5~7회	4~7회 (800~900 mL)	4~5회 (600~800 mL)	3~4회 (600~700 mL)	3~4회 (600~700 mL)
곡류			쌀미음	죽	죽/진밥	진밥
과일				거른 과일, 으깬 바나나, 과일주스(컵)	부드러운 과일 (바나나, 사과, 수박), 과일주스(컵)	신선한 과일 (껍질 벗겨서)
채소				익혀서 거르거나 으깬 채소	익혀서 으깬 채소	익히거나 싱싱한 채소
단백질 식품				흰살생선, 달걀노른자, 두부, 고깃국물 (→고기간 것)	흰살생선, 달걀노른자, 두부, 고기간 것	닭고기나 쇠고기를 잘게 썬 것, 달걀 전부, 조리한 콩 으깸, 생선

주기 시작하며 영아의 대변, 식욕, 기분 등에 유의하면서 차츰 양과 종류를 늘린다. 새로운 이유식이 불내성이나 알레르기를 유발할 수 있으므로 1주일 간격으로 시도해 본다. 영아에게 단 것을 먼저 주면 채소를 먹지 않으려고 하므로 채소를 먼저 주고 과일은 나중에 제공하는 것이 좋다.

이유 초기 이유식 조리법: 당근미음

재료 불린 쌀 10 g, 당근 20 g, 생수 100 mL

만드는 법
1. 불린 쌀을 믹서에 곱게 갈아준다.
2. 당근은 껍질을 벗긴 다음 삶아서 믹서에 곱게 갈아준다.
3. 불린 쌀을 그릇에 담고 생수를 넣은 다음 당근을 넣어 저어가며 익힌다.

③ 이유 중기(생후 7~8개월): 반고형식 도입

영아의 이가 나오기 시작하며, 턱과 혀의 운동이 발달하여 조금 덩어리가 있는 형태도 넘길 수 있으므로 순수한 액체보다는 반고형식(연식)이 적당한 시기이다. 이유식의 식사 횟수를 오전과 오후 하루 2회로 늘리고, 오후 식사의 초기에는 오전 식사량의 1/2 정도를 준다. 하루의 영양섭취량 중 이유식이 차지하는 비율이 많아지므로 내용에 대한 질적 배려가 중요하다.

식품의 종류, 분량은 천천히 늘리고, 서서히 다양한 식품의 맛에 익숙해지도록 한다. 거의 대부분의 식품을 부드럽게 삶아서 잘 으깨주 면 먹을 수 있으며, 곡류는 부드러운 죽 형태로, 채소는 삶아서 주고, 과일은 얇게 저며 주고, 간, 흰살 생선, 닭고기, 쇠고기는 잘 다져서 조리하여 준다. 우유푸딩, 알찜, 연두부, 요구르트 등이 많이 이용되면, 한 번(1회)에 죽 50~100 g, 채소 25 g, 달걀 1/2~2/3개 정도, 생선이나 육류 20 g, 두부 40 g 정도를 주는 것이 적당하다. 단, 알레르기 반응을 일으킬 위험이 있는 식품(달걀흰자, 메밀, 새우 같은 갑각류, 등푸른 생선, 돼지고기 등)은 주의하여, 일반적으로 달걀흰자는 약 7개월부터, 고등어나 꽁치 같은 등푸른 생선은 약 9개월부터 먹이는 것을 권장한다. 이 시기의 영아는 좋아하는 음식과 싫어하는 음식을 표현하므로, 반응에 유의하여 싫어하는 것을 억지로 먹이지 않도록 하고, 서서히 맛에 익숙해지도록 여러 번 맛을 보여 주면서 시도한다.

결정적 시기

생후 8개월쯤에 수저 쥐기가 시작되어 돌 무렵까지 음식을 떠서 입으로 가져가는 기술이 점점 발달한다. 이 시기는 본격적인 이유식이 진행되는 때로 걸쭉한 형태(갈아지거나 체에 걸러진 형태로)의 음식을 먹을 수 있는데, 힘을 들이거나 노력을 해서 씹는 운동을 시작해야 하는 결정적 시기(critical period)이기도 하다. 즉, 이 시기에 이러한 훈련이 되었느냐 아니냐에 따라 이후 섭식행동 발달에 큰 영향을 미치게 된다.

이유 중기 이유식 조리법: 당근 양배추 쇠고기죽

재료 불린 쌀 10 g, 쇠고기 10 g, 당근 5 g, 양배추 5 g, 생수 500 mL

만드는 법
1. 쇠고기를 삶은 후 잘게 다진다.
2. 당근은 편으로 썰어 끓는 물에서 데친 후, 잘게 다진다.
3. 양배추는 심을 제거하고 잎부분만 떼어내어 끓는 물에서 데친 후, 잘게 다진다.
4. 쇠고기, 쌀, 당근, 양배추를 모두 넣고 물을 넣어 저어가며 끓인다.

④ 이유 후기(생후 9~11개월): 고형식 도입

이 시기는 모유나 조제유의 수유가 줄어서 영아의 영양공급에 이유식이 차지하는 비중이 높아 이유식이 영양의 주급원이 된다. 이유식의 식사 횟수는 하루 3회를 원칙으로 하며, 모유나 조제유는 2회로 줄인다. 이때는 미숙하지만 손가락의 이용도 가능해지므로 영아가 스스로 먹는 것을 시도해 보게 한다. 또 잇몸으로 씹어서 넘길 수 있고, 구강과 소화기관의 기능이 성숙하므로, 잘게 썬 음식이나 작게 덩어리진 음식을 제공할 수 있다.

이유식의 재료에 사용하는 식품의 종류는 점점 확대되어 성인용의 식사에서 이용 가능한 것은 많아지나, 부드럽게 삶아 소화가 잘되는 형태로 준다. 된죽, 진밥, 두부, 달걀, 잘게 썬 채소, 다진 고기 등 다양한 식품의 고형식을 하루 세 번 제공하며, 또한 혼자 식사할 수 있는 팔운동이 가능하므로 음식을 직접 손에 들고 먹는 연습, 숟가락과 컵을 사용하는 연습을 하도록 해주는 것이 바람직하다. 1회량은 된죽이나 진밥 100 g, 채소 30~40g , 달걀 1개, 생선이나 고기 30 g, 두부 1/4모(50 g) 정도를 주는 것이 적당하고, 기름이 많이 들어간 음식은 좋지 않다. 비스킷, 크래커 등을 손에 쥐고 먹는 연습을 할 때 목에 막히지 않도록 주의하고, 알레르기 발생의 위험이 있는 식품에 대해서는 계속 주의해야 한다. 이 시기는 외부에 관심이 많은 시기로 먹는 것에 흥미를 많이 보이지 않을 수도 있으므로 이러한 경우 배가 고프거나 먹는 것에 관심을 보이는 시간에 이유식을 제공할 수 있도록 주의해야 한다.

이유 후기 이유식 조리법: 브로콜리 두부 볶음밥

재료 흰밥 1/2공기, 브로콜리 10 g, 두부 10 g, 양파 10 g, 육수 1/4컵, 물녹말 2큰술

만드는 법
1. 밥을 무르게 짓는다.
2. 브로콜리는 먹기 좋은 크기로 일정하게 자른다.
3. 두부는 먹기 좋은 크기로 깍둑썰기 한다.
4. 양파는 1 cm 크기로 자른다.
5. 팬에 브로콜리, 양파, 두부 순서로 볶은 후 육수와 물녹말을 넣어 준다.
6. 밥에 완성된 브로콜리 두부볶음을 얹어 준다.

⑤ 이유 완료기(생후 12개월 이후)

생후 12~24개월이 되면 뒤어금니를 제외한 모든 젖니가 씹는 데 어려움이 없고, 소화효소의 활성이 증가하며, 손, 팔, 삼킴운동이 거의 완벽해져 많이 질기거나 딱딱한 것을 제외하고는 먹을 수 있는 음식의 종류가 성인과 다를 바 없이 다양해진다. 이 시기는 아침, 점심, 저녁 1일 3회의 식사(고형식)와 오전 · 오후 간식을 먹는 식사 패턴을 잡아 주기 위해 노력하고 젖병은 18개월 정도에는 사용하지 않도록 해야 한다.

곡류 제품의 경우에는 진밥, 국수, 감자나 고구마 등을 줄 수 있고, 과일은 생과일의 형태로 얇게 저며서 먹이고, 육류는 잘게 다져서 이용한다. 성인식과 재료는 거의 비슷하나 자극성이 강한 식재료와 단 식품은 피하고, 조리법도 소화하기 쉬운 상태의 것을 응용하며, 자극성 있는 향신료의 사용을 피한다. 땅콩, 엿, 컵 젤리 등과 같이 기도로 흡입될 수 있는 식품은 그대로 주어서는 안 되고 잘게 갈아서 제공해야 한다. 1세 영아의 1회 식사량은 부드러운 밥 100 g, 달걀 1개, 생선 30 g, 채소 40~50 g이며, 생우유는 간식용으로 하루 2컵을 권장한다. 1세 이전에 알레르기 반응을 일으킬 위험이 있던 식품도 서서히 제공하면서 변화를 관찰한다.

과일과 과일주스

사과나 배와 같은 과일주스에는 흡수가 잘되는 포도당보다 흡수가 잘되지 않는 과당과 솔비톨(당알코올)이 과량 함유되어 있기 때문에 과량 섭취는 흡수불량이나 변을 무르게 하여 설사를 일으킬 수 있다. 또한 생후 6개월 무렵에 유치가 나오므로, 이 시기에 과일주스를 우유병 등으로 오랫동안 먹이면 충치가 생길 위험이 있으므로 주의해야 한다.

6. 영아기 건강증진 방안

1) 영아기 식사지도

영아기부터 음식에 대한 선호도가 생기기 시작하므로 다양한 음식을 골고루 주는 것이 좋다. 영아에게 어떻게 먹일 것인가가 무엇을 먹일 것인가 만큼 중요하다. 음식 먹는 일이 즐겁고 스트레스가 없어야 하고 영아 스스로 언제 많이 먹을 것인가를 정해야 한다. 후반기 영아에게 성공적으로 음식 먹이는 방법은 다음과 같다.

후반기 영아에게 음식 먹이는 방법

- 조용히 격려하는 태도로 이야기한다.
- 영아를 똑바로 마주보게 앉힌다.
- 관심을 가지고 입을 벌릴 때까지 기다린다.
- 음식에 손을 대고 손가락으로 먹도록 놔둔다.
- 먹는 속도를 스스로 결정하도록 한다.
- 좋아하는 식품을 배려해 준다.
- 영아의 신중함을 배려하면 결국 먹는 법을 배운다.
- 원하는 만큼 먹도록 한다.
- 충분히 먹었음을 표시하는 경우 멈추도록 한다.

자료: Satter, E, 1990.

2) 영유아 식생활지침

보건복지부는 2009년 영유아를 위한 식생활지침을 발표한 바 있다(표 4-17). 영유아를 위한 식생활지침은 '2010 국민건강증진 종합 계획' 의 영양분야 내용 중 영유아 식생활 관련 목표 및 추진 현황을 반영하였고, 관련 학회 및 비만예방 관련 국내외 학회들로부터 다양한 의견을 수렴하여 중점영역을 선정하였다.

표 4-17 영유아 식생활지침

목표	실천지침
생후 6개월까지는 반드시 모유를 먹이자.	• 초유는 꼭 먹이도록 합니다. • 생후 2년까지 모유를 먹이면 더욱 좋습니다. • 모유를 먹일 수 없는 경우에만 조제유를 먹입니다. • 조제유는 정해진 양대로 물에 타서 먹입니다. • 수유 시에는 아기를 안고 먹이며 수유 후에는 꼭 트림을 시킵니다. • 자는 동안에는 젖병을 물리지 않습니다.
이유 보충식은 성장단계에 맞추어 먹이자.	• 이유 보충식은 생후 만 4개월 이후 6개월 사이에 시작합니다. • 이유 보충식은 여러 식품을 섞지 말고 한 가지씩 시작합니다. • 이유 보충식은 신선한 재료를 사용하여 간을 하지 않고 조리해서 먹입니다. • 이유 보충식은 숟가락으로 떠먹입니다. • 과일주스를 먹일 때는 컵에 담아 먹입니다.
유아의 성장과 식욕에 따라 알맞게 먹이자.	• 일정한 장소에서 먹입니다. • 쫓아다니며 억지로 먹이지 않습니다. • 한꺼번에 많이 먹이지 않습니다.
곡류, 과일, 채소, 생선, 고기, 유제품 등 다양한 식품을 먹이자.	• 과일, 채소, 우유 및 유제품 등의 간식을 매일 2~3회 규칙적으로 먹입니다. • 유아 음식은 싱겁고 담백하게 조리합니다. • 유아 음식은 씹을 수 있는 크기와 형태로 조리합니다.

자료: 보건복지부, 2009.

더 알아보기 영아를 위한 정부 대책: 제3차 국민건강증진종합계획(2011~2020)

항목	중점과제 21. 영유아건강
목적	미래세대 국민건강을 좌우하는 영유아에 대한 사전 예방적 건강관리 강화로 영유아 질병예방 및 건강 증진을 강화함.
목표	• 영유아사망관련 지표 향상 – 영아사망률(출생아 천 명당) 2008년 3.4명에서 2020년 2.8명으로 감소 • 고위험영유아의 장애발생률 억제 – 장애예방률을 2008년 97.8%에서 2020년 99.5%로 증가 – 선천성대사이상 검사 검사율을 2008년 97.6%에서 2020년 100%로 증가 – 고위험신생아 의료비 지원을 2008년 55.2%에서 2020년 65%로 증가 – 신생아 난청 선별검사 대상자 수를 2008년 29천 명에서 2020년 300천 명으로 증가 • 모유수유실천율 제고 – 생후1개월 완전모유수유 실천율을 2008년 59.9%에서 2020년 70%로 증가 • 보육시설의 영유아 건강역량 강화 – 2011년 보육시설 건강관리 관련 지표 개발 및 배포 , 2015년까지 보육시설 영유아건강관리 인력훈련 위한 프로그램 개발 및 배포
사업	• 신생아집중치료실 지원 – 기존 신생아집중치료실에 10개 병상 추가 운영에 필요한 시설 · 장비비 및 사업운영비를 지원 – 신생아집중치료실 1.5 kg 미만용 병상 지정 · 운영 등 응급의료체계와 연계 – 향후 2014년까지 최소 부족 병상인 300병상 확충 완료 • 영유아 사전 예방적 건강관리 – 선천성대사이상 검사 및 환아 관리사업 – 신생아 난청 선별검사 사업 – 미숙아 및 선천성이상아 의료비 지원사업 • 보건소 모유수유클리닉 운영 및 직장 내 모유수유실 설치 – 모유수유 교육홈페이지 운영 및 모유수유 우수기관 시상 등 모유수유 환경조성 – 민간과 협력하여 직장 내 모유수유 · 착유실 설치를 지원하고 청사 내 당연 설치를 권유함 – 보건소 모유수유클리닉 운영을 통해 모유수유 상담 및 홍보 강화 • 취학전 아동 실명 예방사업 – 저소득층 가정 안과 수술비 지원 – 영아 눈 건강센터 건립추진 • 보육시설의 영유아 건강 역량 강화 – 보육시설 건강관리 관련 지표 개발/표준 건강관리지침 개발 배포 – 보육시설 영유아 건강관리 인력 훈련 프로그램을 개발하여 배포

참고문헌

구재옥, 김정희, 변기원, 손정민, 이정원, 이종현, 최영선(2011). 생활주기영양학. 파워북.

권종숙, 김경민, 김혜경, 장유경, 조여원, 한성림(2012). 사례와 함께 하는 임상영양학. 신광출판사.

김은경, 남혜원, 박영심, 명춘옥, 이기완(2011). 생애주기영양학(제4판). 신광출판사.

대한소아과학회(2007). 한국 소아 및 청소년 신체발육 표준치.

민혜선, 장경자, 권오란, 이선영, 이홍미, 김현아(2011). 인체생리학. 양서.

보건복지부(2009). 영유아를 위한 식생활 실천 지침.

한국영양학회(2010). 한국인영양섭취기준.

보건복지부(2011). 제3차 국민건강증진종합계획(2011~2020).

이연숙, 이현숙, 안홍석, 장남수(2011). 생애주기영양학(제3판). 교문사.

이현옥, 오세인, 조혜경, 최미경, 김미현(2011). 생애주기 영양학. 교문사.

임현숙 외 옮김(2000). 발달의 관점에서 본 생애주기영양학. 교문사.

정상진, 한영신, 서연경, 김윤정, 최혜미, 변기원, 이상일(2005). 우리나라 0~24개월 영아의 영양섭취 실태 조사연구. 한국영양학회 학술대회 발표자료.

질병관리본부 만성병조사팀, 소아 · 청소년 신체발육표준치 제정위원회(2007). 소아 · 청소년 표준 성장도표.

Brown, JE, Isaacs, JS, Krinke, B, Lechtenberg, E, Murtaugh, MA, Sharbaugh, C, Splett, PL, Stang, J & Wooldridge, NH(2011). *Nutrition through the life cycle*(4th ed.). Belmont, CA: Wadsworth, Cengage Learning.

Edmond, K & Bahl, R(2006). *Optimal feeding of low-birth-weight infants: Technical Review*. Geneva: Switzerland. World Health Organization.

Kretchmer, N & Zimmermann, M(1997). *Developmental Nutrition*. Boston, MA: Allyn & Bacon.

Morgan, JB & Dickerson JWT(2003). *Nutrition in Early Life*. Chichester, UK: Wiley.

Satter, E(1990). The feeding relationship: Problems and interventions. *Journal of Pediatrics*, 117(Suppl.), 181-190.

Worthington-Roberts, BS & Williams, SR(2000). *Nutrition throughout the life cycle*(4th ed.). Boston, MA: McGraw-Hill.

더 생각해 보기

6개월된 여아를 키우는 한 엄마는 DHA와 아라키돈산을 과학적으로 배합하여 두뇌 및 시각발달에 좋다고 광고하는 ○○분유를 일반 분유에 비해 50% 이상 비싼 가격에도 불구하고 딸의 두뇌발달을 위해 구입해야 할지를 고민하면서 영양사의 의견을 구한다. 영양사로서 당신은 이 엄마에게 어떤 답변을 줄 수 있을지 생각해보자.

단원정리

- 영아기는 출생 후 4주이내의 신생아기 이후와 유아기 이전의 발달 시기로 영양학적 관점에서는 1세 미만으로 정의된다.
- 출생 직전까지 태아는 자궁 안에서 탯줄을 통해 영양분을 공급받다가 출생 후 유즙을 섭취하여 스스로 소화 · 흡수시켜 영양분을 얻게 된다.
- 생후 4~6개월 이후부터는 유즙만으로는 부족된 영양분을 얻기 위해 이유식을 먹기 시작하면서 점차 다양한 식품을 접하게 된다. 이 과정을 통해 영아기 1년 동안 놀랄 만한 성장과 발달을 이루게 된다.
- 영아기에는 뇌세포, 신경세포의 분열이 활발하고 골격 및 근육이 발달하므로 이 시기의 영양 부족은 심각한 영양장애를 일으킬 수 있으며, 반대로 영양과잉은 세포 수의 증가를 동반한 비만을 유발할 수 있다. 따라서 영아기는 적절한 영양공급을 통해 평생의 건강의 초석을 이룰 수 있는 중요한 시기이다.
- 신생아기나 영유아기에는 장 점막이 미숙하여 소화되지 않은 분자량이 큰 단백질이 미숙한 장벽을 통해 흡수되어 알레르기를 유발할 가능성이 있다.
- 영아는 단위 체중당 체표면적이 크므로 많은 양의 영양성분이 필요하다. 영아의 섭취기준은 0~5개월에는 모유로부터 섭취하는 양을 바람직한 수준으로 제시하고, 6~11개월에는 모유의 섭취와 이유보충식을 통한 섭취를 같이 고려한다.
- 건강한 영아는 출생시 충분한 철을 체내에 저장하고 있으므로, 생후 5개월까지는 다른 철의 공급 없이 모유만으로도 필요량을 충족시킬 수 있으나, 5개월이 지나면 저장량을 거의 다 소모하게 되어 이유식을 통해서 철을 공급해 주어야 한다.
- 영아의 성장발달을 위해 가장 이상적인 영양공급원은 모유이나 모유수유가 불가능한 경우 조제유수유로 대체할 수 있으며, 경우에 따라 모유와 조제유수유를 병행하는 혼합수유를 하기도 한다.
- 이유(weaning)란 영아가 액체 음식인 유즙만의 영양으로부터 다양한 식품으로 구성된 고형식으로 섭취 형태를 점차 옮겨가는 정상적인 영양행위를 말한다. 이유는 영양소 공급, 소화기능 발달, 섭식능력 습득, 올바른 식습관 확립 및 지적 · 정서적 발달에 도움을 준다.
- 영아기부터 음식에 대한 선호도가 생기기 시작하므로 다양한 음식을 골고루 주어보는 것이 좋다. 영아에게 어떻게 먹일 것인가가 무엇을 먹일 것인가 만큼 중요하다.
- 최근 저출산과 더불어 미숙아, 저체중아의 출산의 증가가 사회적인 문제로 대두되고 있다. 이런 사회적 현상에 대한 영양학적 접근방법에 대한 고민이 필요한 때이다.

마무리

다음 만화를 보고 함께 생각해 보세요.

유아기 영양

1. 유아기의 중요성

2. 유아기의 성장과 발달

3. 유아기에 나타나는 식생활행동 특징과 지도

4. 유아기 영양섭취기준

5. 유아기 영양 · 건강문제

6. 유아기 건강증진 방안

CHAPTER 5

생각열기

유아기 유아 대부분이 어린이집이나 유치원에서 보내는 시간이 많아졌다. 따라서 유치원과 어린이집은 유아의 영양관리와 바른 식생활 습관 형성에 중요한 역할을 담당하게 되었다. 이들 기관에서 영양관리전문가의 유아 영양관리를 위한 업무에 대해 한번 생각해 보자.

즐거운 급식 시간! 감사한 마음으로 골고루 먹기를 지도함

동화구연 활동을 통한 유아 대상 영양교육

교사를 대상으로 유아 급식 적정 배식 지도

가정에서의 바른 식생활 형성을 위한 부모교육

기관의 조리원을 대상으로 급식 위생 지도

영아기 이후 만 1세부터 학령기 전까지를 유아기 혹은 미취학유아기라 한다. 유아기는 영아기의 급속한 성장에 비하여 성장속도가 다소 완만해지나 발육이 지속적으로 이루어지고, 신체운동이 활발한 시기이므로 양질의 영양공급이 매우 중요하다.

이 시기의 식생활은 자신의 의지보다는 보호자에 의해 좌우된다는 점에서 유아에 대한 영양지도와 함께 시설의 교사와 학부모에 대한 영양식생활 관리 지도가 요구된다.

유아 식생활교육을 위한 법적 토대 마련

여성의 사회진출 증가로 인한 가정에서 유아양육의 어려움이 증가되자 유아양육의 어려움을 해결하고 동시에 자녀의 조기교육을 해결하고자 하는 취지로 어린이집과 유치원을 통한 유아의 양육의존도는 증가하였으며, 정부는 사회복지 차원에서 정책 지원과 함께 적극적인 질적 관리 제도를 마련하여 시행과 개선을 지원하고 있다.
최근 정부에서는 어린이의 바른 식생활을 통한 건강의 확립이 국가의 밝은 미래를 향한 초석이라는 취지하에 '어린이식생활안전관리특별법'과 '식생활교육법', '유아보육법' 및 '유아교육법' 등을 제정하여 유아의 영양식생활을 적극적으로 관리 · 지원하고자 한다.

1. 유아기의 중요성

유아기에는 발육과 운동량에 사용되는 영양소 필요량이 증가하는 시기이나 신체의 소화, 흡수 능력의 발달이 이를 충족시키기에는 미숙하다. 이 시기의 식생활 관리는 주변 보호자에 의한 관리가 이루어지는 시기이므로 유아를 대상으로 한 바른 식생활지도 교육도 중요하며, 어린이집의 교사와 학부모를 대상으로 한 유아 대상 식생활지도 교육이 필요한 시기이다. 유아기에는 식사행동을 스스로 터득하거나 주변의 지도에 의하여 배워나가는 식생활의 자립기로 신체의 성장 · 발육 측면만이 아니라 성인 건강의 기초가 되는 개인의 식습관 확립기로서도 매우 중요하다.

유아기는 영양 섭취와 성장에 있어서 개인에 따라 각기 다른 특징이 있다. 그러므로 이들을 대상으로 한 영양관리는 연령별 식품 수용 태도와 소화 능력, 성장의 정도 등 각 연령의 특징에 맞게 행해야 한다.

2. 유아기의 성장과 발달

1) 신체의 성장과 변화

영아기에 보였던 빠른 성장속도는 유아기에 다소 감소하는 경향을 보이나, 생애주기 전체로 보면 성장이 비교적 빠르게 일어나는 시기로 간주된다. 체중이 매년 1.8~2.7 kg 정도 증가하고, 신장은 만 1세에서 5, 6세까지 매년 7~8 cm씩 증가한다. 6세 이후에는 남녀 간에 성장패턴이 뚜렷하게 구별되나 유아기에는 남녀별 성장에 있어 큰 차이가 없어 영양섭취기준도 남녀 간 차이가 없다.

연령이 증가하면서 유아는 체지방 함량이 감소하고 점차 통통한 모습에서 마른 모습을 나타내고 여아가 남아에 비해서 일반적으로 피하지방의 축적량이 더 많다.

뇌의 용량은 만 2세 무렵이면 성인 뇌 크기의 약 75%가량 형성되고, 6~10세가 되면 뇌의 물리적 크기 성장은 거의 완성된다. 한편 사지뼈의 성장으로 팔과 다리가 길어지면서 영아에 비하여 균형 잡힌 신체 비율을 갖게 된다.

3세가 되면 유아는 활동범위가 넓어짐에 따라 대 · 소근육을 이용한 신체 조절 기능 및 운동 기술의 빠른 발달을 이루게 된다. 혼자서 숟가락과 포크를 사용하여 밥을 먹을 수도 있게 된다. 4세 쯤에는 혼자서 단추를 채울 수 있어 옷을 입고 벗을 수 있으며, 젓가락 사용 방법도 익히게 된다. 5세가 되면 근육과 운동신경 조절 능력이 발달되어 원하는 행동을 할 수 있게 된다. 숫자나 글자를 따라 쓸 수 있고 지적 능력이 발달되어 식생활 · 인체 · 영양소 · 식품 · 예절 등의 교육이 가능해진다.

더 알아보기 성장곡선으로 보는 비만 유형

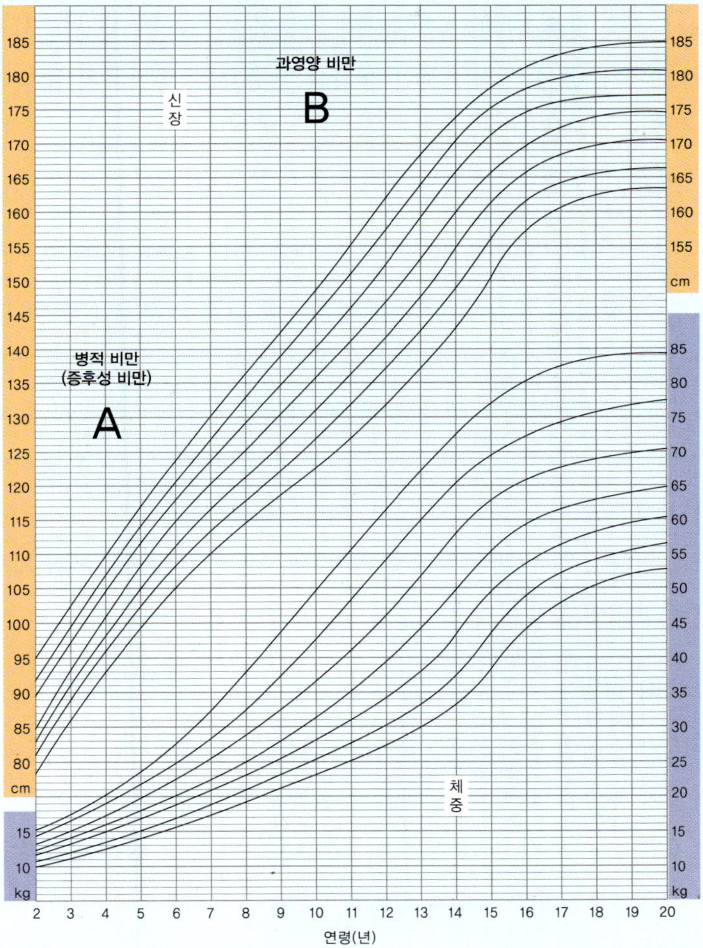

A형: 병적 비만(증후성 비만)
내분비 이상으로 인한 비만인 경우 비만도상으로는 비만으로 판정할 수 있으나 저신장증이 동반된다.

B형: 과영양 비만
과영양 공급으로 인한 비만의 경우에는 신장은 큰 편에 속하며, 체중은 신장 수준 이상의 백분위수에 해당한다.

저신장증(short stature)
같은 성별을 가진 같은 연령의 소아의 키 정규분포 상에서 키가 3백분위수(3th%) 미만인 경우

그림 5-1 성장곡선에 근거한 비만 유형의 판정

자료: 대한비만학회, 2006.

2) 사회 · 정서적 발달

① 인지 발달

피아제(Piaget)는 3~5세 유아의 인지 발달 특징을 표상과 상징을 이용한 논리적 수준에서 조금 낮은 단계이나 생각이 가능한 전조작적 사고의 시기라고 명명했다. 즉, 3~5세 유아는 직접적인 감각과 운동으로 경험하지 않더라도 머릿속에서만 언어를 이용하여 생각(표상)을 할 수 있게 된다.

② 기억 능력 발달

이러한 표상 능력의 발달과 함께 유아기에는 기억 능력이 발달한다. 기억 능력은 정보를 저장하는 시간에 따라 단기기억(short term memory), 장기기억(long term memory)으로 분류하며, 기억을 요구하는 상황에 따라 힌트를 보고 기억하는 재인(recognition) 능력과 전혀 힌트 없이 기억을 하는 회상(recall) 능력으로 분류할 수 있다. 유아기에는 주로 단기기억 능력이 발달하므로 그 당시에는 많은 기억을 하나 그 기억이 오래 가지 않고, 회상보다는 재인 능력이 발달한다. 유아를 대상으로 영양교육 시 반복적 교육과 어떤 상징적인 사물로부터 기억을 끌어내도록 하는 방법이 중요하다.

③ 언어 능력 발달

3세가 되면 3~4개의 단어로 구성된 문장을 사용할 줄 알게 된다. 알고 사용하는 어휘의 수도 900~1,000단어에 이르며 질문도 많이 한다. 식탁에서 음식의 이름을 가르치고, 기억하게 할 수 있으며 음식에 대한 좋고 싫음을 뚜렷하게 표현할 수 있으므로 이에 대한 지도가 필요하다. 또 과거시제와 복수를 구별하여 사용하기도 한다.

5세가 되면 6~8단어를 이용한 문장의 표현이 가능하며 단어의 의미에 관심을 갖고 반대말을 이해할 수 있게 되고 어휘의 수도 2,000~2,500단어 정도로 증가한다. 이 시기부터는 언어가 자기표현의 수단만이 아니라 사회적인 의사소통을 위한 수단으로 사용되기 시작한다. 많은 연구에서 가족과 함께하는 식사시간을 통하여 유아의 의사소통 능력을 더욱 강화시킬 수 있다고 보고하고 있다.

표상(representation)
정보를 다룰 때 그 대상을 어떤 상징이나 다른 형태로 추상화하여 다루는 것

단기기억(short term memory, STM, 短期記憶)
감각통로를 통해 투입된 정보가 단기간 저장되는 기억과 과정. 일차적 기억(primary memory) 정보를 20~30초 정도 저장하며, 수용능력이 제한되고 저장된 정보는 반복시연이 없으면 소멸되기 쉬움.

장기기억(long term memory, LTM, 長期記億)
감각통로를 통해 투입된 정보가 단기 기억의 과정을 거쳐 비교적 영속적으로 저장되는 기억의 과정으로 2차적 기억(secondary memory)이라고도 함. 저장된 정보는 조직적이고 체계화된 형태로 저장됨.

재인 (recognition)
기억 활동의 한 형태로, 개인이 현재 대하고 있는 인물, 사물, 현상, 정보 등을 과거(이전)에 보았거나 접촉했던 경험이 있음을 기억해 내는 인지 활동

회상(recall)
아무런 단서도 없이 기억에 저장되어 있는 것을 고스란히 끄집어내는 정보를 재생하는 것

④ 성격 발달

만 3세가 지나면서부터 유아들은 주변 환경에 대해 많은 호기심을 가지게 되고 주변 세계를 적극적으로 탐색하려는 욕구를 가지게 되며, 주변을 만지거나 스스로 해보려고 시도하는 경우가 많다. 이러한 행위에 대하여 주변 성인의 강한 제지는 유아로 하여금 자신의 호기심과 시도에 대한 죄책감을 느끼도록 하고, 이러한 상황이 반복될 경우 스스로 무엇인가를 하지 않고 시키는 일만 하는 성격으로 발달될 수 있다. 이에 비해 자신이 가진 호기심과 시도가 자연스럽게 해결되고 격려된다면 유아는 환경에 대해 적극적으로 탐색하며 필요한 일을 스스로 주도할 줄 아는 능력을 발달시키게 되어 근면성이 발달하는 기초가 형성된다. 그러므로 보호자는 칭찬과 격려, 적절한 제어를 통하여 바람직한 성격이 형성되도록 한다. 3세 후반 무렵부터는 성의 차이에 대한 흥미가 나타나기 시작하며 우리나라의 경우 사회·문화적 특성상 남아와 여아의 성격 차이가 발생하기 시작한다.

⑤ 사회·정서 발달

사회·정서의 발달이란 자신과 타인에 대한 긍정적 평가를 의미하는 자아존중감(self-esteem)의 발달과 함께 주변의 사물 또는 사건 등에 대한 느낌인 감정(emotion)이 발달하고, 자신 있게 다른 사람과 관계를 가질 수 있는 사회적 능력(social competence)의 발달을 포함한다. 음식에 대한 수용 능력도 이러한 성격 발달과 함께 이루어진다.

사회·정서적 발달은 유아들이 부모나 교사로부터 생활 속의 여러 장면을 통해 이루어질 수 있다. 특히 식사시간을 통해 이 모든 능력은 자연스럽게 또는 의도적으로 필요한 지식과 사회성, 정서적 느낌을 배우고 바른 식생활 행동을 실천하면서 발달할 수 있다.

자아존중감(self-esteem, 自我 尊重感)
자기 자신을 가치있고 긍정적인 존재로 평가하는 개념으로, 자기 자신에 대한 보다 광범위하고 포괄적인 긍정 또는 부정적인 평가를 의미. 일반적으로 자아 개념과 자아 존중감은 혼용되어 사용되기도 함

3) 섭식 기능의 발달

만 1세 이후 손가락 움직임이 정교해져서 손가락으로 음식을 집어 먹는 것

손가락으로 먹기 (finger feeding)
손에 잡히는 작은 크기의 먹는 음식을 손으로 집어먹는 행동을 말하며, 어린이의 손가락 근육의 발달과 집는 행위 동작의 발달에 도움을 줌

(finger feeding)이 가능하므로 손을 깨끗이 하여 손가락으로 간식 등은 먹을 수 있도록 지도할 수 있다. 생후 15개월 이후 유아는 컵 사용이 가능해지나 원활한 조정은 불가능하므로 주위의 도움과 관리가 필요하다. 18개월 정도가 되면 숟가락 조절이 가능하여 음식을 흘리지 않고 입으로 옮길 수 있으며, 섭식 기술의 발달은 표 5-1과 같다.

표 5-1 유아기의 섭식 기술의 발달

연령	발달과정
~1년	• 손가락으로 음식을 집어 먹을 수 있다.
~1년 3개월	• 손목 조절이 미숙하여 음식을 숟가락으로 떠먹다 흘리는 경우가 많다. • 밥그릇이나 컵을 두 손으로 잡아 들 수 있으나 내리는 동작은 미숙하고, 음식을 자주 흘리거나 떨어뜨린다.
~1년 6개월	• 숟가락 잡는 것이 정확해지면서 숟가락을 한쪽 손에 쥐고 먹을 수 있으며, 이러한 행위를 정확히 하려고 노력한다. • 양손으로 그릇을 들어서 물이나 국, 우유 등을 마실 수 있으나 미숙하다.
1년 6개월~2년	• 손목 움직임이 조절되고 숟가락으로 음식을 먹을 수 있게 된다. • 컵을 손에 쥐고 조절해서 마실 수 있게 된다. • 음식에 대한 좋고 싫음에 대한 기호성이 나타난다.
2~3년	• 숟가락을 정확하게 쥘 수 있다. • 컵이나 공기를 한 손으로 잡고 잘 마실 수 있다. • 식사 중에 음식물을 흘리지 않고 먹도록 노력한다. • 감정의 불안정과 싫은 음식에 대한 저항감으로 편식이 생길 수 있다. • 젓가락질이 가능해진다. • 활동량이 늘어나면서 식욕이 증가된다. • 잘 지도하면 좋은 식습관이 형성될 수 있다.
3년~4년 6개월	• 컵으로 마시는 것과 숟가락 및 젓가락 사용능력이 발달된다. • 식사량이 증가하며 식욕도 비교적 일정하게 유지된다. • 식사시간에 청결한 행동의 지도가 가능하며, 스스로 노력한다.
4년 6개월~6년	• 식사 시 음식 먹는 속도의 지도가 필요하다. • 식욕이 증가하며 좋아하는 음식에 대한 요구가 생긴다. • 음식에 대한 흥미를 보이고 바람직한 식사태도가 형성된다.

4) 식행동과 식습관의 형성

유아기는 섭식 기술을 습득하고, 식품에 대한 기호도가 형성되는 시기이므로 이 시기의 바른 섭식 태도와 건강한 식습관을 형성하도록 지도하는 것이 중요하다. 이유식의 진행이나 부모나 영양관리자는 유아의 식습관 형성에 큰 영향을 주게 된다. 유아는 식품 섭취 행위에 있어서 음식 자체보다 환경에 흥미를 가진다.

식품 섭취량에 영향을 주는 환경적 요인으로는, 첫째, 식사시간 중 유아의 감정적인 상태에 따라 식사 섭취량은 달라지며, 흥분된 상태에서는 일반적으로 음식의 섭취 수준이 감소한다. 둘째, 부모와 교사 등 주위 사람의 식품에 대한 수용 태도는 유아에게 큰 영향을 준다. 이외 대중 매체의 광고는 유아의 식품에 대한 선택과 섭취량에 영향을 줄 수 있다. 유아의 음식 섭취에는 주변 환경 요인의 영향이 크므로 구체적인 식사지도를 통하여 건강하고 바람직한 식습관을 갖도록 지도한다.

좋은 식습관 확립을 위한 식생활지도의 방향

- 유아가 식품에 대한 감각적인 만족을 가지도록 한다.
- 음식 섭취에 있어 호기심을 유발하도록 한다.
- 음식의 양을 조절해 준다.
- 식사를 규칙적으로 한다.
- 식사 분위기를 유쾌하고 평온하게 만들어준다.
- 식사지도는 참을성 있게 해야 한다.
- 유아에 대한 적극적인 영양교육을 실시한다.
- 스스로 음식을 선택하도록 한다.

이러한 교육을 통하여 무엇이나 즐겨 먹으며, 스스로 먹는 습관을 기르도록 하고, 식사 전후의 청결의식을 갖도록 하며, 식사를 즐겁게 기다리는 습관을 기르도록 한다.

3. 유아기에 나타나는 식생활행동 특징과 지도

유아기에는 각종 기능이 발달함에 따라 기본적 생활습관이 형성된다. 식사도 점차 자립해서 스스로 할 수 있게 되는 동시에 소화 기능도 발달하여 성인식과 유사한 식품을 섭취할 수 있고, 복잡하고 다양한 조리법도 점차 받아들이는 방향으로 음식 수용의 폭이 확대된다. 이때 편식, 식욕 부진 등의 문제가 생기기 쉬우므로 좋은 식사습관을 확립할 수 있도록 지도한다. 유아의 비정상적인 섭식 행동인 편식 · 폭식 · 거식 등은 많은 부모들이 문제로 삼고 있으나 대부분은 일시적으로 나타났다가 사라진다.

1) 식품 기호와 식욕의 변화

유아는 약간만 싫어해도 그 음식은 거의 먹지 않으려고 든다. 또한 같은 식품이라도 조리법 여하에 따라 먹을 때도 있고 거부할 때도 있다. 그러나 이러한 일은 유아뿐만 아니라 성인에게도 있을 수 있는 일이므로 지나치게 걱정을 하거나 먹는 것을 강요해서는 안 된다. 특정 식품을 싫어하여 거의 먹지 않더라도 영양성분이 유사한 다른 식품을 잘 먹으면 적어도 발육과 건강 면에 큰 문제가 발생하지는 않는다. 영양적인 측면에서는 문제가 없음에도 유아의 특정 식품에 대한 편중된 기호를 중요시하는 것은 이러한 편식을 방치할 경우, 이후 습관으로 고정화될 우려가 있기 때문이다. 편식이 습관으로 진행되지 않도록 주의하면서 충분한 영양 섭취가 가능한가를 항상 주의해서 관찰해야 하나 지나친 간섭과 강요는 바람직하지 못하다.

(1) 유아의 식품기호도 형성

특정 식품에 대한 기호가 형성되는 시기는 남녀 다 같이 자아의식이 발달되어 심리적으로 변동이 많은 3세 전후부터 7세까지 나타나게 된다. 남아보다 여아에게 식품에 대한 기호가 뚜렷이 나타나며 신경질적인 유아와 부모의 육아 태도가 과잉 보호의 경향을 보이는 가정의 유아에게 많이 나타난다. 유아의 음식에 대한 기호도는 식품이 지닌 원래의 맛 이외 색채, 온도, 혀와 입안에서의 감각, 음식의 크기나 모양 등 음식 먹기의 편이성에 따라 많이 달라진다.

(2) 식욕과 기호의 변화를 완화시킬 수 있는 식생활관리

① 식사나 음식 준비 과정에 참여 유도

유아가 가정에서 식사 준비에 참여하는 활동 내용으로는 식품 재료 씻기, 과일 껍질 벗기기, 식기에 음식 담기, 조리 시 도와주기, 상 차리기, 잔심부름 및 간단한 설거지 등이다. 평소 가정에서 유아가 식생활 준비 경험을 하게 된다면 더욱 일찍부터 섭식 전반에 대한 올바른 태도가 형성될 수 있으며, 유아의 바른 식생활에 대한 관심을 높이는 데도 유익하다.

② 부모나 교사의 영양 지식 전달 노력의 정도

부모와 교사가 자녀에게 자주 들려주는 식생활에 관한 대화 내용 중에는 일부 영양소에 관한 것, 에너지 섭취와 활동, 식품 종류, 식품의 출처, 식품의 조리·가공, 식품의 소화와 체내 이용, 치아 건강 및 손 위생관리 등인 것으로 조사되었다. 또한 설탕과 소금, 식품첨가물, 자연식품 등에 대한 교육과 함께 많은 어머니들이 균형식, 식사예절, 식품위생에 관한 내용을 교육하는 것으로 조사되었다. 새로운 음식을 준비하는 과정을 보여주거나 또는 도와주도록 하여 호기심을 갖게 하는 경우 이에 대한 유아의 새로운 식품에 대한 반응이 긍정적인 것으로 조사되어 최근 조리 활동을 통한 영양교육이 활성화되고 있다.

2) 특정 음식에 대한 편식

(1) 편식의 정의

편식이란 말은 어떤 종류의 식품만을 좋아하고 다른 식품을 거부할 때 흔히 사용된다. 그러나 식품을 좋아하고 싫어하는 일이 다소 있어도 이로 인해 영양소 섭취의 균형이 깨지거나 발육과 건강의 장애를 초래하는 등의 걱정이 없는 한 편식이라고 간주하지 않는다. 어떤 종류의 식품을 싫어해도 영양소의 성분

편식이 문제되는 경우

- 유아가 일상의 식생활에서 설탕이 많이 든 음료, 과자류에 대한 기호가 강해서 늘 이러한 음식을 많이 먹을 경우 식사에 영향을 미쳐 영양의 섭취가 양적으로 균형을 잃게 된다.
- 개개의 식품을 싫어하기보다 생선류는 종류 여하를 불문하고 싫어하며, 채소는 모두 싫어하는 등 식품류별의 단위로 음식을 먹지 않을 경우 섭취 식품 구성에 있어 영양적 불균형을 초래한다.
- 식품 선호가 어느 특정의 국한된 종류에만 편중해서 식품 선택의 범위가 좁아 영양 불균형이 발육 저하와 같은 외적인 현상으로 관찰될 수도 있다.

구성이 유사한 식품을 먹고 있다면 최소한 영양적으로는 문제가 없다. 편식과 식품 선호 및 싫어하는 것의 한계는 명확하지 않으나 영양지도의 분야에서 편식이란 것은 음식을 좋아하고 싫어하는 감정이 강하고 식사내용이 항상 영양적으로 불균형하며 발육과 성장 및 영양상태가 상당히 뒤떨어지는 경우에 한해서 말한다.

편식에는 어떤 특정 식품을 먹을 수 없는 경우와 하나의 식품군의 거의 전체를 먹을 수 없는 경우가 있다. 한 가지 식품을 먹지 않는다는 것은 수정해야 할 식습관인 편식으로 간주하지는 않는다. 어떤 식품군 전체를 먹지 않거나 싫어하는 경우를 편식이라고 할 수 있다. 물론 유아의 특정 식품 거부 행위는 식사예절 지도 차원에서는 교정을 요한다.

(2) 편식의 원인

유아는 어떤 음식에 대한 기호가 뚜렷한 경향이 있다. 이러한 식습관이 편식과 연결이 되므로 문제가 된다. 이는 일반적인 음식에 대한 기호(혐오, 선호)가 너무 분명하여 일부 음식만을 섭취하거나 자신이 전혀 섭취한 적이 없는 음식은 나중에 음식이 제공되는 기회가 있더라도 먹지 않는 경향을 보인다.

① 미각상 · 촉각상 이유

편식이 형성되는 원인으로는 입안의 촉감과 미각의 발달과 관련이 있는 경우가 많다. 이유기에 새로운 맛의 이유식을 주면 뱉어버리는 행동을 보이나, 이것은 혀의 근육 발달의 미숙으로 인한 경우도 있다. 물론 본인이 익숙하지 않은 맛을 본 경우 뱉어 버리는 경향을 보이나 되풀이하여 조금씩 주면서 맛에 대해 적응하도록 훈련시키면 먹게 된다.

② 생리적 · 심리적 원인

유아가 발달하는 과정에서 어떤 종류의 식품의 맛과 냄새, 혀의 촉각 등에 익숙하지 않기 때문에 익숙하지 않은 감각에 대한 심리적 위축감을 갖게 된다. 보통 유아나 초등학교 학생들에게서 나타나는 이러한 현상을 식품에 대한 네오포비아(neophobia)라고도 한다. 이는 생리적 · 감각적으로 혀의 점막 및 여러 감각기관의 감수성에 기인한 것이며 연령에 따라 변화한다. 최근 식품을 오감으로 느끼게 하는 미각교육 방법은 유아의 이러한 네오포비아 현상을 교정하는 데 도움을 준다.

> **네오포비아(neophobia)**
> 미지의 물체에 대하여 나타내는 경계적 행동으로 푸드네오포비아(food neophobia)는 '새 식품 혐오증'이라고 볼 수 있음. 익숙하지 않은 식품을 무조건 회피하는 것을 뜻하며 어린이의 채소 기피 현상을 일종의 네오포비아로 보는 견해가 다수임.

한편 섭취를 강요당하거나 구토, 복통 등 불쾌한 경험을 한 일, 동물에 대한 동정 등 심리적인 요인으로도 편식하게 된다.

③ 사회적 · 경제적 성장 환경 요인

만약 유아의 성장지역이 식품의 유통에 제약을 받은 환경일 경우 성장기에 접하는 식품 종류가 제한됨으로써 편식이 생길 수 있다.

④ 가정의 식사 환경

편식의 원인 가운데 가장 큰 원인은 가정에 있어서의 식사 환경이다. 유아의 편식의 원인에는 어머니의 양육 태도에 문제가 있을 때도 있다.

(3) 편식 습관의 예방을 위한 유아의 식생활관리

유아의 편식 경향은 유아기, 특히 자의식이 발달하는 3세를 전후하여 많이 나타나며, 유아기의 편식 버릇은 아직 습관으로 고정된 것이라고는 할 수 없을 정도로 유동적이므로 교정이 가능하다. 편식 예방을 위해서는 다음과 같은 사항에 부모 및 교사가 관심을 가져야 한다.

편식의 교정

- 양친, 가족이 편식을 하지 않도록 한다.
- 유아에게 적합한 조리법을 택한다. 유아가 불쾌한 경험을 할 경우 그 음식에 대한 편식 경향이 생기게 된다.
- 유아가 싫어하는 음식의 조리법을 개선하고 다시금 새롭게 시도해 보도록 한다.
- 음식을 강제로 주지 않는다.
- 식사 환경을 즐겁게 만든다.
- 식사량에 대하여 지나치게 관심을 나타내거나 강요하지 않는다. 단, 영양 공급은 충분한가를 확인해야 한다.

식생활지도의 기본 원칙

유아를 대상으로 한 식생활지도 시 기본적인 원칙은 다음과 같다.

- 식생활지도는 가능한 일찍부터 시작하며, 연령별 발달 수준에 적합한 내용이어야 한다.
- 식생활지도는 편안하고 안정되게 그리고 즐겁게 음식을 먹는 분위기 속에서 이루어져야 한다.
- 간식 먹는 시간과 점심식사 시간은 일정한 시간 내로 제한한다.
- 부모와 주변 인물과 교사는 항상 바른 식사태도로 모범을 보인다.
- 식생활지도는 가정과의 연계를 가지고 일관성 있게 이루어지도록 하며, 유아의 지적 · 언어적 · 정서적 발달 등과 연계시킬 수 있도록 노력한다.

3) 식욕 부진

유아는 발육 과정에서 일시적으로 식욕과 음식의 기호가 불안정해지는 정도와 기간, 식품의 범위 등에 관해서는 상당히 개인차가 심하다. 식욕 부진 현상이 자주 나타나기 쉬운 시기는 일반적으로 이유기와 4세 전후이다. 유아는 주어진 새로운 음식에 순응할 수 없을 때 식욕 부진이 일어나기 쉽다. 또 3~4세 무렵에는 자아가 발달해서 여러 가지 일에 대해 기호의 감정이 뚜렷해지며 음식에 대해서도 싫은 것에는 거부 반응을 나타내게 된다. 과잉 보호 유아나 간식을 빈번히 주는 경우에도 생길 수 있다. 또는 운동 부족이나 심리적으로 욕구 불만이 있는 경우에도 식욕 부진이 일어난다. 유아에게 충치나 특정 질환이 있을 경우 신체 통증으로 인하여 식욕 부진이 발생할 수도 있다.

식욕 부진을 개선하기 위해서는 유아의 식단을 다양하게 구성하고 식품 재료와 조리 방법, 색깔, 그릇 담기 등에 변화를 주어 유아의 관심과 흥미를 이끌어 내는 것이 필요하다. 때로는 집 밖에서 식사를 하거나 같은 또래의 친구를 불러 함께 식사를 시키는 등 식욕 부진을 해소하도록 노력을 해야 한다. 또한 지나친 관심의 표현은 역효과를 낼 수 있다는 사실도 주지해야 한다.

4. 유아기 영양섭취기준

유아기에서 모든 영양소의 필요량은 실제 연령이나 성별보다는 신체 크기(체표면적)와 신체 발달 상태에 따라 달라진다. 영양소 필요량을 결정하는 요인들로는 기초대사량, 성장, 발달 단계, 신체활동, 음식물의 특이 동적 작용, 배설에 의한 열량 손실 등을 들 수 있다. 따라서 유아기의 영양 공급량은 성인의 것을 환산하여 추정하기도 한다. 그러나 유아는 개인차가 매우 크므로 같은 체격이더라도 활동량에 따라 요구량이 달라질 수 있어서 어른이 먹는 음식에서 단지 음식의 양만을 줄여서 준다면 그들의 영양적인 요구량을 충족시킬 수 없다. 유아는 몸이 작은 데 비해 발육이 왕성하고 활동량이 많아 성인에 비해 단위 체중당 영양소의 필요량이 높다.

1) 에너지

에너지 필요추정량은 에너지 소비량에 성장에 따른 추가 필요량을 더하여 산출한다. 에너지 필요추정량의 산출 공식은 다음과 같으며, 성장 에너지 소요량은 1~2세 유아와 3~8세 유아 모두에게 20 kcal/일로 책정하였다. 유아는 성장률이나 활동량이 불규칙하며 개인에 따라 차이가 많고 그에 따라 식욕에도 차이가 있다. 따라서 표준 영양권장수준을 참고로 해서 각 유아의 특성이나 식욕에 따라 조절하여 먹이는 것이 바람직하다.

일일 에너지 추정량 산출방법

- 1~2세 유아: [(89 × 체중(kg) − 100)] + 200 kcal/일
- 3~5세 유아: (남) 88.5 − 61.9 × 연령(세) + PA[26.7 × 체중(kg) + 903 × 신장(m)] + 20 kcal/일
  (여) 135.3 − 30.8 × 연령(세) + PA[10.0 × 체중(kg) + 934 × 신장(m)] + 20 kcal/일

표 5-2 신체활동수준(PA)

구분	비활동적	저활동적	활동적	매우활동적
남	1.0	1.13	1.26	1.42
여	1.0	1.16	1.31	1.56

표 5-3 기준 체위

연령	체중(kg)	신장(cm)
1~2세	12.2	86.1
3~5세	17.2	107

우리나라에서는 유아의 경우 1~5세까지는 남녀의 구분 없이 에너지 필요추정량을 산출하고 있으며 기준 체위를 적용하여 한국영양학회(2010년)에서 제시한 유아의 에너지 필요추정량은 1~2세 1,000 kcal/일이며, 3~5세 1,400 kcal/일이다.

표 5-4 유아의 일일 영양섭취기준

연령	기준 체중(kg)	기준 키(cm)	열량(kcal)	단백질(g)	칼슘(mg)	철(mg)
1~2세	12.2	86.1	1,000	15	500	4.8
3~5세	17.2	107	1,400	20	600	5.4

에너지의 경우 필요량에 못 미치게 섭취하는 것과 과량 섭취하는 것이 모두 문제가 되므로 에너지 공급은 적정량을 유지해야 한다. 에너지 필요추정량은

저활동적 수준에 해당되는 신체활동 계수를 적용하여 산출된 값이므로 유아의 활동적 수준을 고려하여 에너지량을 변화시킬 수 있다.

한국인 영양섭취기준에서 권장하는 유아기의 에너지 적정 비율은 1~2세의 경우 탄수화물 55~70%, 단백질 7~20%, 지방 20~35%, 3~5세의 경우는 탄수화물 55~70%, 단백질 7~20%, 지방 15~30% 정도로 계획하는 것을 권장하고 있다.

2) 탄수화물, 단백질, 지질

우리나라는 서구와는 달리 밥이 주식이어서 하루 에너지의 약 65%를 탄수화물로 섭취하고 있으나, 유아의 경우 최근 지방이나 단백질을 통한 에너지 기여도가 지나치게 높아지고 이러한 에너지 섭취 비율의 서구화됨에 따라 일부의 우려도 제기되고 있다.

당질 중 단순당을 통한 유아의 과다한 당의 섭취가 건강에 문제가 되고 있으며, 비만의 원인이 될 수 있으므로 음료나 과자 등을 통한 단순당 섭취를 줄이고 조리 시 첨가당의 사용을 줄이는 조리법을 사용하도록 한다.

3~4세 이후 유아의 탄수화물의 섭취 권장량은 하루 뇌에서 산화되는 포도당이 약 100 g이며, 근육과 이외 조직에서 하루에 포도당 요구량에 안전율을 고려하여 약 50 g으로 추정하여 하루 150 g을 최소한의 탄수화물 필요량으로 제시하고 있다.

탄수화물로부터 유래되는 포도당은 기억력을 증진시키는 역할을 하는 것으로 알려져 있으며, 신경전달물질인 아세틸콜린(acetyl choline)과의 관련성이 있는 것으로 알려져 있다. 그러나 과다하게 섭취한 단순당은 대사증후군이나 비만 발병 등과의 관련성이 제기되고 있다. 설탕 섭취는 유아의 충치 등에 관련이 있는 것으로 알려졌으로, 최근 미국에서는 첨가당의 섭취를 총 에너지 섭취의 25%를 넘지 말 것을 권고하고 있다.

지방의 에너지 적정 구성 비율은 연령에 따라 차이가 있으므로 1~2세 유아는 소화 능력을 고려하여 지방 사용을 적절히 늘리는 것이 필요하며 간식으로 선택되는 가공식품에 대한 교육이 필요하며 유아의 보호자나 교사들을 대상으로

총 당류(total sugar)
식품 내 존재하거나 식품의 가공, 조리 시에 첨가되는 포도당, 과당, 갈락토스 등의 단당류와 맥아당, 유당, 자당 등의 이당류의 함량을 합한 값(WHO, FAO, 1998). 총 당류의 주된 기능은 에너지 공급원 이외 단맛을 통해 정신적 만족감을 부여하고, 식품의 조리와 가공 시 단맛이나 기능적인 면을 향상시키는 감미료로 이용된다. 과일이나 유제품 내에는 내재성 당이 있으며 건강식품으로 알려짐

첨가당(added sugar)
식품의 조리 시에 첨가되는 당과 시럽으로 백설탕, 흑설탕, 옥수수시럽, 고농도의 과당시럽, 메이플시럽, 맥아시럽, 펀케이크시럽, 꿀, 물엿, 당밀, 덱스트로스 등을 포함(USDA, 2000). 영국보건성은 외재성 당이라고 표현함

포장지에 표시된 영양성분표를 확인하도록 지도한다.

유아의 단백질 필요량은 다른 어떤 영양소보다 권장섭취량 수준으로 섭취하는 것이 중요하다. 단백질 식품의 경우, 유아는 씹기 어려운 질긴 육류 음식보다는 부드럽게 조리된 달걀이나 뼈를 제거한 생선, 닭고기, 콩류 등과 같이 씹기 쉬운 식품으로 대치하여 섭취하도록 한다. 육류는 곱게 갈아서 완자나 햄버거 등의 형태가 적당하다.

표 5-5 유아의 단백질 필요량

연령	표준체중(kg)	평균필요량 (g/kg/일)	권장섭취량 (g/kg/일)	평균필요량 (g/일)	권장섭취량 (g/일)
1~2세	12.2	0.96	1.20	12	15
3~5세	17.2	0.88	1.10	15	20

3) 무기질

무기질과 비타민은 정상적인 성장과 발달에 필요하며 섭취 부족으로 인하여 성장속도의 둔화나 뼈 무기질화의 장애 및 철저장 부족이나 빈혈 등이 발생될 수 있다. 비타민과 무기질 중 특히 문제가 되는 영양소로는 칼슘과 나트륨 및 철 섭취에 대한 관리가 요구된다.

칼슘은 모든 연령층에서 평균 섭취율이 낮은 영양소이다. 우유 및 유제품이 칼슘 함량이 높고 체내 이용률이 좋으므로 이들 식품을 통한 충분한 섭취가 이루어지도록 식단을 구성해야 한다. 칼슘을 충분히 제공할 수 있는 다양한 메뉴 및 조리법 개발이 요구되며 간식으로 유제품의 활용이 필요하다. 우리나라 유아의 칼슘 권장량은 연령에 따라 1~2세는 500 mg, 3~5세는 600 mg으로 설정되어 있다.

칼슘의 흡수율은 30~60%로 개인적 차이가 크다. 유당은 칼슘 흡수를 증가시키며, 피트산이나 수산은 칼슘과 결합하여 칼슘의 흡수를 저해시키므로 유제품

섭취 시 주의한다. 1~5세까지의 유아는 매일 3컵 정도의 우유를 마시는 것이 가장 바람직하나 2컵의 우유를 마셔도 필요한 칼슘을 최소한 충족시킬 수 있다. 우유뿐 아니라 치즈나 호상 요구르트 등의 유가공품을 통한 영양소의 공급도 가능하다.

나트륨은 음식의 맛과 간을 맞추기 위해 사용되는 소금, 간장, 된장, 고추장 등에 다량 함유되어 있으며, 고혈압 등 성인병의 주요 원인으로 알려져 있다. 2008년 국민건강영양조사에서 유아의 경우에는 나트륨 평균섭취량이 목표섭취량 2,000 mg의 약 2배로 조사된 바 있다. 성인의 입맛에 맞추게 되면 유아들은 과량의 나트륨을 섭취하게 되고 짠맛에 대한 순응도가 높게 형성되므로 어릴 때부터 저염 음식에 익숙하도록 음식을 제공해야 한다.

철 결핍은 세계적으로 가장 흔한 영양결핍증이며, 1~3세 유아에게서 빈번히 나타나고 있다. 유아의 철 요구량은 성장속도, 혈액량 그리고 체내 철 저장량의 증대 등이 모두 다르기 때문에 일정하지 않다. 체격이 크고 빠르게 성장하는 유아는 혈액량 증가 속도도 빨라서 철 요구량이 대단히 크다. 유아는 구강운동의 발달이 다소 미약하므로 흡수가 잘 되는 헴형 철이 많이 들어 있는 육류 음식을 유아에게 제공할 때에는 충분히 다지거나 부드럽게 조리하여 씹기에 편한 상태로 조리해 주는 것이 좋다. 철 섭취가 부족한 유아는 대개 하루 10~15 mg의 철을 보충하도록 권장하고 있다.

저염메뉴
저염식으로 구성된 식단으로 염분 특히 나트륨 이온의 함량이 낮은 음식으로 구성된 식단

헴형철(heme iron)
헴, 즉 포르피린링 구조로 결합한 철이며,식품 중의 철은 헴형 철과 비헴형 철의 두가지 종류로 나뉘며, 동물성 단백질 식품내의 철은 헴형철로 10~30%가 흡수되어 흡수율이 비교적 높으나, 곡류나 채소류에 포함된 철은 그 양은 많지만 비헴형철로 수산이나 피틴산과 같이 존재하여 이런 물질들이 철의 흡수를 방해하므로 비헴형철은 흡수율이 낮음

표 5-6 유아의 일일 무기질 권장량

구분	다량무기질				미량무기질			
	칼슘(mg/일)		나트륨(g/일)		철(mg/일)		아연(mg/일)	
	충분 섭취량	상한 섭취량	충분 섭취량	상한 섭취량	충분 섭취량	상한 섭취량	충분 섭취량	상한 섭취량
1~2세		2,500	0.7			40		6
3~5세		2,500	0.9			40		9

4) 비타민

유아기의 비타민 필요량은 식품 섭취 유형을 고려하여 충분히 섭취하는가를 평가해 보는 한편, 영양보충제의 섭취로 인한 과잉의 섭취도 고려해야 한다.

우리나라에서 주로 섭취하는 비타민 A는 베타카로틴의 형태가 있으며 평균필요량의 산정에는 단위체중과 성장계수를 고려하여 설정한다.

성장기 유아의 비타민 D 부족은 임상적 증세로 나타나는 구루병 이외 저칼슘혈증성 경련, 성장 장애, 보챔 등의 증세가 알려지고 있다. 우리나라는 지리적으로 일조량이 풍부하여 태양광선 조사 부족에 의한 비타민 D 부족이 문제되지 않으나, 최근에는 유아의 실외활동 제한으로 인하여 부족의 가능성도 일부 제기되고 있다. 1세 이상의 경우 혈청 25-하이드록시 비타민 D 수준은 햇빛 조사량과 식사 섭취량과의 관련이 크며, 신체의 칼슘 이용에 큰 영향을 준다. 이외 지용성 비타민 A, D, E는 상한섭취량이 제시되어 있어 과다 섭취를 주의해야 한다.

표 5-7 유아의 지용성 비타민 섭취기준

구분	비타민 A (μg RE/일)		비타민 D (μg/일)		비타민 E (mg α-TE/일)		비타민 K (μg/일)	
	충분섭취량	상한섭취량	충분섭취량	상한섭취량	충분섭취량	상한섭취량	충분섭취량	상한섭취량
1~2세	-	600	5	60	5	100	25	-
3~5세	-	700	5	60	6	140	30	-

표 5-8 유아의 수용성 비타민 섭취기준

구분	비타민 C (mg/일)		티아민 (mg /일)		리보플라빈 (mg/일)		비타민 B_6 (mg/일)		비타민 B_{12} (μg/일)		니아신 (mg NE/일)		엽산 (μg DFE/일)	
	충분섭취량	상한섭취량	충분섭취량	상한섭취량	충분섭취량	상한섭취량	충분섭취량	상한섭취량	충분섭취량	상한섭취량	충분섭취량	상한섭취량	충분섭취량	상한섭취량
1~2세		350						25				10[1]/180[2]		300
3~5세		500						35				10[1]/250[2]		400

[1]니코틴산(mg/일) [2]니코틴아미드(mg/일)

비타민 C는 항괴혈인자로 콜라겐 합성과 함께 그외 기능으로 항산화, 면역기능 등이 알려졌다. 비타민 C는과일과 과일주스, 채소를 통해 섭취될 수 있다.

5) 물(수분)

유아는 신체 구성성분 중 수분이 차지하는 비중이 매우 높다. 체내 수분은 각 조직 간 이동이 되며 체열, 설사, 상처, 외상 등에 의해 변화할 수 있다. 수분 필요량에 영향을 주는 요소는 섭취 수분과 소변 배뇨 등을 통한 체내의 수분 균형 상태이다.

1~2세 유아는 총 수분 섭취의 충분섭취량이 1,100 mL이며 이 중 800 mL는 액체로 섭취하도록 하는데, 우유 섭취가 많아 충분한 수분 섭취가 이루어지고 있는 것으로 볼 수 있다. 3~5세 유아의 경우 총 수분 섭취량은 1,400 mL이며 액체 형태로 1,000 mL를 제안하고 있다.

6) 식이섬유

식이섬유의 섭취가 불충분하다고 해서 다른 필수영양소처럼 임상적인 증상을 유발하지는 않는다. 그러나 식이섬유의 부족은 분변량을 감소시키고 이에 따른 장 기능의 저하를 초래할 수 있다. 식이섬유를 충분히 섭취하면 다양한 건강상의 이점을 얻을 수 있으나, 유아에게 있어 대표적인 기피식품은 섬유질 함량이 높은 채소류이다. 그러므로 식이섬유 섭취를 증가시키기 위해서는 도정도가 낮은 쌀과 잡곡류를 이용한 음식의 제공과 과일과 주스의 충분한 공급, 콩류, 해조류, 견과류 등을 잘 먹도록 지도한다. 식이섬유의 일일 충분섭취량은 1~2세 유아의 경우 10 g, 3~5세 유아는 15 g 수준으로 제시되어 있다.

5. 유아기 영양·건강문제

1) 유아기의 영양·식품섭취 및 식생활 실태

2008년 국민건강영양조사 결과(질병관리본부, 2011)에 따르면, 그림 5-2와 같이 조사 대상자 중 에너지·지방 부족 섭취자 비율이 1~2세 유아는 8.2%이며, 3~5세 유아는 6.3%로 조사되었고, 에너지·지방 과잉 섭취자 비율은 1~2세 유아는 2.5%, 3~5세 유아는 2.7%로 조사되었다. 영양소별로는 3~5세 유아에서 영양섭취기준의 평균필요량 미만 섭취자의 비율이 칼슘의 경우 남아 52.6%, 여아 60.0%이었으며, 철은 남아 31.0%, 여아 35.4%를 나타내었다. 이에 비하여 나트륨은 충분섭취량 대비 섭취 비율이 남자 207.4%, 여자 190.6%로 과잉섭취를 하고 있는 것으로 나타나 나트륨 등 유아 건강에 중요한 기타 영양소의 표시에 대한 고려가 필요한 것으로 보고하였다.

유아의 가정 외 어린이집이나 유치원에서 점심 섭취 비율이 증가하고 있으나 우리나라 어린이집 유아들의 영양소 섭취 실태에 대한 조사 결과를 보면, 대부분의 급식시설에서 일일 영양필요량 1/3에 해당되는 영양소 필요량 기준에 비하여 에너지, 비타민 E, 칼슘 섭취량은 권장 수준의 약 50%에도 미치지 못하고, 철, 비타민 A의 섭취는 권장 수준의 2/3에 미달한다고 보고되었다. 부적절한

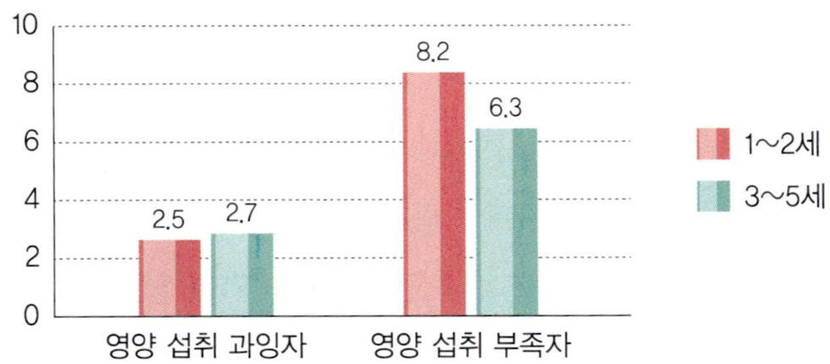

그림 5-2 영양 섭취 과잉자와 부족자

* 영양 섭취 부족자 분율: 에너지 섭취량이 필요추정량의 75% 미만이면서 칼슘, 철, 비타민 A, 리보플라빈의 섭취량이 평균필요량 미만인 분율, 만 1세 이상
* 에너지 및 지방 섭취 과잉자 분율: 에너지 섭취량이 필요추정량의 125% 이상이면서 지방 섭취량이 에너지 적정비율의 상한선 이상인 분율, 만 1세 이상

열량 및 영양소가 장기간 계속 공급될 경우, 영양불량 문제가 야기될 수 있다.

또한 영양 섭취량의 끼니별 분포 면에서 정규 식사에 비하여 간식 의존도가 높아 전체 섭취 음식의 59%를 간식으로 섭취하였고, 섭취 열량의 끼니별 분포도 간식의 비중이 높은 편으로 나타나는 등 유아 식품 섭취 배분 면에서도 영양 불균형 문제가 있음을 알 수 있다. 외국에서도 유아를 대상으로 한 연구에서 식이섬유 섭취의 경우 대부분의 유아들에게서 낮았으며, 포화지방산, 엽산, 비타민 A, 아연, 소금의 섭취량은 대부분 유치원생들에게 추천된 양을 초과한 것으로 조사되어 유아 기호식품에 대한 보호자의 관리가 요구된다는 견해가 있다.

유아의 가족 식사 동반율은 1~2세의 경우 점심은 3.6%, 3~5세는 1.7%이며, 저녁의 경우 1~2세는 1.2%, 3~5세는 1.3%로 유아 단독 식품 섭취가 대부분이어서 가정에서의 실생활을 통한 식생활교육이 진행되지 못함을 알 수 있다.

2) 비만

비만은 활동으로 소비되는 열량이 식품으로부터 섭취한 열량보다 많아 과도한 지방이 체내에 축적되어서 발생하며 유전적 · 환경적 · 대사적인 원인이 복합적으로 작용하여 발생한다. 소아 비만은 미국을 비롯한 선진국은 물론 최근 우리나라에서도 대도시를 중심으로 급격히 증가하고 있는데 식사나 간식의 과다한 섭취가 첫 번째 비만 요인으로 꼽힌다.

비만아의 공통된 특징은 간식으로 설탕이 많이 포함되어 있는 음료수 · 과자류의 섭취가 많고 식사내용도 당질의 섭취량이 많은 경향이 있다. 이와 함께 기름진 음식으로 튀김이나 스낵류를 좋아하고, 서구식 고열량 음식을 좋아한다. 즉, 당분과 지방의 섭취 증가가 원인이다. 활동이 적은 환경하에 있는 유아들 중에 비만아가 많다. 그 밖의 질병으로 인한 경우도 있으나 아주 드물다. 비만아의 가족 중에 비만 현상이 많이 나타나므로 유전적인 요인이 관계되어 있다는 논의도 있으나 가정에서의 식사내용이 비만이 되기 쉬운 음식으로 구성된다는 식사의 공통성과 가족의 생활환경이 유사하여 한가족 내 다수의 비만이 발생하게 된다고 본다. 또한 비만아의 경우 스트레스 해소의 수단으로써 음식을

비만아의 특징

① **성장적인 특징**: 비만아는 전형적으로 일찍 사춘기에 도달해서 초기에는 또래보다 일찍 키가 크지만, 결국에는 키의 성장이 더 일찍 멈추고 그 결과 작은 키가 되기 쉽다.

② **육체적인 특징**: 비만아는 성인처럼 동맥경화로 발전할 수 있는 혈중 지질 농도가 일반적으로 높다. 특히 콜레스테롤과 중성지방의 수준이 높은데 이는 열량의 과다 섭취와 관련이 있다. 또한 비만한 유아의 경우 혈압이 높은 경향이 있으므로 소아 고혈압의 원인이 될 수 있으며, 심혈관질환과도 연관되어 있다.

③ **심리적인 특징**: 일반적으로 주변 사람들이 성격보다는 외모로 타인을 판단하는 일이 자주 있기 때문에 비만아는 자신의 외모에 대한 주변 사람들의 편견으로 인해 마음의 상처를 입게 된다. 많은 비만아들은 주변의 차별과 또래의 거부와 놀림 등으로 고통스러워 한다. 그 결과 스스로 자신에 대한 나쁜 자아상을 가지는 일이 많고 패배감이나 삶에 대해 부정적인 태도를 가지기도 한다.

많이 섭취하는 경향을 나타내는 것 등이 지적되고 있다.

비만아 치료의 기본은 식사요법이다. 그것도 섭취되는 에너지, 특히 당질을 제한하게 되는데 유아의 경우 성인과는 달리 신장을 비롯한 신체 전체 기관이 점점 자라기 때문에 몸무게를 무리하게 줄이지 않고 현상을 유지하는 것만으로도 비만의 정도를 가볍게 할 수 있다. 따라서 키가 많이 크는 어린 나이일수록 에너지 제한을 천천히 하여도 효과가 크므로 초기에 비만을 치료하는 것이 중요하다. 또 비만의 치료에서는 식사요법과 아울러 운동, 심리적인 면의 지도를 병행하는 것과 부모를 비롯한 가족의 이해와 협력을 얻는 것도 중요하다. 비만과 관련하여 가장 유념해야 할 문제는 소아 비만은 모든 사회적 · 경제적 · 의학적 장애를 초래하는 성인 비만으로 이행될 수 있다는 점이다.

3) 영양불량

유아의 영양문제로는 절대열량과 단백질 섭취 부족이 가장 큰 문제이나 특정한 일부 영양소의 결핍 또한 문제가 되고 있으며, 경제력 빈곤이나 편식 등이 그 원인으로 작용한다.

유아의 영양불량은 일시적이더라도 행동과 학습 수행 능력에 영향을 줄 수가 있다. 아침식사를 골고루 잘 섭취한 유아는 식사를 하지 않는 유아보다 활동 능력이 더 우수하며, 아침 결식 유아의 경우 집중을 필요로 하는 활동 수행 시 집중하는 시간이 짧다고 보고하고 있다. 아침 결식 유아들의 활동과 지적 능력의 상대적 저하 문제들은 부분적으로 굶은 후에 나타나는 저혈당에서 비롯된다. 또 포도당을 글리코겐으로 저장했다가 혈액에 방출하는 간의 크기가 성인에 비해 매우 작기 때문에 음식을 비교적 자주 먹어야 한다. 아침식사를 하는 것은 유아가 매일 영양요구량을 충족시키는 데에도 중요하다. 아침을 굶고 다음 끼니의 식사에서 많은 양의 음식을 먹는다고 하더라도 총 열량, 비타민 · 무기질 섭취량이 정상적으로 아침식사를 먹는 유아보다 적다.

철 결핍성 빈혈은 다른 어떤 영양소보다 유아에게 잘 알려져 있고 신체에 광범위하게 영향을 미친다. 철 결핍은 에너지 부족을 동반할 뿐 아니라 감정, 집중 가능 시간, 학습능력에 영향을 준다. 또 유아의 어떤 행위를 수행하는 데 있어서 지속적으로 반응하는 유아 자신의 동기부여 능력을 저하시키고 집중 시간을 단축하여, 그 결과 전반적인 지적 활동의 수행 정도를 저하시키게 된다.

유아의 영양불량은 영양소마다 여러 형태로 나타난다. 전 세계적으로 오백만 명 이상의 유아가 비타민 A의 결핍으로 실명하거나 성장의 지연과 함께 감염성 질환에 쉽게 노출되는 빈도가 높다고 보고하고 있다. 아연 결핍 또한 성장을 지연시킨다. 일반적으로 영양 불량의 원인은 섭취 부족에서 기인되고 섭취 부족의 원인은 빈곤에서부터 초래된다.

4) 식품 알레르기

식품 알레르기는 유아기에 가장 흔하다가 연령이 증가하면서 과민 반응이 점차 줄어든다. 식품 알레르기의 발생을 억제하기 위해서는 식품에 대해 내성을 기르는 것이 가장 좋으나 최소한 2세 이전의 식사에서는 되도록 알레르기를 일으킬 수 있는 알레르기 유발식품들은 제한하는 것이 바람직하다.

식품 알레르기가 있는 유아의 식단구성 시 주의할 점은 다음과 같다.

식품 불내성(food intolerance)
이런 경우 식품 알레르기와 유사한 증세가 동반되지만 항체 형성이 되지 않으므로 식품에 대한 불내증이라고 하며, 식품에 대한 알레르기와는 구별됨

식품 알레르기(food allergy)
식품의 단백질과 같은 큰 물질분자가 체내에 들어와서 항원으로 작용하면 신체가 이에 대응하여 과민 면역 반응을 일으키는 알레르기성 질환을 말함. 식품 내 고분자 물질에 대해 다른 신체 내 침입 항원에게 반응하듯이 항체인 히스타민, 방어 물질 등을 생산하고, 알레르기 증세의 발현은 알레르기 반응은 반응이 항원 섭취 이후에 몇 분에서 하루까지 다양하며, 늦게 나타나는 경우 원인 규명이 더 어려움

- 알레르기의 원인이라고 확실하게 판명된 식품은 피한다.
- 알레르기의 원인으로 의심할 만한 식품은 날것으로 먹지 말고 반드시 조리하여 먹도록 한다.
- 되도록 신선한 재료를 사용하도록 한다. 우엉 · 죽순 등 독성이 강한 식품은 충분히 물에 담가 독을 제거한다.

5) 과잉행동증

과잉행동증(hyper activity)
7세 미만의 유아에게서 가끔 집중력의 감소, 주의력 산만, 지나친 몸놀림이나 충동적인 행동, 공연히 작은 일에 화를 내는 일 등의 비정상적인 행동이 다수 나타나는 의료적 전문 진단기준에 의해 과행동증으로 진단한다.

설탕이나 카페인과 같은 일부 식품 내용물이나 식품첨가물이 유아의 과잉행동증(hyperactivity)에 영향을 준다고 알려지면서 이에 대한 관심이 높아졌다. 식사적인 요인에서는 일반적으로 설탕이나 식품첨가물이 많이 들어간 가공식품이 원인물질로 제기되고 있다. 설탕이 과잉활동을 유발하거나 악화시킨다는 의학적 증거는 명백히 밝혀지지 않고 있다.

과잉행동과 식품 섭취에 관한 관련성에는 아직 다소의 논란이 있으나 최근에는 영양 부족이 다양한 형태의 이상행동을 유발할 수 있다고 인정되고 있으므로 과잉활동의 원인으로서 영양 섭취에 관심을 가지고 인정하기 시작했다.

당 섭취를 줄일 수 있는 유아 건강 식습관 만들기

- 어릴 때부터 단맛에 길들지 않도록 지도(맛에 대한 감각이 상승)
- 구체적인 방법 :
  ① 조리 시 달지 않게(조림, 볶음): 설탕 및 물엿의 첨가
  ② 간식 선택에 주의: 음료수 및 과자류
  ③ 단호박 삶은 것, 고구마, 옥수수, 삶은 콩 등 자연식품 위주의 간식
  ④ 식품과 음료의 선택 시 주의(보리차, 가당되지 않은 음료)
  ⑤ 과자류 및 사탕류의 선물 제한
  ⑥ 맛이 진한 음식에 대한 기호 형성을 어릴 때부터 주의

자료: 식품의약품안전청, 2010.

더 알아보기 병을 앓는 유아의 영양관리

아픈 유아는 일반적으로 식욕을 잃고 피로감 · 구토 · 통증 등으로 식사를 제대로 못하는 경우가 많다. 또한 위와 장의 기능 이상, 열 · 감염 등과 같은 스트레스, 외상으로 인한 대사율의 증가로 영양필요량이 증가하며, 심리적인 불안정으로 정상적인 식사를 하기가 어렵다. 따라서 아픈 유아를 위한 식사를 준비할 때는 질병의 종류와 그 정도, 질병에 노출된 기간, 증상, 치료방법, 유아의 나이와 성장조건 등이 함께 고려되어야 한다.

설사

설사는 유아들에게 흔하게 나타나는 질병으로 그 원인으로는 유해물질에 의한 장의 자극, 환경의 변화, 스트레스, 감염, 식중독 등을 들 수 있다. 설사의 치료를 위해서는 약제를 사용하거나 절식과 수분 공급을 충분히 하는 식사요법이 도움이 된다. 설사와 함께 열과 구토가 동반되거나 묽은 설사가 자주 반복될 경우 즉각적인 조치가 필요하다.

유아의 경우 체내 수분의 손실은 매우 위험하다. 설사 시에는 24~48시간만 음식을 제한하고 탈수증을 방지하기 위하여 손실된 수분과 전해질 보충을 위한 액체를 공급한다.

변비

변비는 편식을 하는 유아에게 흔하게 나타나는 현상이다. 일반적으로 성인뿐만 아니라 유아에게도 곡류, 채소류, 과일류, 해조류 등에 많이 들어 있는 식이섬유를 다량 섭취하면 변통에 도움이 된다고 알려져 있다. 수분 섭취의 증가와 함께 섬유소가 많은 식품의 섭취가 중요하며, 이와 함께 적당한 운동을 하여야 변비의 치료에 도움이 된다.

카페인

카페인은 유아의 과잉행동의 원인으로 지적되고 있다. 한 컵의 청량음료는 50 mg 이상의 카페인을 함유하는데, 체중이 20 kg인 유아가 이런 청량음료를 2컵 이상 마시는 것은 체중이 70 kg인 성인이 8컵의 커피를 마시는 것과 같다. 만약 유아가 불면증을 보이거나 전반적으로 정서가 불안하고 심할 경우 불규칙한 심장박동이 관찰된다면, 카페인 섭취를 조사해 보고, 과잉 섭취로 판단될 경우 섭취량을 줄일 필요가 있다.

표 5-9 유아기호식품의 카페인 함량

분류	1회제공량 당 평균 카페인 함량 (단위 mg)	분류	1회제공량 당 평균 카페인 함량 (단위 mg)
가공유 (초콜릿 함유)	3.48	아이스크림 (커피 함유)	33.0
가공유(커피 함유)	46.70	초콜릿	14.89
과자(초콜릿 함유)	3.62	초콜릿 가공품	2.3
도넛(초콜릿 함유)	4.0	케이크(초콜릿 함유)	6.4
도넛(커피 함유)	6.6	케이크(커피 함유)	35.5
빙과류(커피 함유)	28.81	코코아 가공품	5.45
사탕류(커피 함유)	1.05	탄산음료(콜라)	24.68
아이스크림 (초콜릿 함유)	9.7		

6. 유아기 건강증진 방안

1) 유아기의 식사

(1) 필요 영양소 충족을 위한 식단구성

유아기에는 음식에 대한 기호가 형성되면서 점차 자신이 좋아하는 식품을 가려먹으려고 하는 욕구가 증가하고 혼자서도 먹을 수 있는 능력을 가지게 된다.

성장속도의 둔화로 식욕이 다소 저하되나 어린이집이나 유치원 등에서 급식을 먹게 되면서 다양한 음식을 접할 수 있는 기회가 증가한다. 음식을 스스로 선택할 수 있는 기회를 가지게 되므로 건강한 음식을 선택할 수 있는 능력을 갖도록 하는 것이 중요하며 바른 선택을 하도록 유도해야 한다. 유아가 스스로 먹을 수 있는 적절한 1인 분량을 조절할 수 있도록 지도하는 것이 중요하다.

표 5-10은 한국영양학회에서 제시한 각 식품군의 기준 1인 1회 분량을 기준으로 3~5세 유아에게 적절하도록 조절한 1인 1회 분량이다. 또한 구체적인 식단 구성단위는 표 5-11과 같다.

표 5-10 식품군별 대표식품 및 3~5세 유아의 1인 1회 분량

식품군	열량 (kcal)	식품군별 주요식품 및 1인 1회 분량(g)[1)]
곡류	210	밥 1작은공기(130 g), 백미(55 g), 국수 1/2대접(건면 50 g), 냉면국수 1/2대접(생면 75 g), 떡국용 떡 1인분(80 g), 모닝빵 2개(60 g)
고기[2)] · 생선 · 계란 · 콩류	50	육류 1/2접시(생 30 g), 닭고기 1/2조각(생 30 g), 생선 1/2토막(30 g), 콩(10), 두부 1조각(40 g), 계란 1/2개(30 g)
채소류	10	콩나물 1/2접시(생 35 g), 시금치나물 1/2접시(생 30 g), 배추김치 1/2접시(생 20 g), 버섯(생 15 g), 미역(생 15 g), 김 1장(2 g)
과일류	25	사과 중 1/4개(50 g), 귤 중 1/2개(50 g), 참외 중 1/4개(100 g), 바나나 1/2개(50 g), 수박 1/2쪽(100 g), 오렌지주스 1/4컵(50 g)
우유 · 유제품류	60	우유 1/2컵(100 g), 호상 요구르트 1/4컵(50 g), 액상 요구르트 1/2개(75 g), 유아스크림 1/4컵(50 g)
유지 · 당류	20	식용유 1/2작은술(2.5 g), 버터 1/2작은술(2.5 g), 마요네즈 1/2작은술(2.5 g), 설탕 1/2큰술(5 g), 물엿 1/2큰술(5 g), 잼 1/2큰술(5 g)

1) 식품의 중량은 가식부 기준이며, 익히기 전 무게임
2) 쇠고기와 돼지고기는 살코기 기준임

자료: 한국영양학회, 2010. 한국인 영양섭취기준 중 3~5세 유아 기준에 따라 저자 재구성

표 5-11 **식사구성안을 이용한 3~5세 유아용 권장식사패턴**

3~5세 유아는 하루 1,400 kcal가 필요하다. 표 5-9의 3~5세 유아의 분량을 기준으로 1일 1회 섭취 분량의 단위 수를 배분하여 식품 섭취 구성안을 작성해 보면 다음과 같다.

식품군	1,400 kcal 기준 1일 제공 단위 횟수	끼니별 제공횟수			간식
		아침	점심	저녁	
곡류	3.5	0.5	0.5	0.5	0.5
고기 · 생선 · 계란 · 콩류	6.0	2	2	2	
채소류	10.0	2	3	5	
과일류	3.0		1.5		1.5
우유 · 유제품류	4.0		2		2
유지 · 당류	5.0	조리 시 제공 범위 내에서 사용			

주식의 위치를 차지하는 곡류는 하루에 4번 정도 급식이 권장된다. 씹기 쉽고 조리하기 쉬우므로 다른 식품들보다 그 요구량을 충족시키기가 용이하다. 곡류 식품에 대한 유아들의 기호도가 비교적 높기 때문에 때로는 밥이나 빵 등의 곡류음식에만 집착하는 유아도 있다. 그러므로 다른 음식과의 균형을 이룬 식습관이 형성되도록 지도해야 한다. 곡류는 유아들의 간식에서도 그 주종을 이루고 있다. 표 5-10을 이용하면 성인 기준 2단위에 해당되는 양을 4회에 나누어 공급할 수 있다.

과일 및 채소류는 무기질 및 각종 비타민의 급원으로 중요하다. 채소류의 조리법 및 급식방법을 다양화함으로써 섭취를 유도할 필요가 있다. 채소류는 유아가 쉽게 씹을 수 있도록 조리해야 한다. 4세 정도가 되면 익히지 않더라도 과일이나 채소의 섭취가 가능하므로 씹을 수 있는 음식들을 적당히 식단에 포함시켜야 한다. 씹는 훈련이 부족할 경우 부드러운 음식만 먹으려 하고 씹기를 싫어하는 식습관을 가질 수 있으므로 다양한 질감의 채소 조리법을 선택하여 조리하도록 한다.

(2) 식사 끼니별 영양 배분과 제공량의 관리

최근 아침 결식을 하는 유아가 점차 증가하는 추세이며 점심에 아침식사분까지 합쳐서 다량으로 먹는 경우가 많아지고 있다. 이는 소화 장애를 일으키기 쉽고 비만의 원인이 된다. 유아의 소화 생리 및 건강 측면에서 폭식의 형태는 바람직하지 못하다. 최근 다수의 종일제 유치원과 어린이집에서 급식 운영의 복잡함을 이유로 오전 간식을 생략하고 점심 급식을 하는 것으로 조사되었다. 이는 유아의 일일 영양소의 적정 필요와 공급 원칙에 어긋난다. 유아기에는 세끼 식사를 충실하게 먹도록 식사관리에 주의해야 하며 이러한 급식관리를 통해서 바른 식생활 습관이 육성되도록 지도하여야 한다.

유아가 되면 하루 3회의 식사만으로는 충분한 영양량을 섭취하기 어렵기 때문에 간식을 섭취한다. 유아 간식의 내용과 양은 식사와 식사 사이의 가볍게 정규 식사에 영향을 주지 않는 음식 공급으로 구성되어야 한다. 유아기에 적절한 간식 횟수는 오전, 오후 각각 1회씩이 적당하나 운동량과 식사 섭취 정도에 따라 조절될 수 있다. 식사와 간식 시의 에너지 배분을 예를 들면 다음 표 5-12와 같다.

표 5-12 각 끼니별 이상적인 열량 및 영양소 배분 비율

(단위: %)

식사	1~2세	3~5세
아침	30	25
간식	5	5~10
점심	30	30
간식	10	15
저녁	25	30

※ 간식은 오전 · 오후 각각 1일 총 열량의 10~15%를 넘지 않게 공급하는 것이 바람직하다.

점심을 기준으로 적정 기준량으로 제시한 메뉴는 그림 5-3과 같다.

봄

음식명(분량)	열량(kcal)	단백질(g)	총 열량 · 단백질
오곡밥(128 g)	234.3	6.2	441.0 kcal 24.3 g
북어달걀국(147 g)	63.9	9.0	
제육볶음(38 g)	117.1	8.0	
돌나물무침(23 g)	19.1	0.8	
깍두기(21 g)	6.6	0.3	

여름

음식명(분량)	열량(kcal)	단백질(g)	총 열량 · 단백질
흑미밥(131 g)	233.4	5.3	449.3 kcal 21.1 g
콩나물국(147 g)	32.4	3.2	
오삼불고기(40 g)	157.8	11.1	
간장마늘종(21 g)	20.5	1.0	
오이소박이(21 g)	5.3	0.5	

가을

음식명(분량)	열량(kcal)	단백질(g)	총 열량 · 단백질
발아현미밥(128 g)	230.1	4.2	442.7 kcal 21.7 g
된장찌개(149 g)	71.4	6.3	
꼬치산적(42 g)	108.1	7.8	
콩나물무침(26 g)	29.5	3.0	
배추김치(22 g)	3.6	0.4	

겨울

음식명(분량)	열량(kcal)	단백질(g)	총 열량 · 단백질
쌀밥(127 g)	226.2	4.3	443.5 kcal 19.6 g
콩비지찌개(146 g)	127.6	8.8	
코다리강정(40 g)	54.3	4.4	
해초무침(21 g)	36.9	1.8	
배추김치(23 g)	3.6	0.4	

그림 5-3 어린이급식관리지원센터에서 제시한 유아를 위한 계절별 식단

(3) 간식을 통한 영양 섭취 관리

사람은 연령을 불문하고 식사와 식사 사이에 무엇인가를 먹거나 마신다. 이와 같이 식사와 식사 사이에 음식을 먹는 것을 간식이라 말한다. 간식에는 세끼 식사로 부족한 영양소를 보충하는 의미와 가벼운 음식을 먹음으로써 기분을 상쾌하게 전환시키는 역할을 하고 있다.

① 간식의 의의

유아에게 있어서 간식은 세 번의 식사로 모자라는 영양소를 보충하는 데 가장 큰 목적이 있다. 유아는 정규 식사보다 간식에 대한 기대가 더 크다. 그 이유는 유아뿐만 아니라 성인에 있어서도 간식은 기분 전환이나 긴장 완화 등 사회적 · 심리적 만족감을 충족시키는 중요한 기능이 있기 때문이며 이러한 의미에서 간식음식의 선택은 중요하다.

② 간식의 양과 적정 급식 횟수

유아에게 제공하는 간식의 양은 하루 필요열량의 10~15%가 적합하다. 간식은 다음 식사의 식욕을 감퇴시켜서는 안 되며 알맞은 만족감을 주는 데 그쳐야 한다. 유아기 전반인 1~2세에는 오전 10시와 오후 3시 무렵의 2회, 후반기인 3~6세는 오후 3시 무렵 1회가 바람직하며 다음 식사까지 2시간 정도의 간격이 있어야 한다. 최근 종일반 운영에 따른 어린이집이나 유치원의 간식시간은 아침 결식 유아를 고려하여 오전 간식은 9시 30분~10시에 제공하는 것으로 조사된 바 있다.

100 kcal 정도의 영양소를 공급해 줄 수 있는 간식의 종류와 그 분량을 그림 5-4에 제시하였다.

③ 간식의 영양소 섭취에 대한 기여도

간식이 정규 식사량이나 하루 전체 음식 섭취량에 미치는 영향은 매우 크다. 일반적으로 간식 섭취가 많은 유아의 전체 영양소 섭취량은 간식 섭취가 적은 유아보다 유의적으로 많으며 특히 열량과 당질의 섭취가 높은 것으로 조사되었다.

음식명(분량)	열량	단백질	총 열량 단백질
옥수수(50 g)	18.5 kcal	1 g	78.5 kcal
우유(100 mL)	60 kcal	3.2 g	4.2 g

음식명(분량)	열량	단백질	총 열량 단백질
당근/오이(50 g)	10.5 kcal	0.5 g	70.8 kcal
우유(100 mL)	60 kcal	3.2 g	3.7g

음식명(분량)	열량	단백질	총 열량 단백질
꿀떡(50 g)	134.4 kcal	2.1 g	135.4 kcal
보리차(100 mL)	1 kcal	0 g	2.1 g

음식명(분량)	열량	단백질	총 열량 단백질
쇠고기버섯죽 (130g)	145.2 kcal	5.3g	145.2kcal 5.3g

음식명(분량)	열량	단백질	총 열량 단백질
롤빵(35 g)	97.7 kcal	3.1 g	157.7 kcal
우유(100 mL)	60 kcal	3.2 g	6.3 g

음식명(분량)	열량	단백질	총 열량 단백질
사과(50 g)	28.5 kcal	0.2 g	88.5 kcal
우유(100 mL)	60 kcal	3.2 g	3.4 g

음식명(분량)	열량	단백질	총 열량 단백질
김밥(65 g)	164.5 kcal	4.2 g	165.5 kcal
보리차(100 mL)	1 kcal	0 g	4.2 g

음식명(분량)	열량	단백질	총 열량 단백질
시리얼(20 g)	78.8 kcal	0.9 g	138.8 kcal
우유(100 mL)	60 kcal	3.2 g	4.1 g

그림 5-4 **유아를 위한 적정 간식과 분량**

간식 식판의 크기: 가로 22 cm×세로 13.5 cm / 컵의 크기: 상부 지름 7.5 cm×하부 지름 4.5 cm×높이 7.5 cm
자료: 하남시유아 급식관리지원센터, 2012.

유아에게 간식은 매우 중요한 역할을 하지만, 주로 제공되는 간식이 과자와 스낵 제품이 50%를 차지하고 우유, 빵, 떡볶이, 케이크 등이 10%를 차지하며, 바람직한 간식인 과일이나 우유 · 유제품은 40% 정도에 불과하였다. 간식의 식품 선택에 더욱 주의가 요구된다. 3세 이후의 유아들은 간식으로 먹은 우유 한 잔 정도는 정규 식사의 식욕에 영향을 주지 않는 것으로 조사된 바 있다. 소량의 간식은 정규식사에 영향을 주지 않으면서 전반적인 영양소 섭취 수준을 증가시킨다.

④ 간식으로 적합한 음식

간식은 유아의 일일 영양 요구량의 일부를 보충해 주면서 포만도가 높지 않아야 하는 것이 중요하다. 따라서 유제품, 과일, 미니 샌드위치 등이 간식으로 적절하다. '빈열량식품(empty calorie)'은 탄산음료와 사탕, 단 과자, 스낵 등으로 농축된 단순당과 지방이 많아 정규식사 섭취를 방해하고 그 결과 비타민, 무기질 등의 섭취가 제한되므로 영양섭취의 불균형이 초래될 수 있다. 이러한 식품은 간식으로 바람직하지 않다.

빈열량식품(empty calorie food)
열량은 높지만 에너지 외 영양소 함량은 낮은 식품으로, 에너지 함량을 가지고 있지만 비타민, 식이 미네랄, 항산화 성분, 아미노산, 또는 식이 섬유 등의 영양소가 부족한 식품을 뜻함. 단과자, 튀김과자, 스낵, 사탕, 아이스크림, 탄산음료 등으로 지방과 단순당을 다량 함유한 음식

일상적으로 유아가 즐겨 먹는 간식으로 설탕과 지방 함량이 높거나 짭짤한 식품은 오히려 균형된 식품 섭취에 부정적인 역할을 하게 된다. 간식은 영양적으로 열량뿐만 아니라 단백질, 비타민, 무기질, 수분을 공급할 수 있는 동시에 소화가 잘 되는 것이어야 한다. 또 맛이 있고 시각적으로 유아가 충분히 끌리는 것이어야 한다. 간식으로 바람직한 식품은 다음 표 5-13과 같다.

표 5-13 간식으로 적당한 식품

구분	식품명
열량 급원식품	비스킷, 쿠키, 샌드위치, 밀전병, 감자, 고구마, 카스텔라, 밤, 옥수수, 주먹밥, 떡볶이, 핫케이크 등
단백질 및 칼슘 급원식품	우유, 요구르트, 치즈, 여러 종류의 달걀요리, 푸딩, 두유, 콩가루 섞인 미숫가루, 삶은 콩, 소시지핫케이크말이, 두부구이 등
비타민 급원식품	과일주스류, 과일셰이크, 사과, 귤, 포도, 배, 복숭아, 감, 토마토, 참외, 수박, 채소나 과일샐러드, 채소모듬전, 오이와 당근 등의 생채소 스틱 등

2) 유아 보육시설 및 교육기관에서의 급식관리

유아에게 어떤 종류의 음식을 어떻게 주는가의 결정은 주로 어머니가 하였다. 그러나 취업모의 증가와 조기교육에 대한 기대 및 유아 보육에 대한 복지 요구의 증가는 유아 보육시설 및 교육기관의 증가와 유치원 교육 지원에 대한 여러 가지 정부의 지원 정책을 마련하게 되었다. 한편 부모는 가정에서의 유아 양육을 외부 기관인 어린이집이나 유치원에 위탁하게 되어 어린이집이나 유치원에서 유아의 영양관리와 교육을 담당하는 비중이 날로 증가하고 있다. 그 결과 적어도 하루에 한 번 이상의 간식과 점심을 어린이집이나 유치원에서 제공하는 것이 보편화되었다. 이러한 상황에서 교사들은 유아를 위한 간식이나 점심 급식을 계획하고 운영하는 데 중요한 역할을 담당하게 되었다. 기관에서 급식, 간식 혹은 점심을 먹는 유아들은 날로 증가하고 있음을 감안해 볼 때, 이들 기관에서 영양적인 측면이나 교육적인 측면에서 급식을 한층 체계적으로 계획하고 운영해야 한다.

우리나라에서는 유치원의 급식 업무는 교육부에서 그 기준을 제시하고 있으며, 어린이집은 보건복지부에서 기준을 제시하고 있다. 100인 이상 유치원과 어린이집은 영양관리를 담당하는 영양사의 의무 고용이 법적으로 명시하고 영양전문인에 의한 급식의 질적 관리를 하고 있다. 그러나 2012년 정부의 무상보육 지원 정책의 실시 확대로 현재 30인 미만의 소규모 어린이집도 급속히 늘어나 어린이집의 급식 사고가 빈번히 발생하여 사회문제로 제기됨에 따라 2011년부터 전국에 설치되고 있는 어린이급식관리지원센터에서 100인 미만 영양사 미고용 어린이집과 유치원에서 제공되는 급식의 영양 위생 관리 및 유아 식생활교육 지원을 담당하고 있다.

(1) 유아 보육시설 및 교육기관의 급식관리 업무

유아를 대상으로 위생적이고 영양적인 급식이 이루어지려면 급식의 효율적인 운영을 위하여 급식전문가의 도움을 받아야만 한다.

시설이나 기관에서의 급식은 반일제의 경우 1회의 간식과 점심 급식, 종일제의 경우 2회의 간식 제공과 점심 급식이 이루어지고 있다. 급식관리란 매우 다양한 부분에서 관리 업무를 요하나 유아 보육시설 및 교육기관에서는 급간식 제공에 따른 관련 업무 처리에 전문적인 지도·관리 인력이 배치되지 못하고 있는 실정이다.

이들 유아기관에서의 영양사 고용에 대한 규정은 100인 이상의 유아 급식이 이루어지는 기관에는 1명의 영양사를 두어야 하나, 2개 이상의 기관이 인접하여 있을 경우 동일 관할구역내에서는 5개 이내 기관의 공동 관리가 가능하도록

더 알아보기 식품의약품안전청, 전국에 어린이급식관리지원센터 설치·운영 시작

- 식품의약품안전청은 어린이집, 유치원 등에 다니는 자녀들의 먹을거리와 건강에 대한 부모의 걱정을 해소하기 위해 2015년까지 '어린이급식관리지원센터'를 전국적으로 70여 개소를 설치, 운영할 계획이라고 밝혔다. 우선적으로 2011년도에는 경기도 하남시를 시작으로 서울·인천·울산·경기·경남·제주의 13개 지방자치단체에 어린이급식관리지원센터가 설치·운영되었고, 2012년에는 부산과 대구, 광주, 목포 등 전국 10개 지역에 10개의 센터가 개원하였다.
- 어린이급식관리지원센터에 소속된 영양사와 위생전문가가 어린이집이나 유치원 등을 직접 순회 방문하여 식품위생관리를 지도함으로써 식중독 발생을 예방하고, 유아기의 성장 단계별 체계적 영양관리를 위한 맞춤형 식단 제공, 영양교육, 식사 및 식자재관리 지도 등도 실시하고 있다.

어린이급식관리지원센터 홈페이지 화면

출처: 식품의약품안전처 홈페이지(www.kfda.go.kr); 어린이급식관리지원센터 홈페이지(www.ccfsm.or.kr)

법적 근거가 별도로 마련되어 있어 영양사가 없는 시설이 많아 영양관리가 제대로 이루어지지 못하고 있는 실정이다. 이에 최근 어린이급식관리지원센터가 설치된 지역에서는 100인 이하 급식을 제공하는 유아 보육시설 및 교육기관에 한하여 센터의 영양관리 전문인력이 급식과 관련된 영양 · 위생관리를 중심으로 업무를 지원하고 있다.

(2) 유아 보육시설 및 교육기관의 급식관리 요소

최근 각 지역에 설치되고 있는 어린이급식관리지원센터의 업무를 이해함으로써 유아 보육시설 및 교육기관의 영양 급식관리의 주요 업무를 파악해 보자.

① 위생관리 업무

현재 유아 보육시설 및 교육기관의 급식소와 주방의 가장 큰 문제점은 첫째, 교차오염의 가능성이 높은 도구의 혼용과 둘째, 자외선 살균 소독기 사용법에 대한 인지 부족, 셋째, 냉장 · 냉동고 온도관리 미비, 넷째, 식재료 관리 미흡, 다섯째, 보존식에 대한 이해 부족 등으로 나타났다.

영양전문인에 의한 문제점 지적과 개선 방안 제시는 각 기관의 위생 향상에 많은 기여를 하고 있다. 그림 5-5는 위생관리 지도를 통해 개선된 사례이다.

② 교사 및 조리원 지도 및 영양지원

유아 보육시설 및 교육기관에서 요청하는 영양관리는 크게 각 유아의 상황별 식단 작성 · 제공 및 식단의 제시 음식 중 조리법에 대한 레시피의 제공이 가장 많다. 이와 함께 조리원에 대한 조리 및 미각(짠맛) 지도, 학부모 이해를 돕기 위한 영양관리 관련 자료의 요청 등이다. 그러나 무엇보다도 문제가 되는 것은 음식의 적정량 배식의 문제이다. 어린이집과 유치원에서는 교사에 의해 급식 배식량이 결정되므로 교사 대상으로 적정 배식 교육이 필요하다.

어린이집 및 유치원 교사가 생각하는 급식 적정량을 평가해 본 결과 밥은 권장기준량으로 제시한 양과 유사하거나 다소 많은 양을 배식하고 있었으나 주찬, 부찬, 김치는 적정량보다 그림 5-6과 같이 적게 배식하고 있는 것으로 나타

그림 5-5 영양전문인에 의한 위생관리 지도를 통한 유아 급식소의 환경 개선 사례

그림 5-6 배식량 교육 전 어린이집 교사의 3~5세 유아 급식 배식량의 실제 예

났다. 균형 잡힌 식단이 제공되어도 교사가 적정량을 공급하지 못하는 경우에는 유아에게 올바른 영양 공급이 이루어질 수 없으므로 어린이집 및 유치원 교사를 대상으로 한 급식관리 교육이 요구된다.

③ 영양교육

유아가 가정에서 보내는 시간이 줄어듦에 따라 식사예절과 올 바른 식습관 형성의 중요성이 대두되면서 유아 보육시설 및 교육기관에서의 유아 식생활교육 필요성이 중요하게 인식되고 있다.

교육 프로그램의 지속적인 운영과 함께 만족도 평가를 통해 현장에서 영양교육 수행 시 부족·보완 부분에 대한 점검과 평가를 통한 교육 효과의 지속성을 평가해 보는 체계 마련이 요구된다. 영양교육 내용은 식품위생, 식품선택 능력, 영양소 등에 대한 교육이 이루어지며, 유아의 발달 과정에 맞는 교육 내용과 방법, 교구의 개발 등이다. 표 5-14는 유아 대상 영양교육 사례이며, 동일 주제도 연령별 발달 과정에 맞추어 교구 및 구성내용을 차별화하여 구성해야 한다.

표 5-14 유아 대상 영양교육 주제 및 세부 교육 내용

주제	세부 교육 내용
손 씻기	손을 씻어야 하는 상황, 손 씻기 방법
식사예절	상황에 맞는 식사예절
편식	채소의 좋은 점, 채소 먹기
간식	건강간식과 불량간식 구분하기
소화과정	소화과정 알기
건강한 식생활	다양한 음식을 골고루, 알맞게 먹기
건강음료	흰 우유 마시기
음식 남기지 않기	음식 남기지 않기, 편식하지 않기
조리실습(만 4~5세)	건강간식 만들기

영양전문인은 어린이집과 유치원에서 유아의 바른 식습관 형성을 위하여 영양교육과 영양관리 업무에 대한 더욱 전문적인 역량을 갖추도록 한다. 가정에서의 유아의 식생활지도는 매우 중요하며 부모를 대상으로 한 교육프로그램에도 관심을 가져야 한다.

(3) 부모교육의 중요성

유아의 바른 생활 습관 형성을 위하여 부모에 대한 교육에도 관심을 가져야 한다. 대부분의 식습관은 가정에서 형성되므로 가정에서의 올바른 식생활지도는 무엇보다 중요한 일이다. 그러므로 가정에서의 효율적인 식생활지도를 위해서는 정기적인 부모모임, 강연회, 특별행사 등의 부모교육이나 가정통신문 등을 통하여 가정과의 연계가 잘 이루어질 수 있도록 해야 한다.

부모교육의 내용은 기관의 급식 운영에 대한 정보, 올바른 식생활에 대한 이해, 바른 식습관에 대한 이해로 나눌 수 있다.

참고문헌

김은지(2009). 유아영양지도를 위한 교육프로그램 개발 및 활용, 국민영양 1~2.

김정호(2006). 탄산음료 등 어린이 기호식품 현황 및 개선방안, 식품산업과 영양 11(2): 55~58.

박나윤, 박희경, 박희진, 서민경, 임혜란, 임환희, 정진헌, 윤기선(2011). 서울특별시 소재 보육시설과 유치원 종사자의 식품위생 · 영양 인지도 및 수행도 조사, 한국식품조리과학회지 27(2): 45-59.

박형수, 이경미, 설혜린, 박기환, 류경(2009). 보육시설 및 유치원 급식 관리자의 위생관리 인식도 조사, 대한지역사회영양학회지 14(1): 87-99.

보건복지부 건강정책과(2010). 새로 개정한 한국인을 위한 식생활 지침-II.영 · 유아, 어린이, 청소년, 국민영양 3: 22~26.

보건복지부, 영유아보육법 시행규칙 제34조, 2009.

송은승, 김은경(2010). 영 · 유아 보육시설의 급식 위생실태-충남 아산 지역 중심으로, 대한지역사회영양학회지 15(6): 806-819.

식품의약품안전청(2007). 당, 나트륨, 트랜스 지방 저감화 교육 교재.

식품의약품안전청(2008~2010). 올바른 어린이 먹거리 선택을 위한 역량 연구 보고서.

식품의약품안전청 보도자료(2010). 어린이 식생활환경 조사결과.

식품의약품안전청 보도자료(2009). 우리아이 무엇을, 얼마나 먹고 있을까.

식품의약품안전청 보도자료(2007). 카페인 과잉섭취에 주의하세요.

신은경, 이혜진, 전소윤, 정윤영, 박은정, 안문영, 이연경(2008). 단체급식소 나트륨 섭취 감소를 위한 영양교육 프로그램 개발 및 효과 평가, 대한지역사회영양학회지 13(2): 216~227.

양일선 외(2011). 서울 · 경기지역 보육시설 및 유치원대상 어린이급식관리지원센터 지원 요구도 분석, 대한지역사회영양학회지 16(6): 730.

이보숙(2008). 기관에서의 영양관리 실태 및 지원방안, 대한지역사회영양학회지 13(5): 749~757.

장혜자, 박영주, 고은선(2008). 영유아 보육시설의 급식 관리 실태 및 개선방안, 대한영양사협회 학술지 14(3): 229-242.

최영선(2008). 유아 영양, 건강-그 현황과 문제점, 대한지역사회영양학회지 13(5): 737~748.

ILSI Research Foundation, Take10, 2007

Texas Women's university, Childhood overweight program at Texas Women's university, 2005

더 생각해 보기

Q1 유아의 영양관리에 대하여 다음을 생각해 보자.

1. 영양 공급 기준은 어느 정도인가?
2. 유아기 식생활 문제는 무엇인가?
3. 유아를 대상으로한 식습관 교육은 어떻게 할 것인가?

Q2 유아의 식생활관리지침의 주요 문제를 정리해 보고 이 항목들이 제정된 배경에 대하여 생각해 보자.

단원정리

- 유아기 혹은 미취학유아기란 영아기 이후 만 1세부터 초등학교에 입학 직전까지의 시기이며, 우리나라의 영양섭취기준은 1~2세, 3~5세로 제시된다.
- 전반적인 성장속도는 영아기에 비해서 다소 감소하나 이 시기도 성장이 빠르게 일어난다. 신체적 성장 · 발달과 함께 사회 · 정서적 발달이 이루어져 음식에 대한 기호와 섭식 태도가 형성되는 시기로 좋은 식습관 형성을 위한 지도가 필요하다.
- 유아를 대상으로 한 영양실태 조사 결과 칼슘과 철 섭취가 부족하며, 나트륨의 과다 섭취 문제가 지적되었다.
- 유아의 소화기능 제한을 고려할 때 끼니별 영양소량의 배분과 간식 및 적정량 제공이 매우 중요하며, 이에 대한 교사교육이 필요하다.
- 간식은 1일 전체 영양필요량의 15%를 넘지 않도록 하며, 간식의 영양적인 측면뿐 아니라 심리적 안정과 기호를 충족시키는 점에서 매우 중요하나, 정규 식사에 영향을 주지 않으며 열량 위주가 아니라 여러 가지 영양소를 복합적으로 제공할 수 있어야 한다.
- 유아기에 나타나는 기호와 식욕 변화, 편식, 식욕 부진 등은 일시적으로 나타났다 사라지는 현상일 수도 있으므로 부모의 지나친 강압적 지도는 바람직하지 않다.
- 최근 어린이집이나 유치원에서 급식 제공의 기회가 증가함에 따라 교사 대상의 교육 지원 및 각 유아 보육시설 및 교육기관의 영양 · 위생 등 급식관리 지원이 요구되며, 이에 대한 지원 정책도 수립되었다.

마무리

가로세로 퀴즈

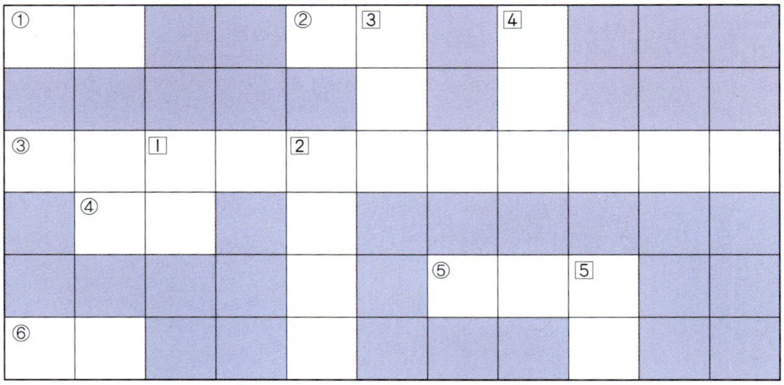

가로풀이

① 부족하면 빈혈을 유발하는 영양소로 달걀노른자에 많음

② 식사와 식사 사이에 먹는 음식으로 유아에게 영양적, 감각적, 심리적 안정을 줌

③ 2011년부터 전국에 설치되어 100인 미만 유아 보육시설 및 교육기관의 영양·위생관리를 전담하는 기관

④ 흰색의 불투명한 액체로 칼슘이 풍부하여 성장기 발육에 좋은 식품

⑤ 어린이집이나 유치원의 식중독 사건에 대비하여 144시간 보관하도록 하는 당일 급식 음식

⑥ 1 g당 9 kcal를 내며, 최근 유아의 과다 섭취가 문제되는 영양소

세로풀이

1 유즙에서 정상식으로 유도하는 과정으로 보호자의 부주의에 의해 편식이나 그릇된 기호가 형성될 수 있음

2 유아에게서 나타나는 현상으로 식품 섭취를 저해시키는 요인

3 어릴 때부터 주변 환경과 경험에 의해 형성되는 음식에 대한 기호와 먹는 버릇

4 특정 물질에 대하여 신체가 나타내는 과민 반응으로 우유나 달걀, 붉은살 생선, 특정 과일류를 섭취한 후 나타남

5 사람이 일상적으로 하루 세끼 섭취하는 음식과 그 행위

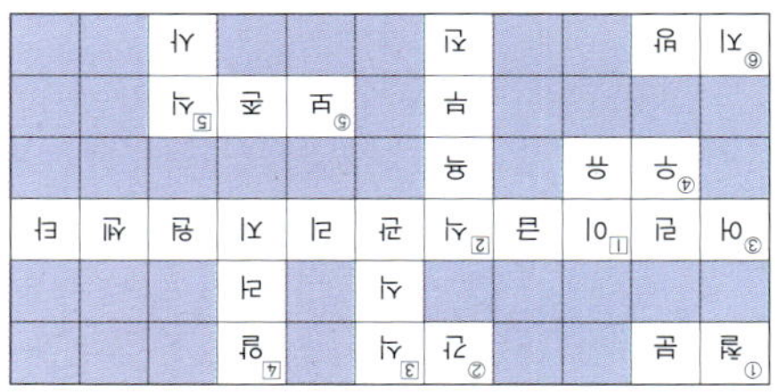

학령기 아동 영양

1. 학령기의 중요성
2. 학령기의 발육 특성
3. 학령기 식생활행동
4. 학령기 영양섭취기준
5. 학령기 영양 · 건강문제
6. 학령기 건강증진 방안

CHAPTER 6

생각열기

{ 으뜸초등학교 3학년 김보람 아동의 글쓰기 숙제: '나의 하루' 중에서 }

나의 하루는 이렇습니다. 아침 7시 30분에 일어나서 씻고 학교에 갈 준비를 합니다. 아침밥은 먹고 싶지 않지만 엄마의 강요로 조금 먹습니다. 학교 수업시간에 배에서 자꾸 꼬르륵 소리가 나고 공부에 집중도 안 되고 급식시간만 기다려집니다. 급식에서 내가 좋아하는 음식이 나오는 날엔 맛있게 다 먹지만 좋아하는 반찬이 없으면 밥만 먹습니다. 수업이 끝나고 집에 가는 길엔 친구들과 군것질을 하며 얘기를 하는데, 나는 이때가 가장 즐겁습니다. 집에 도착하면 바로 학원에 갈 준비를 하고 나옵니다. 보통 하루에 2개 학원에 가야 합니다. 학원 하나가 끝나고 다음 학원에 가기 전에는 친구들과 편의점에서 컵라면이나 삼각김밥, 음료수를 먹습니다. 학원 끝나고 집에 가면 7시. 저녁은 별로 먹고 싶지 않지만, 그냥 조금만 먹습니다. 저녁식사 후 TV를 조금 보다가 학교 숙제와 학원 숙제를 하다 보면 보통 밤 12시가 넘습니다. 숙제가 많지 않은 날에는 주로 컴퓨터를 하다가 늦게 잡니다. 내가 원하는 하루는 친구들과 마음껏 뛰어놀고, 잠도 자고 싶은 만큼 푹 자는 것입니다.

- 보람이는 건강하게 성장할 수 있을까요? 보람이에게 어떤 영양 · 건강문제가 생길 수 있을지 생각해 봅시다.

최근 우리나라 학령기 아동의 체위는 향상되었으나 운동 부족으로 인해 체력은 저하되고 비만아가 증가해 각종 소아 질병의 이환율이 높아지고 있다. 불규칙한 식사와 편식, 과식, 패스트푸드 · 가공식품의 지나친 섭취 등 잘못된 식행동은 영양 섭취의 불균형을 초래하여 여러 가지 건강 문제를 일으킨다.

미래의 주역인 우리나라 아동들의 건강 신호등은 현재 무슨 색일까?

학령기 아동
6세부터 사춘기 변화가 시작될 때까지의 시기

1. 학령기의 중요성

아동기는 편의상 만 6세에서 11세까지의 초등학교 아동을 뜻하는 경우가 많으나, 대개 6세부터 사춘기 변화가 시작될 때까지이며, 아동기가 끝나는 시기는 성별과 개인에 따라 다르다. 생의 주기 단계에서 아동기를 두 단계로 나누기도 한다. 즉, 아동기의 전 · 후반을 연령별로 5~10세(middle childhood)와 여아의 경우 9~11세, 남아의 경우 10~12세(preadolescence)로 분류하기도 한다. 한편, 우리나라 보건복지부와 한국영양학회에서는 아동기를 6~8세와 9~11세의 두 단계로 나누어 성별로 영양섭취기준을 제시하고 있다.

middle childhood
5~10세의 아동

preadolescence
청소년 전기. 청소년이 되기 직전의 발달단계로 여자는 9~11세, 남자는 10~12세

사춘기
성호르몬의 분비가 증가하여 이차 성징이 나타나며, 생식기능이 완성되기 시작하는 시기

학령기에는 완만한 성장이 지속되면서 장기와 각 조직이 커짐과 동시에 그 기능이 충실해지며, 골격의 발육도 현저하게 이루어진다. 아동의 신체적 성장은 완만하게 이루어지나 인지적 · 정서적 · 사회적인 면에서의 발달은 매우 두드러지게 이루어진다. 또한 이 시기는 청소년기의 급성장에 대한 신체적 · 정서적인 요구를 준비하는 시기이기도 하다. 학령기의 아동은 집 밖에서 보내는 시간이 많아짐에 따라 스스로 식품/음식을 선택해야 하는 기회가 많아져 스스로 자신의 식생활을 올바르게 관리할 수 있는 능력을 키워야 하는 시기이다.

학령기의 신체 성장 및 발달과 건강에 영향을 주는 요인에는 여러 가지가 있겠으나 영양은 유전적인 잠재력을 최대로 발휘하기 위한 가장 중요한 요소이다. 따라서 아동의 적절한 영양 · 식생활관리를 통해 심신의 발달을 도모하고 건강한 성인으로 성장할 수 있도록 식생활관리와 지도가 이루어져야 한다.

2. 학령기의 발육 특성

1) 전체적인 신체 성장

학령기 아동의 신체적 성장률은 영아기나 청소년기처럼 급속하지 않으나 전체적 모습이 성인과 비슷해진다. 몸통이나 팔다리가 가늘어지고 가슴은 넓어지며 머리 크기는 자신 키의 1/7~1/8 정도로 성인의 모습과 유사해진다.

학령기의 아동은 성별에 관계없이 신장은 1년에 평균적으로 약 5.5 cm씩 자란다. 아동기의 평균 신장은 남아가 여아보다 크나 10~12세에는 여아가 남아보다 큰데, 이는 여아의 사춘기 성숙이 먼저 일어나기 때문이다. 우리나라 2007년 소아발육표준치에 의하면, 남아의 경우 6세경에는 평균 신장이 약 116.6 cm이며, 12세경에는 약 145.3 cm까지 성장한다. 여아의 경우는 6세의 평균 신장은 약 115.5 cm이며, 12세경에는 약 146.7 cm까지 성장한다. 체중은 남아와 여아가 거의 비슷하게 6세경에는 평균 체중이 남 · 여아 각각 21.6 kg과 20.7 kg이던 것이 12세경에는 40.3 kg과 39.2 kg 정도로 증가된다(표 6-1).

표 6-1 소아발육표준치

남아			연령	여아		
체중 (kg)	신장 (cm)	체질량지수 (kg/m^2)		체중 (kg)	신장 (cm)	체질량지수 (kg/m^2)
21.60	116.64	15.87	6~6.5세	20.73	115.47	15.61
22.85	119.54	16.06	6.5~7세	21.95	118.31	15.75
24.84	123.71	16.41	7~8세	23.92	122.39	16.04
27.81	129.05	16.97	8~9세	26.93	127.76	16.51
31.32	134.21	17.58	9~10세	30.52	133.49	17.06
35.50	139.43	18.22	10~11세	34.69	139.90	17.65
40.30	145.26	18.86	11~12세	39.24	146.71	18.27

자료: 소아 · 청소년 신체발육표준치 제정위원회, 2007.

우리나라 학령기 아동의 평균 신장과 체중은 매년 꾸준한 증가 추세를 보이고 있는데, 이는 경제 수준의 향상으로 인하여 영양 섭취를 충분히 할 수 있었기 때문이다. 그러나 아동들의 체위는 향상됐지만 운동 부족으로 인해 체력은 저하되고 비만아가 증가하고 있는 것으로 나타나고 있다.

2011년도 학교건강검사 표본조사 결과, 학생들의 신체 성장을 나타내는 키와 몸무게는 과거 10년과 20년간의 변화를 살펴볼 때, 지속적인 증가 추세를 보여왔으나 최근 증감폭이 완만한 곡선을 보이고 있는 것으로 나타났다. 성장가속현상(growth acceleration)은 여전히 진행 중이나 그 속도가 늦어지고 있음을 보인다[초등학교 6학년 남아의 키 증가분: ('11~'01) 2.18 cm < ('01~'91) 3.86 cm < ('91~'81) 4.46 cm].

2) 기관과 조직

학령기에 전체적인 신체의 성장은 비교적 완만하게 이루어지나 뇌 · 폐 · 심장 · 간 · 위 · 신장 등 내장기관이나 조직의 발육은 크기뿐 아니라 그 기능이 더욱 충실해진다.

스캐먼(Scammon)의 성장곡선에서 학령기의 성장 특성을 살펴보면, 두뇌의 성장은 10세 정도가 되면 성인과 비슷하게 되지만 흉선과 같은 림프조직은 학령기 초반에 거의 성인 수준으로 성장하여 후반에는 성인의 2배에 가까운 비율까지 성장하고 이후 점차 감소된다. 또한 폐 · 심장 등 신체 전체의 크기와 관련이 있는 기관들은 일반적인 신체 성장의 패턴을 따른다(그림 1-3).

아동의 골격은 그 크기와 구성성분이 계속적으로 변화하는 상태에 있으며, 긴뼈의 성장이 왕성하여 다리가 길어진다. 아동의 뼈조직은 부드럽고 유연하며, 상처나 충격에 대한 회복 속도가 빠르다. 그러나 너무 심한 타격이나 과도한 중량을 관절에 가하는 경우는 피해야 한다.

아동의 근육조직은 성장호르몬과 갑상선호르몬 등의 영향으로 꾸준히 증가하며 남아는 여아보다 근육량이 더 많아진다. 일반적으로 근육은 연령이 증가함에 따라서 길이와 폭이 증가된다. 또한 근육의 발달은 몸통에서 먼 부위보다

흉선
흉골의 후방, 심막 및 심장 대혈관의 앞쪽에 있는 기관으로 내분비선의 하나

림프조직
인체 내로 침입하는 병원체 등을 인지하고 죽임으로써 질병으로부터 보호하는 기능을 지닌 신체기관

성장호르몬
뇌하수체 전엽에서 분비되는 호르몬으로 체내에서 뼈, 연골 등의 성장뿐 아니라 지방 분해와 단백질 합성을 촉진시키는 작용. 성장기에는 뼈의 길이 성장과 근육의 증가 등 성장을 촉진하는 작용

갑상선호르몬
갑상선에서 분비되는 호르몬으로 이화작용을 촉진하고 총대사량을 증가시켜 체온을 높이며 뇌의 흥분성을 강화하는 작용

몸통에 가까운 부위에서 더 왕성하게 이루어진다. 근육조직의 성장은 5~6세에 시작되지만, 7세부터 11~12세까지 점진적이고 계속적인 성장을 보이며, 12세가 되면 정상적인 아동의 경우 6세 때 근육조직의 2배 정도까지 성장한다. 일반적으로 아동의 근육은 여리고 뼈에 견고하게 부착되어 있지 못하기 때문에 쉽게 피로해지는 반면 피로에서의 회복도 빠르다.

지방조직은 남 · 여아 모두 6세부터 사춘기 전까지 서서히 증가하나 사춘기를 앞두고 피하지방량은 여아가 남아보다 더 증가한다.

3) 운동 발달

아동기는 바람직한 운동 기능 습득 및 소질 개발의 중요한 시기이다. 특히 아동의 골격 구조가 경골화되기 이전 단계이므로 신체가 유연하며, 아동은 호기심 · 모험심이 강하여 활발한 신체활동에 대한 욕구가 강하기 때문이다. 아동의 운동 기능은 발달 속도가 현저하여 달리기와 던지기 등의 운동 기능을 습득하기에 가장 적절한 시기라 할 수 있으며, 운동 유형에 따라서는 성인 수준의 탁월한 기능까지도 습득할 수 있다.

운동 능력은 사춘기 이전까지 성별 차이를 보이지 않는다. 그러나 학령기의 남아가 여아보다 대체로 빠른 발달을 보인다. 이것은 여아에 비해 남아가 근육이 더 발달하고 지방이 적다는 생물학적 요인으로 설명되기도 하나, 사회 · 문화적 기대 차이 때문이라는 견해도 있다. 즉, 일반적으로 여아들은 운동보다 다른 데로 관심을 두게 되어 성별 운동 경기 능력의 차이는 더욱 크게 벌어진다.

4) 사회 · 심리적 발달

학령기 아동은 생활의 중심이 가정에서 학교로 이동함에 따라 사회적 관계를 형성하고 사회인의 기초를 닦는다. 따라서 이 시기에 사회에서 중요시되는 지적 성장과 기술의 습득이 이루어져야 하며, 사회가 요구하는 도덕적 판단도 획득해야 하고 양심도 발달시켜야 한다.

아동은 자라면서 다른 사람들과 상호작용을 하게 되고, 그들과의 관계를 통해 좀 더 넓고 총체적인 사회라는 개념을 이해하기 시작한다. 즉, 부모, 선생님, 친구 등 지위를 지닌 사회적 역할의 의미를 이해할 뿐 아니라 정부나 종교기관의 기능까지 이해하게 된다. 이러한 특성으로 인해 아동의 식습관은 또래집단, 선생님, 좋아하는 연예인이나 운동선수의 영향을 받기 쉽다.

3. 학령기 식생활행동

아동은 유아와 달리 보다 적극적으로 식품을 선택할 수 있고, 식품에 대한 선호도 분명해진다. 피아제(Piaget)의 인지발달이론에 의하면 아동기에는 사회성이 발달하고 이에 따라 유아기에 비해 식행동에 영향을 주는 환경적 요인들이 다양해진다.

인지발달이론
인간의 인지발달을 유기체와 환경의 상호작용으로 파악한 피아제의 이론

학령기가 되면 집 밖에서 보내는 시간이 많아짐에 따라 부모의 통제 없이 아동 스스로 식품을 선택·구입할 수 있고, 이에 영향을 주는 다양한 환경에 노출되어 있으므로 여러 가지 식행동 문제가 생길 수 있다. 오늘날 아동은 자신의 욕구와 선호에 따라 독립적인 소비자로 행동하고 있다. 또한 가족 및 또래의 구매 행위에 직·간접으로 영향을 미치고 특히 가족의 구매 의사결정에 있어서 중요한 의견 선도자가 되고 있으며, 식품 구매에 있어서도 예외는 아니다. 아동은 독립적인 의사결정을 하고 스스로 식단과 식품을 선택하게 되는데 이때 성인의 식행동이 커다란 영향을 미친다.

우리나라 아동의 식행동과 관련된 문제로는 불규칙한 식사 및 편식을 하는 아동의 비율이 높고, 인스턴트 식품이나 패스트푸드의 섭취 빈도가 높은 것으로 지적되고 있으며, 최근 일부 아동에게서 체중 감량을 위한 잘못된 다이어트 등도 문제가 되고 있다. 이와 같은 식행동으로 인해 영양 섭취의 불균형이 나타나게 되어 비만이나 고지혈증과 같은 영양 과잉 문제나 저체중이나 빈혈과 같은 영양 결핍문제를 초래하게 된다.

1) 학령기 식행동에 영향을 미치는 요인

아동은 사회와의 친밀한 관계 속에서 평생 건강에 영향을 주게 될 올바른 태도와 행동을 배운다. 특히 TV를 포함한 새로운 외부 자극과 가족 식습관에서도 많은 영향을 받게 된다.

아동은 경제 능력이 없고 식품 구매량이 어른과 비교할 수준은 아니지만, 자녀 수의 감소, 맞벌이 부부의 증가, 출산 기피 확산 등으로 가정에서 아동의 지위 및 영향력이 향상됨에 따라 아동이 더 이상 미래의 소비자로 머물지 않고 현재의 중요한 소비자로 자리 잡고 있다. 그러나 가치관이나 판단력, 비판 능력이 확립되지 못한 지적 · 정서적 성장의 초기 단계에 있는 초등학생 시기이므로 잘못된 식품 소비가 이루어지기 쉽다.

(1) 가족

가족의 식생활 태도와 습관은 아동의 식생활에 가장 많은 영향을 미친다. 특히 부모의 식품에 대한 기호와 습관은 아동의 식습관에 결정적인 영향을 미치게 된다. 여러 연구에 의하면 아동기에 형성된 식습관은 성인기까지 지속되는 경우가 많은 것으로 나타났다. 따라서 아동이 바람직한 식생활 행동을 하기 위해서 부모가 정확한 영양지식을 갖고 올바른 식행동의 모범을 보여야 한다.

(2) 학교: 또래친구

학령기 아동들은 학교에서 많은 시간을 보내지만, 특히 현재 우리나라의 아동들은 방과 후 활동이나 사교육기관에서 보내는 시간도 많아지고 있다. 이에 따라 친구와 교사 등 가족 이외의 사람들과 보내는 시간이 많아지고 함께 음식을 섭취하는 기회도 증가하고 있다. 학년이 높아질수록 식품을 선택할 때 친구들의 의견을 중요하게 생각하며, 특히 좋아하는 연예인이나 운동선수의 생활양식이나 가치관에 영향을 받는다.

피아제의 인지발달이론과 식행동 관련성

7~11세 미만	11세 이상
• 여러 상황에 동시에 집중할 수 있다. • 원인–효과관계에 대한 이해가 높아진다. • 분류 · 재분류, 일반화 능력이 생긴다. • 자기중심적인 사고가 줄고 타인의 의견을 수용한다.	• 추상적인 사고의 폭이 넓어진다. • 과학적이다. • 이론에 대한 이해가 높아진다.
↓	↓
• 양호한 성장과 건강을 위해 영양가 높은 식품 섭취의 중요성을 인식하기 시작하나, 이해는 부족하다. • 식사시간이 사회적으로 중요해진다. • 식품 선택 등 식행동에 영향을 미치는 요인들이 다양해진다. (예: 친구, 매스컴의 영향 증가)	• 식품 · 영양소 개념에 대한 과학적 이해가 높아진다. • 식품 선택 시 갈등이 커진다. (예: 영양–기호 사이의 갈등)

자료: Mahan LK & Escott-Stump S, 2000.

(3) 대중매체

대중매체는 아동의 식생활 태도, 식품 선택, 신체상 등에 큰 영향을 미친다. 특히 장시간의 TV 시청은 활동량을 감소시켜 과체중과 비만을 초래하는 것으로 보인다. 여러 연구자들이 아동의 TV 시청 및 컴퓨터 이용 시간과 비만 발생은 정(+)의 상관관계가 있음을 보고하였다.

최근 아동을 타깃으로 한 각종 가공식품들과 이에 대한 광고가 넘쳐나고 있다. 아동은 가치관이나 판단력이 확보되지 않은 단계에 있으므로 자극적이고 독특한 광고가 아동 식품 선택에 미치는 부작용이 우려된다. 여러 조사 연구 결과에서 대부분의 아동은 TV 광고를 보면 사 먹고 싶은 충동을 느끼며, 실제 구입하여 먹게 되는 경우가 많다고 응답하였다.

따라서 초등학생들이 각종 식품 광고에 현혹되지 않고 건전한 구매행동을 할 수 있도록 정부의 규제와 함께 올바른 인식과 구매에 대한 아동 소비자 교육이 필요하다.

고열량 · 저영양 아동 식품
식품의약품안전처가 정한 기준보다 열량이 높고 영양가가 낮은 식품으로서 비만이나 영양불균형을 초래할 우려가 있는 아동 기호식품

더 알아보기

고열량 · 저영양 아동 식품 TV 광고 제한된다
-오후 5~7시까지, 아동 프로그램의 중간 광고 금지

- 보건복지부는 아동 비만 및 영양 불균형을 초래할 수 있는 고열량 · 저영양 식품의 판매 환경을 개선하고 아동 건강을 보호하기 위하여 고열량 · 저영양 식품의 TV 광고를 오후 5시부터 오후 7시까지 금지하고 동 식품의 아동 대상 프로그램 중간 광고도 금지한다고 밝혔다.

※「어린이식생활안전관리특별법」 시행령 국무회의 통과(1.19.)

– 「어린이식생활안전관리특별법」의 시행('09. 3. 22)으로 학교 내에서 고열량 · 저영양 식품의 판매가 금지된 상황에서 아동의 식품 선택에 영향을 미치는 TV 광고를 금지하는 것은 고열량 · 저영양 식품을 지속적으로 관리할 수 있는 제도적 기본틀을 마련한 것으로 평가된다.

어린이는 분별력이 미흡하여 미끼 상품, 고열량 · 저영양식품 광고 등에 쉽게 현혹되어 이를 과잉 소비하게 되고 이로 인한 비만이나 영양불균형 등 건강 저해가 우려된다. 세계보건기구 보고서(WHO, 2003년)에 따르면 고열량 · 저영양식품의 과다 광고는 비만을 유발할 가능성이 높으며, 고열량 · 저영양 식품의 학교 내 마케팅 제한 및 TV 광고 제한은 아동 건강을 보호할 수 있는 가장 효과적인 정책 중의 하나이다.

- 「어린이식생활안전관리특별법」 시행령에 따르면 당, 지방, 나트륨 등의 성분이 일정 기준 이상 들어 있는 고열량 · 저영양식품에 대해서는 공중파, 케이블, 위성 등 TV 광고가 오후 5시부터 7시까지 금지되고, 아동 대상 프로그램의 중간 광고가 금지된다.

– 오후 5~7시 TV 광고 제한 시간 외에도 만화, 오락 등의 아동을 대상으로 하는 TV 프로그램의 중간 광고에는 고열량 · 저영양식품의 광고가 금지된다.

▣ 선진국의 광고 규제 현황

- 방송매체 제한: TV 광고 제한이 우선적(유럽 중심)
- 대상품목 제한: 당, 소금, 지방 많은 식품 등(영국, 프랑스 등)
- 방송시간 제한: 아동 방송시간대(프랑스, 오스트리아 등), 9시 이전(영국 등), 7~10시(그리스 등)
- 방송표현 제한: 헐리우드 캐릭터 사용 금지(미국 10대 식품 기업), 장난감 행사 금지(핀란드), 연예인 출연 금지 등

자료: 보건복지부 보도자료(2010. 1. 19)에서 발췌

한편, 대중매체를 통해 마른 체격을 조장하는 분위기, 특히 여아에게 마른 체형을 바람직한 신체상으로 여기는 왜곡된 인식을 심어주고 있다. 이에 일부 아동들이 날씬한 몸매를 위해 무분별하게 절식이나 식사 조절을 하고 있다. 성장기 아동의 잘못된 신체상에 의한 부적절한 영양 섭취는 정상적인 발육과 건강을 저해하므로 이에 대한 교육이 필요하다.

2) 학령기 식행동 문제

(1) 편식

아동의 성장발달을 최대로 도모하고 활기찬 생활을 하기 위해서는 모든 영양소의 균형적인 섭취가 중요하며, 이는 음식을 골고루 먹는 식습관을 통해 이루어질 수 있다. 그러나 아동의 가장 심각한 식생활 문제 중 하나로 편식 습관이 지적되고 있다.

편식이란 음식을 좋아하고 싫어하는 감정이 강하고 식사 내용이 항상 영양적으로 불균형하며 발육 및 영양상태가 상당히 뒤떨어지는 경우에 한해 말한다. 편식은 유아기, 특히 자아의식이 발달하는 3세 무렵부터 많아지며 학령기를 거쳐 사춘기에 고정화된다.

최근의 몇몇 조사연구 결과에 의하면 편식을 하는 아동의 비율은 50~75%로 조사 대상자의 절반 이상이 편식을 하는 것으로 보고되었으며, 저체중군이 정상체중군이나 과체중군보다 편식을 많이 하는 것으로 나타났다.

심각한 편식은 영양소 결핍으로 인한 발육 및 건강 장애를 초래하게 되는데, 철 결핍성 빈혈 · 만성 변비 · 비만 · 만성 비특이성 설사 · 피부질환 등의 원인이 되며, 비타민을 비롯한 각종 미량 영양소의 결핍이 발생할 수 있다. 또한 편식은 성격이나 정서적 성향에도 영향을 주어, 정서적으로 안정성과 책임성의 부족도 보고되고 있다. 그러므로 아동기의 바람직한 성격 형성, 성장발달과 건강을 위해 학령기의 영양 · 식생활교육을 통한 편식 교정과 올바른 식습관 확립은 매우 중요하다.

(2) 불규칙한 식사와 결식

불규칙한 식사로 식사시간의 간격이 길어지면 아동에게 심한 공복감을 일으키고 반대로 식사 간격의 단축은 만복감으로 인해 식욕이 저하되고 기호에 맞는 식품이나 눈에 띄는 것만을 선택하게 하는 식습관을 형성한다.

아침식사는 성인뿐만 아니라 아동의 경우에도 가장 흔히 생략하는 식사이며, 완전히 생략하지는 않더라도 불충분하고 성급한 식사가 되기 쉽다. 2010년 국민건강통계에 의하면, 한국 아동의 아침 결식률은 9.9%(남 · 여아 각각 9.3%와 10.5%)로 나타났다.

아침식사를 하지 않을 경우 무기력해지고, 집중력이 저하되는 등 학업에 대한 의욕이 떨어지고, 불규칙한 식습관으로 이어져 과식-결식 등의 악순환과 장기적인 영양 불균형을 초래한다. 아침식사를 하지 않고는 하루의 영양소 권장량을 공급받기 어렵다. 한 연구에 의하면 아침을 먹지 않는 5명 중 1명만이 하루 중의 다른 식사를 통해 빈약한 아침식사에 의하여 생기는 영양 결핍을 보충할 수 있었다고 한다. 그러므로 아침식사를 완전히 생략하는 아동은 아침식사를 하는 아동보다 언제나 하루의 영양소 섭취가 불충분하게 된다. 또한 아침 결식은 공복감을 메우기 위해 간식의 섭취나 점심의 폭식으로 연결되어 소화기관에 해로운 영향을 미친다. 아침식사를 규칙적으로 하는 학생은 학업 성취도가 높을 뿐 아니라 학교에서 배고픔을 느끼는 학생에 비해 행동적인 문제나 학습적인 문제를 덜 가지고 있으며 불안이나 공격성을 덜 가지는 것으로 나타나고 있다.

(3) 간식 섭취행동

아동기는 성장발달이 활발히 이루어지고, 활동량이 많기 때문에 몸의 크기에 비해 많은 양의 영양소가 필요하다. 그러나 아동은 위의 용량이 작기 때문에 한 번에 먹을 수 있는 양이 제한되어, 하루 세끼의 식사만으로는 영양소를 충분히 공급하기 어렵다. 그러므로 식사와 식사 사이에 영양소를 보충해 주는 의미에서 영양소가 풍부한 우유나 과일과 같은 식품을 간식으로 섭취하는 것이 필요하다. 또한 아동은 간식시간을 통해 휴식과 즐거움을 얻기 때문에 아동에게 간

더 알아보기 아동 기호식품 고열량 · 저영양 판별 프로그램

어린이 기호식품 고열량·저영양 판별프로그램

본 평가는 「어린이식생활안전관리특별법」 에 따라, 어린이기호식품 중 고열량·저영양식품을 판별합니다.

어린이 기호식품이 아닌 제품에 대해서는 평가가 정확하지 않을 수 있습니다.

「어린이식생활안전관리 특별법」 이란?

학교와 그 주변지역에서 위생적이고 안전한 식품이 유통·판매될 수 있는 환경을 조성하고, 어린이들이 즐겨먹는 식품과 단체급식 안전과 영양수준을 보다 철저히 관리하며, 올바른 식생활 습관을 갖도록 함으로써 건강저해 식품이나 식중독, 비만 등으로부터 어린이 건강을 보호하고자 2008년 3월 제정된 법률입니다.

「어린이기호식품」 이란?

「식품위생법」 또는 「축산물가공처리법」 에 따른 식품 중에 주로 어린이들이 선호하거나 자주 먹는 음식물로서 대통령령으로 정하는 식품을 말합니다. (어린이 식생활 안전관리 특별법 제2조 제2호 및 동법 시행령 별표1참조)

「고열량·저영양식품」 이란?

식품의약품안전청장이 정한 기준보다 열량이 높고 영양가(營養價)가 낮은 식품으로서 비만이나 영양불균형을 초래할 우려가 있는 어린이 기호식품을 말합니다.

고열량·저영양 식품의 대상 어린이 기호식품은 다음과 같습니다.

가. 간식용

1. 가공식품
   - 과자류 중 과자(한과류 제외)
   - 캔디류
   - 빙과류
   - 빵류
   - 초콜릿류
   - 유가공품 중 가공유류, 발효유류(발효버터유 및 발효유분말은 제외), 아이스크림류
   - 어육가공품 중 어육소시지
   - 음료류 중 과·채음료, 탄산음료, 유산균음료, 혼합음료
2. 조리식품 : 제과·제빵류 및 아이스크림류

나. 식사용

1. 가공식품
   - 면류(용기면만 해당) 중 유탕면류 및 국수
   - 즉석섭취식품 중 김밥, 햄버거, 샌드위치
2. 조리식품 : 햄버거, 피자

본 판별 프로그램은 식품의약품안전청장이 정한 기준에 따라 "고열량·저영양 식품" 여부를 판별합니다.

판별하기 ➔

자료: 식품의약품안전처 홈페이지

식은 정서적으로도 중요한 의미를 갖고 있다.

2008년 국민건강통계에 따르면 만 6세에서 11세의 아동 중 95.5%가 하루 1번 이상 간식을 섭취하고 있는 것으로 나타났으며, 사회 환경적인 변화로 인해 주로 보호자에 의해 아동의 간식이 선택되던 과거와 달리 아동이 직접 간식을 구매하는 경향이 증가하였다. 아동들이 선호하는 간식은 당 함량이 높은 과자나 음료수, 지방과 나트륨 함량이 높은 패스트푸드인 것으로 나타났으며, 이러한 기호식품의 섭취는 계속 증가하고 있다. 과자나 음료수, 패스트푸드는 다른 영양소에 비해 열량만 많이 공급하는 고열량·저영양식품이므로 많이 섭취하면 정규 식사를 방해하고 비만으로 이어질 가능성이 높기 때문에 주의해야 한다.

한편 식품의약품안전처가 2011년 6~7월 한국영양학회와 공동으로 전국 10~11세 아동 1만 명을 대상으로 조사한 결과, 우리나라 아동의 10명 중 4명은 1주일에 한 번 이상 닭튀김을 섭취하고, 3명은 피자를, 2명은 햄버거를 먹는 것으로 나타났다. 또한 라면과 탄산음료를 1주일에 한 번 이상 섭취하는 아동은 10명 중 7명이나 되며, 10명 중 한 명은 이틀에 한 번 이상 라면을 섭취하였다. 따라서 아동의 패스트푸드, 탄산음료, 라면 등의 소비는 매우 높게 나타났지만 그에 비해 건강에 좋은 과일이나 채소 섭취는 현저하게 낮았다.

4. 학령기 영양섭취기준

유아기에 이어 학령기에도 영양적인 식사가 중요한 이유는 아동기의 지속적인 성장, 활발한 신체활동 및 사춘기의 급성장에 대비한 준비를 위해 영양적인 요구가 증가하기 때문이다.

한국영양학회와 보건복지부, 식품의약품안전청에서 공동 발간한 '2010 한국인 영양섭취기준'에서 학령기 영양섭취기준 설정을 위한 체위의 기준치는 다음과 같다(표 6-2).

표 6-2 한국인 영양섭취기준 설정을 위한 체위기준 – 학령기(6~8세, 9~11세 연령 집단)

성별	연령(세)	신장(cm)	체중(kg)
남자	6~8	122.2	25.0
	9~11	139.6	35.7
여자	6~8	121.0	24.6
	9~11	140.0	34.8

자료: 한국영양학회, 2010.

1) 에너지

아동의 에너지 필요량은 기초대사량, 활동대사량, 식품 이용을 위한 에너지 외에 성장을 위한 에너지에 의해 결정된다. 학령기 아동의 에너지 필요추정량은 유아와 마찬가지로 에너지 소비량에 성장을 위한 에너지를 추가하여 산출한다. 우리나라 아동의 에너지 필요추정량 산출은 2007년 한국 소아 · 청소년 신체발육표준치의 체격을 기준으로 저활동적 신체활동 수준을 적용하였으며, 성장에 필요한 에너지는 6~8세와 9~11세 아동의 경우 각각 하루에 20 kcal와 25 kcal를 부가하였다(표 6-3). 그러나 아동 개개인의 에너지 필요량은 아동의 체격, 활동량, 성장 속도 및 개인의 에너지 대사효율에 따라 차이가 난다.

학령기 아동의 에너지 필요추정량 산출 공식

총 에너지 소비량(kcal/일)

- 남자 : 88.5−61.9×연령(세)+PA[26.7×체중(kg)+903×신장(m)]
  PA= 1.0(비활동적), 1.13(저활동적), 1.26(활동적), 1.42(매우 활동적)
- 여자 : 135.3−30.8×연령(세)+PA[10.0×체중(kg)+934×신장(m)]
  PA= 1.0(비활동적), 1.16(저활동적), 1.31(활동적), 1.56(매우 활동적)

성장 및 대사 변화에 따른 에너지 추가 필요량(kcal/일)

6~8세: +20 kcal/일, 9~11세: +25 kcal/일

자료: 한국영양학회, 2010.

표 6-3 학령기의 에너지 필요추정량과 섭취 에너지 적정비율

연령	에너지 필요 추정량(kcal/일)		에너지 적정비율(%)		
	남자	여자	탄수화물	단백질	지방
6~8세	1,600	1,500	55~70	7~20	15~30
9~11세	1,900	1,700			

자료: 한국영양학회, 2010.

2) 단백질

단백질은 체조직의 유지 및 새로운 조직의 합성을 위해 반드시 필요하므로 지속적인 성장이 이루어지는 학령기에 가장 중요한 영양소 중 하나이다.

우리나라 영양섭취기준에서 단위체중당 단백질의 하루 평균필요량과 권장섭취량은 성별 및 연령에 따른 차이 없이 각각 0.8 g과 1.0 g이다. 이를 기준 체중을 사용하여 하루 권장섭취량으로 제시하면 성별에 따른 차이는 없으며 연령별로 6~8세와 9~11세에 각각 25 g과 35 g이다(표 6-4). 한편, 한국인 영양섭취기준에서 학령기 아동의 단백질 에너지 적정비율로는 7~20%를 제시하고 있다(표 6-3).

단백질은 양도 중요하지만 질적인 문제도 매우 중요하다. 즉, 단백질을 구성하는 모든 필수아미노산이 골고루 적절하게 함유되어야 단백질 합성이 진행될 수 있다. 대체로 동물성 단백질이 곡류 등 식물성 단백질보다 질적으로 우수하지만, 여러 식품을 서로 잘 배합하여 아미노산 보강효과를 통해 단백질의 질을 높일 수 있다. 미국의 영양섭취기준에서 설정된 체중당 필수아미노산의 필요량

표 6-4 학령기의 단백질 섭취기준

성별	연령	평균필요량(g/일)	권장섭취량(g/일)
남자	6~8세	20	25
	9~11세	30	35
여자	6~8세	20	25
	9~11세	30	35

자료: 한국영양학회, 2010.

은 1일 체중 kg당 약 200 mg으로 성인에 비해 1.2배가량 더 높다. 따라서 성장기 아동의 식사는 충분한 동물성 단백질이 포함되도록 하는 것이 바람직하다.

3) 탄수화물과 식이섬유

몸의 크기에 비해 에너지의 필요량이 많은 아동기에 탄수화물은 에너지의 주요 급원으로 중요하다. 우리나라 영양섭취기준에서는 탄수화물의 섭취기준을 따로 제시하지 않고 에너지 적정비율로 탄수화물의 섭취비율을 55~70%로 권장하고 있다(표 6-3).

탄수화물 중 단순당(단당류와 이당류)은 전분류에 비해 아동이 쉽게 소화시키지만 단순당, 특히 설탕의 섭취는 충치 발생 및 비만 등 건강문제를 초래할 수 있으므로 가능하면 섭취를 자제하는 것이 좋다. 영양섭취기준에 의하면 건강한 인구 집단에서 총 당류의 섭취기준을 총 에너지 섭취의 10~20%로 잠정적으로 정하였다. 그러나 이는 총 당류를 에너지의 20% 이하로 섭취하되, 과일 · 채소 · 유제품 등의 식품에 함유된 당류를 에너지의 10% 수준으로 섭취하도록 권장하는 것이며, 설탕과 같은 첨가당을 이 수준으로 권장하는 것은 아니다(한국인 영양섭취기준, 2010). 세계보건기구(WHO)에서는 만성질환 예방을 위해 하루 섭취 에너지의 10% 미만으로 당을 섭취하도록 권고하였다.

성인과 마찬가지로 학령기 아동들도 정상적인 배변과 식사 관련 암 예방 및 관상동맥 심장질환 · 비만 · 당뇨병 등의 위험을 감소시키고 최적의 건강을 위해 식이섬유의 섭취량이 충분해야 한다. 학령기 아동의 식이섬유 섭취기준은 충분섭취량으로 한국인 평균 식이섬유 추정섭취량(12 g/1,000 kcal)을 기준으로 남아는 하루 20 g, 여아는 15 g으로 설정되어 있다.

4) 지질

지질은 에너지 밀도가 높은 효율적인 에너지원인 동시에 식품의 수용도에도 큰 영향을 미치는 영양소이며, 지용성 비타민류를 운반하는 역할도 한다. 특히 지방 중에 필수지방산은 반드시 식품으로부터 공급되어야 한다. 지질의 영양섭취기준은 총 지질의 에너지 적정비율 15~30%, n-6계 지방산 4~8%, n-3계 지방산 1% 내외이다.

5) 비타민

우리나라 학령기 아동의 비타민 섭취기준은 표 6-5 및 6-6과 같다. 비타민 A는 세포 분화와 증식에 중요하며 정상적인 발육을 위해 필수적이고, 비타민 D는 특히 골격 성장을 위해 중요하다. 에너지 대사를 위해 꼭 필요한 리보플라빈은 에너지 섭취가 많은 학령기 아동에게 부족하기 쉽다. 또한 단백질 대사에 필수적인 비타민 B_6, 세포 분열과 성장에 관여하는 엽산, 콜라겐 합성에 필요한 비타민 C 등 에너지 및 주요 영양소의 대사와 아동의 정상적인 발육을 위해 각종 비타민의 적절한 섭취는 학령기 아동에게 매우 중요하다.

일반적으로 과일 및 채소를 적게 섭취하는 아동들은 비타민 A와 C의 섭취가 부족하기 쉬우며, 우유의 섭취가 적은 아동에게는 리보플라빈이 부족하기 쉽다. 자외선에 의해 합성되는 비타민 D는 최근 바깥 활동이 줄어든 아동에게 부족되기 쉬우므로 식품을 통한 섭취에 관심을 가져야 한다.

아동은 균형된 식생활을 통해 각종 비타민을 권장량만큼 섭취할 수 있으나,

표 6-5 학령기의 지용성 비타민 섭취기준

성별	연령 (세)	비타민 A (㎍ RE/일)		비타민 D (㎍/일)		비타민 E (mg α-TE/일)		비타민 K (㎍/일)	
		권장 섭취량	상한 섭취량	충분 섭취량	상한 섭취량	충분 섭취량	상한 섭취량	충분 섭취량	상한 섭취량
남자	6~8	400	1,100	5	60	8	200	45	−
	9~11	550	1,500	5	60	9	280	55	−
여자	6~8	400	1,100	5	60	7	200	45	−
	9~11	500	1,500	5	60	8	280	55	−

자료: 한국영양학회, 2010.

표 6-6 학령기의 수용성 비타민 섭취기준

성별	연령(세)	비타민 C (mg/일)		티아민 (mg/일)		리보플라빈 (mg/일)		니아신 (mg NE/일)		비타민 B_6 (mg/일)		엽산 (μg DFE/일)		비타민 B_{12} (mg/일)	
		권장 섭취량	상한 섭취량	권장 섭취량	상한 섭취량	권장 섭취량	상한 섭취량	권장 섭취량	상한 섭취량	권장 섭취량	상한 섭취량	권장 섭취량	상한 섭취량	권장 섭취량	상한 섭취량
남자	6~8	60	700	0.7	–	0.9	–	9	350	0.9	45	220	500	1.3	–
	9~11	70	1,000	0.9	–	1.1	–	11	500	1.1	60	300	500	1.7	–
여자	6~8	60	700	0.7	–	0.7	–	9	350	0.9	45	220	500	1.5	–
	9~11	80	1,000	0.9	–	0.9	–	11	500	1.1	60	300	600	1.9	–

자료: 한국영양학회, 2010.

경제적 빈곤이나 식욕 부진 · 편식 등의 나쁜 식습관으로 인해 체중 부족인 아동, 채식주의 아동, 과보호 혹은 극단적인 편식으로 인한 비만아들의 경우 비타민의 보충을 고려할 수 있다.

이 밖에 판토텐산과 비오틴의 영양섭취기준은 충분섭취량으로 설정되어 있으며 아동기에서 성별에 따른 차이는 없다. 비오틴은 6~8세와 9~11세의 경우 각각 일일 3 mg과 4 mg, 비오틴은 각각 15 μg과 20 μg이다.

6) 무기질

아동의 정상적인 성장과 발달을 위하여 필수적인 무기질의 섭취기준은 표 6-7과 같다.

성장기 아동의 칼슘 필요량은 아동의 골격 성장 평균치 도달을 위한 체내 칼슘 축적량에 중점을 두어 요인가산법으로 산출한다. 체내 칼슘 보유량은 칼슘 섭취량, 연령, 성장률, 비타민 D 영양 상태 등에 의해 영향받는다. 우리나라 6~8세 아동의 칼슘 권장섭취량은 1일 700 mg이고, 9~11세는 800 mg이다. 칼슘의 흡수율은 실제 섭취한 양의 30~60% 정도로 차이가 많으며, 섭취하는 음식의 배합과 종류에 따라 달라진다. 즉, 유당은 칼슘의 흡수를 증가시키나 피트산과 수산은 흡수를 저해한다. 또한 단백질 섭취가 필요 이상으로 많으면 소변 중의 칼슘 배

피트산(phytic acid)
식물종자, 특히 두류나 곡류의 외디에 들어 있는 인산을 함유하는 물질. 다량 섭취하면 철, 구리, 마그네슘, 칼슘 등 무기질의 장관 흡수가 저해됨

수산(옥살산, oxaic acid)
식물 중에서 산성 칼륨염 또는 칼슘염으로 존재하고, 시금치에 비교적 많음. 천연 식물의 수산칼슘은 혈중 칼슘농도를 저하시키고 결석의 원인이 됨

설이 증가한다.

아동의 철 필요량은 성장률과 이에 따른 혈액량의 증가와 철 저장량에 따라 차이가 있다. 여아의 경우 초경의 시작 시기와 월경혈의 양에 따라 철 필요량이 다르며, 남 · 여아 모두 성장 속도가 빠를수록 혈액량이 급격히 증가하므로 더 많은 철이 필요하게 된다. 우리나라 6~8세 남 · 여 아동의 철 권장섭취량은 1일 8 mg이며, 9~11세의 경우 성별로 차이가 있어 남아의 경우 11 mg이며, 여아는 10 mg이다. 철은 보통 섭취량의 10%가 흡수되는 것으로 알려져 있으나, 비타민 C를 함유한 식품과 비헴철을 함유한 식품을 같이 섭취하면 흡수율이 증가한다.

아연은 체내에서 단백질과 핵산대사에 중요한 역할을 하므로 성장과 성적 성숙을 위해 필수적인 영양소이다. 아연이 결핍되면 식욕 감퇴, 미각의 변화, 성장 지연, 피부 변화와 면역 기능의 저하 등의 문제가 발생한다. 아연의 체내 보유량은 급성장기 동안 증가하며, 이 시기에 식사로 섭취한 아연의 이용률도 높아진다. 아연의 급원식품으로는 굴 · 명태류 · 육류 · 달걀 · 정제되지 않은 곡류 등이 있다. 아연의 하루 권장섭취량은 6~8세에는 남 · 여아 모두 5 mg이며, 9~11세의 남아는 8 mg, 여아는 7 mg이다.

표 6-7 학령기의 무기질 섭취기준

성별	연령(세)	칼슘(mg/일)		나트륨(g/일)		철(mg/일)		아연(mg/일)	
		권장섭취량	상한섭취량	충분섭취량	목표섭취량	권장섭취량	상한섭취량	권장섭취량	상한섭취량
남자	6~8	700	2,500	1.2	–	8	40	5	13
	9~11	800	2,500	1.3	2.0	11	40	8	18
여자	6~8	700	2,500	1.2	–	8	40	5	13
	9~11	800	2,500	1.3	2.0	10	40	7	18

자료: 한국영양학회, 2010.

7) 수분

수분의 섭취기준은 충분섭취량으로 설정되었으며 음식의 수분량과 액체 섭취량을 합한 섭취량에 근거하여 제시하였다(표 6-8).

표 6-8 **학령기의 수분 섭취기준**

성별	연령(세)	음식(mL/일)	액체(mL/일)	총 수분(mL/일) 충분섭취량
남자	6~8	900	900	1,800
	9~11	1,000	1,000	2,000
여자	6~8	800	900	1,700
	9~11	900	900	1,800

자료: 한국영양학회, 2010.

5. 학령기 영양 · 건강문제

우리나라 국민건강통계에 의하면 학령기 아동에게 영양 부족과 과잉이 공존하며, 영양 섭취의 불균형 문제는 체중과다 · 비만, 충치, 철 결핍성 빈혈, 식품 알레르기 등의 영양 건강 문제를 유발한다.

1) 영양소 섭취 실태

우리나라 2010년 국민건강통계에 의하면, 칼슘의 경우 70%의 아동이, 비타민 C의 경우 42.1%, 비타민 A는 35.9%, 철은 29%의 아동이 영양섭취기준의 평균필요량 미만을 섭취하는 것으로 나타났다. 반면 82.4%의 아동은 나트륨 목표섭취량 이상을 섭취하는 것으로 나타났다(그림 6-1 및 6-2). 한편, 우리나라 학령기 아동의 4.0%는 에너지와 지방을 과잉 섭취하는 것으로 나타났고, 6.6%는 영양 섭취가 부족한 것으로 나타났다(그림 6-3).

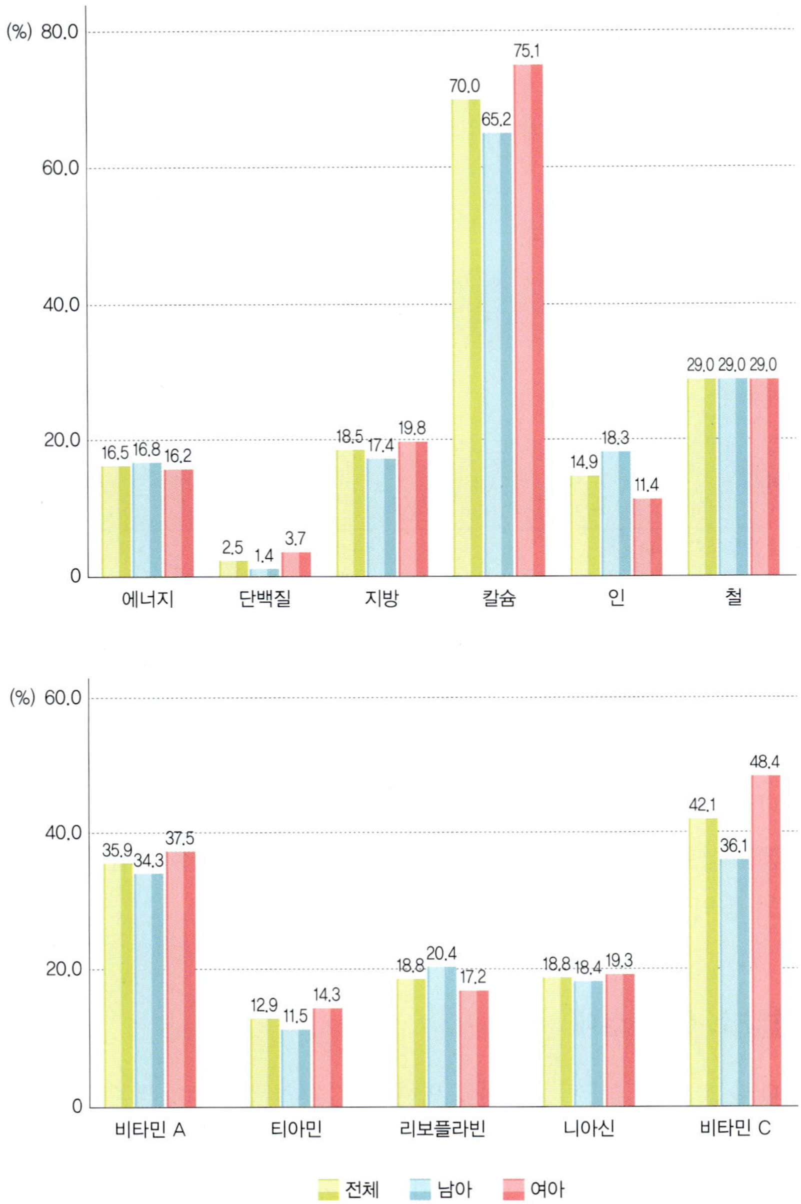

그림 6-1 **학령기 아동(6~11세)의 영양소별 영양섭취기준 미만 섭취자 분율(%)**

※ 영양섭취기준(2010): 에너지 필요추정량의 75%, 지방 · 에너지 적정비율의 하한선, 그 외 영양소 평균필요량

자료: 보건복지부, 질병관리본부, 2011.

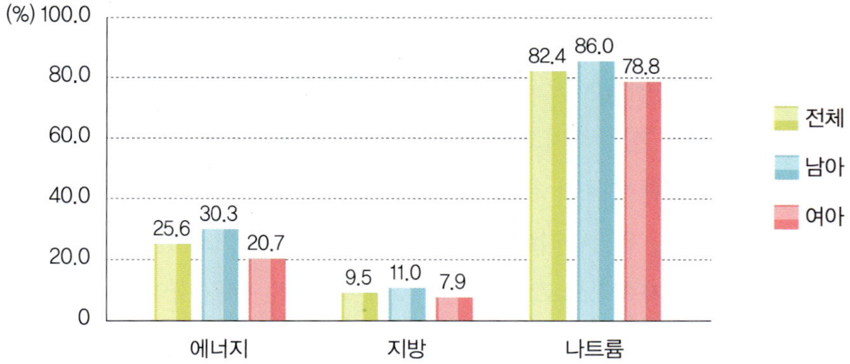

그림 6-2 **학령기 아동(6~11세)의 영양소별 영양섭취기준 이상 섭취자 분율(%)**

※영양섭취기준(2010): 에너지 필요추정량의 125%, 지방 · 에너지 적정비율의 상한선, 나트륨 목표섭취량

자료: 보건복지부, 질병관리본부, 2011.

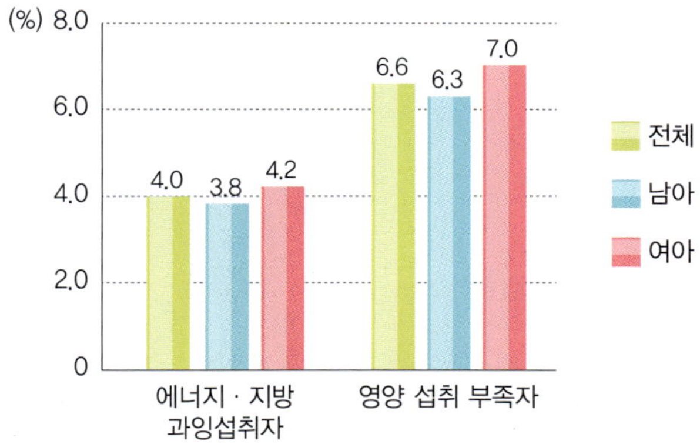

그림 6-3 **학령기 아동(6~11세)의 에너지 · 지방 과잉 섭취자 및 영양 섭취 부족자 분율(%)**

1) 에너지 · 지방 과잉 섭취자 분율: 에너지 섭취량이 필요추정량의 125% 이상이면서 지방 섭취량이 적정 에너지 섭취비율을 초과한 분율
2) 영양섭취부족자 분율: 에너지 섭취량이 필요추정량의 75% 미만이면서 칼슘, 철, 비타민 A, 리보플라빈의 섭취량이 평균필요량 미만인 분율

자료: 보건복지부, 질병관리본부, 2011.

2) 체중 문제: 소아 비만과 저체중

최근 아동들의 체위는 향상됐지만 운동 부족으로 인해 체력은 저하되고 비만아가 증가해 각종 소아 질병의 이환율이 높아지고 있다. 그러나 한편으론 자신의 체형에 대한 잘못된 인식으로 체중 조절을 시도하여 저체중아들이 늘어나는 등 아동 체중 문제가 심각해지고 있다.

전 세계적으로 비만 인구가 계속 증가하고 있으며 비만은 해결해야 할 사회문제로 인식되고 있다. 우리나라에서도 비만 인구가 점차 늘고 있고 학령기 아동의 소아 비만 역시 지속적으로 증가하는 추세에 있다. 서울 지역 초·중·고등학생들의 비만 유병률도 1979~2002년 사이에 남아는 10배(1.7% → 17.9%), 여아는 4.5배(2.4% → 10.9%) 증가되었다. 2010년 국민건강통계에 의하면, 6~11세 아동의 과체중 및 비만 유병률은 각각 11.7%(남아 11.8%, 여아 11.5%)와 8.8%(남아 12.2%, 여아 5.0%)로 초등학생의 20%가량이 정상체중 이상인 것으로 나타났다(그림 6-4). 한편, 2011년도 학교건강검사 표본조사 결과에 의하면, 초등학교 6학년 남·여아의 표준체중에 대한 상대체중 비만도 현황은 각각 15.8%와 11.4%로 나타났다.

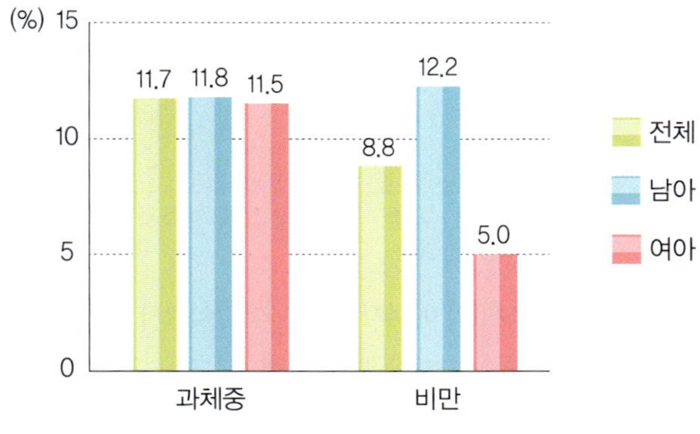

그림 6-4 학령기 아동(6~11세)의 과체중 및 비만 유병률(%)

※ 2007년 소아청소년 성장도표 체질량지수(BMI, kg/m²) 기준으로 과체중: 연령별 85~95 백분위수, 비만: 연령별 BMI 95백분위수 이상 또는 BMI 25kg/m² 이상인 분율

자료: 보건복지부, 질병관리본부, 2011.

소아 비만은 성인이 되어서도 지속될 확률이 크며, 성인형 당뇨병 · 고혈압 · 지방간 · 고지혈증 · 동맥경화증 등과 관계가 있어 건강상의 문제를 일으킬 수 있다는 점 때문에 심각한 건강 문제이다. 소아 비만은 건강상의 문제를 초래할 뿐만 아니라 사회적 · 심리적 발달 과정에도 영향을 미쳐 학교에서 학우들과의 적응 문제 · 고립감 등 인격 형성에도 영향을 미친다. 또한 어렸을 때 소외 당한 상처 때문에 성인이 된 뒤에도 외모 콤플렉스에 시달릴 수 있다.

비만아들은 대체로 식습관을 포함한 생활 습관에 문제가 있다. 즉, 비만아들은 단맛을 더 좋아하고, 1일 3식을 규칙적으로 하는 경우가 적으며, 한꺼번에 과식을 하거나 간식에 의한 불규칙한 식사 형태를 갖고 있고, 체육 시간을 싫어하는 등 운동을 기피하는 현상이 있으므로 이러한 습관을 교정하는 것이 필요하다. 특히 빈번한 패스트푸드 섭취와 운동 부족에서 오는 에너지 과잉 등으로 비만이 초래되는데 인스턴트 식품들은 우리 전통음식보다 에너지 함량이 훨씬 많고 필수적인 영양소들은 부족한 반면 고혈압과 심장병 등 만성질환을 유발할 수 있는 나트륨의 함량이 높다.

최근 10년간 저소득층 가정의 소아 · 청소년(2~18세) 비만이 급증하고 있다는 연구결과가 나왔다. 한국비만학회가 1998년과 2009년 국민건강영양조사 자료를 분석한 결과, 소득 하위 25% 가정의 소아 · 청소년 비만율이 5.0%에서 9.7%로 두 배 가까이 급증한 것으로 나타났다고 발표하였다. 이는 소득 상위 25% 가정의 소아 · 청소년 비만율이 6.6%에서 5.5.%로 감소한 것과 대조되는 부분이다. 학회는 패스트푸드 위주의 식습관으로 인한 영양 불균형이 저소득층 소아 · 청소년 비만 증가의 주된 원인이라고 설명하였다. 저소득층 가정의 아이들이 가정 환경으로 받는 스트레스, 방과 후에 돌봐줄 보호자가 없어 신체활동이 줄어드는 것도 비만 증가의 또 다른 원인이라고 분석하였다.

한편, 건강한 정상체중을 비만으로 생각해 무리하게 체중 감량을 시도하는 아동이 증가하고 있다. 특히 여아의 경우, 외모에 대한 관심이 높아지고 날씬한 체형을 선호해 무분별한 방법으로 체중 조절을 실시하는 경우가 있다. 그러나 정확한 지식이 부족하여 대부분 식사를 거르거나 양을 줄이고, 배고프면 간식

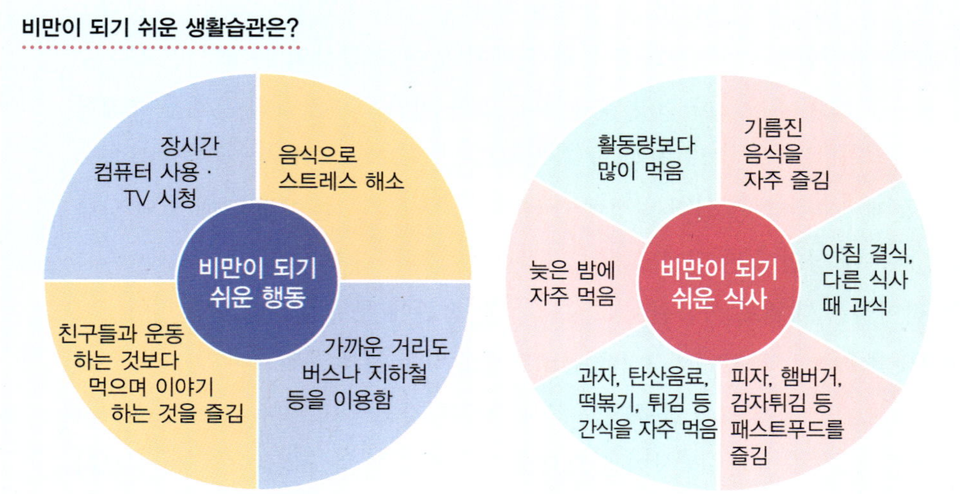

자료: 식품의약품안전처

으로 보충하는 형태로 이루어지고 있다. 결국 에너지 섭취는 감소시키지 못하면서 여러 필수영양소의 균형된 섭취를 저해하는 결과를 초래하게 된다. 저체중은 건강에 중요한 영향을 미치는 영양 불량증으로 항상 피로하고 머리가 무거우며 동작이 바뀔 때 어지럽고 활력이 떨어져 만사에 의욕이 없게 되고 심화되면 극심한 영양실조를 초래하여 저체온 · 빈혈 · 저혈압 · 저항력 감소 · 골다공증 등의 건강문제가 발생할 수 있다.

치아우식증
입안에 서식하는 박테리아에 의해 설탕, 전분 등이 분해되면서 생기는 산(acid)에 의해 치아의 법랑질이 손상되어 충치가 생기는 것

치주질환
치아를 받치고 있는 치은과 치주인대 및 골조직의 염증. 풍치

충치유발지수
식품에 따라 충치를 유발하는 정도를 숫자로 나타낸 것

3) 치아 건강 문제

학령기 아동의 대표적인 구강질환으로는 치아우식증과 치주질환을 들 수 있다. 치아우식증(충치)은 소득 수준과 상관없이 아동에게 가장 흔히 나타나는 식생활과 관련된 질병으로 볼 수 있다. 교육과학기술부의 '2011년 학교건강검사 표본조사 결과' 구강질환 유병률(59.3%)은 전년(61.5%)보다 줄었지만 풍치 등 치주질환(13.3%)과 부정교합(17.2%) 비율은 소폭 올랐다. 충치 등 치아우식증 비율은 줄었지만 1인당 우식치아 비율은 1.9개로 약간 늘었다. 우리 정부의 제3차

국민건강증진종합계획(HP 2020)에서는 아동 · 청소년 치아우식 경험률(영구치)을 45%까지 줄이는 것을 목표로 하고 있다(2006년 61.1% → 2010년 60.5% → 2020년 목표치 45.0%).

치아우식증과 치주질환은 구강 내 특수한 세균들과 밀접한 관계가 있으며, 이러한 세균 증식은 식품 섭취 양상, 특히 발효성 당질 섭취와 밀접한 관계가 있다는 사실이 밝혀졌다. 특히 당도가 높으면서 치아에 점착력이 높은 식품이 쉽게 충치를 유발하며, 간식의 섭취 빈도는 충치로 인한 치아 결함과 관련이 있는 것으로 보고된 바 있다. 엿 · 캐러멜 · 젤리 · 잼 · 비스킷 · 껌 · 전병 · 사탕 등은 충치 유발지수가 높은 식품이며, 각종 채소류와 해조류 · 견과류 · 육류 및 어패류 · 달걀 등은 충치 유발지수가 낮은 식품이다.

손상된 치아를 지닌 아동은 음식물을 적절히 씹는 데 고통을 느끼므로 연한 음식만을 찾게 되는 편식이 발생해 균형 있는 영양 섭취가 불가능해지고 이로써 신체 발육에 지장을 초래한다. 이 밖에 충치로 인한 유치의 결함은 발음이나 얼굴 모양에 나쁜 영향을 줄 뿐만 아니라 빠지거나 손상된 치아를 방치해 두면 다른 아동들의 놀림감이 되어 아동의 성격이나 사회성 형성에 나쁜 영향을 줄 수 있다.

학령기 아동에게 자주 발생되는 치아우식증과 치주질환은 다인자성 질환이므로 어느 한 가지만으로 예방하거나 관리할 수 있는 것은 아니지만 치아조직의 정상 발육을 위해서 영양이 매우 중요하므로 다음과 같은 관리가 필요하다.

다인자성 질환
여러 가지 유전자 및 환경적 요인들에 의해서 유발되는 질환

첫째, 성장기에 영양적으로 적절한 식사를 한다.

둘째, 침 분비를 촉진시키는 식이섬유와 단백질 식품을 많이 먹는다.

셋째, 간식 섭취 횟수를 줄이고 간식 섭취 시 발효성 당질이나 청량음료, 산성음료를 제한하고 우유나 치즈, 과일 등을 먹도록 한다.

넷째, 구강 위생관리를 잘할 수 있도록 올바른 칫솔질 방법을 교육한다.

4) 철 결핍성 빈혈

2010년 국민건강통계에 의하면, 우리나라 10~18세 아동 · 청소년의 철 결핍성 빈혈 유병률은 3.3%(남 · 여아 각각 0.5%와 6.7%)로 나타났다. 한편, 교육과학기술부의 '2011년 학교건강검사 표본조사 결과' 전국 743개 초 · 중 · 고등학생 18만 1,000여 명 중 빈혈 학생 비율은 15.2%로 나타난 바 있다.

아동에게 철 결핍성 빈혈이 나타날 수 있는 이유는 성장을 위해 철이 신속하게 이용되고, 식사로부터 적당량의 철을 섭취하기 어렵기 때문이다. 철 결핍성 빈혈이 있는 경우 체력과 학습 능력이 저하된다. 일부 아동은 철의 좋은 급원식품인 육류를 잘 먹지 않는데, 이유는 육류를 씹기 힘들거나, 맛이 없다고 느끼거나, 경제적 · 종교적 · 도덕적 및 기타 이유로 가족들이 육류를 기피하기 때문이다. 철은 간 · 달걀 · 육류 · 녹색 채소류 등에 많이 들어 있으며, 특히 동물성 식품에 함유된 철의 체내 흡수율이 높다. 육류 중에 존재하는 철은 헴철로 흡수율이 높은 반면 식물성 식품 중에 주로 들어 있는 비헴철은 흡수율이 낮으므로 흡수율을 증가시키기 위하여 비타민 C가 들어 있는 식품과 함께 먹도록 해야 한다.

헴철
heme iron. 헴, 즉 포르피린의 철착염 중에 있는 철

비헴철
nonheme iron. 철을 함유한 단백질 내에서, 헴 이외의 상태로 결합하고 있는 철

알레르기(allergy)
특정 항원에 의해 항체가 생산된 결과 항원에 대한 이상한 병적 반응을 나타내는 현상을 말하며, 과민증(hypersensitivity)과 같은 뜻으로 사용됨

항원
물질이 체내에 침입한 경우, 면역반응을 특이적으로 유발하는 물질, 즉 항체에 반응하는 물질

아토피성질환
알러지성 소인. 아토피성질환에는 기관지천식, 알러지성 비염, 담마진(蕁麻疹), 아토피성 피부염이 포함됨.

5) 식품 알레르기

식품 알레르기는 아동에게 가장 흔히 나타나며, 연령이 증가하면서 점차 감소한다. 식품 알레르기란 음식물이 항원이 되고 신체가 이에 대응하여 과민반응을 일으키는 알레르기성 질환을 말한다. 최근에 증가하고 있는 아토피성 질환도 여기에 해당될 수 있으나, 그 원인에 대해 아직 명확히 규명된 것은 아니다. 알레르기 반응은 비염, 설사, 구토, 복통, 호흡 곤란, 두드러기, 피부 발진 등의 다양한 증상으로 나타나는데, 심한 경우 쇼크 증세까지 나타날 수 있다.

아동에게는 우유 알레르기가 가장 흔하고, 다음이 계란 흰자, 감귤류, 초콜릿, 해산물, 밀가루 및 견과류 알레르기의 순이다. 그 밖에도 식품 알레르기는 콩류나 땅콩, 닭고기, 생선에 의해서도 발생하며 향신료나 색소 등의 식품첨가물이 알레르기 반응을 일으키기도 한다. 식품 알레르기의 가장 일반적인 치료 방법

은 원인 식품을 찾아내어 그 식품을 식사에서 제거하는 것인데, 식품이나 음식 속의 재료에 대한 주의도 필요하다. 즉, 계란에 대한 알레르기가 심하다면 계란이 들어간 마요네즈 혹은 케이크와 과자류의 섭취도 제한해야 한다. 또한 기본적으로 식품을 위생적으로 다루고 신선한 재료를 사용하는 것도 중요하다.

식품표시 성분 확인

- 식품의약품안전청은 2003년 3월 '식품 등의 표시기준' 개정안을 입안 예고
- 알레르기를 유발하는 식품 원료를 가공식품에 사용한 경우 반드시 표시하도록 함
- 표시를 의무화하는 원료 11가지: 계란 등 난류, 우유, 메밀, 땅콩, 콩, 밀, 고등어, 게, 돼지고기, 복숭아, 토마토 등
- 식품의약품안전청 공고 제2011-179호: 식품 등의 표시기준(식품의약품안전청 고시 제2010-97호, 2010. 12. 30)을 개정
- 식품 등의 세부표시기준(제9조 관련): …(생략) 한국인에게 알레르기를 유발하는 것으로 알려져 있는 난류(가금류에 한한다), 우유, 메밀, 땅콩, 대두, 밀, 고등어, 게, 새우, 돼지고기, 복숭아, 토마토, 아황산염(SO_2로 10 mg/kg 이상인 경우에 한함)을 함유하거나 이들 식품으로부터 추출 등의 방법으로 얻은 성분과 이들 식품 및 성분을 함유한 식품 또는 식품첨가물을 원료로 사용하였을 경우에는 함유된 양과 관계없이 원재료명을 표시하여야 한다. [예 계란을 함유한 과자:계란, 계란을 원료로 하여 추출한 난황을 원료로 하여 제조한 과자:난황(계란), 계란이나 난황을 원료로 하여 제조한 과자를 원료로 제조한 가공식품:계란 · 난황(계란), 식품첨가물:카제인나트륨(우유), 레시틴(대두) 등]

자료: 식품의약품안전청, 2012.

6. 학령기 건강증진 방안

1) 학령기 아동의 식사

하루 에너지 필요량의 1/4~1/3 정도를 아침식사로부터, 점심식사로는 하루 에너지 권장량의 1/3 정도를 제공하도록 한다. 아동에게 음식을 다량 섭취할 것을 권장하지 않도록 하며, 콜레스테롤이나 지방 등을 지나치게 제한하지 않는

것이 좋다. 또한 식품의 섭취가 어느 한 끼니에 집중되지 않도록 하고 식사시간을 지키며 아동의 식사유형과 기호를 고려한 식단을 운영하도록 한다.

아동은 매일 적어도 2컵 이상의 우유를 섭취해야 칼슘 요구량을 충족시킬 수 있다. 단백질은 2컵의 우유와 육류 60~90 g, 달걀, 콩 등으로부터 공급받을 수 있다. 식품별로 볼 때 감귤류 등과 같은 비타민 C의 급원식품은 매일 일정량씩 포함되어야 하며, 녹황색 채소류도 1주일에 3~4회 섭취하도록 한다. 가끔은 육류나 우유 대신 대두식품과 두유 등으로 대치하는 것도 좋다.

표 6-9에 한국인 영양섭취기준의 식사구성안으로 학령기 권장식사패턴을 제시하였다. 식사구성안은 개인이나 집단에 필요한 에너지 섭취량을 기준하여 바람직한 영양소 섭취수준을 제안하는 것으로 식품군별 식품의 1회 분량의 섭취횟수를 제시한다. 표 6-10은 식단 작성의 예이다.

표 6-9 학령기 권장식사패턴(섭취 횟수)

식품군 \ 대상	6~11세 남아	6~11세 여아
	1,800 kcal	1,600 kcal
곡류	3	2.5
고기 · 생선 · 계란 · 콩류	3	3
채소류	5	5
과일류	1	1
우유 · 유제품류	2	2
유지 · 당류	3	3

1) 곡류: 식이섬유 섭취를 늘리기 위해서 잡곡류 사용을 권장함
2) 고기 · 생선 · 계란 · 콩류: 고기의 경우 살코기 기준이며, 지방 함량이 높은 식품을 이용할 경우에는 유지류를 추가 사용하는 것으로 간주해야 함
3) 채소류: 소금 5 g 이하의 영양목표를 달성하기 위해 가능한 싱겁게 조리하도록 함
4) 나트륨: 국, 찌개류의 경우 건더기 위주로 섭취하도록 함
5) 과일류: 식이섬유 섭취를 늘리기 위해 주스보다는 생과일 섭취를 권장함
6) 우유 · 유제품류: 단순당질이 적게 함유된 제품을 권장함
7) 유지 · 당류: 조리 시 사용되는 양도 섭취 횟수 범위 내에서 사용하도록 함
8) 양념류: 각 권장섭취패턴에 이미 양념 사용량이 포함되어 있음. 여기서 양념이란 간장, 고추장, 된장, 소금 등의 조미료류를 말하며 50~85 kcal 사용된 것으로 계산함

자료: 한국영양학회, 2010.

표 6-10 학령기 아동을 위한 식단의 예

학령기 남아 6~11세(1,800 kcal 식단)					
식품군별 권장 횟수 \ 식단		아침	점심	저녁	간식
		오곡밥 계란국 쇠고기두부볶음 오이소박이	김치볶음밥 버섯미소국 닭강정 양상추샐러드	찹쌀밥 대구탕 돈사태찜 청경채버섯무침 깍두기	치즈떡볶이 우유 포도
곡류	3회	오곡밥 105 g(0.5)	김치볶음밥 210 g(1)	찹쌀밥 210 g(1)	치즈떡볶이 65 g (0.5)
고기·생선·계란·콩류	3회	계란국 30 g(0.5) 쇠고기 · 두부 40 g(0.5)	닭강정 60 g(1)	대구 30 g(0.5) 돈사태 30 g(0.5)	
채소류	5회	오이소박이 60 g (1)	김치 20 g(0.5) 버섯 15 g(0.5) 양상추 · 오이 70 g(1)	무 · 파 35 g(0.5) 청경채 · 버섯 70 g(1) 깍두기 20 g(0.5)	
과일류	1회				포도 1/3송이(100 g)(1)
우유·유제품류	2회				치즈 2장(40 g)(1) 우유 1컵(200 mL)(1)

학령기 여아 6~11세(1,600 kcal 식단)					
식품군별 권장 횟수 \ 식단		아침	점심	저녁	간식
		햄에그샌드위치 채소샐러드 우유	차조밥 오징어국 닭채소조림 김구이 상추겉절이	현미밥 시금치국 고등어조림 도토리묵무침 배추김치	고구마그라탕 포도주스
곡류	2.5회	식빵 100 g(1)	차조밥 105 g(0.5)	현미밥 105 g(0.5) 도토리묵 40 g(0.1)	고구마 104 g(0.4)
고기·생선·계란·콩류	3회	햄계란 60 g(1)	오징어 40 g(0.5) 닭 30 g(0.5)	고등어 60 g(1)	
채소류	5회	채소샐러드(1)	당근양파 70 g(1) 김구이 1 g(0.5) 상추겉절이 35 g(0.5)	시금치 70 g(1) 배추김치 40 g(1)	
과일류	1회				포도주스 1/2잔 (100 mL)(1)
우유·유제품류	2회	우유 1컵(200 mL)(1)			치즈 2장(40 g)(1)

*유지당류(3회): 조리 시 소량씩 사용됨

자료: 한국영양학회, 2010.

2) 학교급식

학교급식은 성장기 아동에게 영양적으로 균형 잡힌 양질의 식사를 제공하기 위해 실시되고 있다. 또한 아동은 급식을 통하여 올바른 식습관, 편식 교정, 공동체 의식, 전통 식문화 및 세계 식문화의 체험, 식품의 생산과 소비에 대하여 올바르게 이해할 수 있는 계기가 된다. 따라서 세계 여러 나라에서 미래의 건강한 국민 육성과 삶의 질을 높이는 차원에서 학교급식을 정책적으로 실시하고 있다. 우리나라는 현재 전국의 모든 초등학교에서 학교급식이 운영되고 있다(표 6-11). 학교생활을 시작하는 초등학교 저학년을 대상으로 급식시간에 지켜야 될 기본적인 행동을 지도함으로써 식사예절과 위생뿐 아니라 학교생활에 대한 적응력을 높일 수 있다. 우리나라 교육과학기술부에서는 매년 학교보건과 급식에 대한 기본 방향을 제시하고 있다.

3) 식생활지침

보건복지부는 2009년에 지난 2003년의 한국인 식생활지침 및 식생활 실천지침을 개정하여 새로운 식생활지침을 발표하였다. 국가적 차원에서 우리 국민의 건강과 영양에 관한 특성과 실태, 국가 정책 및 전통 식문화를 고려하면서 올바

표 6-11 학교급식 실시 현황

구분	학교 수(교)			학생 수(천명)			운영 형태(교)	
	전체	급식	%	전체	급식	%	직영(%)	위탁(%)
초등학교	5,859	5,859	100.0	3,305	3,281	99.3	5,857(99.9)	2(0.1)
중학교	3,131	3,130	99.9	1,969	1,957	99.4	2,962(94.6)	168(5.4)
고등학교	2,256	2,253	99.9	1,965	1,918	97.6	1,806(80.2)	447(19.8)
특수학교	150	147	98.0	24	23	95.8	145(98.6)	2(1.4)
계	11,396	11,389	99.9	7,263	7,179	98.8	10,770(94.6)	619(5.4)

위탁급식 : ('06) 15.4%(1,665교) → ('08) 11.5%(1,279교) → ('10) 5.4%(619교)

자료: 교육과학기술부, 2011b.

아동을 위한 식생활지침

음식은 다양하게 골고루

① 편식하지 않고 골고루 먹습니다.

② 끼니마다 다양한 채소 반찬을 먹습니다.

③ 생선, 살코기, 콩제품, 달걀 등 단백질 식품을 매일 한 번 이상 먹습니다.

④ 우유를 매일 두 컵 정도 마십니다.

많이 움직이고, 먹는 양은 알맞게

① 매일 한 시간 이상 적극적으로 신체활동을 합니다.

② 나이에 맞는 키와 몸무게를 알아서, 표준체형을 유지합니다.

③ TV 시청과 컴퓨터 게임을 모두 합해서 하루에 두 시간 이내로 제한합니다.

④ 식사와 간식은 적당한 양을 규칙적으로 먹습니다.

식사는 제때에, 싱겁게

① 아침식사는 꼭 먹습니다.

② 음식은 천천히 꼭꼭 씹어 먹습니다.

③ 짠 음식, 단 음식, 기름진 음식을 적게 먹습니다.

간식은 안전하고, 슬기롭게

① 간식으로는 신선한 과일과 우유 등을 먹습니다.

② 과자나 탄산음료, 패스트푸드를 자주 먹지 않습니다.

③ 불량식품을 구별할 줄 알고 먹지 않으려고 노력합니다.

④ 식품의 영양표시와 유통기한을 확인하고 선택합니다.

식사는 가족과 함께 예의 바르게

① 가족과 함께 식사하도록 노력합니다.

② 음식을 먹기 전에 반드시 손을 씻습니다.

③ 음식은 바른 자세로 앉아서 감사한 마음으로 먹습니다.

④ 음식은 먹을 만큼 담아서 먹고 남기지 않습니다.

자료: 보건복지부, 2009.

른 식생활 습관의 실천을 유도하여 질병 예방 및 건강 증진에 기여할 수 있는 식생활지침 및 이에 근거하여 생애주기별 특성을 고려한 식생활 실천지침이 마련되고 있다.

4) 영양 · 식생활교육

세계보건기구(WHO) 보고서에 의하면 영 · 유아기에서부터 아동 및 청소년기를 거치는 동안 비만 등의 만성질환을 결정하는 위험요인들이 축적되며, 부적절한 식생활 · 운동 부족 · 흡연 · 음주 · 사회 경제적인 특성 등이 복합적으로 작용하여 다음 생애주기인 성인기와 노인기의 건강 수준을 결정하게 된다고 한다. 그러므로 건강한 성인으로 성장하기 위해서는 어릴 때부터 건강한 생활 행태를 형성하는 것이 매우 중요하다.

여성의 사회 진출이 많아지고 핵가족화되면서 우리나라에서도 아동들이 과거에 비해 자신의 식사나 간식을 스스로 계획하고 준비해야 하는 경우가 많아졌다. 최근 초등학생을 대상으로 한 연구들에 의하면 아동의 구매 행위에서 가장 많은 비중을 차지하는 것은 식품 구매로 용돈 사용처의 1/3~1/2이 '군것질'에 사용되고 있는 것으로 나타났다. 이는 아동들이 과거에 비해 식품 구매자, 소비자로서 중요한 위치에 서게 되었음을 의미하며, 올바른 식품 섭취를 유도하기 위한 식생활지도가 매우 중요함을 일깨워 준다.

학령기는 올바른 식생활과 생활습관에 대해 가르치기에 적합한 시기이다. 아동에게 영양 관련 개념과 새로운 영양 정보를 가르치고자 할 때에는 아동의 발달 단계를 고려해야 하며, 각 식품의 역할과 기능에 대해 교육함으로써 아동들이 스스로 식품을 선택할 수 있도록 유도하되 강요는 하지 않도록 한다. 교사나 부모들은 영양교육을 통하여 매 식사의 중요성을 인식시키고 어느 한 끼를 거르거나 과식하지 않도록 지도해야 한다. 또한 간식도 정규 식사에 영향을 주지 않는 범위에서 영양을 고려하여 선택하도록 지도한다. 대부분의 학령기 아동들은 귀갓길에 군것질의 유혹을 받는 경우가 많은데 이로 인해 정규 식사의 리듬이 파괴되는 문제점과 비위생적인 면을 강조하여 규칙적인 식사 습관을 갖도록

더 알아보기 초등학생 '영양 · 식생활' 교육 교재

자기주도형 식생활이 형성되기 시작하는 초등학생들에게 영양교육을 강화해야 한다는 필요성 및 당위성에 대한 인식은 점차 확산되고 있으나, 현재 학교에서의 영양교육은 체계적이지 못하고 산발적으로 이루어지고 있는 실정이다. 학교 교육현장에서 영양교육을 효율적으로 실시하기 위해서는 전문적이고 표준화된 교육교재가 매우 중요하며, 이에 식품의약품안전처 아동 먹을거리 안전관리 연구사업단에서는 학교에서의 효율적이고 체계적인 영양교육이 활성화될 수 있도록 교과서 분석에 근거한 재량(특별)수업용 식품안전 · 영양교육 교재 및 교사용 지침서를 개발하였다.

단원	내용
1	즐거운 학교급식
2	깨끗한 급식환경
3	안전하게 먹어요
4	채소가 좋아요
5	건강간식을 찾아라
6	매일 먹는 음식, 가끔 먹는 음식
7	건강하게 먹어요!

단원	내용
1	함께 먹어요
2	식중독! 예방할 수 있어요
3	건강한 식행활
4	채소를 골고루 먹어요
5	건강음료를 마셔요
6	건강간식 탐험
7	가공식품 바로알기

단원	내용
1	건강하고 안전한 학교급식
2	식품을 안전하게 보관해요
3	골고루 먹어요
4	건강체중을 유지해요
5	싱겁게 먹어요
6	영양표시를 읽어요
7	나의 건강을 지켜요
8	식품첨가물, 알고 먹어요

초등학교 '영양 · 식생활' 교재

자료: 식품의약품안전처 E-book 사이트(http://aaa.eyebook.kr/make/link/html/kfda.html)

어린이식생활안전관리특별법
[시행 2009.3.22] [법률 제8943호, 2008.3.21, 제정] 이 법은 아동들이 올바른 식생활 습관을 갖도록 하기 위하여 안전하고 영양을 고루 갖춘 식품을 제공하는 데 필요한 사항을 규정함으로써 아동 건강증진에 기여함을 목적으로 함.

식생활교육지원법
[시행 2009.11.28] [법률 제9719호, 2009.5.27, 제정] 이 법은 식생활에 대한 국민적 인식을 높이기 위하여 필요한 사항을 정함으로써 국민의 식생활 개선, 전통 식생활 문화의 계승·발전, 농어업 및 식품산업 발전을 도모하고 국민의 삶의 질 향상에 기여함을 목적으로 함.

국민영양관리법
[시행 2010.9.27] [법률 제10191호, 2010.3.26, 제정] 이 법은 국민의 식생활에 대한 과학적인 조사·연구를 바탕으로 체계적인 국가영양정책을 수립·시행함으로써 국민의 영양 및 건강증진을 도모하고 삶의 질 향상에 이바지하는 것을 목적으로 함.

지도해야 한다. 또한 편의식품이나 패스트푸드로 식사를 하게 될 때 영양이 풍부한 음식을 선택하는 방법에 대해서 지도해야 한다.

2006년 영양교사 제도 도입과 '어린이식생활안전관리특별법'(2008년 3월), '식생활교육지원법'(2009년 5월), '국민영양관리법'(2010년 3월) 등이 제정·시행됨에 따라 아동들이 올바른 식생활을 실천할 수 있도록 학교에서의 영양교육이 실시되어야 하는 계기가 마련되었으나 실제적으로는 체계적인 지원이 이루어지지 못하고 있는 실정이다.

최근 아동 영양교육의 실태조사에 의하면, 학교에서 영양교육을 실시하는 학교는 조사 대상 초등학교 67개교 중 27%인 18개교에 불과하였다. 아동들은 부모에게서 대부분의 식생활교육을 받아왔다고 응답하였으며, 다음으로 TV 프로그램을 지적하였다. 영양교육 주제로는 편식이 가장 많았고, 다음으로 비만, 영양 및 영양소, 식사예절 등으로 나타났다. 한편, 2010년 국민건강통계에 의하면, 우리나라 6~11세 아동의 28.9%가 최근 1년 이내 영양교육이나 상담을 받아 본 경험이 있다고 답하였다.

참고문헌

교육과학기술부(2012a). 2011년 학교건강검사 표본조사.

교육과학기술부(2012b). 2011년도 학교 보건·급식 기본 방향.

구재옥, 김정희, 변기원, 손정민, 이정원, 이종현, 최영선(2011). **생활주기영양학**. 파워북.

김윤실, 이민준(2011). 사회인지이론을 적용한 초등학생 대상 영양교육의 효과-당 섭취에 관한 영양교육 중심으로. **한국식품영양학회지** 24(2): 246~257.

김은경, 남혜원, 박영심, 명춘옥, 이기완(2007). **생애주기 영양학**(3판). 신광출판사.

박영신, 이동환, 최중명, 강윤주, 김종희(2004). 23년간 서울 지역 초중고등학생의 비만 추이. **대한소아과학회지** 47(3): 247~257.

박희근(2010). 학교에서의 영양·식생활교육 활성화 방안. 학교 영양교육 활성화 기반 마련을 위한 정책 토론회(2010년 6월 23일, 국회의원회관 대회의실) 자료집 55~60쪽.

참고문헌

보건복지부 건강정책과(2010). 새로 개정한 한국인을 위한 식생활 지침-II.영 · 유아, 아동, 청소년. **국민영양** 2010년 3월호: 22-26.

보건복지부, 질병관리본부(2009). 2008 국민건강통계.

보건복지부, 질병관리본부(2011). 2010 국민건강통계.

서정숙(2010). 최근 제정된 영양 · 식생활 관련법에 따른 학교 영양 · 식생활교육 활성화 방안. 학교 영양교육 활성화 기반 마련을 위한 정책 토론회(2010년 6월 23일, 국회의원회관 대회의실) 자료집 27~34쪽.

이경애(2006). 아동 소비자교육 관점에서의 초등학교 식생활교육 내용 및 교육활동. **한국실과교육학회지** 19(2): 75~100.

이기완, 이희선, 이민준(2005). 초등학생의 군것질 행동에 관한 연구. **한국식생활문화학회지** 20(5): 594~602.

이민준(2010). 초등학교 영양교육 교재 개발 배경과 교재 소개. **대한지역사회영양학회지** 15(6): 865-871.

이연숙, 임현숙, 안홍석, 장남수(2011). **생애주기영양학**(제3판). 교문사.

이영미(2008). 어린이 영양문제와 먹거리 교육 · 홍보 지원방향 제시. 어린이 먹거리 교육 · 홍보 활성화 방안 공청회(2008년 12월 11일, 서울대학교 호암 컨벤션센터) 자료집 2~13쪽.

이영미(2010). 학교 영양 · 식생활 교육 현황 및 요구도. 학교 영양교육 활성화 기반 마련을 위한 정책 토론회(2010년 6월 23일, 국회의원회관 대회의실) 자료집 13~23쪽.

정경아(2009). 학령기 아동의 식생활 문제에 관한 국내 연구 동향. **한국실과교육학회지** 22(3): 161-196.

정영수(2008). 초등학교 5 · 6학년 학생의 식품구매행동-영양표시에 대한 지식 및 태도를 중심으로. 연세대학교 교육대학원 영양교육전공 석사학위논문.

정인경(2005). 초등학교에서의 식생활 교육 실태 및 교사의 인식에 관한 연구. **한국가정과교육학회지** 17(4): 73~85.

조복희(2006). **아동발달**(개정판). 교육과학사.

질병관리본부, 대한소아과학회(2007). 소아 · 청소년 표준 성장도표.

한국영양학회(2010). **한국인 영양섭취기준 개정판**.

Crokett, S.J. & Sims LS.(1995). Environmental Influences on Children's Eating. ***J Nutrition Education***. 27(5): 235-249.

Judith E. Brown(2011). ***Nutrition Through the Life Cycle***(4th ed., International ed.). Wadsworth, Cengage Learning.

Mahan LK and Escott-Stump S (2000). ***Krause's Food, Nutrition, & Diet Therapy***(10th ed.). WB Saunders Co.

Norman Kretchmer & Michael Zimmermann (1997). ***Developmental Nutrition***. Allyn & Bacon

Worthington-Roberts BS & Williams SR (2000). ***Nutrition through the Life Cycle***(4th ed.). McGraw-Hill Co. Inc.

교육과학기술부 홈페이지 www.mest.go.kr

보건복지부 홈페이지 www.mw.go.kr

식품의약품안전처 홈페이지 www.kfda.go.kr

더 생각해 보기

Q1. 최근 가족구성원 각자의 바쁜 생활로 가족이 함께하는 식사횟수가 줄어들고 있다. 특히 일부 아동의 경우 부모의 무관심 속에서 식사를 혼자 해결하는 경우가 많아지고 있다. 가족이 함께하는 식사와 아동 혼자하는 식사를 영양적 · 정서적 · 교육적 측면에서 비교해 보자.

Q2. 식품의약품안전처의 고열량 · 저영양 판별 프로그램을 이용해서 아동들이 자주먹는 간식을 판별해 보자.

Q3. 아토피와 식품/영양과의 관계에 대한 논문을 찾고 연구결과를 정리해 보자.

Q4. 우리나라 아동 건강을 위한 지역사회영양사업에 관해 조사해 보자.

단원정리

- 아동기는 보통 6세부터 사춘기 변화가 시작될 때까지이다. 우리나라에서는 아동기를 6~8세와 9~11세의 두 단계로 나누어 성별로 영양섭취기준을 제시하고 있다.
- 아동의 신체적 성장은 완만하게 이루어지나 각 기관의 기능이 충실해지며, 인지적 · 정서적 · 사회적인 면에서의 발달이 매우 현저하다.
- 우리나라 아동의 식행동 문제로 편식, 불규칙한 식사와 부적절한 아침식사, 잘못된 간식 섭취 행동, 가공식품 · 패스트푸드의 지나친 섭취 등이 지적되고 있다.
- 우리나라 학령기 아동의 영양 부족과 과잉이 공존하며 영양 섭취의 불균형 문제는 체중 과다 또는 비만, 충치, 철 결핍성 빈혈, 식품 알레르기 등의 영양 건강 문제를 유발한다.
- 학령기에는 지속적인 성장, 활발한 신체활동 및 사춘기의 급성장을 위한 준비를 위해 영양적인 요구가 증가하므로 적절한 영양 섭취가 중요하다.
- 여성의 사회 진출, 핵가족화, 맞벌이 세대들의 증가로 가정 내 아동에 대한 부모 지도의 기회가 점점 약화되면서 상대적으로 학교에서의 영양 · 식생활 교육의 중요성이 커지고 있다. 특히 최근 학령기 아동은 집 밖에서 보내는 시간이 많아짐에 따라 스스로 식품 · 음식을 선택해야 하는 기회가 많아져 자신의 식생활을 올바르게 관리할 수 있는 능력을 키워야 한다. 따라서 학교와 가정에서의 식생활 · 영양 교육이 매우 중요하다.

마무리

다음 영양교사와 학생의 대화를 완성해 보세요.

청소년기 영양

1. 청소년기의 중요성

2. 청소년기의 성장과 발달

3. 청소년기 식생활행동

4. 청소년기 영양섭취기준

5. 청소년기 영양 · 건강문제

6. 청소년기 건강증진 방안

CHAPTER 7

생각열기

나의 인체 시계는 어디쯤일까?

하루가 다르게 변하고 있는 나는 지금 내 인생의 인체 시계에 어디쯤일까? 멋진 나만의 스타일을 가진 건강한 어른이 되려면 어떻게 해야 할까?

우리의 삶에서 10대 청소년기는 균형 잡힌 영양공급을 토대로 급격한 성장과 성숙이 이루어지는 시기이므로, 양호한 식사 섭취는 곧 건강의 기반이 된다. 우리나라 청소년들은 과거에 비해 영양 · 건강 상태가 좋아지면서 사춘기의 시작이 빨라지고 있다. 또한 우리나라 현실에서 학업에 바쁜 청소년들은 간단하고도 서구화된 식사를 선호하고 있다. 이 때문에 발생하는 편중된 영양소 섭취는 특정 영양소의 결핍을 초래하게 되어 우리나라 청소년들만의 영양 · 식생활 문제로 나타나고 있다.

오늘날 우리나라는 저출산 · 고령화 사회를 맞이하여 수명의 연장으로 건강한 노후를 계획하는 것이 인생의 중대한 과업으로 여겨지고 있다. 그러므로 건강한 노후를 위해서는 무엇보다도 성장기 영양 · 건강 상태가 중요한 변인이다. 따라서 '청소년기 영양'은 일생을 통하여 가장 급성장시기라는 점과 노년기까지의 신체변화와 건강, 수명까지도 좌우하는 중요한 변인이기 때문에 다른 어느 연령층보다도 영양 · 식생활 관리의 중요성은 더욱 크다고 할 수 있겠다.

저출산 · 고령화 사회
인구 대체 수준인 2.1명 이하(저출산)와 65세 이상 고령인구가 인구의 7% 이상인 사회

1. 청소년기의 중요성

청소년기는 일생 중 10대 시기로 정의한다. 여자의 경우는 8~11세, 남자의 경우는 9~11.5세부터 청소년기의 시작이라고 본다. 청소년기는 전기(12~14세), 중기(14~17세), 후기(18~21세)로 구분된다(표 7-1). 이 시기에는 아동에서 성인으로 성장하는데 생물학적, 정서적, 사회적 그리고 인지적으로 급격한 변화가 있다. 또한 개인의 정체성 발달을 포함하여 가족들의 경제적 · 정서적 지원이 병행되는 시기로서, 개인적으로는 독립과 관련된 갈등이 있고, 신체적으로 변화된 새로운 모습으로 일생 중 다른 어느 시기보다는 특징적인 변화가 있으면서 그 변화는 신체적 · 정신적으로 매우 가치 있는 시기이다.

표 7-1 **청소년기 성장과 발달단계**

구분	청소년 시작 시기	청소년 전기	청소년 중기	청소년 후기
여자	8~11세	12~14세	14~17세	18~21세
남자	9~11.5세			

청소년과 관련된 생물학적, 사회심리적, 인지적 변화는 영양상태에 직접적으로 영향을 미친다. 청소년들의 급격한 신체적 성장과 발달은 청소년에게 필요한 에너지, 단백질, 비타민 그리고 무기질의 증가를 요구한다. 또한 청소년기의 사회·심리학적 발달의 특징이라 할 수 있는 독립심 그리고 갈등 등은 과도한 다이어트, 결식, 기능성식품과 영양보충제 섭취, 그리고 유행성 있고 중독성 있는 식품 섭취 등의 특징적인 식생활행동을 가지고 있다. 이러한 청소년기에 나타나는 식생활행동의 특징은 청소년기 영양·건강관리에 더 나아가 성인이 되었을 경우 영양·건강 상태에 영향을 미친다. 그러나 청소년들 사이의 정체성과 독립심은 건강한 식생활행동을 확립시키고, 신체활동 그리고 건강한 삶을 발전하는 데 기반이 되기도 한다(그림 7-1).

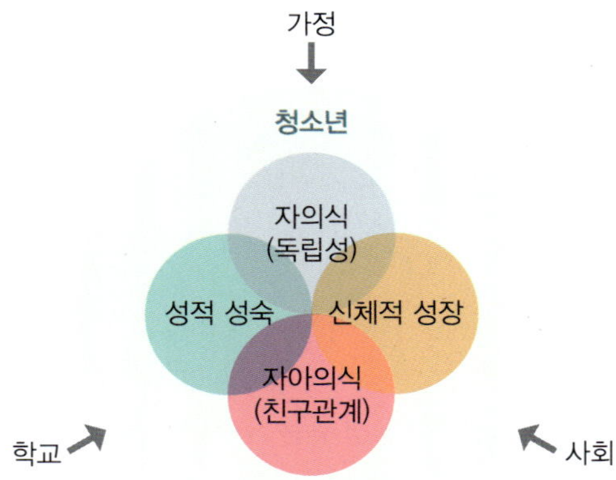

그림 7-1 **영양·식생활행동에 영향을 주는 변인들**

그러므로 청소년기의 정상적인 생물학적, 사회심리학적인 성장과 발달에 대해 이해하고, 급격한 성장시기에 따른 영양 필요량과 청소년기의 식생활행동 특징 및 이에 영향을 미치는 요인 등에 대해 이해하여, 건강한 청소년을 위한 영양·식생활 지도 및 영양교육 접근방법 등에 대하여 알아보고자 한다.

2. 청소년기의 성장과 발달

청소년기는 아동에서 성인으로의 신체적 변화를 의미하는 사춘기의 등장을 포함한다. 청소년기 동안 나타나는 생물학적 변화는 성적인 성숙과 함께 키와 체중의 증가, 골밀도의 증가와 신체구성의 변화를 포함한다. 사춘기 동안의 변화는 일반적으로 청소년기에 나타나는 특징이지만, 사춘기의 시작, 지속, 성숙 등은 개인마다 차이가 크다. 따라서 동일한 연령의 청소년이라고 하더라도 사춘기를 경험한 청소년과 그렇지 않은 청소년의 신체적 외모의 차이는 매우 크다. 이러한 차이는 청소년들의 영양 필요량에 직접적으로 영향을 미친다.

1) 청소년기 신체 성장

청소년기 신체 성장곡선에 의하면, 우리나라 청소년의 평균 키와 몸무게가 과거에 비해 1년 정도 빨라졌다고 하였다. 남자 청소년은 19세가 되면 키 173~4 cm에 체중 65.8 kg이고, 여자 청소년은 160.7 cm, 54.1 kg으로 나타났다.

청소년기에는 성인 체중의 50% 정도가 증가한다. 여자 청소년들의 경우에는 평균적으로 12.5세에 체중의 변화가 가장 급격하게 나타나는데, 일반적으로 약 1년에 8.3 kg 정도 증가한다. 청소년기 후반이 되면 6.3 kg 정도 증가한다(그림 7-2).

여자 청소년들은 평균적으로 체지방이 16~27% 수준으로 증가하는 등 신체구성이 변한다. 그들은 사춘기 동안 체지방은 대략 1.14 kg 정도 증가하여, 15~16세에 최고이다. 한 연구에 의하면, 여자 청소년에게 체지방은 기본적인 생리적인 필요와 규칙적인 배란주기의 유지와 발달 등에 필요하다고 제시했다. 여자 청소년에게 체지방 축적은 지극히 자연스러운 과정이지만, 본인들은 이것에 대해 부정적으로 생각하고, 왜곡된 신체상(body image)을 가지게 된다. 따라서 체격에 대한 불만족은 에너지 불균형, 만성 다이어트, 다이어트 약 등을 복용하는 등 다양한 형태로 섭식장애 행동을 보인다.

배란주기
성숙한 난자가 난소에서 배출되는 주기로, 일반적으로 4주간을 의미함

신체상(body image)
자기 자신의 신체에 대한 심상

남자	표준신장 (cm)	여자
50.1	출생 시	49.4
67.6	5~6개월	66.3
76.0	11~12개월	74.8
81.2	15~18개월	79.9
86.2	21~24개월	85.0
93.1	2.5~3세	91.9
100.3	3.5~4세	99.2
107.2	4.5~5세	106.1
113.6	5.5~6세	112.5
119.5	6.5~7세	118.3
123.7	7~8세	122.4
129.1	8~9세	127.8
134.2	9~10세	133.5
139.4	10~11세	139.9
145.3	11~12세	146.7
151.8	12~13세	152.7
159.0	13~14세	156.6
165.5	14~15세	158.5
169.7	15~16세	159.4
171.8	16~17세	160.0
172.8	17~18세	160.4
173.4	18~19세	160.7

남자	표준체중 (kg)	여자
3.4	출생 시	3.3
8.0	5~6개월	7.5
9.9	11~12개월	9.4
11.1	15~18개월	10.5
12.3	21~24개월	11.7
14.0	2.5~3세	13.4
15.9	3.5~4세	15.3
18.1	4.5~5세	17.4
20.4	5.5~6세	19.6
22.9	6.5~7세	22.0
24.8	7~8세	23.9
27.8	8~9세	26.9
31.3	9~10세	30.5
35.5	10~11세	34.7
40.3	11~12세	39.2
45.5	12~13세	43.8
50.7	13~14세	47.8
55.4	14~15세	50.9
59.4	15~16세	52.8
62.4	16~17세	53.6
64.5	17~18세	53.9
65.8	18~19세	54.1

그림 7-2 **신체발육 표준치**

자료: 소아 · 청소년 신체발육표준치 제정위원회, 2007.

남자 청소년의 경우, 체중의 증가는 키의 성장과 근육량 축적이 동시에 일어난다. 체중은 평균 9 kg 정도 증가하고, 체지방은 감소하는데 사춘기가 끝날 때쯤에는 대략 12% 감소한다. 성인 골질량의 반은 청소년기에 이루어진다. 18세 정도가 되면, 성인의 골질량의 90% 정도가 형성된다. 유전, 호르몬의 변화, 체중부하 운동, 담배, 알코올, 칼슘, 비타민 D, 단백질, 철의 섭취 등은 골질량 축적에 영향을 미친다. 그러므로 골질량 형성에 가장 중요한 요인들의 변화가 청

섭식장애
식이 행동과 관련된 이상 행동과 생각을 통틀어 일컫는 것이며, 이에는 신경성 식욕부진증, 신경성 탐식증, 비만이 포함됨

소년기에 이루어지기 때문에 골격의 성장과 발달에는 청소년기의 적절한 영양 섭취가 중요하다고 할 수 있다.

2) 성장과 성성숙도

청소년기는 일반적으로 사춘기의 시작과 일치하는데, 사춘기의 변화는 생식능력을 갖추는 시기로 정의한다. 사춘기의 시작은 복잡한 호르몬의 변화로, 성호르몬 분비로 인하여 근육, 골격, 피부, 털과 같은 기관에도 변화를 가지고 온다.

성호르몬
생식기관의 발달 및 그 기능을 발현시키는 데 관여하는 호르몬

사춘기
성기관의 발달을 관찰하여 시작시점으로 정함

사춘기를 경험하여 급격하게 키가 크고, 근육이 발달한 14살의 남자 청소년과 사춘기를 경험하지 않은 14세의 남자 청소년과는 다른 에너지와 영양소 필요량이 요구된다. 이러한 이유로 성적인 성숙은 실제 연령이 아닌 생물학적 성장과 발전 그리고 청소년의 개인적인 영양 필요를 평가하는 데 사용된다.

성성숙도(scale of secondary sexual characteristics, SMR)는 이차적 성적 특징들의 스케일이다(표 7-2). 5단계로 나누어서 1단계는 사춘기 이전, 2단계는 사춘기 초기, 3~4단계는 사춘기 중~후기, 5단계는 완전한 성숙, 즉 성인의 단계로 구분한다. 성성숙도는 여자 청소년들에게는 가슴 발달과 음모 출현에 기반을 하고 남자 청소년들에게는 고환과 음경의 발달, 음모의 출현에 기반을 한다. 2단계에서 5단계까지는 사춘기의 출현 조짐을 보여주는 반면에 1단계에서는 사춘기 전의 성장과 발달을 동반한다. 5단계에서는 성적인 성숙이 끝난다. 성적인 성숙은 급격한 키와 체중의 증가, 신체 구성의 변화 그리고 호르몬적인 변화들과 관련이 있다.

청소년기에는 성호르몬의 증가로 제2차 성징이 나타나면서 성별에 따라 생식기능의 성장이 이루어진다. 남자 청소년의 경우 안드로겐과 고환에서 분비되는 테스토스테론이 결합하여 여자 청소년보다 더 많은 근육량과 골격을 유지할 수 있다. 반면에, 여자 청소년의 경우 안드로겐의 영향을 받아 남자 청소년보다 사춘기가 일찍 찾아오고, 일찍 끝난다.

여자 청소년들이 사춘기 때 나타나는 첫 번째 현상은 평균적으로 8~13세에 나타나는 가슴의 발달이고 성기의 건강한 음모이다(SMR 2단계). 초경은 보통

표 7-2 **테너의 분류법에 의한 성성숙도**

성별	단계	연령(세)	고환	연령(세)	음모
남자	1		변화 없음		없음
	2	12.7	커지고 음낭 착색	12.9	없음
	3	14.2	더 커짐	14.2	수가 많아지고 곱슬곱슬해짐
	4	15.4	더 커지고 검어짐	15.1	성인형이나 범위가 좁음
	5	16.1	어른의 크기	16	어른같이 범위가 넓어짐
성별	**단계**	**연령(세)**	**유방**	**연령(세)**	**음모**
여자	1		변화 없음		없음
	2	11.0	약간 불어나옴	12.9	없음
	3	12.6	더 커짐	14.2	음순 주위에 솜털이 나옴
	4	14.2	유방 위에 젖꼭지가 더 나옴	15.1	성인형이나 범위는 좁음
	5	15.7	어른의 크기	16	성인과 같은 분포 및 대퇴 내측까지 퍼짐

가슴과 음모의 발달이 처음으로 시작된 후인(2~4년 후) SMR 4단계에 나타난다. 초경의 평균 나이는 12.4세이지만 빠르게는 9~10세에 하기도 하고 늦게는 17세에도 한다. 초경이 늦어지는 경우는 운동선수들이나, 에너지 섭취가 매우 부족하여 신체 내 지방이 심각하게 부족한 경우이다.

여자 청소년의 경우 키의 급격한 성장은 대부분 9.5세에서 14.5세인 SMR 2단계에 이루어진다. 키 성장 속도의 절정은 초경을 시작하기 6~12개월 전인 SMR 2단계 말과 SMR 3단계 동안이다. 성인 키의 15~25%는 사춘기 동안 이루어지고 이때 평균적으로 25 cm 정도 자란다. 청소년기 성장의 절정 동안에 여자 청소년들은 평균적으로 일년에 8~9 cm 성장한다. 대부분의 여자 청소년들은 16세 정도가 되면 키의 성장이 멈추게 되는데, 일부는 19세가 지나서도 조금씩 크기도 한다.

남자 청소년의 경우, 고환의 커짐과 음낭의 색 변화는 평균적으로 11.6세인

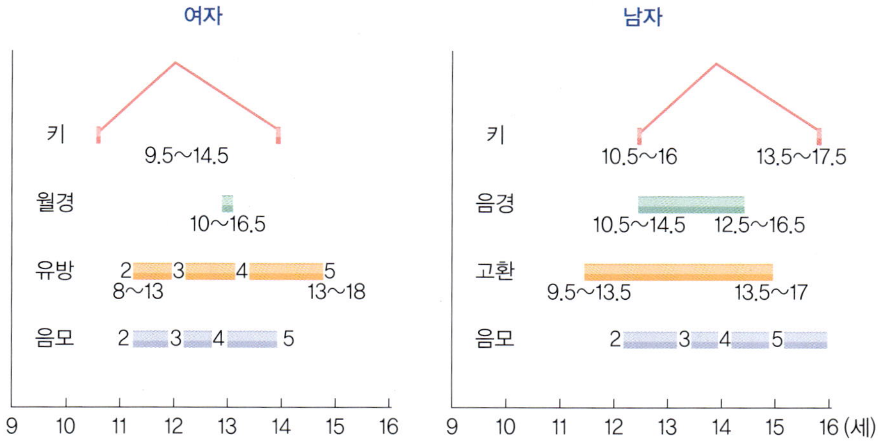

그림 7-3 **사춘기의 발달과정**

자료: Tanner JM, 1962.

10.5~14.5세에 나타나는데, 이것은 사춘기의 첫 증상이다. 음모의 발달도 SMR 2단계에서 공통적이다. 고환의 커짐은 9.5~13.5세에 시작되고(SMR 2~3단계) 12.7~17세에 끝난다. 남자 청소년들이 정자가 생성되는(spermarche) 평균 나이는 14세이다. 평균적으로 키 성장의 절정 속도는 SMR 4단계 동안 고환의 발달과 음모의 생성과 동시에 또는 그 후에 나타난다. 키가 급격하게 성장하는 평균 나이는 14.4세이다. 폭풍성장에 청소년기 남자들은 1년에 7~12 cm 정도 큰다. 남자 청소년의 키 성장은 계속되고 21세 정도에 멈춘다(그림 7-3).

3) 사회 · 심리적 성장과 발달

청소년기에는 개인적 정체성, 도덕성, 윤리적인 가치 그리고 자신감이나 자존감 등을 느끼고 진로에 대한 열망 등이 발달한다. 사회 · 심리적인 발달은 청소년기를 초기 청소년기(11~14세), 중간 청소년기(15~17세), 후기 청소년기(18~21세)로 분류하여 설명하며, 각 시기의 사회 · 심리학적인 발달은 새로운 감정, 인식, 사회적 기능의 숙달에 의해 뚜렷해진다(표 7-3).

> **자존감**
> 자아존중감으로, 자신이 사랑받을 만한 가치가 있는 소중한 존재이고, 성과를 이루어낼 만한 유능한 사람이라고 믿는 마음

표 7-3 청소년기의 사회 · 심리적 발달

발달요인	청소년기의 시작	청소년기의 종결
생물학적	사춘기의 시작	신체적 · 성적 성숙이 이루어짐
정서적	부모로부터 정서적으로 독립하기 시작	자아정체감의 확립, 정서적 독립
인지적	논리적으로 추론, 문제해결, 의사결정기술의 발현	논리적 추론, 자율적 의사결정
대인관계적	부모지향에서 또래지향으로	또래 및 성인과의 친밀함 증가
사회적	대인관계, 정서, 성격의 변화	사회적으로 책임 있는 행동 수행
교육적	중학교 입학	고등학교 또는 대학교 졸업
종교적	성년축하예식의 준비	종교단체에서 성인으로의 지위 획득
연령적	12~13세	24~25세
법적	청소년의 지위 획득	성인으로서의 법적 지위 획득
문화적	통과의례 준비	통과의례 완성

자료: Atwater E, 1996.

사춘기 초기 청소년은 신체상(body image)에 대한 발달과 성(sex)에 대한 인식을 가진다. 이로 인한 왜곡된 신체상과 섭식장애를 가지며, 또래의 영향이 중요하게 작용한다. 신체적 외모와 사회적 행동을 중요하게 인식하는 10대들은 또래의 분위기에 맞추려고 노력한다. 따라서 10대 청소년들은 누구와 같이 먹는지, 어디서 먹는지, 그리고 누가 준비하는지 등이 음식 선택의 중요한 요인들이다. 친구들의 영향으로 편중된 식사패턴, 패스트푸드의 섭취, 편의점 음식, 단 음료수 그리고 고지방의 음식을 먹는 등의 식생활행동 등이 나타난다.

사춘기 청소년에게 스스로에 대한 신체의 불만족은 성성숙도에 따라 나타난다. 남자 청소년은 남성적인 특징이 일찍 나타나는 친구들보다 열등하다고 느끼고 키가 커지려는 열망과 근육을 발달시키려고 음식 외에 기능성식품과 스테로이드 물질 등에 의존하기도 한다. 여자 청소년의 경우는 일찍 성숙하는 경우, 왜곡된 신체상이 나타나고, 식사행동에 문제가 나타나는 경향이 있다. 또한 일부이기는 하지만, 담배와 술 등 성인의 행동을 시작하기도 하므로 청소년기의 성장과 발달 그리고 신체적인 변화에 대한 교육은 긍정적인 자기이미지(self-image)와 올바른 신체상을 위해 필요하다.

초기 청소년은 구체적인 생각, 자기중심주의, 그리고 충동적인 행동에 지배되는 시기이므로, 성인이 되었을 때 나타날 수 있는 복잡한 건강 문제와 영양·식생활행동에 대하여 이해하는 것은 쉬운 일이 아니다. 즉, 청소년은 그들의 식생활행동을 포함한 건강 관련 행동들이 미래의 건강 상태나 건강과 관련된 행동들에 어떠한 영향을 미칠지에 대해 인지할 수 있는 능력이 부족하다. 게다가 청소년 시기는 가족, 특히 부모로부터 감정적이고 사회적 독립심 발달이 뚜렷한 시기이므로 주로 가정에서 나타나는 식생활행동과 관련된 문제들은 갈등의 소지가 되기도 한다. 따라서 영양교육의 방향과 목표를 설정할 경우, 이 시기는 또래친구들에 대한 영향력이 더 커지고 그에 따라 음식 선택 행동이 결정되는 경향이 크다는 것을 주지해야 한다.

청소년기 마지막 단계는 개인의 정체성과 도덕적인 신념의 발달에 의해 특징지어진다. 신체적 성장과 발달이 거의 완성되는 시기이므로 신체상에 대한 문제는 줄어들 수 있다. 또 충동적인 행동들은 줄어들고, 감정적으로 부모님에게 덜 의존하게 된다. 따라서 집단적 행동보다는 개인 간의 관계가 더 중요하게 되므로 개인적인 선택이 나타나는 시기이다.

3. 청소년기 식생활행동

청소년의 식생활행동은 친구 영향, 부모님의 모델링, 먹을거리에 대한 유용성, 기호·경제적 요인, 편리성, 문화적인 믿음, 대중매체 그리고 신체 이미지 등 여러 요인들에 의해 복합적으로 영향을 받는다. 청소년기의 식생활행동은 개인적인 변인들로는 개인적인 태도, 믿음, 기호, 신념 등이며, 환경적인 변인들로는 가족, 친구, 학교, 패스트푸드점 그리고 사회적이고 문화적인 다른 요소 등이다. 식품의 이용 생산과 분배 문제, 대중매체나 광고를 포함하는 요소들도 특정한 음식 선택에 있어 강력한 영향을 끼칠 수 있다(그림 7-4).

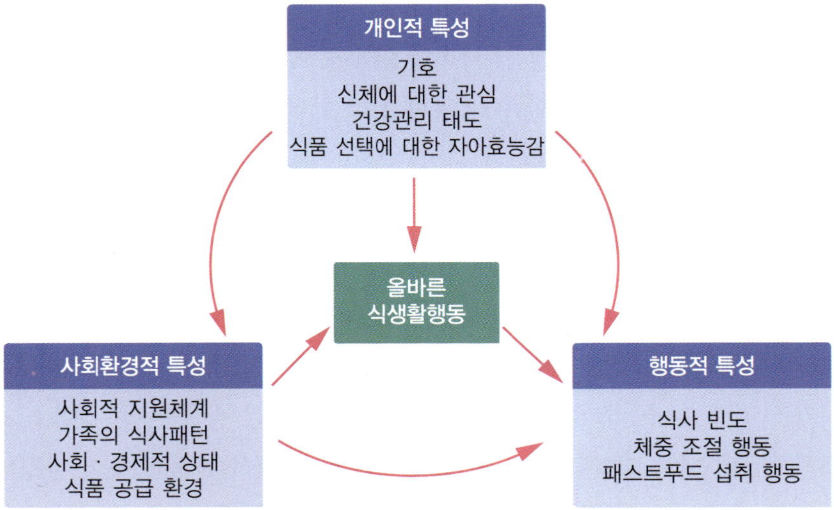

그림 7-4 청소년의 올바른 식생활행동에 영향을 미치는 특성

1) 무절제한 식사행동

청소년기는 급속한 성장과 왕성한 식욕으로 자칫 잘못하면 무절제한 식생활을 할 수도 있다. 이 시기에 즐겨 먹는 라면, 햄버거, 튀김류, 피자, 스낵류와 같은 식품에는 지방, 콜레스테롤, 포화지방산, 식염 등을 함유하고 있고 이들은 섭취를 줄여야 하는 영양소들이다. 이러한 식품들을 많이 먹었다고 해서 청소년기에 당장 생활습관병 등에 관한 어떤 증세가 나타나는 것은 아니지만 이러한 무분별한 식생활을 계속하다 보면 성인이 되면 동맥경화증, 심장질환, 당뇨병 등 각종 만성 퇴행성질환으로 시달리기 쉽다. 청소년기에 건강하고 바람직한 식습관을 유지하면 만성 퇴행성질환의 증세가 나타나기 시작하는 시기를 늦출 수 있다.

생활습관병
성인병으로도 불리는 질병으로 발생과 진행과정에 식습관, 운동습관, 흡연, 음주 등 생활습관이 영향을 미치는 질환군

2) 아침식사 결식

우리나라 청소년들은 학교생활 및 학업에 대한 부담으로 아침을 거르는 경우

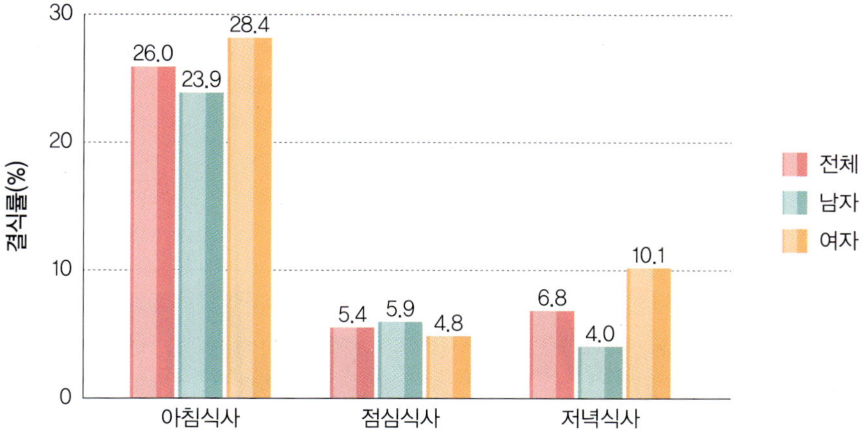

그림 7-5 청소년들의 하루 세끼 결식률

자료: 보건복지부 · 질병관리본부, 2010.

가 있다. 최근 질병관리본부 조사(2012. 7)에 의하면 우리나라 중 · 고등학생 4명 중 1명은 거의 매일 아침을 거른다는 조사결과가 보도되었다. 아침식사를 거르면 저녁식사 이후 다음 아침식사까지 긴 시간 동안 먹지 않게 되어 혈당치가 매우 낮아지기 때문에 학습에 지장을 주고 운동 능력도 저하된다는 연구보고가 있다(그림 7-5).

3) 간식 행동

청소년기에는 전체 에너지의 1/4~1/3가량을 간식에서 섭취할 정도로 간식이 차지하는 비중이 상당히 크다고 한다. 우리나라 청소년 식습관 실태조사(2012)에 의하면, 청소년 10명 중 4명은 주 3회 이상 과자를 먹는 것으로 나타났다(표 7-4).

간식은 먹는 자체보다 무엇을 얼마만큼 먹느냐가 중요한 문제인데, 흔히 간식으로 먹는 패스트푸드와 감자칩, 스낵류 등은 식염, 설탕, 지방이 많으면서 무기질과 비타민이 적은 식품이 되기 쉽다. 또한 청소년의 탄산음료 섭취는 다량의 설탕으로 인하여 과잉의 에너지를 섭취하게 되는 문제와 함께, 안에 많이 들어

더 알아보기 한국이의 하루

다음은 청소년 한국이의 하루 일과입니다. 한국이와 같은 하루를 보내고 있지 않은지 체크해 보세요.

자료: 식품의약품안전처 홈페이지 http://www mfds.go.kr/nutrition/foodlife/index.htm
(수행기관 : 대한지역사회영양학회)

있는 인산 때문에 골격과 치아 건강에 유해할 수 있다. 그러므로 간식으로 과일이나 생채소, 100% 과일주스, 우유나 생수를 마시도록 권장하는 것이 좋다.

표 7-4 우리나라 청소년 식습관 실태(%)

섭취율	전체 평균	남학생	여학생
탄산음료	23.2	28.8	17.0
패스트푸드	11.6	13.0	10.0
라면	22.7	28.5	16.1
과자	39.4	36.2	43.0

*최근 7일간 3회 이상 섭취기준
자료: 질병관리본부, 2012.

4. 청소년기 영양섭취기준

'2010 한국인 영양섭취기준'에서는 한국인의 건강 유지와 질병 예방에 도움이 될 수 있도록 영양소와 연령별로 섭취 수준을 제시하고 있다. 이 자료는 실질적으로 청소년기의 건강한 영양 · 식생활 도모를 위한 학교 현장에서의 교육과 실천에 기초 척도로 활용되고 있다.

청소년기 영양섭취기준 설정을 위한 체위기준의 기준치로는 표 7-5와 같다.

표 7-5 한국인 영양섭취기준 설정을 위한 체위기준: 청소년기(12~14세, 15~18세)

성별	연령	신장(cm)	체중(kg)
남자	12~14세	158.8	50.5
	15~18세	171.4	62.1
여자	12~14세	155.9	47.5
	15~18세	160.0	53.4

1) 에너지

12~18세의 청소년기에 권장되는 에너지 적정섭취비율로는 탄수화물 55~70%, 단백질 7~20%, 지질 15~30%로 제시되고 있다. 이러한 비율은 청소년 성장에 필요한 에너지를 소비되는 에너지에 추가하여 도출하였다.

청소년기의 에너지 필요추정량은 남자 12~14세가 1일 2,400 kcal이고, 15~18세에는 급성장이 이루어지면서 더 많은 에너지를 필요로 하게 되므로 2,700 kcal을 권장한다. 여자의 경우 12~18세까지 2,000 kcal을 권장한다(표 7-6). 청소년기의 왕성한 식욕은 필요추정량의 크기를 추측할 수 있는 지표로 고려되는데, 성장에 따라 자연스럽게 에너지 필요량이 증가하고 식욕도 함께 증가하면서 이들은 서로 관련이 있기 때문이다.

표 7-6 청소년기의 섭취 에너지 적정비율과 에너지 필요추정량

연령	에너지 적정비율(%)			에너지 필요추정량(kcal/일)	
	탄수화물	단백질	지질	남자	여자
12~14세	55~70	7~20	15~30	2,400	2,000
15~18세				2,700	

2) 탄수화물과 지질

청소년들은 불규칙한 식습관과 가정 밖에서의 식사 기회 증가로 인해 자극적인 맛의 다양한 가공식품들을 접하게 되고, 바쁜 학업 일정에서 간단하고 빠르게 식사할 수 있는 패스트푸드나 인스턴트 식품을 선호하게 되었다. 이에 따라 단순당의 섭취가 늘어나고, 전곡류 및 채소류의 섭취가 줄어들면서 복합당이나 식이섬유의 섭취량도 함께 감소하였다.

또한 청소년들의 지질 섭취 면에서도 포화지방산의 높은 섭취율에 비해 불포화지방산은 적게 섭취하고 있어 지질의 영양적 비율이 적정치 못하다고 할 수 있으며, 더욱이 가공식품 속 트랜스지방의 섭취량이 증가하면서 청소년 비만이 증가

하고 있는 실정이다. 그러나 청소년기 식사의 높은 지질 함량을 우려하여 지나치게 제한을 하면 에너지 및 단백질 섭취에도 영향을 미치면서 성장 저해를 초래할 수 있기 때문에 지나친 섭취를 비롯한 지나친 제한 또한 피하는 것이 좋다.

3) 단백질

단백질은 청소년의 성장과 호르몬 · 체구성 성분의 변화에 관여하므로 청소년기에 그 필요량이 증가한다. 따라서 평균 필요량보다 약 5~10 g 정도의 충분한 섭취가 이루어지는 것이 적절하다.

단위체중당 단백질 권장섭취량(g/kg)은 12~14세에 남녀 모두 가장 높고(남: 0.98/여: 0.95), 15~18세에는 감소하게 된다(남: 0.90/여: 0.85). 그러나 청소년기의 실질적 권장섭취량은 남자의 경우 12~14세에 50 g, 15~18세에는 55 g으로 증가하고, 여자의 경우 12~18세 45 g을 제시하고 있다(표 7-7).

오늘날 대부분의 청소년들은 적절한 단백질 섭취가 이루어진다고 보고되지만, 충분히 공급되지 못할 경우 질병에 대한 저항력이 감소하여 질환의 이환율이 증가하고 이에 따른 식욕 부진과 성장 저하 등을 초래할 수 있다.

표 7-7 청소년기의 단백질 평균필요량과 권장섭취량

성별	연령	평균필요량(g/일)	권장섭취량(g/일)
남자	12~14세	40	50
	15~18세	45	55
여자	12~14세	40	45
	15~18세	40	45

4) 비타민

비타민은 체내 주요 영양소들의 대사과정에 관여하는 중요한 유기물이다. 따라서 에너지 및 주요 영양소들의 섭취량은 비타민의 권장섭취량에 영향을 미친다. 또한 청소년기 급성장에 필요한 비타민이 제대로 공급되어야 원활한 성장과 성숙이 이루어질 수 있다. 이러한 비타민은 체내에서 합성되지 않기 때문에 식품이나 건강기능식품을 통해 섭취해야 한다.

(1) 지용성 비타민

비타민 A는 성장 촉진 및 피부 점막의 상피 세포 기능과 시력 유지에 관여하며, 비타민 D는 칼슘과 인의 흡수와 이들의 대사 조절 작용을 도모한다.

표 7-8 청소년기의 지용성 비타민 섭취기준

성별	연령	비타민 A	비타민 D	비타민 E	비타민 K
		권장섭취량 (μg RE/일)	충분섭취량 (μg/일)	충분섭취량 (μg α-TE/일)	충분섭취량 (μg/일)
남자	12~14세	700	5	10	70
	15~18세	850		12	80
여자	12~14세	650		9	65
	15~18세	600		10	

(2) 수용성 비타민

비타민 C는 콜라겐 형성과 면역 기능 향상에 관여하며, 티아민은 식욕과 소화

표 7-9 청소년기의 수용성 비타민 권장섭취량

성별	연령	비타민 C (mg/일)	티아민 (mg/일)	리보플라빈 (mg/일)	니아신 (mg NE/일)	비타민 B_6 (mg/일)	엽산 (μgDFE/일)	비타민 B_{12} (μg/일)
남자	12~14세	100	1.1	1.5	15	1.5	400	2.3
	15~18세	110	1.3	1.7	17			2.7
여자	12~14세	100	1.1	1.2	14	1.4		2.4
	15~18세		1.0					

리보플라빈
비타민 B_2로 건강기능식품의 기능성은 탄수화물, 단백질, 지방 등이 산화되어 에너지를 발생할 때 작용하는 효소의 작용을 돕는다.

기능을 자극한다. 또한 리보플라빈은 성장을 촉진하기 때문에 결핍 시 성장 저해를 발생시킬 수 있고, 엽산은 DNA 합성에 관여하여, 결핍 시 성장 장애가 올 수 있다.

5) 무기질

(1) 칼슘

칼슘은 청소년기에 있어 매우 중요한 영양소이다. 이 시기에는 골격 성장이 약 45% 정도 이루어지므로 충분한 칼슘의 공급이 필요하기 때문에 남자 1,000 mg과 여자 900 mg 으로 권장섭취량이 제시되고 있다.

그러나 우리나라 청소년의 섭취가 가장 부족한 영양소로 칼슘이 조사되었으며, 실질적으로 청소년기 남 · 녀 모두 권장섭취량의 54~56% 정도만을 섭취하고 있는 실정이다. 칼슘의 주된 급원식품은 우유 및 유제품류인데 많은 청소년은 식품을 통한 칼슘의 공급을 중요하게 인식하지 못하고 있어 우유 등을 어린아이들이 먹는 것으로 취급하기도 한다. 또한 매일 모든 학생에게 우유를 공급하는 초등학교와는 달리 중 · 고등학교에서는 선택적 우유급식이 시행되기 때문에 급원식품을 스스로 챙기지 않는다면 칼슘 섭취가 부족할 수밖에 없다.

우유 및 유제품류 외에도 칼슘 급원으로 멸치, 뼈째 먹는 생선 등의 식품들과 칼슘 보충제가 있다.

(2) 철

철은 청소년기의 남 · 녀 모두에게 중요한 영양소라고 할 수 있다. 남자는 근육량이 증가하면서, 여자는 월경을 시작하면서 혈액의 손실이 발생하므로 철 요구량이 증가하게 된다. 따라서 월경을 하는 15~18세의 여자는 철의 평균필요량과 권장섭취량이 12~14세보다 급증하게 되고, 같은 연령대의 남자보다도 더 많은 양이 요구되므로 철의 우수한 급원식품인 육류, 가금류, 간 등을 섭취해야 한다.

표 7-10 청소년기의 무기질 영양섭취기준

성별	연령	칼슘		철		아연		나트륨	
		권장 섭취량 (mg/일)	상한 섭취량 (mg/일)	권장 섭취량 (mg/일)	상한 섭취량 (mg/일)	권장 섭취량 (mg/일)	상한 섭취량 (mg/일)	충분 섭취량 (mg/일)	목표 섭취량 (mg/일)
남자	12~14세	1,000	2,500	14	40	8	25	1.5	2.0
	15~18세	900		15	45	10	30	1.5	2.0
여자	12~14세	900		13	40	7	25	1.5	2.0
	15~18세	800		17	45	9	30	1.5	2.0

(3) 아연

아연은 하루에 10 mg 이하를 필요로 하는 미량무기질에 속하지만 인간에게 꼭 필요한 영양소 중 하나이다. 특히 청소년기에는 급격한 성장과 성적 성숙이 발생하면서 아연의 섭취는 중요한데, 세포가 왕성하게 분열하고 근육조직이 증가하면서 아연 결핍의 위험도 증가하므로 아연 섭취에 주의를 기울여야 한다. 조개, 굴, 간, 육류 등의 동물성 식품은 아연의 좋은 급원이다.

(4) 나트륨

인체 내에 존재하는 나트륨은 세포막의 삼투압 조절을 통하여 수분 균형을 이루도록 한다. 또한 나트륨은 여러 소화액의 성분(이자액, 장액, 쓸개즙 등)이며, 칼륨과 함께 산 · 알칼리의 균형을 조절하는 항상성 유지에도 관여한다. 그러나 과다한 나트륨의 섭취는 고혈압, 비만, 심장병, 신장병 등을 유발시킬 수 있으며, 이와 반대로 나트륨의 결핍은 당뇨병과 저혈당증, 호르몬 분비의 이상을 일으킨다.

6) 수분

수분은 체내에서 1 kcal의 에너지를 소비하며 약 1.0~1.5 mL가 필요하다. 이는 환경(온도, 습도)과 여러 질병(열, 구토, 설사 등)에 따라 필요량이 변화한다. 청소년기의 수분필요량을 살펴보면 연령이 증가함에 따라 감소하고, 1일 충분

필요량은 2,000~2,700 mL이다. 수분은 음료, 우유 등에서도 얻을 수 있으며 탄산음료나 단 음료는 과잉으로 섭취하지 않도록 주의해야 한다.

표 7-11 각 연령별 수분필요량

연령	평균체중(kg)	1일 수분필요량(mL)	단위체중당 수분필요량(mL/kg)
14세	45.0	2,200~2,700	50~60
18세	54.0	2,200~2,700	40~50

7) 식이섬유

식이섬유는 몸 밖으로 배출되는 고분자 탄수화물로서 인간의 소화효소에 의해 소화되지 않는다. 이는 채소 · 과일 · 해조류 등에 많이 들어 있으며, 섬유질 또는 셀룰로스라고 불린다. 일반적으로 청소년기에는 식이섬유가 부족하지 않다고 생각할 수 있으나 조사 결과 권장량의 반도 못 미치는 것으로 알려졌다. 그러므로 청소년기에는 식이섬유의 부족을 막기 위해 다양한 식품을 섭취해야 한다.

5. 청소년기 영양 · 건강문제

우리나라 청소년의 영양소 섭취실태는 에너지 불균형 문제와 성장 시기의 필수적인 칼슘 등의 영양소 섭취 부족 등이 나타나고 있다(그림 7-6).

1) 영양소 섭취 실태

우리나라 청소년의 영양소 섭취 실태를 살펴보면, 부족 문제가 되고 있는 영양소는 대표적으로 무기질인 칼슘으로 보고되었다. 2011년도 국민건강영양조사(2012, 보건복지부 · 질병관리본부 발표)에 따르면, 우리나라 청소년(10~18세)의 10명 중 8명의 칼슘 섭취가 영양섭취기준(한국영양학회, 2010)에 미달되어 있는 것으로

❶ **질량지수(BMI) 기준:** BMI는 자신의 체중(kg)을 키(m로 환산)의 제곱으로 나눈 값

❷ **소아청소년 발달 성장표 기준**

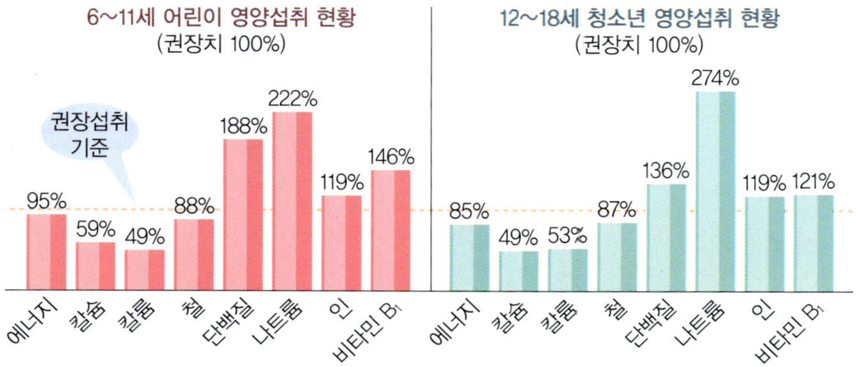

그림 7-6 청소년 건강체중 진단기준 및 영양소섭취 현황

자료: 질병관리본부 · 대한소아청소년학회, 2008.

나타났으며, 청소년의 칼슘 권장섭취량에 대한 섭취비율은 59.8%이며, 남학생(63.8%)보다 여학생(55.2%)의 칼슘 섭취비율이 낮았으며, 칼슘의 영양섭취기준에 미달하는 비율이 78.8%로 나타나 칼슘 부족 현상이 심각하다고 보고되었다.

칼슘은 골격과 치아조직을 형성하고 골밀도를 유지한다는 점에서 청소년기의 섭취가 매우 중요한 영양소인데, 청소년기에 칼슘이 부족하면 성인이 되어서 골연화증, 골다공증 등을 유발할 수 있는 가능성이 높다고 알려졌다.

표 7-12 10~18세 청소년의 영양소별 영양섭취기준에 대한 섭취비율(%)

	에너지	단백질	칼슘	인	나트륨	칼륨
전체	98.6	170.1	59.8	129.9	283.1	76.7
남자	99.9	184.8	63.8	137.6	319.1	84.8
여자	97.2	153.2	55.2	212.0	241.6	67.4

자료: 보건복지부 · 질병관리본부, 2011.

표 7-13 10~18세 청소년의 칼슘섭취량 및 영양섭취기준 미만 섭취자비율

	전체	남자	여자
칼슘섭취량(mg/일)	522.3	570.0	412.1
기준 미만 섭취자비율(%)	78.8	75.5	82.5

자료: 보건복지부 · 질병관리본부, 2011.

2) 청소년 비만

날로 풍부해지는 식생활과 점차 감소되는 활동량으로 인해 우리나라의 비만 문제가 심각해지고 있다. 청소년 비만은 소아 비만과 함께 최근 급속히 증가하고 있으며, 지난 7년간 1.7배 정도 증가하였다고 보고되었다(보건복지부, 2008; 표 7-14). 이러한 청소년기의 과도한 비만은 고혈압, 당뇨병, 고지혈증, 수술 후 위험률 증가 등 건강에 여러 가지 좋지 않은 영향을 미칠 수 있을 뿐만 아니라 성인 비만으로 이행될 수 있다(표 7-15).

비만의 원인으로는 유전이나 특정한 질병에 의한 것이 있기도 하나, 대부분은 신체활동량에 비해 지나친 섭취로 인하여 에너지 불균형으로 나타난다. 특히 청소년기에 나타나는 비만은 패스트푸드와 인스턴트식품 등의 부적절한 섭취로 인하여 나타나는 문제로, 급격한 성장기임을 감안할 때 청소년 비만은 성인 비만으로의 이행으로 인한 심각한 건강문제가 나타날 수 있다.

일반적으로 청소년기의 올바른 체중 조절 방법은 먼저 체중을 줄이겠다는 굳은 결심을 하고 패스트푸드, 과자, 케이크, 탄산음료와 같이 칼로리는 높고 인체에 불필요한 영양성분을 적게 먹으며, 싱겁게 음식을 먹는 등 식습관을 지속적으로 바꾸어 나가면서, 동시에 운동량을 늘려야 한다.

청소년기는 영양 및 식생활행동의 형성기이므로 이 시기의 비만 예방관리를 위한 교육은 매우 의미있다 하겠다.

표 7-14 **전국 초 · 중 · 고등학생 비만도**

구분	성별	정상	표준체중에 의한 비만도(%)			
			경도	중등도	고도	계
초	남	86.92	7.24	4.93	0.36	13.03
	여	90.65	5.78	3.15	0.42	9.35
	평균	88.77	6.52	4.07	0.64	11.23
중	남	86.36	7.01	5.45	1.18	13.64
	여	91.27	5.12	3.07	0.54	8.73
	평균	88.80	6.08	4.26	0.36	11.20
고	남	84.94	7.40	6.11	1.55	15.06
	여	89.42	6.07	3.67	0.34	10.53
	평균	87.19	6.73	4.88	1.20	12.81
전체 평균		88.38	6.46	4.32	0.34	11.62

자료: 교육인적자원부, 2007.

표 7-15 **소아 비만이 성인(21~29세) 비만으로 연결될 가능성(%)**

나이	아동 때 비만이 아닌 경우		아동 때 과체중이나 비만인 경우	
	부모 비만 아님	부모 중 비만 있음	부모 비만 아님	부모 중 비만 있음
1~2세	10	28	8	40
3~5세	8	28	24	62
6~9세	7	17	37	71
10~14세	8	15	64	79
15~17세	5	14	54	73

자료: Whitaker RC et al., 1997.

3) 청소년 섭식장애

거식증은 사망에까지 이르게 하는 무서운 섭식장애이다. 이는 10대 후반 10명 중 한 명에게 나타나는 흔한 증상으로, 20대 후반이 되면 발병률이 급격하게 증가한다. 이는 청소년기에 마른 체형을 중시하는 풍조가 가장 주요한 원인 중 하나이다. 체중을 줄이기 위해 심한 운동을 하고 구토를 유발하며, 마른 체형에도 불구하고 살쪘다고 생각하며 체중 증가에 대한 공포를 가지고 있다.

폭식증은 음식을 갈망하여 폭식하는 경우를 말한다. 그러나 먹은 후 음식을 토해내는 것으로 악순환된다. 폭식증이 거식증보다 훨씬 흔하게 나타나며, 음식과 체중에 대한 집착으로 생활은 엉망이 되는 경우가 흔하다.

섭식장애 행동은 신체적 · 정신적 측면으로 접근해야 한다. 청소년의 경우 부모가 누구보다도 좋은 치료자가 되어야 하며, 무엇보다도 올바른 신체상을 확립하는 것이 중요하다.

저체중
각 연령에 따라 체중별로 줄을 세웠을 때 하위 5% 이하에 해당하는 사람

표 7-16 거식증과 폭식증의 특징

거식증	폭식증
• 병적인 체중 감소 • 비만에 대한 극심한 공포와 두려움 • 왜곡된 신체 이미지 • 무월경 • 음식에 대한 몰두 • 극심한 열량 제한 • 과도한 운동 • 자신의 질병을 부인함	• 체중의 기복이 심함 • 먹을 것에 집착함 • 체형과 체중에 대해 예민함 • 월경불순 • 폭식 후 구토유발 • 설사약 복용 등 기타 강박성 행동 • 자신의 행동이 비정상적이라고 자각함

청소년기의 섭식장애

청소년기의 섭식장애는 다른 시기보다 본인 스스로의 몸매와 체중에 관심이 많은 시기에 나타나는 식사 장애이므로, 바람직하지 않은 유행 다이어트를 따라하다가 발생하기도 한다. 특히, 왜곡된 신체상으로 인하여 나타나며, 가족관계에서 부모와 트러블이 생기면서 음식으로 긴장을 해소, 학교 친구관계, 성적 스트레스로 더 심각해질 수 있기 때문에 청소년기 섭식장애가 특히 위험하다.

더 알아보기 어린이 · 청소년을 위한 비만과 식사장애 예방가이드

식사장애는 마른 몸매와 체중에 대한 지나친 관심, 내 모습에 대한 불만족, 잘못된 다이어트 방법 등으로 생길 수 있습니다. 따라서 어린이와 청소년기부터 올바른 식습관과 신체활동 등 건강에 좋은 행동을 실천하고 내게 맞는 체중을 유지하는 것이 중요합니다.

나의 몸과 모습에 대한 인식을 바르게 하고 나에 대한 자신감을 갖는 것도 식사장애를 예방하는 방법입니다.

어떤 생각이나 행동이 좋을까요?

	좋은 행동	좋지 않은 행동
외모, 체중, 체형 등 나의 모습에 대한 생각	좋다, 사랑스럽다, 만족한다	싫다, 만족하지 않는다
식사행동, 운동	제때에, 골고루, 알맞게 먹기, 신체활동과 운동하기	불규칙한 식사, 굶기 등 다이어트, 폭식, 운동을 거의 하지 않기, 운동을 아주 심하게 하기
체중	정상체중 유지	과체중, 비만, 저체중

잘못된 다이어트 방법, 문제점을 알아 봅시다

날씬해지고 싶은 사람들이 늘면서 여러 다이어트 방법을 사용합니다. 그래서 잘못된 다이어트, 지나친 다이어트는 어린이나 청소년기의 성장을 늦추고 오히려 건강을 해칩니다.

잘못된 다이어트, 무엇일까?

짧은 기간에 심한 다이어트, 굶기, 유행하는 다이어트 무작정 따라하기

잘못된 다이어트, 왜 문제일까?

- 단백질, 칼슘, 철, 비타민 등 성장에 필요한 영양소가 부족합니다.
- 처음에는 체중이 줄지만 우리 몸에 적게 먹는 데에 적응하면서 결국 체중이 더 늘어납니다.
- 쉽게 피로해집니다.
- 변비, 설사, 빈혈 등이 생깁니다.
- 무리한 다이어트 방법을 계속하기 어렵습니다.
- 무리한 다이어트로 식사장애가 생길 수 있습니다.
- 다이어트에 실패하는 경우 불안, 우울한 마음이 듭니다.

자료: Neumark-Sztainer, 2011; 이영호, 2011; 식품의약품안전처 홈페이지

4) 청소년 여드름

청소년기의 여드름 발생은 사춘기 호르몬 분비와 관련이 있다. 이는 개인마다 차이가 큰데, 안드로겐 호르몬 분비량, 피지선 크기, 피지 생성량, 스트레스, 수면 부족 그리고 여자 청소년의 경우 월경 중 호르몬 분비의 변화에 따라 영향을 받는다. 청소년의 경우 일반적으로 여자 청소년보다는 남자 청소년들에게서 더 흔하게 나타나는데, 그 이유는 남성 호르몬인 테스토스테론의 영향 때문이다. 여드름 관리를 위해서는 비누 세안으로 피부를 깨끗이 하고, 영양적으로 균형 있는 식사를 하는 것이 중요하다.

5) 청소년 음주와 흡연

청소년기에는 음주나 흡연 등 해보지 않던 일에 관심을 갖게 되는 시기이다. 통계 자료에 의하면, 현재 우리나라 청소년들은 주기적으로 술을 마시고 있는 것으로 나타났으며, 일부 고등학생은 대입 스트레스 등을 해소하기 위해 더욱 많이 음주를 하고 있다고 보고되고 있다. 청소년기에는 충동적인 행동이 나타나는 시기이므로 음주 행동은 언어, 판단력, 자제력 등에 영향을 미치게 되어 이 시기에는 성인에 비해 음주로 인한 교통사고, 싸움 및 흡연, 약물 등의 문제가 주로 동반하는 것이 문제이다. 더욱이 알코올의 열량은 1 g당 7 kcal로 다른 영양소는 거의 함유되어 있지 않다. 알코올을 다량 섭취하면 식사에는 관심이 적어져 섭취량이 줄어드는데 이에 따라 부족하기 쉬운 영양소는 칼슘, 아연, 망간과 비타민 B군 등이다. 이렇게 되면 영양상의 불균형을 더욱 초래하게 된다.

우리나라의 경우 성인의 흡연율은 줄어드는 반면, 청소년기에 흡연율은 세계적으로도 그 비율이 높다고 한다. 청소년 시기에 흡연을 시작하는 이유는 단순한 호기심, 또래집단과 어울리기 위해, 어른스러워 보이기 위해, 스트레스 해소 등으로 올바르지 못한 정보와 잘못된 선입견 때문이라고 보고되고 있다. 이렇게 시작된 청소년의 흡연은 성인보다 신체적 · 정신적 건강에 더 많은 악영향을 미친다. 더욱이, 사춘기는 성장과 발달 그리고 성숙이 진행되는 과정에 있기 때문에, 성인에 비해 폐의 건강에 더욱 문제가 될 수 있다. 폐의 성장 · 발달에 문제가 될 수 있다. 따라서 청소년 흡연을 예방하기 위해서는 학교교육 및 사회교육을 통해 건전한 생활태도를 가지도록 유도해야 한다.

표 7-17 청소년기 영양 · 식생활행동에 따른 영양 · 건강문제

영양 · 식생활특징	원인	영양상의 문제	대책
• 무절제한 식사 • 아침식사 결식	• 불규칙한 식사시간 • 수면 부족	비만, 폭식증	• 아침식사 중요성 강조 • 아침식사 대용식 제안
간식행동	• 인스턴트식품의 범람 • 탄산음료, 설탕의 다량 섭취	비만	간식 선택 교육: 과일이나 우유 등
무절제한 다이어트	• 왜곡된 신체상 • 잘못된 정보 • 대중매체 영향	• 거식증 • 체중 감소 • 영양불균형	• 올바른 신체상 확립 • 올바른 영양교육 • 식생활교육
음주 및 흡연	불건전한 스트레스 해소	영양불균형	건전한 여가, 문화, 운동 프로그램 등의 활성화

6. 청소년기 건강증진 방안

청소년기의 성장 · 발달단계에 따른 특징 및 영양 · 식생활행동에 대해 알아보았다. 또한 청소년들의 양호한 영양 상태를 위하여 영양소 필요량에 대해서도 이해할 수 있었다. 이에 청소년기의 양호한 영양 · 식생활행동 및 건강행동 증진을 위한 영양 · 건강 전략이 필요하며, 이에 근거하여 영양교육이 이루어져야 할 것이다.

청소년기의 영양 · 식생활 행동 및 건강행동 증진 전략은 다음과 같다.

첫 번째, 식품구성자전거의 6가지 식품군에 따라 배합된 균형 있는 식사를 하도록 권장한다.

두 번째, 에너지 섭취량과 소모량이 균형을 이루어 적정체중을 유지하여 청소

청소년을 위한 식생활지침

각 식품군을 매일 골고루 먹자.
- 밥과 다양한 채소, 생선, 육류를 포함하는 반찬을 골고루 매일 먹습니다.
- 간식으로는 신선한 과일을 주로 먹습니다.
- 우유를 매일 2컵 이상 마십니다.

짠 음식과 기름진 음식을 적게 먹자.
- 짠 음식, 짠 국물을 적게 먹습니다.
- 인스턴트 음식을 적게 먹습니다.
- 튀긴 음식과 패스트푸드를 적게 먹습니다.

건강 체중을 바로 알고, 알맞게 먹자.
- 내 키에 따른 건강 체중을 압니다.
- 매일 한 시간 이상 적극적으로 신체활동을 합니다.
- 무리한 다이어트를 하지 않습니다.
- TV 시청과 컴퓨터게임을 모두 합해서 하루에 두 시간 이내로 제한합니다.

물이 아닌 음료를 적게 마시자.
- 물을 자주 충분히 마십니다.
- 탄산음료, 가당 음료를 적게 마십니다.
- 술을 절대 마시지 않습니다.

식사를 거르거나 과식하지 말자.
- 아침식사를 거르지 않습니다.
- 식사는 제 시간에 천천히 먹습니다.
- 배가 고프더라도 한꺼번에 많이 먹지 않습니다.

위생적인 음식을 선택하자.
- 불량식품을 먹지 않습니다.
- 식품의 영양표시와 유통기한을 확인하고 선택합니다.

자료: 보건복지부, 2010.

년기 비만을 비롯한 음식으로부터 오는 질병과 생활습관병을 예방한다.

세 번째, 단순당질의 섭취를 줄이고 잡곡밥, 콩류 등 복합당질의 섭취를 증진시켜 단순당질의 체내 축적을 줄인다.

네 번째, 지질, 염분, 설탕 함량이 높은 식품은 제한하며, 칼슘과 철이 풍부한 음식을 통해 부족하지 않도록 한다.

다섯 번째, 비타민과 무기질의 부족한 섭취도 문제지만, 과도한 비타민과 무기질 섭취는 바람직하지 못하다. 그러므로 기능성식품 및 보충제 섭취로 일일 권장량을 초과하지 않도록 적정 섭취수준을 준수한다.

여섯 번째, 청소년기에는 음주, 흡연을 하지 않으며, 적당한 운동을 통해 신체적 · 정신적으로 건강을 유지하도록 한다.

이렇듯 영양 건강행동 증진 전략은 여러 가지를 찾아볼 수 있다. 그러나 무엇보다도 청소년기의 영양 · 식생활행동은 본인의 의지와 판단에 따른 의사결정에 의해 이루어짐을 인식하도록 한다. 또한 청소년기의 영양 · 건강증진을 위한 전략을 계획할 때에는 너무 많은 목표보다는 3~4가지의 변화전략을 세우는 것이 바람직하므로 목표달성 과정을 수시로 점검하여 수정 · 보완해 나가야 할 것이다.

더 알아보기 비만 알아보기: 나는 비만일까요?

체질량지수(BMI) 판정법

$$\text{체질량지수} = \frac{\text{체중(kg)}}{\text{신장(m)} \times \text{신장(m)}}$$

판정)

정상: 연령별 체질량지수 곡선에서 체질량지수가 5~84백분위수

과체중: 연령별 체질량지수 곡선에서 체질량지수가 85~94백분위수

비만: 연령별 체질량지수 곡선에서 체질량지수가 95백분위수 이상 또는 체질량지수 25 이상

나는 비만일까요?

예 만 14세 남자의 신장이 160 cm(1.6 m), 체중이 55 kg인 경우,
체질량지수를 계산하면 21.5입니다.

이를 연령별 체질량지수 곡선에서 보면 50~75백분위수 사이의 값(★)이므로 정상 체중에 해당됩니다.

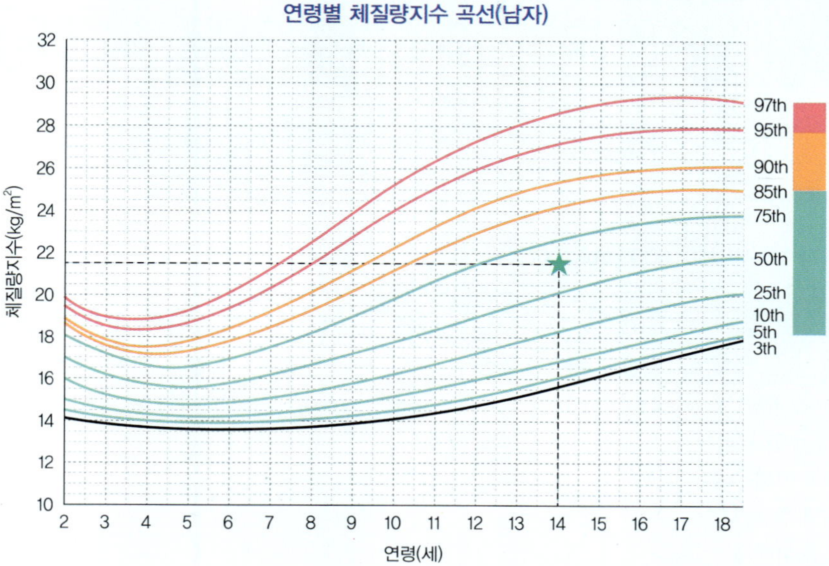

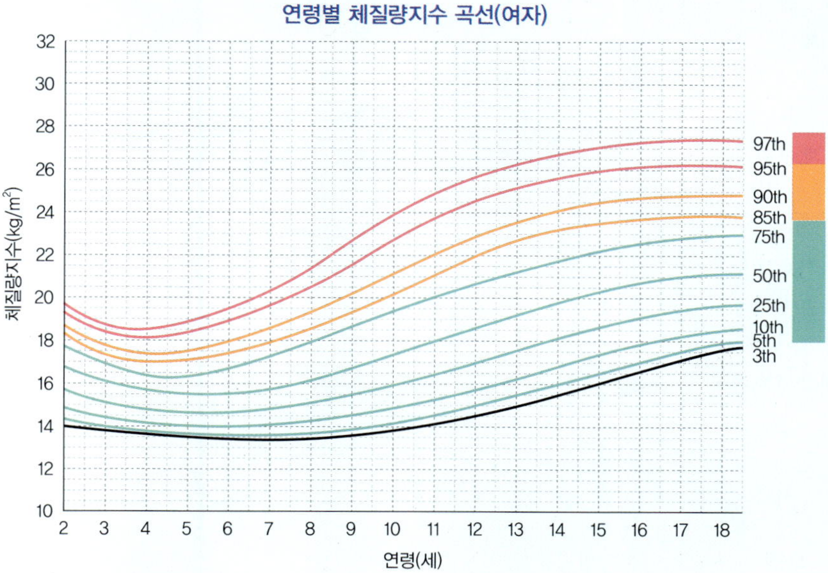

자료: 대한비만학회, 2009; 질병관리본부, 대한소아과학회, 2007; 식품의약품안전처 홈페이지

더 알아보기 청소년을 위한 기본 식단의 예시

청소년을 위한 1일 권장식사패턴(식사구성안 이용)

에너지 (kcal)	대상		곡류군	어육류군	채소군	과일군	우유군	유지/당류
2,000	12~18	여	3	4	7	2	2	4
2,400	12~14	남	4	6	7	2	2	6
2,700	15~18	남						

청소년기 남자 12~18세(2,600 kcal, A타입)

식단		곡류		고기 · 생선 · 계란 · 콩류		채소군		과일군		우유 · 유제품류	
		분량	횟수	분량	횟수	분량	횟수	분량	횟수	분량	횟수
아침	잡곡밥	210g	1								
	두부된장국			40g	0.5						
	어묵야채볶음			60g	1	35g	0.5				
	양배추샐러드					70g	1				
	오이생채					70g	1				
점심	쌀밥	210g	1								
	콩나물국					35g	0.5				
	갈치구이			120g	2						
	김구이					1g	0.5				
	배추김치					40g	1				
저녁	현미밥	210g	1								
	미역국					15g	0.5				
	제육볶음			120g	2	35g	0.5				
	호박나물					70g	1				
	무생채					35g	0.5				
간식	에그샌드위치	100g	1	30g	0.5						
	우유									1컵 (200mL)	1
	사과							1/2 (100g)	1	1개 (100g)	1
	오렌지							1/2 (100g)	1		
합계		4회		6회		7회		2회		2회	

참고문헌

강여화, 양일선, 김혜영, 이해영(2004). 중 · 고등학생 대상 영양교육 현황 분석을 통한 영양교육 주제 도출. 한국영양학회지 37(10): 938~945.

김선희, 최보영(2001). 청소년기 여자의 칼슘과 인 평형 연구. 한국영양학회지 34(4): 433~439.

박태선, 김은경(2011). 현대인의 생활영양 개정판. 교문사.

보건복지부(2005). 국민영양 건강 조사보고서.

송윤주, 정효지, 김영남, 백희영(2006). 서울 지역 일부 아동 및 청소년의 성장발달 및 식생활 비교 연구 : 체조성 변화와 비만실태(I). 한국영양학회지 39(1): 44~49.

송윤주, 정효지, 김영남, 백희영(2006). 서울 지역 일부 아동 및 청소년의 성장발달 및 식생활 비교 연구 : 식품 및 영양소 섭취 실태(II). 한국영양학회지 39(1): 50~57.

양일선, 김혜영, 이해영, 강여화(2004). 중 · 고등학생 대상 영양교육 프로그램 효과평가. 한국영양학회지 37(7): 576-584.

윤군애(2001). 부산지역 일부 청소년의 체중상태와 신체활동량과의 관계. 한국영양학회지 34(1): 39~47.

이선희, 김은경, 류옥남, 박계월(1999). 강릉지역 일부 사춘기 소녀의 철분 영양상태에 관한 연구. 대한지역사회영양학회지 4(2): 139~148.

한국영양학회(2010). 한국인 영양섭취기준 개정판.

Whitaker, RC, Wright, JA Pepp, Scidel KD and Dietz WH(1997). Predicting obesity in young adulthood from childhood and parental obesity. *New England Journal of Medicine*, Vol. 337 No. 13, pp.869~873.

단원정리

- 청소년기 영양은 실제 연령이 아닌 성적 성숙함이 고려되어야 한다.
- 청소년들의 식생활행동 특징은 과도한 다이어트, 결식, 해로운 다이어트 요법 사용 그리고 패스트푸드, 음료수, 과자 같은 열량 음식을 자주 먹는 것을 포함한다.
- 구체적인 생각과 추상적인 이성의 능력은 청소년기 후반이나 성숙기의 초기가 될 때까지 완전히 발달되지 않는다. 그래서 교육적인 노력이 구체적인 원리에 기본이 되어야 하며 매우 구체적으로 필요하다.
- 청소년기 식생활행동 특징은 친구 영향, 부모님의 모델링, 음식 선호도, 음식 이용, 비용, 편의성, 개인적 · 문화적 믿음, 대중매체 그리고 신체상 등의 다양한 요인들에 의해 영향받는다.
- 많은 청소년들은 에너지 및 영양소 불균형을 가지고 있다.
- 청소년들을 위한 영양적 메시지는 무엇이 그들의 삶에 중요한지에 초점을 맞춰야 할 필요가 있다. 현재의 좋은 영양이 외모, 운동 능력이나 학업 성취에 얼마나 긍정적으로 영향을 끼치는 것에 초점을 맞추는 것이 장기적으로 질병 예방에 초점을 맞추는 것보다 영향력이 크다.
- 칼슘 섭취는 청소년기 최대 골밀도 발달에 중요하지만 대부분의 청소년들은 필수 섭취량의 반보다 덜 먹고 있다. 청소년기에 육체적 운동의 참여도 골밀도 발달에 중요한 역할을 한다.

더 생각해 보기

식약청, 겨울방학 청소년 균형 잡힌 식생활 안내

식품의약품안전청은 26일 겨울 방학을 맞은 청소년들의 건강하고 균형 잡힌 식생활을 위한 올바른 간식 선택 요령을 안내했다. 우리나라 청소년(만 12~18세)은 타 연령군에 비해 '라면, 빵류, 과자류, 아이스크림, 햄버거, 피자, 튀김류' 등과 같은 고열량, 저영양 식품군을 자주 섭취한다. 이같은 가공식품 구매 시 영양표시를 확인하는 비율은 낮은 실정이다. 이에 따라 식약청은 청소년들의 올바른 간식 선택 요령을 소개했다. 식약청은 겨울 방학 기간 중 부족해질 수 있는 영양소 보충을 위해 칼슘과 무기질이 풍부한 우유, 유제품과 과일, 채소류 섭취를 늘리는 것이 바람직하다고 밝혔다. 지난 2010년 국민건강영양조사에서 나타났듯이 청소년(어린이) 칼슘섭취량은 권장량 대비 60%로 낮은 수준이다. 우유는 하루 2컵(400mL) 섭취가 바람직하다. 우유 소화가 힘든 청소년(어린이)의 경우 치즈 2장(40g), 우유를 원재료로 한 아이스크림 1컵(200g) 떠먹는 요구르트 1컵(200g) 등을 선택해 섭취하면 도움이 될 수 있다. 과일류는 일일 100g을 섭취하는 것이 바람직하다. 사과는 중간크기 반 개, 귤은 중간크기 1개, 포도는 15알 정도다. 패스트푸드점을 이용할 때는 세트 메뉴보다 단품 메뉴를 선택한다. 음료는 탄산음료보다 우유 · 주스 등으로, 디저트는 감자튀김보다는 샐러드 메뉴를 선택하는 것이 열량 섭취를 줄일 수 있다. 학교나 가정에서는 어린이 간식을 마트에서 구매 시 '어린이 기호식품 품질인증마크'가 표시된 제품인지를 확인하고 구입하는 것이 바람직하다. 어린이기호식품 품질인증제품이란 고열량 · 저영양 식품이 아닌 영양을 고루 갖춘 식품(24개사 70개 제품이 인정)이다. 또한 어린이를 현혹시키는 미끼 상품, 캐릭터 상품 등에 주의하고 반드시 유통기한 등 표시사항을 꼼꼼히 확인해 품질이 우수한 제품을 구매하는 습관을 기르는 것이 중요하다. 식약청은 어린이 방학 맞이 올바른 간식 선택 요령을 보다 효과적으로 전파하기 위해 시도교육청 등 관계 기관 협조를 통해 교육, 홍보해 나갈 계획이다.

자료: 충청일보, 2012년 12월 27일자.

평소 자신이 섭취하는 간식에 대해 알아보고 자주 섭취하는 간식의 에너지를 조사해 보자. 그리고 이에 따른 문제점을 알아보자.

자주 섭취하는 간식	
나의 1일 간식 섭취 에너지	
고열량 · 저영양식품 섭취의 문제점	

마무리

십자말풀이

① 청소년기 여성에게 당연하게 나타나는 체지방 축척을 부정적으로 생각하고 몸무게의 불만족을 느낄 때 나타나는 행동을 말한다.

② 청소년기의 마지막 단계는 (　　　)과 개인의 도덕적 믿음의 발달에 의해 특징지어진다.

③ 이차 성장 특징들의 스케일을 나타내는 것으로써 5단계로 나누어지며 SMR이라고도 한다.

청소년기 단백질이 충분히 공급되지 못할 경우, 질병에 대한 저항력이 감소하여 질환의 이환율이 증가하고 (④　　　)과 (⑦　　　) 등을 초래할 수 있다.

⑤ 이것을 하게 되면 저녁식사부터 긴 시간 동안 먹지 않게 되어 혈당치가 매우 낮아지기 때문에 학습에 지장을 주고 운동 능력도 저하된다.

⑥ 청소년기에는 급격한 성장과 성적 성숙의 발생으로 인하여 중요하게 여겨지는 영양소로써 조개, 굴, 간, 육류 등의 동물성 식품을 통해 섭취할 수 있다.

⑧ 18세 정도에 90% 정도가 형성되며, 이것의 가장 중요한 요소가 청소년기에 이루어지기 때문에 뼈의 성장과 발달에는 적절한 영양섭취가 중요하다.

⑨ 가공식품 속 (　　　)의 섭취량이 증가하면서 청소년기 비만이 증가하고 있는 실정이다.

⑩ 남성의 고환에서 분비되는 호르몬으로써 많은 근육과 골격을 유지시켜 준다.

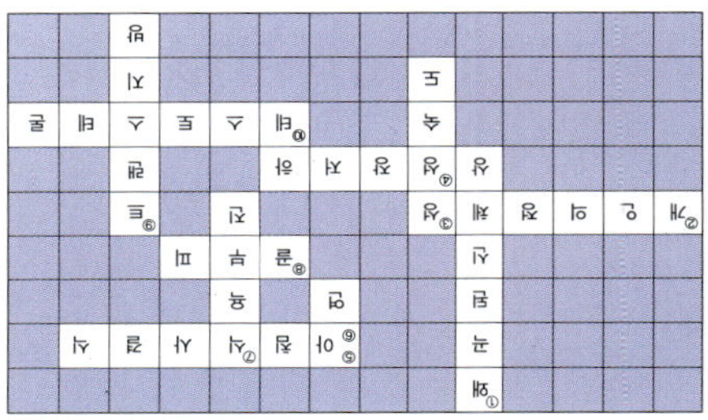

성인기 영양

1. 성인기의 중요성
2. 성인기의 생리적 특성
3. 성인기 식생활 및 생활습관
4. 성인기 영양섭취기준
5. 성인기 건강문제
6. 성인기 식사 및 건강관리

CHAPTER 8

생각열기

A씨(47세, 여)의 일기

요즘 출근 준비를 할 때마다 스트레스를 받는다. 특별히 먹은 것도 없는데 허리 주변에 살이 쪄서 맞는 옷이 없기 때문이다. 나도 처녀 때에는 남부럽지 않은 개미허리를 자랑했는데……. 왜 전보다 더 많이 먹지도 않는데 배랑 허리에 살이 붙는걸까? 지난번에 다이어트를 한다고 식사량을 줄였다가 살은 빠지지 않고 머리카락만 잔뜩 빠진 이후로는 다이어트할 엄두도 나지 않는다...

게다가 항상 피곤해 보인다는 후배의 말에 너무 속상하다. 나도 이제 갱년기에 접어든 걸까?

성인기는 아동 · 청소년기의 활발한 성장이 끝나고 노년기가 시작할 때까지의 긴 시기이다. 성인기의 영양 및 건강관리에 따라 만성질환의 발병 위험과 수명이 달라지므로 이 시기 동안 신체적 · 정신적 건강을 유지하는 것이 중요하다. 이를 위해서는 특히 세포의 손상을 방지하고 위험요인을 조절하며 정상체중을 유지하는 것이 필요하다.

1. 성인기의 중요성

성인기에 접어들면 성장을 위한 영양의 필요성은 감소하지만 건강 유지를 위한 영양 섭취가 중요해진다. 이는 이 시기의 식생활이 후일의 건강과 복지에 큰 영향을 미치기 때문이다. 식사를 비롯하여 운동, 흡연, 체중 등의 생활습관은 유전적 요인, 환경적 요인 등과 함께 작용하여 개인의 수명과 삶의 질을 결정한다.

한국인의 주요 사망 원인인 암, 뇌혈관질환, 심혈관질환, 당뇨병 등은 식사 섭취에 의해 크게 영향을 받는 질병들로서, 성인기의 식사와 운동 등 생활습관을 통해 발병 위험을 조절할 수 있다(그림 8-1). 이 시기의 바른 생활습관을 통해 만성질환의 발생을 예방 또는 지연함으로써 건강수명을 연장하는 것이 개인의 복지 향상과 의료비 절감을 위해 필수적이다.

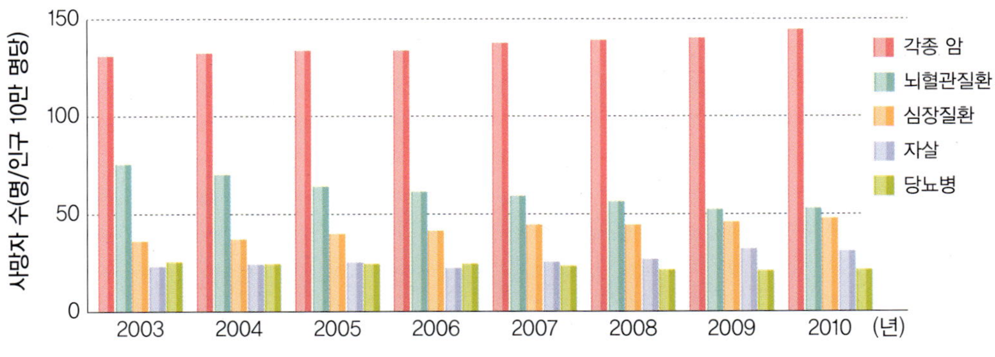

그림 8-1 **한국인의 사망원인**

자료: 통계청, 2011.

2. 성인기의 생리적 특성

1) 성인기의 체조성 및 에너지 소비의 변화

성인기는 19세에서 64세에 이르는 긴 시기로서, 이 시기에는 체중 및 체지방의 증가가 흔히 나타난다. 이와 같은 증가는 상당 부분 근육의 감소 때문에 일어나는데, 근육은 대사적으로 활발한 조직이기 때문에 근육이 감소하면 기초대사량이 감소한다. 기초대사량은 일일 에너지 소비의 60~75%를 차지하므로 근육의 감소는 현저한 에너지 소비의 감소로 이어진다. 따라서 성인기 후반으로 갈수록 비만의 위험이 높아진다. 성인기에는 일반적으로 가령에 따라 에너지 섭취가 감소하는 경향을 보이지만 체중이 증가하는 것을 완전히 예방하기에는 충분치 않다.

대사율과 에너지 소비는 성인기 초기부터 10년에 약 2%의 비율로 감소하는데 활발한 신체활동은 이 감소를 최소화할 수 있다. 반면 근골격계 질환이나 비만이 있으면 신체활동이 적어지며 에너지 소비 감소가 더욱 심해진다(그림 8-2).

내장지방(visceral fat)
내장지방은 복강 내에 존재하며 장기 사이의 공간을 메우고 있다. 내장지방은 간문맥에 가깝기 때문에 내장지방에서 분비된 유리지방산은 문맥을 통해 간으로 운반되어 혈청 지질을 만드는 데 쓰인다. 또한 내장지방세포는 대사적으로 활발하여 여러 호르몬과 사이토카인을 분비한다. 이들 중 종양괴사인자와 인터루킨-6 등은 인슐린저항을 유발하고 혈전형성을 촉진하는 효과가 있다.

성인기에는 체지방의 양뿐만 아니라 분포도 변화하는데 복부와 내장지방이 증가하고 피하지방은 상대적으로 감소하여 체형이 변하게 된다. 이와 같은 체지방의 재분배는 고혈압, 인슐린 저항, 당뇨병, 뇌졸중, 담낭질환과 관상동맥질환의 증가로 이어진다.

대개의 사람은 20대가 되면 키 성장이 멈춘다. 하지만 골밀도는 30세경까지 계속 증가하다가 그 이후에는 점차 감소하는 양상을 보인다.

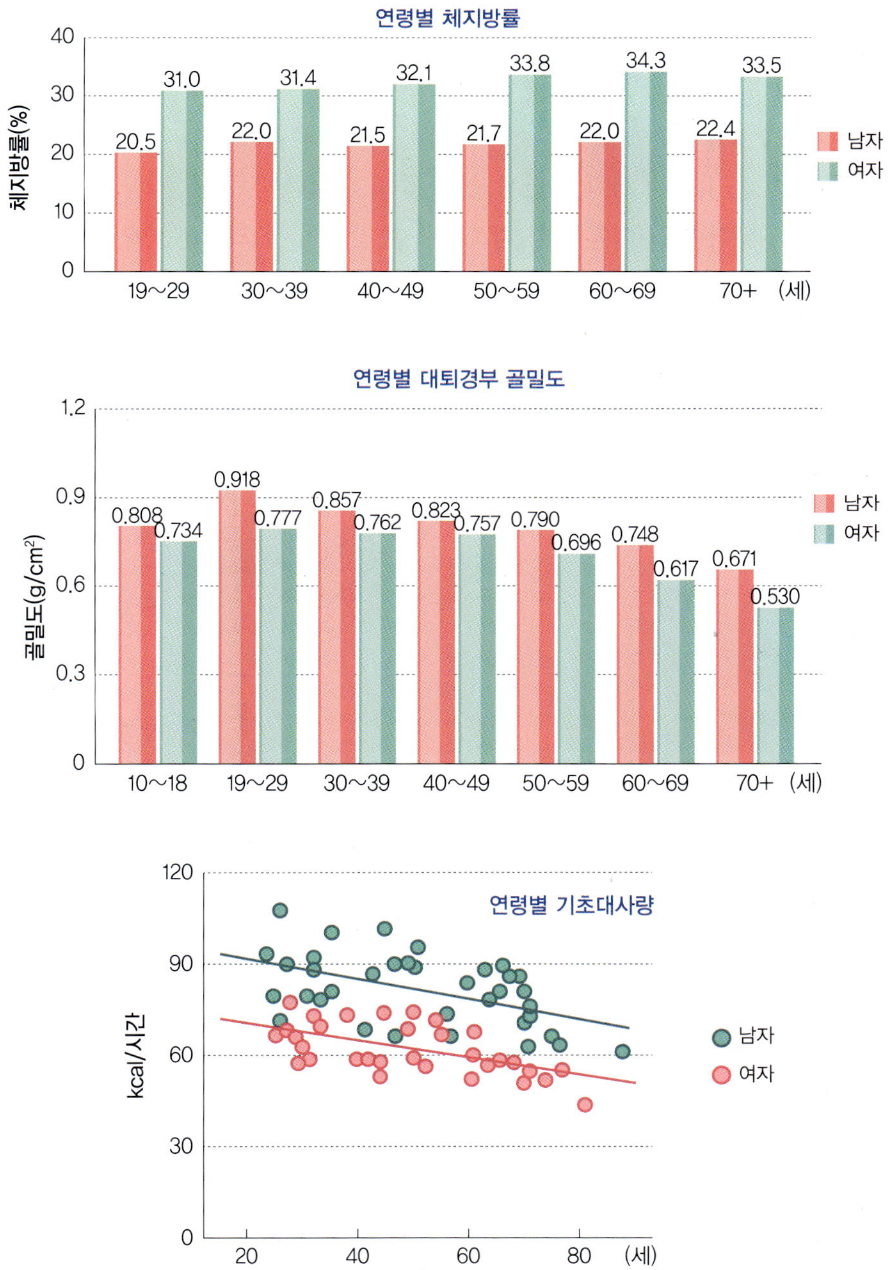

그림 8-2 **성인기의 체조성 및 기초대사량의 변화**

자료: 보건복지부 · 질병관리본부, 2011; Short KR et al., 2004.

2) 성인기의 생리적 변화

성인기에는 체조성뿐만 아니라 신체 기능도 서서히 변화한다. 하지만 개인의 유전적 요인, 생활습관에 따라 그 변화의 정도가 다르다(그림 8-3).

성인기에는 근육량과 함께 유연성, 근력 등도 감퇴한다. 근력은 25~30세 사이에 최고조에 달하며 그 이후 점차 감소하는데 감소의 정도는 운동에 의해 크게 영향 받는다. 운동의 종류와 양은 근력뿐만 아니라 근육, 체지방, 골밀도 등에도 큰 영향을 미친다. 근육이 식후 혈당의 약 70%를 처리하는 조직이기 때문에

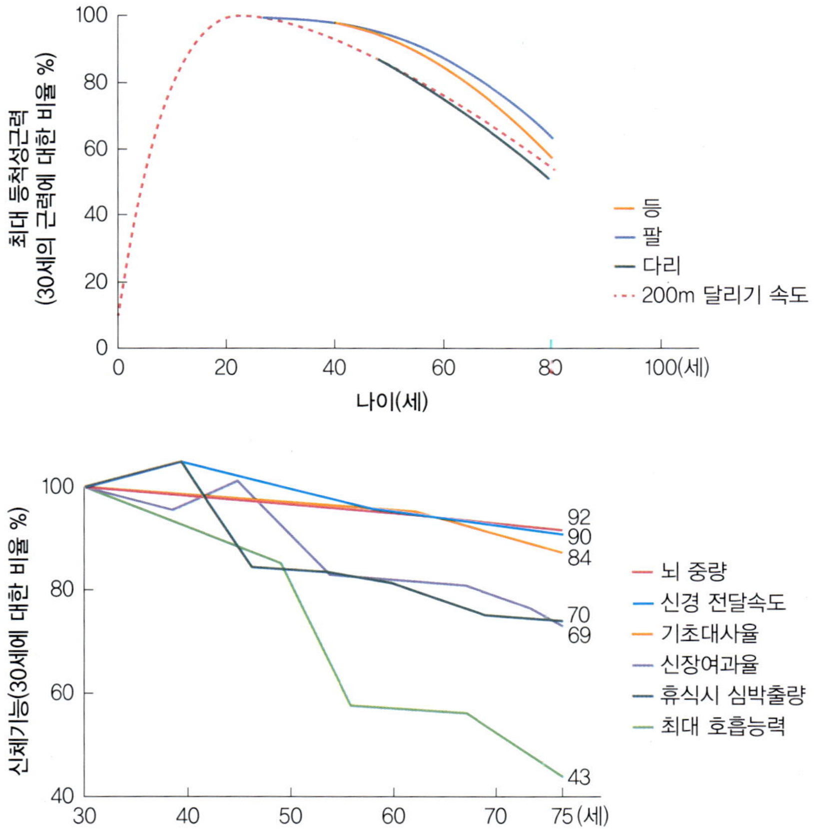

그림 8-3 **성인기의 신체 기능의 변화**

자료: Christian JL et al., 1990; Burr DB, 1997.

근육 감소는 혈당 조절 능력의 감퇴를 불러온다.

감각 기능과 인지 기능도 점차 쇠퇴하는데, 청력 감퇴는 25세경부터 시작되며 시력은 40세부터 나빠지기 시작한다. 40~50대의 여성은 난소의 위축과 함께 에스트로젠 생산이 감소하여 폐경에 이르게 된다. 폐경이 되면 복부지방이 급격히 증가하고 심혈관질환의 위험과 골질량 손실이 증가한다. 남성의 경우 테스토스테론이 점차 감소하면서 근육량 감소가 나타난다.

테스토스테론(testosterone)
남자의 고환에서 만들어지는 호르몬. 남자의 성적 성숙을 촉진하며 생식 기능 외에도 근육 발달, 적혈구 및 골밀도 유지 등에 관여한다.

3. 성인기 식생활 및 생활습관

1) 직장인의 외식과 나트륨 섭취

직장인은 잦은 회식으로 인해 외식을 할 기회가 많은데 이를 통해 다량의 나트륨을 섭취하게 된다(표 8-1). 예를 들어 30대 성인의 98.5%는 영양섭취기준 이상의 나트륨을 섭취하고 있는 것으로 조사되었다. 나트륨 과잉 섭취는 혈압을

표 8-1 음식별 나트륨 함유 순위

No.	음식명	1인분 중량 (g)	1인분 나트륨 (mg)	100 g당 나트륨 (mg)
1	짬뽕	1,000	4,000	400
2	우동(중식)	1,000	3,396	340
3	열무냉면	800	3,152	394
4	쇠고기육개장	700	2,853	408
5	간짜장	650	2,716	418
6	알탕	700	2,642	377
7	물냉면	800	2,618	327
8	동태찌개	800	2,576	322
9	선짓국	800	2,519	315
10	자장면	650	2,392	368

자료: 식품의약품안전청, 2012.

높이는 주범으로 잘 알려져 있다.

2010년 국민건강영양조사 결과에 따르면 30세 이상 성인의 고혈압 유병률이 28.9%(남자 30.1%, 여자 27.7%)에 달했다. 고혈압은 특별한 증상이 없으므로 방치하기 쉽지만 뇌졸중, 협심증, 심근경색, 심부전, 신장병의 주요 원인이므로 예방 및 치료에 힘써야 한다.

2) 흡연

2010년 한국 남성의 흡연율은 48.3%로, 1998년 이후 크게 감소했으나 아직도 OECD국가 중 최상위를 차지하고 있다. 연령별로는 남녀 모두 30대에서 흡연율이 가장 높았다(그림 8-4).

담배연기에는 4,000가지 이상의 화학물질이 함유되어 있는데 이들 중에는 50개가 넘는 발암물질이 포함되어 있다. 따라서 흡연은 폐암, 후두암, 인후암 등 각종 암의 발생을 증가시킨다.

또한 흡연은 심혈관질환의 위험을 높이는 강력한 위험요인이다. 담배에 함유

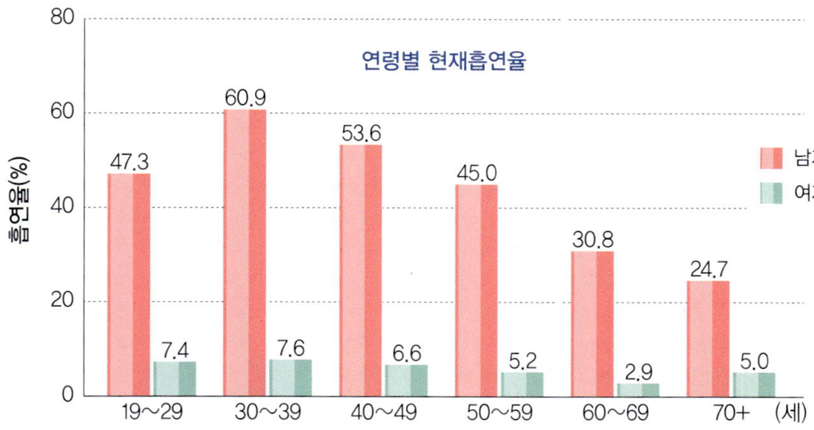

그림 8-4 성인기의 흡연율

현재흡연율: 평생 담배 5갑(100개비) 이상 피웠고 현재 담배를 피우는 분율, 만 19세 이상
자료: 보건복지부 · 질병관리본부, 2011.

되어 있는 니코틴은 항이뇨호르몬의 분비를 자극하여 혈압을 상승시키는 효과가 있고 또한 에피네프린의 분비를 촉진함으로써 심박동수, 혈압, 호흡수 및 혈당을 상승시킨다. 흡연을 하면 혈전 생성도 증가하므로 하루에 한 갑 이상의 흡연을 하는 사람은 금연하는 사람에 비해 심혈관질환의 위험이 2~3배 높다. 피임약을 비롯한 몇몇 약물은 담배와의 상호작용으로 인해 혈전증을 악화시킨다. 따라서 고혈압 환자와 피임약을 사용하는 여자는 절대적으로 금연을 실시해야 한다.

3) 음주

성인기에는 사회생활을 하면서 음주를 할 기회가 많아진다. 적당한 음주는 긴장감을 풀어주고 기분을 좋게 해주는 등 긍정적 효과가 있지만 지나치게 되면 건강에 해롭다.

(1) 적당한 음주의 긍정적 효과

과음을 하게 되면 각종 질병의 발생이 급격히 증가하지만 적당한 양의 알코올을 섭취하면 오히려 몇몇 질병의 위험이 감소한다. 여자는 10 g/일, 남자는 20 g/일 정도의 알코올을 섭취하면 특히 심혈관질환과 허혈성 뇌졸중의 위험이 감소하는 효과가 있다. 이는 알코올이 ApoA-I과 HDL 콜레스테롤의 농도를 상승시키고 LDL 콜레스테롤의 산화를 막아주며 혈액응고를 억제하기 때문이다. 또한 알코올은 에스트로젠 수준을 높이고 혈장 호모시스테인을 낮추는 역할을 한다. 그러나 심혈관계 이외의 다른 질환에 대해서는 알코올이 큰 보호효과를 발휘하지 않는 것으로 보인다.

Apolipoprotein A-I (apoA-I)
HDL을 구성하는 단백질. HDL의 크기와 모양을 결정할 뿐단 아니라 말초조직 세포에서 콜레스테롤을 제거하고 lecithin cholesterol acyltransferase를 활성화하여 콜레스테롤 에스터를 만들어 간으로 운반하는 과정에서 중추적 역할을 함

알코올의 보호효과는 40~50대 이후의 중년에게 특히 도움이 되며 젊은 사람은 술을 마셔도 건강에 도움이 되지 않는다. 알코올의 건강증진효과는 음주패턴에 의해서도 영향받는데 알코올을 한 번에 몰아서 폭음을 하는 경우 보호효과가 사라진다.

알코올의 효과를 기대할 수 있는 중년기 성인이라 하더라도 고혈압, 부정맥 등의 질병이 있거나 항우울제, 안정제, 항응고제, 심혈관질환약제 등을 복용하

는 사람은 될 수 있는 대로 음주를 자제해야 한다. 또한 임신을 계획 중이거나 임신, 수유 중인 사람은 태아 알코올 증후군의 예방을 위해 음주를 자제하는 것이 좋다. 아울러 적은 양의 알코올만 섭취해도 교통사고 등 각종 사고의 위험이 상승하므로 주의해야 한다.

(2) 과도한 음주의 부정적 효과

하루에 세 잔 이상의 음주를 하게 되면 만성 췌장염과 간경화의 위험이 현저하게 증가한다. 알코올은 그 밖에 고혈압과 출혈성 뇌출혈의 위험을 높이고 구강, 식도, 후두, 간 등의 암 발생을 증가시킨다.

(3) 한국인의 음주실태

19~64세 성인의 음주실태를 살펴보면 월 2~4회 음주하는 사람이 30.5%로 가장 많았고, 월 1회 미만이 20.7%, 주 2~-3회가 18.6%였다. 한편 남자의 27.5%는 1회 음주량이 10잔 이상이라고 응답하여 가장 많은 비중을 차지하였고, 그 뒤를

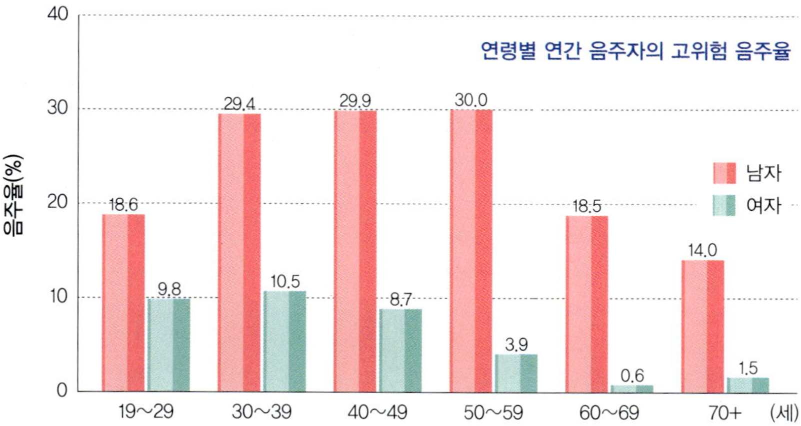

그림 8-5 **성인기의 음주율**

연간 음주자의 고위험 음주율: 연간 음주자 중 1회 평균 음주량이 7잔 이상(여자 5잔)이며 주 2회 이상 음주하는 분율, 만 19세 이상

자료: 보건복지부 · 질병관리본부, 2011.

이어 22.6%가 7~9잔이라고 응답하였다(2010년 국민건강영양조사). 한 달에 한 번 이상 폭음을 하는 19~64세 남성이 전체의 67.4%에 달했으며 특히 12.4%의 남성은 거의 매일 폭음을 한다고 조사되었다. 위의 결과로부터 다수의 성인 남성이 알코올의 부정적 효과에 노출되어 있음을 알 수 있다(그림 8-5).

4. 성인기 영양섭취기준

성인을 위한 영양섭취기준의 목표는 이 인구집단이 필요한 영양소를 적정량 섭취하여 만성질환 발병의 위험을 낮추는 것이다. 성인은 19~29세, 30~49세, 50~64세의 3개 연령군으로 구분하는데, 이는 각 연령군의 체격, 즉 신장과 체중의 차이에 근거한 분류이다. 표 8-2에는 영양섭취기준 제정의 기초가 되는 체위 기준이 표시되어 있다.

표 8-2 2010년 한국인 영양섭취기준 체위 기준

성별	연령	신장(cm)	체중(kg)
남자	19~29세	173	65.8
	30~49세	170	63.6
	50~64세	166	60.6
여자	19~29세	160	56.3
	30~49세	157	54.2
	50~64세	154	52.2

자료: 한국영양학회, 2010.

1) 에너지

성인은 성장을 위한 에너지가 필요 없으므로 성인의 에너지 필요추정량은 건강한 사람이 일상적인 활동을 수행하며 에너지 평형을 유지하는 데 필요한 열량이다. 따라서 성인의 에너지 필요추정량은 총 에너지소비량과 동일하다(표 8-3).

표 8-3 **에너지 필요추정량**

(단위: kcal)

성별	연령	필요추정량
남자	19~29세	2,600
	30~49세	2,400
	50~64세	2,200
여자	19~29세	2,100
	30~49세	1,900
	50~64세	1,800

자료: 한국영양학회, 2010.

성인의 에너지 필요추정량 산출 공식

1) 남자

662 − 9.53 × 연령(세) + PA[15.91 × 체중(kg) + 539.6 × 신장(m)]

- PA(신체활동단계별 계수) : 1.0(비활동적), 1.11(저활동적), 1.25(활동적), 1.48(매우 활동적)

2) 여자

354 − 6.91 × 연령(세) + PA[9.36 × 체중(kg) + 726 × 신장(m)]

- PA(신체활동단계별 계수) : 1.0(비활동적), 1.12(저활동적), 1.27(활동적), 1.45(매우 활동적)

한국 성인의 신체활동수준은 운동선수와 일부 육체 노동자를 제외하고는 대부분 저활동적 상태에 해당한다. 따라서 에너지 필요추정량 계산 시 저활동적 수준에 해당하는 신체활동단계별 계수를 적용하였다. 비만을 방지하기 위해 성인의 에너지 필요추정량을 계산할 때에는 실제 체중의 중앙값이 아닌 정상체중(BMI 22)에 해당하는 체중을 산출한 다음 이를 적용하였다.

2) 탄수화물

케톤증을 예방하고 뇌와 적혈구에 필요한 에너지를 공급하기 위해서는 하루에 최소 50~100 g의 탄수화물을 섭취해야 한다. 또한 탄수화물로부터의 에너지 섭취분율은 55~70%가 적합하다.

당류는 과도하게 섭취할 경우 식사의 영양밀도를 낮추고 비만, 충치 등의 위험을 증가시키므로 식품에 함유되어 있는 당류와 조리 시 첨가하는 설탕 등을 포함한 총당류는 전체 에너지 섭취의 10~20% 이내로 제한하여야 한다.

3) 지방

영양섭취기준에 따르면 총지방 에너지적정비율은 15~25% 수준이다. 지방을 과잉 섭취할 경우 고지혈증, 고혈압, 뇌혈관질환, 심혈관질환, 비만, 대사증후군, 당뇨, 암 등의 위험이 증가한다. 따라서 만성질환의 발생이 증가하는 성인기에는 지방을 과하게 섭취하지 않도록 유의해야 한다.

국민건강영양조사 결과에 따르면 고콜레스테롤혈증 환자가 꾸준하게 증가하고 있는데, 고콜레스테롤혈증은 관상동맥질환의 위험 요인이므로 성인기에는 하루에 300 mg 미만의 콜레스테롤을 섭취할 것을 권장하고 있다. 나아가 심혈관질환을 앓고 있는 사람은 200 mg 이하의 섭취를 권장한다. 한편 탄수화물 섭취가 많은 한국인은 고중성지방혈증의 발생이 흔한데 고중성지방혈증도 심혈관질환의 위험인자이므로 성인기에는 콜레스테롤과 함께 탄수화물, 에너지의 섭취가 과잉되지 않도록 주의해야 한다(그림 8-6).

포화지방산은 전체 에너지의 4.5~7% 범위에서 섭취하는 것이 적당하다. 포화지방산의 섭취가 많아지면 체내에서 콜레스테롤 합성이 증가할 뿐만 아니라 당뇨병, 암, 심장질환, 고지혈증 등의 위험이 상승하므로 성인기에는 쇠고기, 돼지고기, 버터, 치즈 등 포화지방산이 풍부한 음식의 섭취를 절제해야 한다.

불포화지방산의 경우 성인은 전체 에너지의 4~8%를 n-6계 지방산에서 섭취하도록 권장하고 있다. n-3계 지방산은 1% 내외로 섭취하는 것이 바람직하며, n-6:n-3의 비율은 4~10:1이 바람직하다. n-6계 지방산을 과잉섭취하면 심혈관질환, 염증, 암 등의 발생이 증가한다고 알려져 있다. 반면 n-3계 지방산의 섭취는 혈청 지질 수준을 낮추고 관상동맥질환의 발생을 억제하는 효과가 있다. 그러나 n-3계 지방산은 불포화도가 높아 산화되기 쉬우므로 과량 섭취는 피해야 한다.

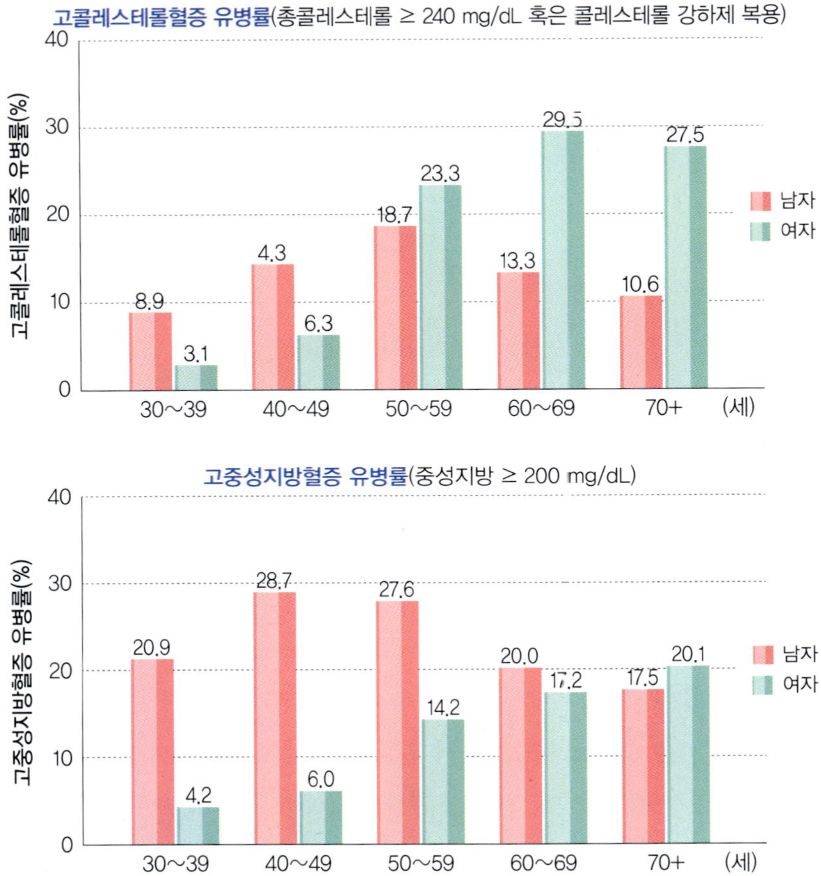

그림 8-6 성인기의 이상지질혈증 유병률

자료: 보건복지부 · 질병관리본부, 2011.

트랜스 지방산은 에너지의 1% 미만으로 섭취해야 한다. 이는 트랜스 지방산이 LDL 콜레스테롤과 혈청 중성지방을 상승시키고 HDL 콜레스테롤을 감소시키기 때문이다.

4) 단백질

단백질은 신체조직을 구성할 뿐만 아니라 각종 효소, 호르몬, 항체를 만들고 체액의 산–염기 평형 유지, 수분 대사 조절 등의 중요한 기능을 한다. 따라서 성장이 끝난 성인기에도 건강 유지와 특히 면역 기능을 위해 적당량의 단백질을 섭취하는 것이 필요하다.

질소평형연구로부터 한국 성인의 단백질 평균필요량은 0.66 g/kg/일로 설정되었으며 권장섭취량은 0.83 g/kg/일이다(표 8-4). 에너지 적정비율은 7~20%로 권장한다.

표 8-4 단백질 영양섭취기준

(단위: g/일)

성별	연령	평균필요량	권장섭취량
남자	19~29세	45	55
	30~49세	45	55
	50~64세	40	50
여자	19~29세	40	50
	30~49세	35	45
	50~64세	35	45

자료: 한국영양학회, 2010.

5) 비타민

(1) 지용성 비타민

비타민 A는 세포 성장, 상피세포의 정상적인 분화 및 증식, 시각과 면역 기능 등에 관여하며, 카로티노이드는 항산화 작용 및 항암 효과가 뛰어나다고 알려져 있다. 최근에는 카로티노이드의 일종인 루테인이 노인성 황반변성에 보호효과가 있다고 하여 각광받고 있으며 리코펜은 전립선암 예방효과가 있다.

비타민 A의 평균필요량은 영양상태가 좋은 사람이 체내 비타민 A를 유지하는데 필요한 양으로 계산되었으며 권장섭취량은 여기에 20%의 변이계수를 적용하여 설정하였다. 19~49세 성인의 권장섭취량은 남자 750, 여자 650 μgRE이다(표 8-5).

표 8-5 지용성 비타민 영양섭취기준

구분		비타민 A (μg)		비타민 D (μg)		비타민 E (mg α-TE)		비타민 K (μg)	
		권장 섭취량	상한 섭취량	충분 섭취량	상한 섭취량	충분 섭취량	상한 섭취량	충분 섭취량	상한 섭취량
남자	19~29세	750	3,000	5	60	12	540	75	-
	30~49세	750	3,000	5	60	12	540	75	-
	50~64세	700	3,000	10	60	12	540	75	-
여자	19~29세	650	3,000	5	60	10	540	65	-
	30~49세	650	3,000	5	60	10	540	65	-
	50~64세	600	3,000	10	60	10	540	65	-

자료: 한국영양학회, 2010.

비타민 A를 과잉 섭취하는 경우 지방간, 간 손상, 골격 약화와 연골 손상 등의 증상이 나타나고, 특히 임산부의 경우 기형아 출산의 위험이 높아진다. 간독성을 독성종말점으로 하여 설정한 상한섭취량은 3,000 μgRE이다. 그러나 1,500 μgRE/일 이상의 비타민 A를 장기간 섭취했을 때 골다공증 발생과 골절 위험이 증가했다는 보고도 있으므로 적절한 섭취가 필요하다.

비타민 D의 주요 기능은 칼슘의 흡수를 촉진하여 건강한 골격을 형성하고 유지하는 것이다. 성인에서는 골다공증과 골연화증을 예방하는 역할을 하며, 근래에는 전립선암, 유방암, 고혈압, 심혈관질환 등을 예방하는 효과가 보고되었다.

50세 이상이 되면 연령 증가, 자외선 노출 감소, 폐경 이후 여성 호르몬 저하 등으로 인해 골다공증이 증가하므로, 50세 이상 성인, 특히 폐경 이후의 여성은 적절한 비타민 D 섭취가 필수적이다. 이에 따라 폐경 이후 여성 및 50세 이상 남성은 10 μg/일의 비타민 D를 섭취하는 것이 적절하다(표 8-5). 피부의 비타민 D 합성능력은 연령이 증가함에 따라 감소하여 70대가 되면 젊은이의 1/4로 감소한다. 체지방은 비타민 D를 흡수하므로 비만한 사람은 비타민 D 부족증이 더 잘 나타난다.

보충제를 통한 비타민 D 과잉 섭취는 서서히 혈액과 소변의 칼슘 농도를 높여 여러 기관, 특히 신장에 칼슘의 침착이 나타나게 한다. 비타민 D 상한섭취량은 고칼슘혈증을 독성종말점으로 하여 60 μg/일로 설정하였다.

비타민 E의 주요 기능은 항산화 작용으로서 세포막과 지단백질을 구성하는 불포화지방산을 산화적 손상으로부터 보호한다. 한편 면역증진효과도 있다.

산화적 손상의 축적은 노화를 촉진하고 각종 만성질환의 발생을 증가시키므로 비타민 E를 충분히 섭취하는 것이 성인기 건강 유지에 도움이 된다. 비타민 E의 충분섭취량은 남자의 경우 12 mg α-TE이고 여자는 10 mg α-TE이다(표 8-5). 불포화지방산을 많이 섭취하면 비타민 E의 필요량이 증가하는데, 다가불포화지방산 1 g당 비타민 E를 0.5 mg의 비율로 섭취하는 것이 바람직하다. 비타민 E는 과잉섭취로 인한 독성이 비교적 약하지만 과량 섭취 시 면역 기능이 저해되고 비타민 K의 작용을 억제한다는 보고가 있으므로 적절한 섭취가 필요하다.

비타민 K는 혈액응고에 관련된 프로트롬빈과 뼈에 존재하는 오스테오칼신 단백질을 카르복실화하는 데 필요하다. 카르복실화된 오스테오칼신은 수산화인회석(hydroxyapatite)과 결합하여 뼈 형성에 관여한다. 따라서 비타민 K 섭취가 적은 사람은 골밀도가 낮고 골절의 위험이 높다고 알려져 있다. 그러나 골절 예방에 도움을 준다고 알려진 비타민 K 섭취량은 일반적인 섭취기준보다 높다.

비타민 K의 충분섭취량은 건강한 성인의 섭취량에 근거하여 남자 75 μg, 여자 65 μg으로 설정하였다(표 8-5).

(2) 수용성 비타민

티아민은 탄수화물 대사와 에너지 대사에 관여한다. 따라서 티아민의 필요량은 에너지 소모량과 연관되어 있다. 결핍 시에는 신경계와 심혈관계 장애를 동반하는 각기병이 발생한다. 성인기의 티아민 권장섭취량은 남자 1.2 mg/일, 여자 1.1 mg/일이다. 티아민은 과량 섭취 시 흡수율이 저하되기 때문에 독성이 나타나지 않으며, 따라서 상한섭취량은 설정되지 않았다(표 8-6). 과도한 알코올을 섭취하는 사람이나 운동을 심하게 하는 사람은 티아민 결핍이 쉽게 일어나므로 추가 섭취가 필요하다.

표 8-6 수용성 비타민 영양섭취기준

구분		티아민 (mg)		리보플라빈 (mg)		니아신 (mg NE)		비타민 B_6 (mg)		엽산 (μg DEF)		비타민 B_{12} (mg)		비타민 C (mg)	
		권장섭취량	상한섭취량	권장섭취량	상한섭취량	권장섭취량	상한섭취량	권장섭취량	상한섭취량	권장섭취량	상한섭취량	권장섭취량	상한섭취량	권장섭취량	상한섭취량
남자	19~29세	1.2	-	1.5	-	16	35/1,000[1)]	1.5	100	400	1,000	2.4	-	100	2,000
	30~49세	1.2	-	1.5	-	16	35/1,000	1.5	100	400	1,000	2.4	-	100	2,000
	50~64세	1.2	-	1.5	-	16	35/1,000	1.5	100	400	1,000	2.4	-	100	2,000
여자	19~29세	1.1	-	1.2	-	14	35/1,000	1.4	100	400	1,000	2.4	-	100	2,000
	30~49세	1.1	-	1.2	-	14	35/1,000	1.4	100	400	1,000	2.4	-	100	2,000
	50~64세	1.1	-	1.2	-	14	35/1,000	1.4	100	400	1,000	2.4	-	100	2,000

1) 니코틴산 상한섭취량/니코틴 아미드 상한섭취량
자료: 한국영양학회, 2010.

리보플라빈은 여러 산화-환원 반응의 촉매 역할을 함으로써 탄수화물, 지방, 아미노산 대사에 참여한다. 리보플라빈의 평균필요량은 남자 1.3 mg, 여자 1.0 mg으로 계산되었으며 권장섭취량은 변이계수 10%를 감안하여 남자 1.5 mg, 여자 1.2 mg으로 설정하였다(표 8-6). 경구피임약을 복용하거나 당뇨병, 알코올 중독, 간질환 등이 있는 경우 결핍증 발생이 증가한다.

니아신은 체내 산화-환원 반응에 관여한다. 성인 남성의 니아신 평균필요량은 12 mgNE이고 여성은 11 mgNE이다. 권장섭취량은 변이계수 15%를 감안하여 각각 16 mgNE/일과 14 mgNE/일로 설정되었다(표 8-6). 고지혈증 치료, 운동 시 지방 이동 억제 등의 목적으로 과량의 니아신을 복용하는 경우 홍조, 위장관 장애, 구토, 간독성 등의 증상이 나타나기도 한다. 니코틴산의 경우 홍조와 위장장애를 독성종말점으로 삼아 상한섭취량을 35 mgNE/일로 설정하였다. 니코틴아미드는 니코틴산에 비해 독성이 잘 나타나지 않으며 상한섭취량은 1,000 mgNE이다.

비타민 B_6는 아미노전달효소 등 아미노산 대사에 관여하는 효소의 조효소이며 필요량은 단백질 섭취량과 연관되어 있다. 그 밖에 헴, 니아신, 신경전달물질의 합성에도 관여한다. 성인 남자의 일일 평균필요량은 1.3 mg, 여자는 1.2 mg이며 권장섭취량은 각각 1.5와 1.4 mg/일이다(표 8-6). 알코올 중독자와 흡연자는 건강한 사람에 비해 혈중 B_6의 농도가 낮으므로 결핍증이 쉽게 나타날 수 있다. 월경전증후군, 입덧 등을 완화하기 위해 피리독신 형태의 비타민 B_6 보충제를 복용하는 경우 손발저림, 감각상실, 근육협동 손상 등을 증상으로 하는 과잉증이 나타날 수 있다.

엽산은 체내에서 DNA 합성과 나아가 세포분열에 관여한다. 또 호모시스테인으로부터 메티오닌을 합성하는 과정에 관여하므로 엽산 결핍 시에는 혈장 호모시스테인 농도가 상승한다. 성인의 평균필요량은 320 μgDFE/일, 권장섭취량은 400 μgDFE/일이다(표 8-6). 알코올 섭취는 엽산 흡수를 방해하고 배설을 증가시켜 엽산 결핍을 악화시킨다. 보충제나 강화식품을 통해 엽산을 과잉섭취하면 독성이 나타날 수 있는데, 엽산 자체의 독성보다는 비타민 B_{12} 결핍의 진단을 방해하는 간접 독성의 위험이 더 크다. 한국 성인의 상한섭취량은 1 mg/일이다. 대두, 시금치, 쑥갓, 김, 다시마 등에 풍부하게 들어 있으나 식품을 조리, 가공하는 과정에서 50~90%까지 파괴된다.

비타민 B_{12}는 엽산과 함께 세포 분열 및 메틸화 반응에 관여한다. 한국 성인의 비타민 B_{12} 평균필요량은 2.0 μg/일이고 권장섭취량은 2.4 μg/일이다(표 8-6). 위점막의 손상으로 인해 내적 인자 분비가 저하되면 비타민 B_{12}의 흡수가 저하되어 악성빈혈 등의 결핍증이 나타난다. 나이가 들수록 위점막이 위축되고 위산, 펩신, 내적 인자의 분비가 감소하므로 비타민 B_{12}의 흡수가 감소하고 결핍증의 위험이 높아진다. 한편 한국인에 흔한 *Helicobacter pylori* 감염 시 비타민 B_{12} 영양상태가 악화되고 만성 알코올 중독의 경우에도 결핍증이 쉽게 나타난다.

비타민 C는 전자를 내어주는 특성으로 인해 강력한 항산화제로 기능하며 체내에서 생성된 활성산소종을 제거한다. 그 밖에 철의 흡수를 도와주며 콜라겐, 카르니틴, 신경전달물질, 담즙산 합성 등에 관여한다. 성인의 비타민 C 평균필요량은 75 mg/일이며 변이계수 15%를 감안한 권장섭취량은 100 mg/일이다(표 8-6). 한편 흡연자는 비흡연자에 비해 산화적 손상을 많이 받으므로 비타민

C 교체율이 높다고 보고되었다. 따라서 흡연자는 30 mg/일의 비타민 C를 더 섭취할 것을 권장한다. 비타민 C 섭취가 과한 경우 오심, 구토, 복통, 설사 등의 위장관 장애를 나타낼 수 있다. 또한 소변으로 배설되는 수산의 양이 많아지며 신장 결석 형성이 증가한다. 위장관 장애를 독성종달점으로 하여 2,000 mg/일을 상한섭취량으로 설정하였다.

6) 무기질

(1) 다량 무기질

칼슘은 뼈 건강에 중요하다. 건강한 성인은 골생성과 분해가 평형을 이루지만 칼슘 섭취가 적절하지 않으면 골생성이 제대로 되지 않아 골질량이 감소할 수 있다. 또한 나이가 들수록 칼슘 흡수율이 낮아지고 골생성을 담당하는 조골세포의 활성이 파골세포 활성에 비해 떨어지므로 성인기 후반과 노인기에는 골손실이 발생하기 쉽다. 성인 남자의 칼슘 권장섭취량은 19~49세 750 mg, 50~64세 700 mg이다. 여성의 경우 19세에서 49세까지는 650 mg을 권장한다. 폐경 이후 50세 이상의 여성은 골다공증 위험이 증가하는 것을 감안하여 700 mg으로 설정하였다(표 8-7). 칼슘을 과잉섭취하는 경우 고칼슘혈증과 함께 신장결석의 발생이 증가한다. 또한 철, 아연, 마그네슘 등 다른 무기질의 흡수가 저하될 수 있다. 따라서 칼슘은 하루 2,500 mg 이상 섭취하지 않도록 한다.

나트륨은 세포외액의 주요 양이온으로서 삼투압 유지와 수분 평형에 관여한다. 그 밖에 신경자극 전달과 근육의 수축에도 필요하며 소장에서 포도당과 아미노산의 흡수에도 관여한다. 건강한 성인의 충분섭취량은 1.5 g이다. 나트륨을 과잉 섭취할 경우 고혈압, 심혈관질환의 위험이 증가하므로 목표섭취량을 2,000 mg/일로 설정하였으며 이는 소금 5 g에 해당한다(표 8-7).

(2) 미량 무기질

철은 헤모글로빈, 미오글로빈의 구성분으로서 산소를 운반하는 기능을 한다.

표 8-7 **무기질 영양섭취기준**

구분		칼슘(mg)		나트륨(g)		철(mg)		아연(mg)	
		권장 섭취량	상한 섭취량	충분 섭취량	목표 섭취량	권장 섭취량	상한 섭취량	권장 섭취량	상한 섭취량
남자	19~29세	750	2,500	1.5	2.0	10	45	10	35
	30~49세	750	2,500	1.5	2.0	10	45	9	35
	50~64세	700	2,500	1.4	2.0	9	45	9	35
여자	19~29세	650	2,500	1.5	2.0	14	45	8	35
	30~49세	650	2,500	1.5	2.0	14	45	8	35
	50~64세	700	2,500	1.4	2.0	8	45	8	35

자료: 한국영양학회, 2010.

노화, 제산제 복용 등으로 인해 위산 분비가 저하되거나 위절제술을 받은 환자 등은 철 흡수가 저해되므로 철 결핍증의 위험이 높아진다. 땀, 피부, 대변 등을 통한 기본적인 철 손실량은 하루에 체중 1 kg당 14 μg으로 계산된다. 이를 보충하기 위해 19~49세의 성인 남자는 10 mg/일의 철을 섭취할 것을 권장하고 50~64세는 9 mg을 권장한다. 한편 19~49세 여성의 경우 기본적인 철 손실량 외에 월경으로 인한 손실량을 감안하여(500 μg/일) 14 mg의 철섭취를 권장한다. 폐경기에 해당하는 50~64세의 권장섭취량은 8 mg이다(표 8-7). 과량의 철을 섭취하는 경우 아연의 흡수가 저해되고 산화적 손상을 심화시킬 뿐만 아니라 면역체계를 과활성화하여 알레르기 반응을 촉진할 수 있다. 위장장애를 독성종말점으로 하여 설정한 상한섭취량은 45 mg/일이다. 한국인의 주요 철 급원식품은 무청, 백미, 배추김치로 조사되었는데 이들 식품에 함유되어 있는 철은 비헴철로서 흡수율이 5~17%에 불과하다. 비헴철의 흡수율을 높이기 위해서는 비타민 C, 육류 등과 함께 섭취하는 것이 좋으며 반면 피틴산, 폴리페놀, 칼슘 등은 철의 흡수를 방해한다.

아연은 체내 300여 개 효소의 활성에 필요하다. 또한 유전자 발현을 조절하고 T세포의 발달 등에 관여하므로 아연 결핍 시 면역 반응이 저해된다. 19~29세 남자의 경우 위장관, 소변, 피부를 통한 손실을 보충하기 위해 8.1 mg/일이 필요하며, 권장섭취량은 10% 변이계수를 감안하여 10 mg으로 설정되었다. 성인 여자는 전 연령에 걸쳐 8 mg을 권장한다(표 8-7). 보충제 등을 통해 과량의 아연을 만성적으로 섭취하는 경우 복통, 구토, 메스꺼움, 설사, 두통 등을 증상으로 하는 과잉증이 발생하고 면역반응이 억제된다. 또한 구리 영양상태가 저하될 수 있는데 이는 지나친 아연 섭취가 구리의 흡수를 방해하기 때문이다. 아연의 상한섭취량은 35 mg/일이다.

7) 식이섬유

식이섬유는 에너지를 발생하지 않기 때문에 에너지 섭취량을 감소시키고 비만의 위험을 낮추는 효과가 있다. 또한 혈당과 혈청 콜레스테롤 수준을 낮추고 변비를 예방한다. 장 내용물의 통과시간을 단축하고 대장 내용물을 희석시키기 때문에 대장암의 발생을 낮추는 효과가 있는데 저에너지식사와 병행할 때 특히 효과가 좋다.

성인기에는 비만의 위험이 높으므로 에너지밀도를 낮추는 섬유질을 충분히 섭취하는 것이 바람직하다. 식이섬유는 열량 1000 kcal당 12 g을 섭취하는 것이 적당하며 성인기의 실제 에너지 섭취량을 감안해 남자는 25 g, 여자는 20 g을 충분섭취량으로 설정하였다.

5. 성인기 건강문제

1) 성인의 영양섭취 실태

2010년 국민건강영양조사에 따르면 우리나라 19세 이상 성인의 영양 섭취 실태는 비교적 양호한 것으로 보인다.

19~29세 성인은 탄수화물, 지방, 단백질로부터의 에너지 섭취비율이 각각 60.7, 23.8, 15.5%로서 적정한 수준이었다. 그러나 50~64세 인구집단에서는 탄

수화물 섭취가 증가하여 탄수화물 에너지 비율이 70.0%에 달했고, 반면 지방 에너지 비율은 15.5%에 불과했다.

한편 우리나라 국민의 일부는 지방을 과다하게 섭취하고 있는 것으로 조사되었는데, 19~29세 성인의 41.3%는 지방 에너지적정비율의 상한선 이상을 섭취하고 있는 것으로 드러났다. 반면 성인기 후반과 노년층에서는 지방 에너지 적정비율의 하한선 이하로 섭취하는 분율이 상당히 높아, 50~64세 성인의 53.6%에 달했다. 지방은 필수지방산을 공급할 뿐만 아니라 지용성 비타민의 흡수를 도와주므로 지나치게 적은 양의 지방을 섭취하는 것은 또 다른 영양문제를 야기할 수 있다.

성인의 단백질 섭취량은 영양섭취기준 대비 150%를 상회하는 것으로 드러났는데, 장기간 과잉의 단백질을 섭취하는 경우 칼슘의 소변 배설을 증가시켜 골다공증의 위험이 높아지고 신장에 부담을 주므로 당뇨병이나 신장병 환자의 경우 과잉섭취하지 않도록 유의해야 한다.

성인의 평균 비타민 A 섭취량은 섭취기준보다 많았지만 개인차가 커서 비타민 A 섭취가 부족한 사람도 상당히 많다. 예를 들어 19~ 29세 인구의 경우, 섭취기준(평균필요량) 미만 섭취자 분율이 43.4%에 달한다. 수용성 비타민 중 티아민, 니아신, 비타민 C 등은 섭취가 충분하였으나 리보플라빈은 섭취가 부족하였다. 리보플라빈은 칼슘 다음으로 섭취가 부족한 영양소로서, 19~49세 성인의 40% 가량은 평균필요량 미만의 부족한 양을 섭취하고 있는 것으로 조사되었고, 50~64세의 경우 그 비율은 52%에 달했다.

칼슘은 권장섭취량 대비 실제 섭취량이 가장 적은 영양소로서 19~29세 성인의 섭취량은 섭취기준의 70.9%에 불과했다. 또한 골다공증 위험이 높은 50~64세 여성도 70.8% 수준이었다. 90%의 한국인은 나트륨을 목표섭취량 이상 섭취하고 있으며 성인의 평균 섭취량은 섭취기준의 300%가 넘는다. 특히 외식이 잦은 30~49세 남성의 경우 영양섭취기준에 대한 섭취비율이 449.5%에 달했다. 우리나라 19~29세 성인의 철 섭취량은 권장섭취량 대비 124.9%에 달해 비교적 양호한 철 섭취 실태를 보여주었다. 이 비율은 30~49세에서는 143.6%, 50~64세에서는 191.7%로 조사되었다. 그러나 평균필요량 미만 섭취자 분율 또한 19~29세 여성의 53.8%, 30~49세 여성의 42.4%에 달하는 것으로 드러나 일부 인구집단에서는 철 부족 문제가 만연해 있음을 보여주었다. 반면 50~64세 여성은 12.5%만이 영양섭취기준 미만의 철을 섭취하였는데 이는 이 연령대의 평균필요량이 낮기 때문이다.

2) 비만과 대사증후군

성인기에는 기초대사량을 비롯해 에너지 소비가 점차 감소하면서 비만 발생의 위험이 높아진다. 비만은 당뇨와 암을 비롯한 각종 만성질환의 위험을 증가시키므로 성인기의 건강유지를 위해 적절한 체중관리가 필수적이다.

(1) 비만과 대사증후군의 판정

비만은 체중에 비해 너무 많은 체지방을 갖고 있는 상태로서 남자의 경우 체중의 25% 이상이 체지방일 때 비만이라고 정의내린다(여자는 30% 이상). 하지만 체지방을 측정하는 것은 비용이 많이 들거나 복잡하므로 체중과 신장을 이용하여 비만도를 계산하는 체질량지수(body mass index, BMI)가 비만판정의 지표로 널리 쓰이고 있다. BMI는 체중(kg)/신장$(m)^2$으로 계산되며 30 이상이면 비만이라고 정의한다. 그러나 한국을 비롯한 아시아-태평양 국가 주민들은 서구인에 비해 낮은 체중에서도 만성합병증이 동반되므로 BMI가 23~24.9에 해당되면 과체중, 25 이상이면 비만으로 정의한다.

체지방의 분포도 질병 발생과 밀접한 관련이 있는데, 피하지방에 비해 내장지방이 만성질환의 발생을 더욱 증가시킨다. 내장지방이 증가할수록 허리가 굵어지므로, 허리둘레가 남자의 경우 90 cm, 여자의 경우 80 cm 이상이면 복부비만으로 정의한다. 같은 BMI 카테고리에 속해도 복부비만이 심할수록 만성질환의 위험이 더욱 높아진다.

2010년도 국민건강영양조사는 19~64세 성인의 비만 유병률을 31.0%(남자 37.7%, 여자 24.1%)로 보고하였다(그림 8-7).

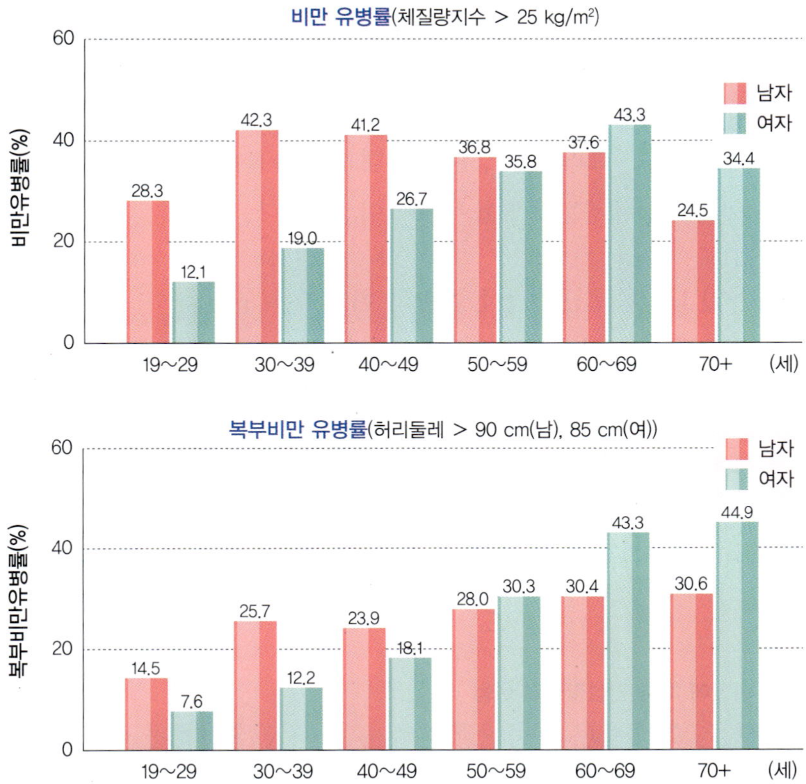

그림 8-7 한국인의 비만 유병률

자료: 보건복지부 · 질병관리본부, 2011.

한편 비만과 함께 이상지질혈증, 인슐린 저항 등의 증상이 복합적으로 나타날 때 대사증후군이라고 하는데 다음의 기준 중 세 개 이상에 해당하면 대사증후군으로 정의내린다.

- 허리둘레 90 cm 이상(여자 80 cm 이상)
- 혈압 130/85 mmHg 이상
- 공복혈당 100 mg/dL 이상
- 혈청 중성지방 150 mg/dL 이상
- HDL 40 mg/dL 이하(여자 50 mg/dL 이하)

2010년 자료에 따르면 우리나라 30세 이상 건강검진 수검자 3~4명 중 1명이 대사증후군을 갖고 있다고 한다(남자 31.4%, 여자 18.4%). 30대 남자의 경우 유병률이 23.7%에 달했으나 여자는 3.4%에 불과해 남자의 대사증후군 위험이 여자에 비해 7배 높았다. 그러나 여성은 연령대가 높아질수록 환자 발생이 급격히 증가하여 60대 이상에서는 유병률이 30% 이상이었다.

(2) 비만 및 대사증후군과 만성질환의 위험

비만한 사람은 정상체중을 갖고 있는 사람에 비해 제2형 당뇨병, 담낭질환, 고지혈증 등의 위험이 현저히 증가한다(표 8-8). 우리나라의 5대 사망 원인 중 4위인 자살을 제외한 나머지 요인들은 모두 비만과 밀접한 관련을 갖고 있다. 한편 대사증후군 환자도 정상인에 비해 심혈관질환, 당뇨병, 뇌졸중의 위험이 현저히 높다.

표 8-8 비만에 따른 만성질환의 위험

매우 증가(상대위험도 3 이상)	중등도 증가(상대위험도 2~3)	약간 증가(상대위험도 1~2)
제2형 당뇨병 담낭질환 고지혈증 인슐린 저항 수면성 무호흡증	고혈압 무릎 관절염 통풍	암 성호르몬 이상 다낭성 난소 증후군 불임 허리 통증 마취 위험 증가 태아 기형

(3) 비만 및 대사증후군의 예방과 치료

단기간에 살을 빼려는 욕심으로 지나치게 에너지 섭취를 제한하면 중도포기의 위험이 높고 빈혈이나 골다공증 등의 부작용이 생길 수 있다. 따라서 하루에 1,000~1,500 kcal의 에너지를 공급하는 저칼로리식을 하는 것이 체중 감량을 위해 가장 이상적이다. 너무 적은 양의 식사를 하게 되면 공복감을 유발하여 폭식

살이 찌면 LDL 콜레스테롤은 많아지는데 HDL 콜레스테롤은 적어진다?

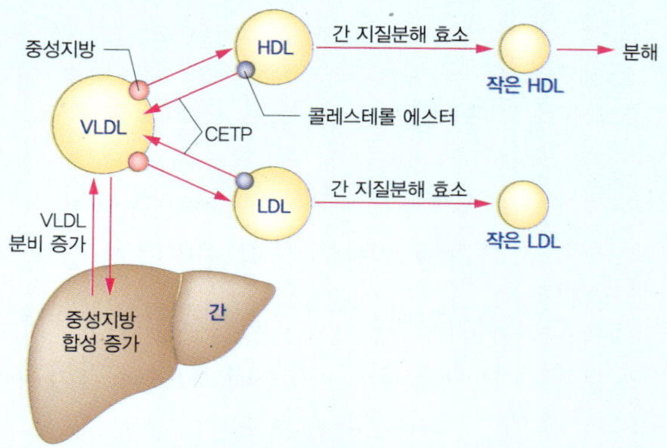

비만해지면 혈압이 상승할 뿐만 아니라 혈청 중성지방과 LDL 콜레스테롤이 상승한다. 하지만 건강에 이로운 HDL 콜레스테롤은 오히려 감소하는 현상이 나타난다. 그 결과 비만한 사람은 정상인에 비해 심혈관질환의 위험이 현저하게 상승한다.

비만한 사람은 간에서 많은 양의 중성지방을 합성하여 VLDL의 형태로 혈액으로 분비한다. 혈액에서 VLDL의 중성지방은 콜레스테롤 에스터 전달단백질(cholesteryl ester transfer protein, CETP)의 작용에 의해 LDL과 HDL의 콜레스테롤 에스터와 교환된다. 그 결과 LDL과 HDL의 중성지방 함량이 증가하는데 이는 간 지질분해효소(hepatic lipase)에 의해 분해된다.

LDL과 HDL의 중성지방이 간 지질분해효소에 의해 분해되면 LDL과 HDL의 크기가 작아지는데 크기가 작다진 HDL은 쉽게 분해되는 성질이 있기 때문에 혈액의 HDL 콜레스테롤 농도가 낮아진다. 반면 크기가 작아진 LDL은 좀 더 쉽게 플라그에 축적되므로 심혈관질환의 위험이 크게 증가한다.

한편 운동을 하면 지질단백 지질분해효소(lipoprotein lipase)의 활성은 증가하고 콜레스테롤 에스터 전달단백질과 간 지질분해효소의 활성은 감소한다. 따라서 운동을 하게 되면 혈청 중성지방은 감소하고 HDL 콜레스테롤이 증가하여 심혈관질환의 위험을 낮추는 효과가 있다.

으로 이어질 가능성이 높으므로 에너지 밀도가 낮은 식품을 양껏 섭취하는 것이 지속적인 체중 감량을 위해 가장 좋다. 그 밖에 오랜 시간 동안 만복감을 유지하는 단백질과 체내에서 지방분해효소의 유전자 발현을 증가시키는 n-3계 지방산을 충분히 섭취하도록 한다.

에너지 밀도
(Energy density)
정해진 무게의 식품에 함유되어 있는 에너지 혹은 칼로리. kcal/g으로 표시. 같은 양의 칼로리를 섭취할 때 에너지 밀도가 낮은 식품을 이용하면 더 많은 부피를 먹을 수 있기 때문에 좀 더 만복감을 줌

1주일에 1 kg 이상을 감량하는 과격한 다이어트는 인체의 포도당 필요량을 충족시키지 못하므로 포도당신합성을 위해 근육 단백질의 분해가 증가한다. 근육이 감소하면 에너지 소비가 감소하여 체중 감량이 어려워지므로, 근육을 키우는 저항운동을 함으로써 근육량과 기초대사량을 유지하도록 한다. 또한 유산소운동은 복부지방 감소에 도움이 되고 요요현상을 방지하는 데 큰 효과가 있다. 운

동을 하면 살이 빠질 뿐만 아니라 운동을 위한 에너지를 공급하기 위해 혈당 및 혈청 지질의 소비가 증가하므로 혈당과 혈청 지질 농도 조절에 큰 도움이 된다.

3) 암

각종 스트레스, 공해, 흡연 그리고 나쁜 식습관 등은 세포의 손상을 유발한다. 이러한 손상이 누적되면 암이 쉽게 발생하므로 연령이 증가할수록 암 발생이 증가한다. 연령군별 발생률을 살펴보면, 50대 이후에 암 발생이 급격히 증가하는 것을 볼 수 있는데, 50대 초반까지는 여자의 암 발생률이 더 높다가 후반부터는 남자가 더 많아진다(그림 8-8).

암 발생은 해마다 가파른 증가세를 보이고 있는데, 국가암정보센터에 따르면 우리나라 암 발생률은 1999년 인구 10만 명당 219.9명에서 2009년 299.4명으로 증가하여 연평균 3.4%의 증가율을 보였다. 특히 여자의 암 발생이 많이 증가했는데 1999년에서 2009년까지 남자는 연평균 1.6% 증가했지만 여자는 증가율이 5.5%에 달했다. 많이 발생하는 암의 종류도 달라져 과거에는 위암, 간암 등의 발생이 흔했지만 2009년에 가장 많이 발생한 암은 갑상선암이었으며, 위암, 대장암, 폐암, 간암, 유방암, 전립선암의 순으로 많이 발생하는 것으로 나타났다.

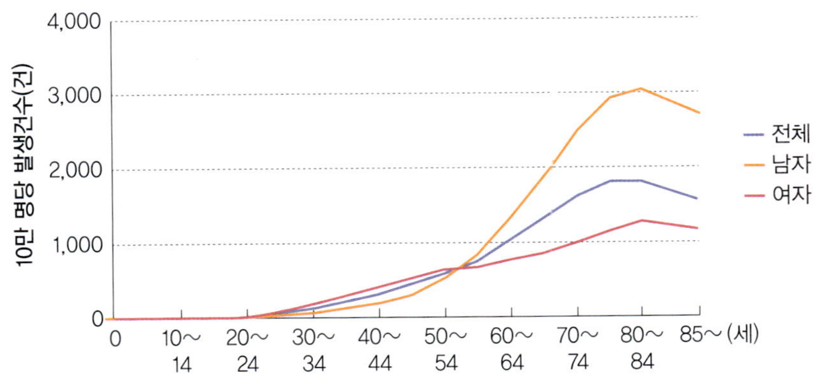

그림 8-8 **모든 암의 연령군별 발생률**

자료: 국가암정보센터, 2009.

암은 우리나라 사망 원인 중 1위를 차지하고 있으며 2010년에는 전체 사망자의 28.21%가 암으로 사망하였다. 2010년에 사망자가 가장 많은 암은 폐암으로 전체 암 사망자의 21.7%를 차지했으며, 뒤를 이어 간암, 위암, 대장암, 췌장암의 순으로 나타났다.

4) 폐경과 중년 여성의 건강문제

여자의 나이가 50세에 가까워지면 난소가 위축되며 월경주기와 호르몬 분비가 변화하는데 이 시기를 폐경전후기라고 한다. 이 기간은 마지막 월경 후 12개월까지를 일컬으며 대개 몇 년간 지속된다. 마지막 월경이 끝나고 12개월이 지나면 완전히 폐경이 되었다고 할 수 있다. 폐경기의 가장 큰 특징은 에스트로젠 분비가 감소하는 것인데 이 호르몬은 생식기뿐만 아니라 뇌, 심장, 혈관, 뼈 등의 세포에 영향을 미치므로 폐경이 되면 신체의 여러 기관에 변화가 생긴다.

에스트로젠(estrogen)
여성의 성적 성숙과 생식을 담당하는 호르몬으로서 에스트론, 에스트라디올, 에스트리올을 포함함. 난소, 부신, 지방조직에서 생산되어 혈액을 통해 운반되다가 표적기관의 수용체에 결합하여 작용한다. 유방과 자궁뿐만 아니라 두뇌, 뼈, 간, 심장 등의 장기에 영향을 미친다. 자궁내막의 성장을 조절하고 사춘기와 임신기에 유방의 변화를 촉진할 뿐만 아니라 뼈 성장, 콜레스테롤 수준 등을 조절함

(1) 폐경기의 특징

폐경이 되면 안면홍조, 피부건조 등의 비교적 가벼운 증상 외에도 요실금, 골다공증, 심혈관질환 등 각종 질병의 위험이 증가한다.

폐경전후기에 제일 처음 나타나는 변화는 월경주기의 변화로서 주기가 길어지거나 짧아지고 생리 양 또한 많아지거나 적어진다. 이 시기에 가장 흔하게 나타나는 증상은 안면홍조인데, 이는 피부 혈관의 확장으로 인해 발생하며 얼굴과 상체에 더운 느낌이 들고 피부가 붉어진다. 종종 땀 분비가 증가하는 현상이 동반되기도 한다. 대개 몇 년 정도 지속되다가 저절로 사라지지만 약 10%의 여성은 60~70대까지 안면홍조가 나타나기도 한다.

폐경 이후에는 피부가 건조해지며 피하의 지방과 콜라겐 단백질이 감소하면서 피부가 얇아지고 탄력성을 잃게 된다. 이런 현상은 피부뿐만 아니라 질과 요로에서도 일어나는데 그 결과 상처 및 감염의 위험이 높아진다.

체형에도 변화가 오는데 허리 부근에 특히 지방이 축적되면서 허리가 굵어지고 체중 증가도 흔하게 나타난다. 반면 근육은 감소하며 관절과 근육의 경직과

통증을 호소하는 일이 잦아진다.

많은 폐경기 여성이 수면의 양과 질이 저하된다고 느끼며 따라서 일과 시간 중에 피로를 호소하는 경우가 많다. 그 밖에 기억력 감퇴, 성욕 감퇴, 정서 불안, 과민 등도 흔하게 나타나는 증상이다.

폐경기 증상

불규칙한 월경주기	월경량의 변화	일과성 열감 및 안면홍조
야간 발한	피로	감정기복, 우울감, 불안
질 건조 및 질염	요로 감염 및 요실금	성욕 및 성생활의 변화
수면장애	체형변화	관상동맥질환 위험 증가
골다공증 위험 증가		

(2) 골다공증

골다공증은 골질량이 감소하여 뼈가 약해지는 질병이다. 에스트로겐이 뼈 생성에서 중요한 역할을 담당하므로 폐경기에 에스트로겐 분비가 감소하면 골다공증의 위험이 증가한다.

남녀 모두 30세 이후부터 골질량이 감소하기 시작하는데 특히 여성은 폐경을 전후하여 골손실의 속도가 매우 빨라진다. 몇 년 후에는 골손실의 속도가 늦춰지지만 노년기에 접어들어서도 골손실은 지속된다(그림 8-2, 8-9). 골질량이 감소한 뼈는 쉽게 부러지는데, 이 경우 혼자서는 일상생활이 어려울 정도로 거동이 불편해지는 경우가 많다. 골다공증의 위험을 증가시키는 요인으로는 골다공증의 가족력, 성인기의 골절 경험, 난소제거 수술, 이른 폐경, 칼슘 섭취 부족, 오랜 침상생활, 흡연, 과음, 항경련제 혹은 글루코코르티코이드 복용, 저체중 등이 있다.

골다공증 예방을 위해서는 충분한 칼슘과 비타민 D가 필요하다. 칼슘의 급원으로는 저지방 우유 및 유제품을 권장하는데 이는 일반 우유에 들어 있는 포화지방이 혈청 지질을 상승시키기 때문이다. 일주일에 두 번, 5~30분 정도 햇빛을 쬐면 충분한 양의 비타민 D를 합성할 수 있다. 그러나 50세가 넘어가면 비타민 D를

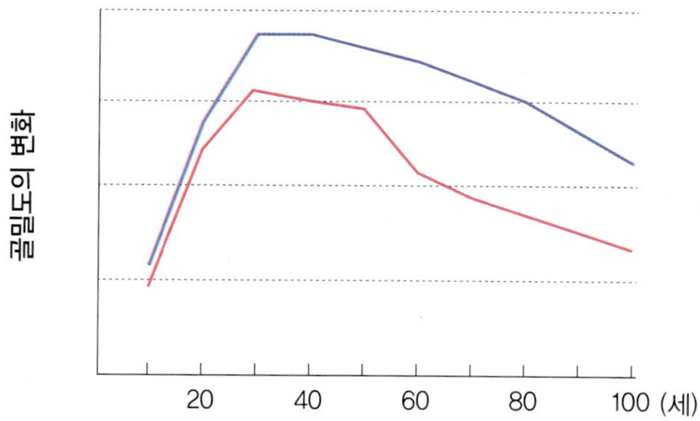

그림 8-9 **폐경기 여성의 골밀도 변화**

자료: Aloia, 2008.

합성하는 능력이 떨어지므로 식품이나 보충제를 통해 섭취를 증가시킨다.

단백질은 소변으로 칼슘의 배설을 증가시키므로 지나친 단백질 섭취는 골다공증의 위험을 증가시킨다. 또한 나트륨과 칼슘의 배설은 서로 연관되어 있기 때문에 나트륨 배설이 증가하면 칼슘 배설 역시 증가한다. 따라서 싱겁게 먹는 식습관은 혈압뿐만 아니라 뼈 건강을 위해서도 중요하다. 수산, 피틴산은 칼슘 흡수를 저해하며 카페인 역시 칼슘 배설을 증가시킴으로써 칼슘 손실을 가속화시킨다. 카페인에 의한 칼슘 손실은 칼슘 섭취량이 적을 경우 더 심해진다.

걷기, 달리기, 계단 오르기 같은 체중부하운동(weight-bearing exercise)을 3~4회/주 실시하면 뼈를 튼튼하게 하는 데 도움이 된다. 한편 근력과 균형감각을 키우는 운동은 낙상의 위험을 감소시킴으로써 골절을 예방한다. 흡연하는 여성은 폐경이 약 2년 정도 빨리 찾아오므로 골밀도를 보전하기 위해서는 금연이 필수적이다. 한편 과음은 낙상과 골절의 위험을 증가시킴으로써 골손실을 가속화할 수 있기 때문에 자제가 필요하다.

(3) 심혈관질환

폐경 이전에는 여자가 남자에 비해 심혈관질환에 덜 걸리지만 폐경이 되면 이 같은 보호효과가 사라진다. 이는 폐경이 되고 나면 혈청 총콜레스테롤, LDL

콜레스테롤, 중성지방이 증가하고 HDL 콜레스테롤은 감소하기 때문이다(그림 8-6). 혈청 LDL 수준이 높으면 동맥이 막히기 쉬운데 동맥이 막히면 심장마비와 뇌졸중의 위험이 상승한다.

(4) 폐경 호르몬 요법

홍조를 비롯한 폐경 증상을 완화하고 골다공증과 심혈관질환의 위험을 낮추기 위해 가장 효과적인 방법은 여성 호르몬을 복용하는 것이다. 그러나 폐경 호르몬 요법(menopausal hormone therapy, MHT)은 자궁암 등 더 심각한 건강문제를 야기할 수 있다.

가장 널리 쓰이는 처방은 에스트로젠을 단독 복용하거나 에스트로젠과 프로게스틴을 혼합 복용하는 것이다. 자궁을 제거한 여성은 자궁내막암이 발병할 우려가 없으므로 에스트로젠 단독요법을 실시할 수 있으나 자궁이 남아 있는 여성은 자궁내막암의 위험을 줄이기 위해 에스트로젠과 프로게스틴을 병행 투여해야 한다.

프로게스틴(progestin)
프로게스테론과 유사한 호르몬. 폐경 호르몬 요법을 받는 여성에서 에스트로젠이 자궁내막을 비후하게 만드는 것을 방지하기 위해 사용된다. 그 밖에 생리불순, 무월경, 불임, 자궁내막증 등의 치료에도 사용된다.

6. 성인기 식사 및 건강관리

1) 권장식사패턴

성인에게 적합한 식사패턴이 표 8-9에 소개되어 있다.

표 8-9 성인기의 권장식사패턴

구분	곡류	고기, 생선, 계란, 콩류	채소류	과일류	우유, 유제품류
남자 2,400 kcal	4회	5회	7회	3회	1회
여자 1,900 kcal	3회	4회	7회	2회	1회

자료: 한국영양학회, 2010.

탄수화물, 특히 정제된 탄수화물을 과잉 섭취하면 충치와 비만의 위험이 높아진다. 또한 혈청 중성지방과 small LDL 콜레스테롤의 농도가 상승하는 반면 HDL 콜레스테롤의 농도는 낮아지는 등의 변화가 일어난다. 따라서 과도한 탄수화물 섭취는 바람직하지 않으며 탄수화물로부터의 에너지 섭취분율은 55~70%가 적합하다.

성인기에는 만성질환의 발병을 최소화하기 위해 지방섭취를 될 수 있는 대로 줄이고 비타민과 섬유질이 풍부한 채소와 과일, 전곡류의 섭취를 증가시킨다. 저지방 혹은 무지방 유제품을 사용하면 지방 섭취를 억제하면서 필요한 칼슘을 섭취할 수 있다.

2) 건강증진사업

(1) 나트륨줄이기 운동본부

2012년 보건복지부와 식품의약품안전청은 나트륨 섭취를 낮추기 위해 사회 차원의 총체적 대응이 필요하다는 판단 아래 식품 및 급식업계, 소비자단체, 의료계, 학계 등 각 분야의 전문가로 구성된 '나트륨줄이기 운동본부'를 발족하였다. '나트륨줄이기 운동본부'는 2020년까지 국민 나트륨 섭취량을 20% 이상 줄이는 것을 목표로 하고 있으며, 이를 위해 교육을 통해 소비자의 인식 및 행동변화를 유도할 뿐만 아니라 급식, 외식, 가공식품 공급자의 참여를 독려하고 있다.

운동본부에는 외식분과, 급식분과, 소비자분과, 가공식품분과, 교육 · 홍보분과의 5개 분과가 있으며, 이들은 체계적이고 지속적인 나트륨 섭취 줄이기 국민운동을 추진하고 있다. 구체적으로는 나트륨 섭취에 대한 소비자 정보제공을 확대하기 위하여 패밀리레스토랑 등에 대한 자율영양표시를 확대하고, 나트륨 함량이 높은 장류 등의 경우 영양표시를 의무화할 계획이다. 또한 식품을 공급하는 공급자들이 자율적으로 나트륨을 저감할 수 있도록, 기존 메뉴에 나트륨을 줄인 메뉴를 함께 제시하는 '나트륨줄이기 참여 건강 음식점' 지정을 확대하

성인을 위한 식생활 실천지침

채소, 과일, 우유 제품을 매일 먹자.

- 여러 가지 채소를 매일 먹자.
- 다양한 제철과일을 먹자.
- 우유, 요구르트, 치즈 등 우유 제품을 간식으로 먹자.

지방이 많은 고기와 튀긴 음식을 적게 먹자.

- 고기는 기름을 떼어 내고 먹는다.
- 튀기거나 볶은 음식은 적게 먹는다.
- 등푸른생선을 자주 먹는다.

짠 음식을 피하고 싱겁게 먹자.

- 장아찌, 젓갈과 같은 짠 음식을 적게 먹는다.
- 음식을 만들거나 먹을 때 소금이나 간장을 적게 사용한다.
- 국과 찌개의 국물을 적게 먹는다.

활동량을 늘리고 알맞게 섭취하자.

- 운동은 1회 30분 이상, 1주 3~4회 이상 실천하자.
- 생활 속에서의 신체 활동을 늘린다.
- 단 음식과 단 음료를 제한한다.
- 건강체중을 유지한다.

술을 마실 때는 그 양을 제한하자.

- 되도록 음주를 피한다.
- 남자는 하루 2잔, 여자는 1잔 이내로 제한한다(2잔은 소주로는 3잔, 맥주로는 2캔, 양주로는 2잔에 해당한다).
- 임신부나 청소년은 절대 술을 마시지 않는다.

세끼 식사를 규칙적으로 즐겁게 하자.

- 아침을 거르지 않는다.
- 저녁식사는 가족과 함께 즐겁게 한다.

음식은 먹을 만큼 준비하고 위생적으로 관리하자.

- 음식은 먹을 만큼 만들거나 주문한다.
- 남은 음식은 바로 냉장 보관하고 오래 두지 않는다.

밥을 주식으로 하는 우리 식생활을 즐기자.

- 밥과 다양한 반찬을 갖춘 식사로 영양의 균형을 유지한다.

자료: 보건복지부, 2010.

고 영양사 · 조리사 등 음식 제공자를 대상으로 저나트륨 교육을 강화할 계획이다. 특히 청소년의 나트륨 섭취를 줄이기 위하여 저나트륨 메뉴제공을 직장급식에서 학교급식으로 확대할 계획이다.

(2) 서울특별시 대사증후군 5樂 프로젝트

30세 이상 서울특별시민 3명 중 1명이 대사증후군 환자인 현실에 직면하여 서울시는 전국에서 최초로 대사증후군 관리사업인 '대사증후군 5樂 프로젝트'를 실시하고 있다. 서울시 대사증후군 관리사업지원단의 주도로 이루어지는 이 사업은 건강의 5가지 위험요소인 허리둘레, 혈압, 혈당, 중성지방, HDL 콜레스테롤의 체크를 통해 건강생활을 실천하고 질병을 예방하는 것을 목표로 하고 있다.

관심 있는 시민은 보건소의 대사증후군 전문관리센터를 방문하여 대사증후군 발견검사를 받을 수 있으며 재래시장, 주민자치센터, 사업장, 아파트 등을 방문하는 '찾아가는 대사증후군 건강상담센터'를 통해서도 발견검사 및 건강상담을 받을 수 있다.

참고문헌

보건복지부 · 국민고혈압사업단(2010). 알기 쉬운 고혈압.

보건복지부 · 질병관리본부(2011). 2010년 국민건강영양조사.

식품의약품안전청(2012). 외식 영양성분 자료집.

통계청(2011). 2010년 사망원인통계.

한국영양학회(2010). 한국인 영양섭취기준 개정판.

Aloia JF(2008). *Osteoporosis*. McGraw-Hill Companies.

Bugel S(2008). Vitamin K and Bone Health in Adult Humans. *Vitamins and Hormones* 78: 394-416.

Burger M, Bronstrup A, and Pietrzik K(2004). Derivation of tolerable upper alcohol intake levels in Germany: a systematic review of risks and benefits of moderate alcohol consumption. *Preventive Medicine* 39: 111-127.

Bussemaker E, Hillebrand U, Hausberg M, Pavenstadt H, and Oberleithner H(2010). Pathogenesis of Hypertension: Interactions Among Sodium, Potassium, and Aldosterone. *Am J Kidney Dis* 55(6): 1111-1120.

Chen JQ, Brown TR, Russo J(2009). Regulation of Energy Metabolism Pathways by Estrogens and Estrogenic Chemicals and Potential Implications in Obesity Associated with Increased-Exposure to Endocrine Disruptors. *Biochim Biophys Acta* 1793(7): 1128-1143.

Christian et al.(1990). Nutritioan for living(ed.). Burr DB(1997). Muscle strength, Bone Mass and Age related Bone Loss. *J Bone Mineral Res*, 12(10): 1547~151.

Corrao G, Bagnardi V, Zambon A, and Vecchia C La(2004). A meta-analysis of alcohol consumption and the risk of 15 diseases. *Preventive Medicine* 38: 613-619.

Houston DK, Nicklas BJ, and Zizza CA(2009). *J Am Diet Assoc* 109: 1886-1895.

Sallis JF, and Glanz K(2009). Physical Activity and Food Environments: Solutions to the Obesity Epidemic. *The Milbank Quarterly* 87(1): 123-154.

Short KR et al.(2004). Relationship between age and resting metabolic rate(RMR). *Am J Physiol Endocrinol Metab* 286: E92-E101

Valk EEJ, and Hornstra G(2000). Relationship Between Vitamin E Requirement and Polyunsaturated Fatty Acid Intake in Man: a Review. *Int J Vitam Nutr Res* 70(2): 31-42.

West Nyack(2004). *Women's Health in Mid-Life: A Primary Care Guide*. NY: Cambridge University Press.

더 생각해 보기

Q1 나는 칼슘을 충분히 섭취하고 있는가?

오늘 하루 동안 먹은 음식의 종류와 양을 기록하고 국가표준 식품성분표 (http://koreanfood.rda.go.kr)를 이용하여 나의 칼슘 섭취량을 가늠해보자. 나의 칼슘 섭취량은 골다공증을 예방하기에 충분한가?

Q2 나의 부모님도 대사증후군?

부모님과의 대화를 통해 키, 몸무게, 혈압, 혈청 지질 수치 등을 알아보자. 나의 부모님이 대사 증후군에 해당하는지 검토해 보자.

단원정리

- 성인기는 19세에서 64세까지의 시기를 일컬으며 이 시기에는 성장을 위한 영양보다 건강유지와 질병예방을 위한 영양 섭취가 중요해진다.
- 성인기에는 근육의 감소가 일어나는데 근육은 대사적으로 활발한 조직이므로 기초대사량의 감소가 동반된다.
- 성인기에는 유연성, 근력, 골밀도, 에스트로젠 생산 등이 감소하고 신체기능도 감퇴하나 감퇴 정도는 개인에 따라 다르다.
- 성인을 위한 영양섭취기준의 목표는 필요한 영양소를 적정량 섭취하여 만성질환 발병의 위험을 낮추도록 하는 것이다. 19~29세, 30~49세, 50~64세의 3개 연령군으로 구분하여 영양섭취기준을 제시한다.
- 우리나라 성인은 비교적 양호한 영양섭취를 하고 있으나 칼슘, 리보플라빈 등은 섭취가 부족하며 반대로 나트륨은 과잉섭취하고 있다. 또한 에너지, 지방, 단백질 등도 과잉섭취하고 있는 인구의 비율이 상당히 높으므로 주의를 요한다.
- 성인기 후반으로 갈수록 에너지 소비가 감소하므로 비만의 위험이 높아진다. 체지방의 양뿐만 아니라 분포도 변화하는데 복부와 내장지방이 증가하고 피하지방은 상대적으로 감소한다. 비만해지면 제2형 당뇨병, 담낭질환, 고지혈증 등의 위험이 현저히 증가한다.
- 에너지 밀도가 낮은 식사와 유산소 운동, 저항 운동을 통해 비만을 예방하고 관리하는 것이 만성질환의 예방을 위해 필수적이다.
- 성인기 후반의 여자는 난소가 위축되며 에스트로젠 분비가 감소하는데 이를 폐경이라 한다. 에스트로젠은 생식기, 심장, 혈관, 뼈 등의 세포에 영향을 미치므로 폐경이 되면 신체의 여러 기관에 변화가 생긴다.
- 폐경이 되면 안면홍조, 피부 건조 등의 증상이 나타나고 요실금, 골다공증, 심혈관질환 등 각종 질병의 위험이 증가한다.
- 골다공증 예방을 위해 칼슘섭취를 증가시키고 적절한 나트륨, 단백질, 카페인 섭취를 하며 체중부하운동을 한다.

마무리

가로세로 퀴즈

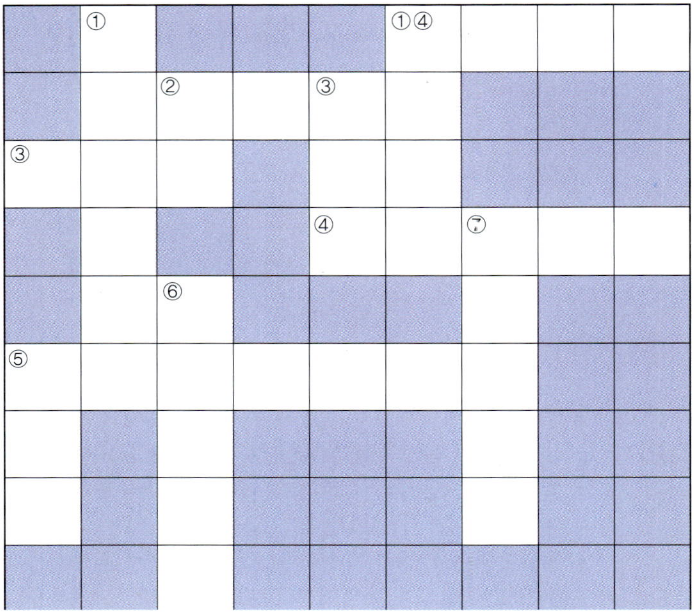

가로열쇠

① 골밀도의 감소로 뼈의 미세구조가 약해져 크고 작은 구멍이 생기는 질병

② 다량 무기질의 하나로 섭취가 부족한 경우 골다공증의 위험이 증가한다.

③ 다량 무기질의 하나로 섭취가 과다한 경우 고혈압의 위험이 증가한다.

④ 에너지 소비 중 가장 큰 부분을 차지하는 요인으로서 성인기에는 근육의 감소와 함께 이것의 감소가 일어난다.

⑤ 혈액의 중성지방 농도가 150 mg/dL 이상인 경우

세로열쇠

① 폐경기에는 이 여성 호르몬의 분비가 감소한다.

② 나트륨의 과잉섭취로 인한 고혈압의 경우에는 이 다량 무기질의 섭취가 도움이 된다.

③ 여자의 나이가 50세에 가까워지면서 에스트로젠 분비가 감소되는 시기

④ 뼈 속의 칼슘이 얼마나 촘촘하게 쌓여 있는지를 나타내는 지표

⑤ 성인기에는 혈관의 탄력이 떨어지며 이 질병의 발생이 증가한다.

⑥ 여성에서 분비되는 성 호르몬

⑦ 제2형 당뇨병과 심혈관질환을 일으키는 위험성이 높은 인자들이 함께 나타나는 증상

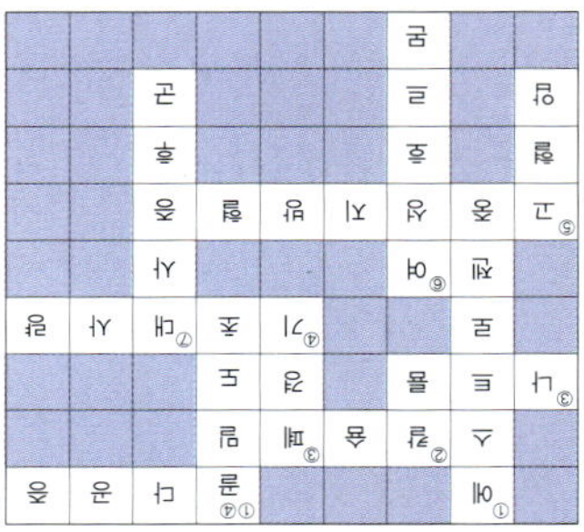

노인기 영양

1. 노인기 영양의 중요성
2. 노인인구 증가와 이에 따른 문제
3. 노인기 생리적 특성
4. 노인기 영양섭취기준
5. 노인기 건강문제
6. 노인기 건강증진 방안

CHAPTER 9

생각열기

노인기는 인체의 모든 기관이 노화되는 시기이며, 노화에 따른 변화는 대부분 기능 저하를 동반하는 형태적 변화이다. 즉, 나이가 들면 뇌, 신장, 간, 근육과 뼈 등 신체의 각 기관들의 크기가 감소하고 이에 따라 각 기관들의 기능이 저하된다. 또 신체의 구성성분이 변화하고 감각기능이 저하된다. 노인기의 신체 변화 중 미각·후각 등 감각의 손실, 치아 손실, 식욕과 갈증 반응의 둔화, 타액·위액·소화효소 등의 분비 감소, 연동운동 감소 등 영양섭취와 관련된 기관의 기능 저하만을 살펴보더라도 노인기에는 영양섭취가 불균형해질 우려가 크며, 이와 같은 영양섭취의 불균형은 누환율을 높이는 원인이 된다. 이제 우리는 100세까지 산다는 것이 꿈이 아닌 현실이 되었다. 65세 이상을 노인이라고 한다면 우리는 성인기와 같은 기간을 노인기로 살아야 한다. 따라서 건강하게 노인기를 지내려면 균형잡힌 영양소의 섭취, 바람직한 식습관과 생활습관의 실천, 활동적인 생활 등을 경위해야 한다.

의학의 발달, 경제성장 및 영양상태 증진 등에 의해 전 세계적으로 노인인구가 급격히 증가하고 있다. 세계보건기구(WHO)에서는 2025년의 노인인구가 1970년에 비해 223%가 증가하여 12억 명이 될 것이고, 2050년에는 20억 명이 될 것이며 특히 이 중 80%가 개발도상국가에서 살고 있을 것이라 추정하고 있다(WHO, 2011). 우리나라는 이미 세계에서 가장 빠른 고령화 속도를 나타내고 있어서 이미 2000년에 고령화사회(7.2%)로 들어섰고, 2018년에는 고령사회(14% 이상)가 될 것이고 불과 8년 후인 2026년에는 초고령사회(20% 이상)가 될 것으로 전망하고 있다. 이에 따라 기대수명(life expectancy)도 1975년 63.8세였던 것이 2008년에는 80.1세에 이르고 있지만 건강수명은 이에 못미쳐 약 9년을 건강하지 못한 상태로 살고 있는 실정이다. 따라서 우리는 오래 살더라도 건강하게 살 수 있는 방안을 강구할 필요가 있다.

기대수명
0세 출생자가 향후 생존할 것으로 기대되는 평균생존년수로 "0세의 기대여명"을 말함

기대여명
특정연령 X세의 생존자가 앞으로 생존할 것으로 기대되는 평균생존년수

1. 노인기 영양의 중요성

이미 세계보건기구(WHO, 2002)에서는 사람이 오래 살게 된 것은 인류의 큰 승리 중 하나이며, 이것은 또한 우리들이 도전해야 할 중요한 과제 중 하나라고 하였다. 21세기에 들어와서 전 세계적인 가령화는 모든 나라의 경제적 · 사회적 부담을 증가시킬 것이다. 그러나 동시에 노인은 우리 사회의 조직에 중요한 기여를 하는, 소중하지만 자주 간과되는 자원이기도 하다. 따라서 나이가 들면서 삶의 질을 높일 수 있도록 건강, 참여, 안전을 위한 기회를 최적화하는 과정인 '활동적인 노령화(active ageing)'가 필요하다(WHO, 2002)고 한다. 여기서 '활동적이다'는 것은 육체적인 일을 할 수 있는 신체적 활동만이 아니라 사회적, 경제적, 정신적, 문화적인 모든 일에 꾸준히 활동적으로 참여하는 것을 의미하므로, '활동적인 노령화'의 목표는 모든 사람이 나이가 들면서 건강수명(healthy life expectancy)과 삶의 질(quality of life)을 확장시키는 것이다.

가령화
노인층의 연령이 증가하는 현상

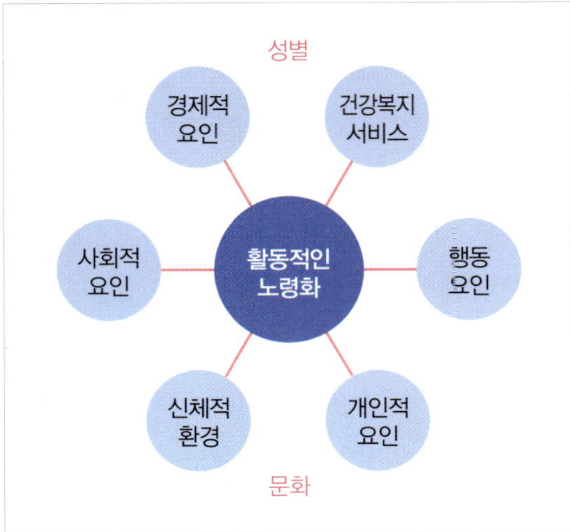

그림 9-1 활동적인 노령화의 요인들

활동적인 노령화를 결정하는 것은 그림 9-1과 같이 많은 요인의 상호 작용에 의해서이다. 여기에서는 이러한 요인 중에서 가장 기본적인 신체적 건강과 이를 유지하기 위한 영양소 필요량 및 질병 등에 대해 알아본다.

2. 노인인구 증가와 이에 따른 문제

1) 노인인구 비율 증가

전 세계적으로 총 인구의 증가를 볼 때, 그림 9-2(a)의 왼쪽과 같이 1950년대 이후 2000년 무렵까지는 어린이나 청소년층의 인구 증가에 의해 급속하게 증가하다가 2000년 이후부터는 어린이와 청소년의 인구는 감소하지만 중년과 노인의 인구 증가에 의해 총 인구의 증가가 일어나고 있고, 그 속도는 가속화될 것이라고 전망하고 있다. 이를 전 인구에 대한 백분율로 제시해 보면 그림 9-2(b)와 같이 노인인구의 비율이 크게 증가되는 것을 분명히 알 수 있다.

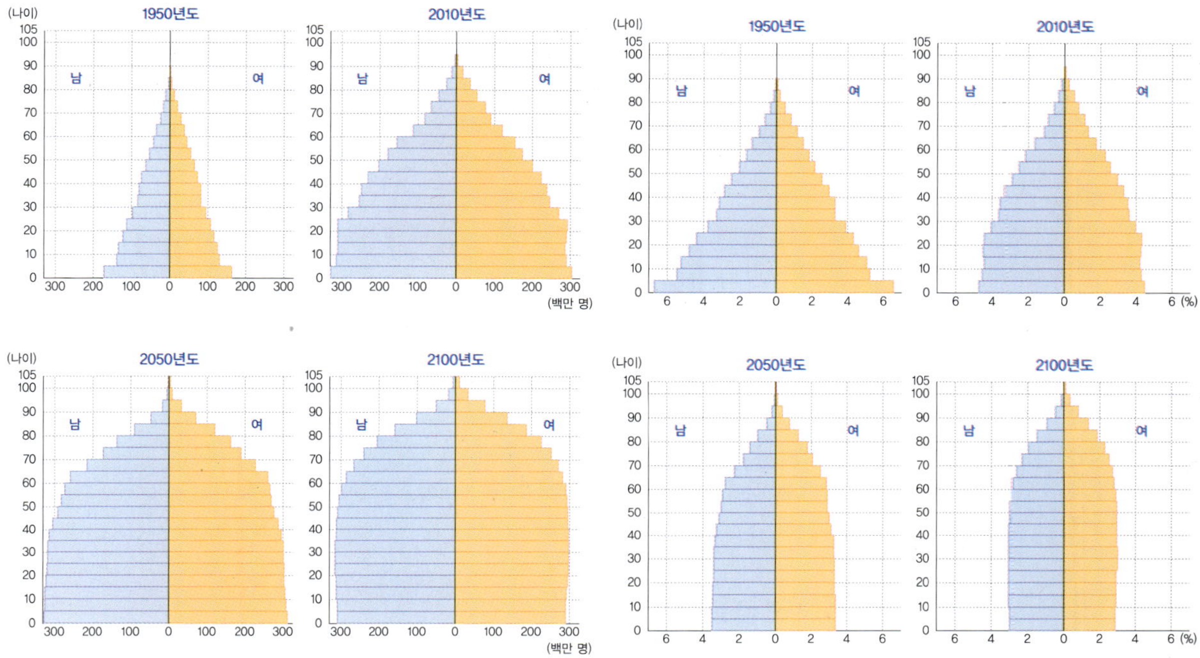

(a) 연령별 · 성별 세계 인구

(b) 연령별 · 성별 전 인구에 대한 백분율

그림 9-2 연령별 · 성별 세계 인구의 증가와 백분율

자료: United Nations, Department of Economic and Social Affairs, Population Division, 2011; http://esa.un.org/unpd/wpp/population-pyramids 2012-01-28.

우리나라도 1990년에 65세 이상 노인인구가 전 인구의 5%(5.1%)를 넘어서면서 급속히 고령화되기 시작하여 2000년에 고령화사회(7.2%)로 들어섰고, 2010년에는 11.0%로 지속적으로 증가하여 2018년에는 고령사회(14% 이상), 2026년에는 초고령사회(20% 이상)가 될 것으로 예상하고 있다. 또한 우리나라의 고령화는 일본, 프랑스, 미국 등 선진국에 비해 훨씬 빠른 속도로 진행되어 불과 8년 정도의 짧은 시간에 노인인구 비율이 14%에서 20%에 도달할 것이다(표 9-1).

표 9-1 주요 국가별 인구고령화 진전현황 비교

(단위: 연도, 연수)

국가	도달연도			증가 소요연수	
	7%	14%	20%	7%→14%	14%→20%
한국	2000	2018	2026	18	8
일본	1970	1994	2006	24	12
프랑스	1864	1979	2018	115	39
이탈리아	1927	1988	2006	61	18
미국	1942	2015	2036	73	21
독일	1932	1972	2009	40	37

자료: 통계청, 2006.

2) 기대여명과 건강수명

세계적으로 1955년만 해도 48세였던 인간의 기대수명이 의학의 발달, 산업화 및 영양상태 증진 등에 의해 1990년에는 64세, 2009년에는 68세로 증가하였고, 2025년에는 73세에 이를 것으로 추정되고 있다. 또한 선진국가에서는 65세 이상을 노인으로 보지만 전 세계적으로는 아직 60세 이상을 노인으로 보기 때문에 WHO에서는 60세 이상 노인인구가 2002년에 약 6억5백만 명에 달하였고, 2025년에는 12억 명에 이를 것으로 추정하고 있다(WHO, 2011). 우리나라도 1975년 63.8세였던 기대여명이 1990년에 71.3세, 1995년 73.5세, 2000년 76.0세, 2005년 78.6세로 증가하여 2008년에는 80.1세에 이르고 있다(표 9-2). 따라서 65세 이상 노인의 기대여명은 2009년 현재 65세 남자는 17.0년, 여자 21.5년으로 10년 전(1999년)보다 남자는 2.9년, 여자 3.5년 늘어난 것이며, 앞으로 더욱 늘어날 것으로 예측하고 있다(그림 9-3).

그러나 기대여명이 길어지더라도 건강하게 살지 못한다면 이는 오히려 삶의 질을 떨어뜨리는 결과를 초래한다. 따라서 건강하게 살 수 있는 나이, 즉 건강

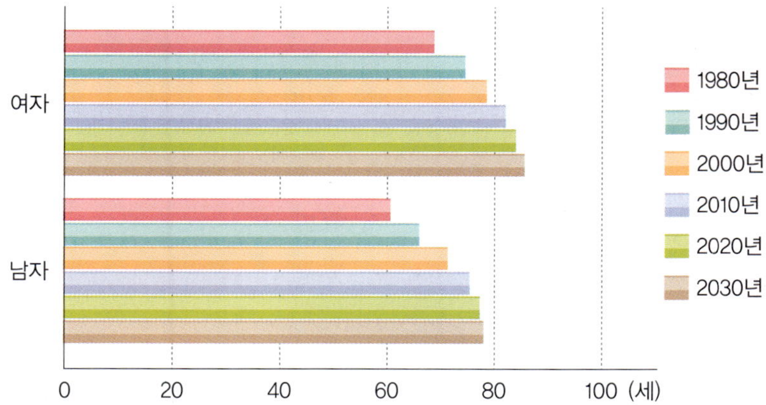

그림 9-3 **기대여명 추이**

수명을 늘려서 기대여명과 건강수명과의 차이를 좁히는 것이 바람직하다고 하겠다. 현재 우리나라는 건강수명과 기대여명과의 차이가 약 9년으로 나타나고 있으며, 국민건강증진종합계획(health plan, HP)에서는 2020년의 건강수명 목표를 75세로 잡아 기대여명과의 차이를 약 5년으로 좁히고자 한다(표 9-2).

표 9-2 **평균수명과 건강수명**

구분	평균수명[1]				건강수명				
	2001년	2005년	2007년	2008년	2002년[2]	2005년[2]	2007년[2]	HP2010 (목표)[3]	HP2020 (목표)[3]
전체	76.5	78.6	79.6	80.1	66.0	67.8	71.0	72.0	75.0
남자	72.8	75.1	76.1	76.5	63.2	64.8	68.0	69.7	73.2
여자	80.0	81.9	82.7	82.3	68.8	70.8	74.0	74.2	76.6

1) 통계청 생명표, 각년도

2) The world health report, 2001, 2003, 2007.

3) 보건복지부 · 한국보건사회연구원, 2002, 2011.

3) 고령가구와 독거노인 비율의 증가

노인인구의 증가와 핵가족화에 따라 고령가구와 독거노인의 비율 역시 증가하는 추세를 보이고 있다. 고령가구의 추이를 살펴보면 2000년에 11.9%에서 2010년에 17.4%로 급증하고 있으며, 독거노인가구 역시 2000년에 3.7%에서 2010년에는 총 가구 수의 6.0%에 이르고 있다(표 9-3).

표 9-3 고령가구 추이

(단위: 가구, %)

구분	총가구	고령가구[1]	(구성비)	독거노인가구[2]	(구성비)
2000년	14,507,010	1,733,525	11.9	543,522	3.7
2005년	15,971,010	2,432,247	15.2	776,996	4.9
2010년	17,152,277	2,982,240	17.4	1,021,008	6.0

[1] 가구주의 연령이 65세 이상인 가구

[2] 가구주의 연령이 65세 이상이면서 혼자 사는 가구

자료: 통계청, 2007.

독거노인의 수

2006년	2007년	2008년	2009년	2010년
833,072명	881,793명	933,070명	987,086명	1,043,989명

4) 노령화지수 상승에 따른 노년부양비의 증가

1990년에 20.0이던 노령화지수는 2010년에 67.7로 상승하였고, 이는 유소년인구(0~14세) 100명당 65세 이상 인구가 68명이라는 것이다. 2016년에 이르면 노령화지수가 100.7이 되어 고령인구가 유소년인구를 초과할 것으로 전망하고 있다. 이렇게 노령화지수가 상승하게 되면 생산가능인구(15~64세)가 부담해야 할 노년부양비가 급격히 증가하게 된다. 우리나라의 노년부양비는 1990년에

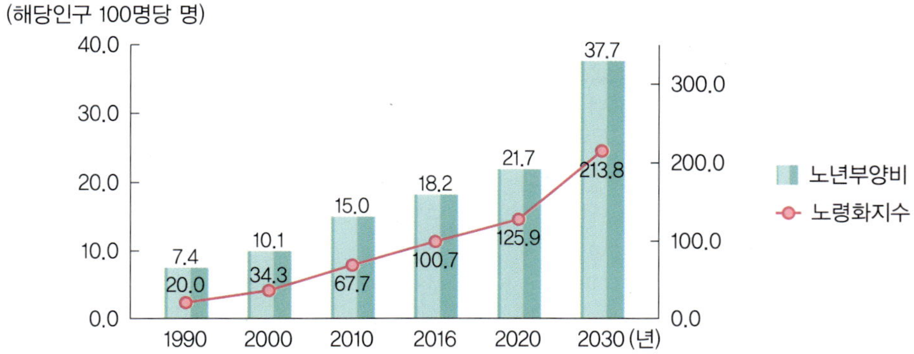

그림 9-4 노년부양비 및 노령화지수

노년부양비 = (65세 이상 인구/15~64세 인구) × 100
노령화지수 = (65세 이상 인구/0~14세 인구) × 100

자료: 통계청, 2006.

7.4이던 것이 2010년에는 15.0이었고, 2030년에는 37.7로 20년에 2배씩 상승할 것이라고 한다(그림 9-4). 노년부양비 15.0이란 것은 생산가능인구 6.7명(100/15)이 노인 1명을 부양한다는 의미이고, 2030년에는 생산가능인구 2.7명(100/37.7)이 노인 1명을 부양해야 한다는 것이다.

5) 의료비의 증가

(1) 사망 원인

지난 10년 동안 65세 이상 노인의 사망 원인 1위는 암이었고, 2위는 뇌혈관질환, 3위는 심장질환이었다. 2010년 65세 이상 인구의 사망 원인 역시 1위는 암이었고, 그 다음으로 뇌혈관질환, 심장질환, 당뇨병 순이었다. 성별로 보면 남자는 암, 뇌혈관질환, 심장질환, 만성하기도질환, 당뇨병인 반면, 여자는 암, 뇌혈관질환, 심장질환, 당뇨병, 폐렴 순으로 사망률이 높았다(표 9-4).

암 종류별로는 폐암이 가장 많고 그 다음으로 위암, 간암과 대장암 순이었다(그림 9-5).

표 9-4 사망 원인 및 사망률(65세 이상)

(단위: 인구 10만 명당 명)

구분	1위	2위	3위	4위	5위
2000년	암 (929.7)	뇌혈관질환 (785.3)	심장질환 (358.9)	당뇨병 (218.4)	만성하기도질환* (209.1)
2009년	암 (865.4)	뇌혈관질환 (410.7)	심장질환 (332.6)	당뇨병 (146.6)	만성하기도질환* (124.4)
2010년	암 (882.4)	뇌혈관질환 (409.4)	심장질환 (344.0)	당뇨병 (153.1)	폐렴 (127.6)
남	암 (1,335.8)	뇌혈관질환 (452.1)	심장질환 (349.9)	만성하기도질환* (188.1)	당뇨병 (166.1)
여	암 (573.6)	뇌혈관질환 (380.4)	심장질환 (340.0)	당뇨병 (144.2)	폐렴 (109.0)

*만성하기도질환은 기관지염, 천식, 폐기종 등 만성적으로 호흡에 장대를 주는 폐질환의 총칭임

자료: 통계청, 각년도.

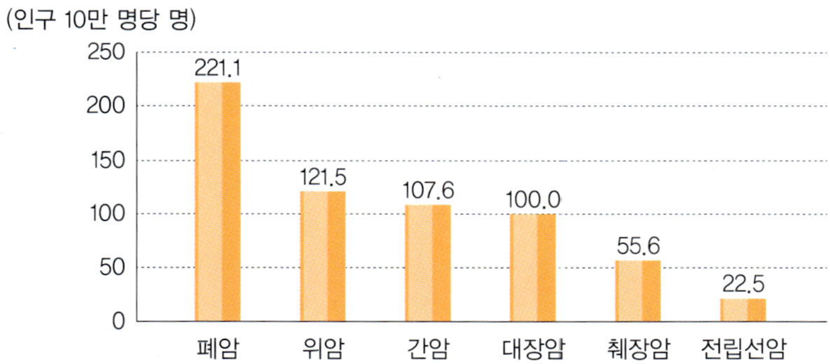

그림 9-5 2010년 암 종류별 사망률(65세 이상)

자료: 통계청, 2011.

(2) 의료비의 증가

노인인구의 증가에 따라 전체 의료비 증가와 함께 노인에게 지급된 의료비도 급속히 증가하고 있다(그림 9-6). 2010년 현재 건강보험에서 65세 이상 고령자에게 지급된 의료비가 13조 7,847억 원으로 전체 의료비 43조 6,570억 원의 31.6%를 차지하였으며, 이는 전년도에 비해 14.5% 증가한 것이며, 앞으로도 지속적인 증가 추세를 보일 것이다.

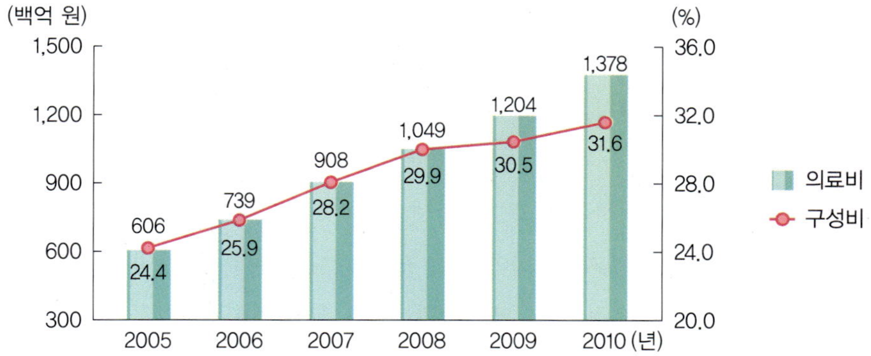

그림 9-6 **건강보험 의료비(65세 이상)**

의료비는 심사실적 기준의 요양급여비임

자료: 건강보험심사평가원, 2005~2007년 건강보험통계지표 · 2008~2010년 진료비통계지표

3. 노인기 생리적 특성

1) 노화가설

노화라는 생명현상은 개체의 형태적 변화나 기능적 저하와 같은 생리적 변화에 의해 판별되지만 생리적 노화와 함께 심리적 노화와 사회적 노화도 나타나게 된다.

노화현상에 대한 많은 가설은 이미 300여 개가 넘게 발표되었지만 아직도 통합된 이론은 나오지 않고 있다. 이는 노화현상의 본질에 대한 이해가 부족하다는 뜻이다. 현재까지 발표된 많은 노화 요인들을 크게 분류하면 유전적 요인, 환경적 요인, 그리고 이들 상호 간의 작용에 의한 효과로 구분되는 정도이다. 이 중 가장 자주 거론되는 가설은 유전적 요인에서 노화유전자설과 노화시계설, 환경적인 요인에서 산화적 손상설과 식이제한설 그리고 이들 상호 간의 작용에 의한 효과로서 후생유전설 등이 있다. 사람의 경우, 사회환경의 개선에 의해 수명이 계속 늘어나고 있으며 아직 한계점에 이르렀다는 증거가 없기 때문에 최근 유전적 요인과 환경적 요인의 상호 작용의 중요성이 부각되고 있다.

이와 같이 복잡한 가설에도 불구하고 노화라는 현상은 공통적인 특징을 가지고 있다. 일찍이 스트렐러(Strehler, 1959)는 노화의 특성을 4가지로 정의하였고, 이후부터 이 노화의 4원칙은 노화에 대한 기본 이론의 배경이 되었다. 노화의 4원칙은 첫째, 누구에게나 예외없이 보편적으로 초래되는 현상이며, 둘째, 생체 내에서 지속적으로 진행하는 변화이며, 셋째, 생명체 고유의 내재적 변화에 따라 초래되는 현상이며, 넷째, 노화에 따른 변화는 대부분 기능 저하를 동반하는 형태적 변화 현상이라는 것이다. 그러나 최근 이 개념 역시 여러 가지 과학적인 연구들에 의해 도전받고 있다. 노화현상은 연령 증가라는 시간적 요인에 따라 나타나지만, 공간적 요인인 대사계, 신호전달계, 스트레스반응계 등 여러 반응 시스템에 의해 다양한 형태적 변화가 일어나고 있음이 확인되었다. 따라서 노화현상이 시간 경과에 따른 생명체의 숙명적 변화라기보다는 시·공간적 외적 요인에 따른 반응적 적응현상의 하나임이 분명해지고 있으므로 노화현상을 생명체의 생존을 위한 기본현상의 일부로 이해하는 것이 타당하다는 것이다. 따라서 노화현상은 종 간의 차이, 개체 간의 차이 그리고 개체 내의 장기 간에 차이를 갖는 다양성(heterogenity)이 있고, 되돌릴 수 있는 가소성(plasticity)이 있다. 또 노화는 여러 외부 요인에 대한 내성(응내성; homesis)을 통해 생존율을 높이는 특성, 즉 환경에 적응(adaptation)하는 성질을 가지고 있으며, 생존을 유지하기 위해 독성자극에 대한 저항성과 증식인자에 대한 반응성을 저하시키는 보호막을 가진 즉, 보호성(barrier)을 가지고 있다(박상철, 2011)고 한다.

(1) 노화유전자설(gerontogene theory)

그동안 많은 유전자들이 장수나 노화와 관련이 있다고 보고되어 왔다. 대표적인 연구로 워너증후군(Werner's syndrome)이나 프로제리아(Hutchinson Gilford syndrome) 같은 조로현상이 유전적 성향을 보이고 있기 때문에 이 질병을 일으키는 유전자가 노화유전자일 것이라고 기대했다. 그러나 여러 연구결과, 이 유전자는 능동적으로 노화현상을 유도하는 노화유전자가 아니라 특정 기능을 가지고 있는 유전자의 고장에 의하여 특정 기능이 저하됨으로써 간접적으로 노화를 일으켰기 때문에 간접노화유전자(virtual gerontogene)라고 구분하게 되었다. 이후 인간게놈프로젝트에 의해 수만 개의 유전자들의 실체가 밝혀졌지만 아직 노화유전자라고 할 수 있는 유전자는 밝혀지지 않았다. 최근 동물모델 실험에서 많은 노화유전자들이 제안되고 있지만 유전자조작 모델이기 때문에 진정한 노화유전자라고 인정하지 않고 있다.

(2) 노화시계설(aging clock theory)

생체를 구성하고 있는 세포 자체가 이미 수명 한계성을 가지고 있다는 것으로 가장 주목받고 있는 것은 텔로미어 가설(telomere shortening theory)이다. 이 가설은 세포가 분열할 때마다 염색체 종단의 일부(텔로미어)가 복제되지 못하며, 이에 따라 분열이 지속될수록 복제되지 않는 범위가 커져서 결국에는 분열을 중단할 수밖에 없다는 것이다.

이 가설에 의하면 수명이 긴 동물일수록 텔로미어가 길어야겠지만 실제로 그렇지 못하다. 예를 들어, 쥐는 사람과 비교하여 수명은 1/30에 불과하지만 텔로미어의 길이는 50배 이상이나 길다는 것이다. 그리고 여러 연구에서 세포 내 텔로미어 길이와 세포 노화현상과의 상관관계가 분명하게 나타나지 않고 있는 것도 이 가설의 문제점이다. 따라서 노화시계에 의한 수명한계설의 정립을 위해서는 텔로미어 가설이 아닌 새로운 가설이 필요하다고 본다.

(3) 산화적 손상설(oxidative stress theory)

노화가설 중 가장 주목을 받고 있는 가설로서, 생명체가 삶을 유지하기 위해 호흡하는 과정에서 발생하는 유해산소가 노화를 일으킨다는 가설이다. 미토콘드리아에서 산소를 이용하여 에너지(ATP)를 만드는 과정에서 전자전달이 일어나게 되고, 이때 들이마신 산소의 2~3%는 활성산소(reaction oxygen species, ROS)가 된다. 이렇게 발생한 활성산소는 슈퍼옥사이드 디스뮤테이스(superoxide dismutase, SOD)나 과산화수소 분해효소(catalase) 등에 의해 소멸되어 0.1% 이하의 활성산소만이 남게 된다. 활성산소가 많아지게 되면 미토콘드리아 기능을 손상시켜 미토콘드리아의 역동적 구조 변화(mitochondrial dynamics)와 자가소화(autophagy) 기능이 저하되는 악순환이 계속되면서 노화를 일으킨다는 가설이다.

그러나 이 가설에도 문제점이 있다. 최근 밝혀진 바에 의하면 유해산소라고 하는 산소라디칼이 생체 내에서 나쁜 영향만을 미치는 것이 아니라 생체 세포의 증식에 매우 중요한 역할을 한다는 것이 밝혀졌고, 여러 동물을 대상으로 한 노화와 수명에 미치는 항산화제의 효과가 보편적이면서 동일한 효과를 나타내지 못한다는 것과 산소라디칼이 특정한 단백질을 공격하는 것이 아니어서 노화에 대한 기전과 결과를 예측할 수 없다는 것이다. 이와 같이 산화적 손상설은 불특정한 표적에 대한 산화적 손상이기 때문에 모든 동물에서 거의 일정한 패턴으로 일어나는 노화현상을 설명하기 위해서는 산화적 손상이 보편적인 노화현상을 일으키는 공통적인 경로를 찾아내야 한다.

(4) 식이제한설(calorie restriction theory)

'소식해야 장수한다'는 말은 학계뿐만 아니라 일반인에게도 가장 영향력 있는 가설이다. 이 가설은 실험적으로 쥐나 생쥐를 자유급식군과 자유급식군의 60~70%로 열량을 제한한 식이제한군으로 구분하여 수명을 비교했더니 식이제한군의 수명이 30% 이상 연장되었다는 결과 발표 이후 많은 관심을 끌게 되었다. 이 결과는 선충, 초파리, 개, 원숭이 등의 연구에서도 입증되어 식이제한설은 여러 동물에서 공통적으로 입증된 가설이다. 또한 동물에서 식이제한은 수명연장의 효과뿐만 아니라 암이나 종양 발생 억제, 심혈관계 지표 개선, 당뇨 억제 및 능동적 생체활동 상태 등 생리 기능을 양호하게 유지킨다는 것이 밝혀졌다. 그러나 사람에게 식사의 즐거움이 중요하기 때문에 식사를 강제로 줄이는 것은 오히려 스트레스를 유발한다. 따라서 식사는 정상으로 하지만 흡수를 저하시키든지 대사량을 제한시켜서 식이제한과 유사한 효과를 내는 약물 등의 개발과 관련된 산업이 활성화되고 있다.

그러나 이 가설도 식이제한에 의한 노화 억제나 수명연장의 기전을 정확하게 설명하지 못하고 있다. 이 설의 근거가 되는 '많이 움직이면 빨리 죽는다'는 활동률 가설(living theory of aging)이 여러 동물의 비교실험에서 부정되고 있다. 또한 최근 실험실이 아닌 야생 공간에서는 식이제한군의 생존율이 낮고 자유급식군의 생존력이 더 높다고 보고하고 있다. 이는 식이제한이 생물체의 질병 예방과 수명 연장에 유리할 것이라는 믿음에 대한 도전이다.

2) 노화에 따른 신체적 변화

스트렐러(Strehler, 1959)에 의해 정의된 노화의 특성 중 넷째인 '노화에 따른 변화는 대부분 기능 저하를 동반하는 형태적 변화 현상'이라는 것은 최근 이러

표 9-5 가령화에 의한 신체적 변화

<table>
<tr><th colspan="3">신체 변화</th><th colspan="3">내용</th></tr>
<tr><td rowspan="7">신체기관의 변화</td><td colspan="2">심혈관계</td><td colspan="3">혈관의 탄력성 감소로 혈압 상승, 심장근의 약화로 혈액박출량 감소 등</td></tr>
<tr><td colspan="2">소화기계</td><td colspan="3">타액, 점액, 위액, 소화효소 등의 분비 감소; 치아 손실, 연동운동 감소 등</td></tr>
<tr><td colspan="2">신장</td><td colspan="3">네프론 수의 감소, 사구체 여과율 감소 등</td></tr>
<tr><td colspan="2">호흡기계</td><td colspan="3">폐활량 감소 등</td></tr>
<tr><td colspan="2">신경계</td><td colspan="3">맛, 냄새, 감각, 인지 등 신경계 전도속도 감소; 수면장애 등</td></tr>
<tr><td colspan="2">내분비계</td><td colspan="3">에스트로젠, 테스토스테론, 티록신, 성장호르몬 등의 분비 감소, 코티솔 분비 증가, 당내인성 감소 등</td></tr>
<tr><td colspan="2">근골격계</td><td colspan="3">근육과 뼈의 손실로 작업 강도의 저하</td></tr>
<tr><td rowspan="5">신체 조성의 변화</td><td colspan="2"></td><td>20~25세</td><td>70~75세</td><td></td></tr>
<tr><td rowspan="3">제지방</td><td>단백질</td><td>19%</td><td>12%</td><td rowspan="3">제지방량의 감소, 기관 간의 상대적 분포 변화</td></tr>
<tr><td>무기질</td><td>6%</td><td>5%</td></tr>
<tr><td>수분</td><td>61%</td><td>53%</td></tr>
<tr><td colspan="2">체지방</td><td>14%</td><td>30%</td><td>체지방량의 증가, 위치 변화</td></tr>
<tr><td rowspan="4">감각기능의 변화</td><td colspan="2">미각 저하</td><td colspan="3">기본 맛의 한계값 상승, 특히 짠맛에 대한 예민도 저하로 짜게 먹기 쉬워짐</td></tr>
<tr><td colspan="2">후각 저하</td><td colspan="3">후각 기능의 저하로 탄 냄새나 상한 냄새를 잘 인지하지 못하여 위험할 수 있음</td></tr>
<tr><td colspan="2">치아 손실</td><td colspan="3">치아 손실과 타액 분비 부족으로 씹기와 삼키기가 어려워져 영양섭취가 저하될 수 있음</td></tr>
<tr><td colspan="2">식욕과 갈증 저하</td><td colspan="3">식욕 저하와 갈증을 잘 느끼지 못해 영양섭취 부족과 탈수의 위험이 있음</td></tr>
</table>

한 노화현상을 생명체의 생존을 위한 적응현상의 일부로 이해하기 시작하면서 신체적으로 건강하게 나이를 먹을 수 있다고 생각되고 있다. 즉, 가령화에 따른 신체적 변화가 유전에 의한 영향도 있지만 바람직하지 않은 식사와 생활습관, 비활동적인 생활 등에 의해 영향을 받으므로 이러한 요인들을 제거하면 건강하게 장수할 수 있다고 한다.

일반적으로 나이가 들면 체지방은 증가하지만 대부분의 기관의 크기가 감소한다. 뇌와 신장은 10% 정도, 간은 15% 정도, 근육과 뼈는 20% 정도, 지라(spleen)는 40% 정도씩 감소한다. 이에 따라 신체의 각 기관들의 기능이 저하되고, 신체의 구성성분이 변화하고, 감각기능이 저하된다(표 9-5). 따라서 노인의 영양필요량도 달라진다.

4. 노인기 영양섭취기준

1) 우리나라 노인의 영양섭취기준

한국인의 영양섭취기준에서 노인은 65~74세와 75세 이상으로 구분되어 있다. 그러나 각 연령군에서의 영양섭취기준은 무기질에서 나트륨과 염소, 아연을 제외하고는 동일하다(표 9-6).

에너지를 섭취할 때의 에너지 적정비율은 성인과 마찬가지로 탄수화물 55~70%, 지방 15~25%, 단백질 7~20%의 비율로 섭취할 것을 권장하고 있고, 식이섬유는 에너지섭취량이 적어지지만 노년기에는 만성질환의 유병률이 높고 만성변비증이 흔하므로 50~64세의 충분섭취량을 그대로 사용하였다. 수분과 소금(나트륨과 염소)을 제외하고는 50~64세의 중년과 영양섭취기준이 같다. 중년과 노인의 영양섭취기준이 성인기(20~49세)보다 높게 설정된 영양소는 비타민 D와 칼슘이다. 이는 노인기는 피부에서 비타민 D의 합성능력 감소, 햇빛에 노출 감소, 골질량 감소와 골다공증 등의 증가를 고려하여 책정한 것이다.

표 9-6 **노인기의 영양소 권장섭취량**

영양소	65세 이상		비고
	남자 (164 cm, 59.2 kg)	여자 (151 cm, 50.2 kg)	
에너지(kcal)	2,000	1,600	필요추정량
단백질(g)	50	45	
식이섬유(g)	26	22	충분섭취량
수분(mL)	2,100	1,700	충분섭취량
비타민 A(μg RE)	700	600	
비타민 D(μg)	10	10	충분섭취량
비타민 E(mg α-TE)	10	10	충분섭취량
비타민 K(μg)	75	65	충분섭취량
비타민 C(mg)	100	100	
티아민(mg)	1.2	1.1	
리보플라빈(mg)	1.5	1.2	
니아신(mg NE)	16	14	
비타민 B_6(mg)	1.5	1.4	
엽산(μg DFE)	400	400	
비타민 B_{12}(μg)	2.4	2.4	
판토텐산(mg)	5	5	충분섭취량
비오틴(μg)	30	30	충분섭취량
칼슘(mg)	700	800	
인(mg)	700	700	
나트륨(g)	1.2	1.2	충분섭취량(75세 이상 1.1 g)
칼륨(g)	4.7	4.7	충분섭취량
마그네슘(mg)	350	280	
철(mg)	10	9	
아연(mg)	9	7	(남자 75세 이상: 8 mg)
구리(μg)	800	800	
불소(mg)	3.0	2.5	충분섭취량
망간(mg)	3.5	3.0	충분섭취량
요오드(μg)	150	150	
셀레늄(μg)	50	50	

자료: 한국영양학회, 2010.

2) 노인기에 유의해야 할 영양소

(1) 에너지 필요량 감소에 따른 적절한 에너지 섭취

앞에서 살펴보았듯이 노인은 제지방량이 감소하고 체지방량은 증가하며, 근골격계뿐만 아니라 대사적으로 활발한 뇌, 신장, 간 등의 부피가 감소하므로 휴식대사량이 감소하게 된다. 제지방의 손실에 따른 휴식대사량의 감소는 활동에너지 소비의 감소와 식사에 의한 열효과(TEF)의 감소와 함께 에너지 소비의 감소로 이어지고, 이는 다시 체지방량을 증가시키게 되어 근감소 비만을 야기한다. 따라서 균형 잡힌 식사, 규칙적 생활습관과 활동적인 생활 등을 통해 근육량(제지방량)을 증가시켜 건강을 유지하도록 하는 것이 중요하다.

노인의 휴식대사량(resting energy expenditure, REE) 감소 원인

1. 제지방 감소
2. 체세포량(body cell mass) 감소
3. Na-K-ATPase 활성 감소
4. 단백질 전환(protein turnover) 감소
5. 육체적 활동과 에너지 지속(energy flux) 감소
6. SNS 활성(subcortical brain noradrenergic activity) 증가

노화에 따른 에너지 소비의 감소 원인

1. 제지방의 손실과 변화
2. 에너지 소비의 감소
   1) 휴식대사량 감소
   2) 식사에 의한 열효과(TEF) 감소
   3) 활동 에너지 소비 감소
      - 운동 감소
      - 비운동성 활동 열생산(non-exercise activity thermogenesis) 감소: 노인은 젊은 사람보다 서있는 시간이 적고, 앉아 있는 시간이 유의하게 많은데 여기에 소요되는 열생산도 적어짐

(2) 충분한 단백질 섭취

노인인구 비율이 급격히 증가하면서 근감소(sarcopenia)는 공중건강에 있어서 중요 관심 문제 중의 하나가 되었다. 근육량은 약 40세 이후부터 평균 0.5~1%/년 정도씩 감소하므로 60세 이상의 30%, 80세 이상의 50% 이상이 근감소증을 나타낸다고 한다. 근감소는 운동, 즉 활동성을 떨어뜨리므로 노인의 독립성을 현저히 저하시켜 삶의 질을 낮추는 원인이 된다. 미국 통계청에서는 노인인구의 증가에 따라 2025년에는 근감소증 노인 환자 수가 2000년에 비해 약 80% 정도 증가할 것이라 예상하고 있다. 따라서 노인의 근감소증을 줄일 수 있는 영양 공급과 운동이 중요하다.

그동안 여러 연구에서 노인에게 단백질을 공급했을 때 긍정적인 효과가 있음을 보고하였다. 일반적으로 단백질 섭취가 많은 노인이 체조직의 손실량이 적었고, 단백질 공급의 효과는 공급시간과 단백질 급원에 따라 차이가 있다고 한다. 공급시간에 있어서 장기간의 효과는 아직 불분명하지만 단기간 급성 단백질 공급은 단백질 합성을 자극하였고, 운동 후 단백질 섭취가 운동 전 섭취보다 효과적이었으며, 같은 양을 공급할 때 아침, 점심, 저녁에 고루 분포하는 것이 단백질 합성에 효과적(하루 90 g일 때, 세끼 30 g씩 골고루 주면 모두 최대 단백질 합성을 보이지만 아침 10 g, 점심 20 g, 저녁 60 g을 주었을 때는 60 g일 때만 최대 단백질 합성을 나타냄)이었다고 한다. 단백질 급원에 있어서 무지방 우유와 대두유 모두 운동 전보다 운동 후에 효과가 있었고, 운동 후 3시간 뒤의 회복에서는 무지방 우유가 대두유보다 효과가 높았다고 한다. 노인은 우유 단백질 중 유청단백질이 카세인 가수분해물이나 카세인보다 흡수가 빨라 단백질 합성의 자극에 더 효과적이었다고 한다.

따라서 단백질이 충분한 식사는 나이가 들면서 근육량을 유지시키는 데 도움이 될 것이다. 즉, 매끼 양질의 단백질을 20~30 g 섭취하는 것은 노인에 있어서 근육 단백질 합성을 최대화할 수 있는 데 도움이 될 수 있고, 이는 노화에 따른 근육 손실을 보전하거나 늦출 수 있다.

(3) 칼슘과 비타민 D의 충분한 섭취

노인에 있어서 골다공증은 골절로 이어져 신체활동이 제한되고, 이에 따라 독립적인 생활을 할 수 없게 되면서 다른 질병의 유병률을 높이는 악순환으로 이어지게 된다. 남성도 문제이지만, 특히 여성은 폐경 후에 급격히 골밀도가 떨어지므로 더욱 조심해야 한다.

칼슘의 섭취와 비타민 D가 골대사에 미치는 영향은 이미 잘 알려져 있다. 여러 연구에서 골밀도는 칼슘 섭취도 중요하지만 비타민 D의 섭취량이 충분해야 골밀도가 높고 골절 위험도가 낮아진다고 보고하고 있다. 최근에는 비타민 D 이외에 n-3 지방산, 체지방과 해산물 섭취량 등이 골밀도와 관계가 있다고 보고되었다.

국민건강영양조사(2009) 결과를 살펴보면 전체적으로 영양섭취기준에 대한 섭취비율이 가장 낮은 영양소가 칼슘이며, 특히 65세 이상 노인의 섭취율은 매우 낮다. 또한 폐경 후 우리나라 여성의 영양소 섭취량에서도 65세 이상의 여성이 50~64세 여성보다 불포화지방산(n-3 지방산, n-6 지방산), 비타민 D, 칼슘, 칼륨 등의 섭취율이 유의하게 낮아지는 것을 볼 수 있다. 이와 같이 골밀도가 급격히 감소하기 시작하는 50세 이후에, 특히 65세 이상 노인에서 칼슘의 섭취율이 유의하게 낮아지는 것은 노인의 골다공증 발생률을 가속화시키는 원인이라고 볼 수 있다. 따라서 50세 이전부터 충분한 칼슘과 비타민 D의 섭취를 권장해야 한다.

(4) 면역력을 증진시키는 비타민과 무기질의 충분한 섭취

노화가 되면 인체에서 면역을 담당하는 B cell, T cell 그리고 100여 종의 사이토카인의 균형이 깨지고 기능이 저하되어 면역력이 저하된다. 골수의 림프구의 균형이 깨져 native B cell pool 이 줄어들고 골수에서의 성숙률이 감소하여 B cell의 기능이 저하되며, 골수에서 생성되어 흉선(thymus)으로 이동하여 기능을 갖는 T cell은 노화에 의해 흉선의 크기가 감소되고 지방이 쌓이면서 T cell의 활성화 감소가 일어나 B cell과의 정보교환율이 떨어진다. 또한 세포 매개성 또는 항체 매개성 면역을 담당하는 여러 사이토카인 간의 균형이 깨지게 된다.

이러한 면역체계는 영양소 섭취에 영향을 받는다고 한다. 즉, 칼로리 제한, 항산화제(hesperidin, quercetin, resveratrol, 해조류, 프로바이오틱스), n-3 PUFA(면역억제 효과), 아연(고농도는 독성), 셀레늄, 렙틴 수준의 조절, 리놀레산 등과 관계가 있다는 보고들이 있다. 또한 면역계에 영향을 미치는 미량원소들은 표 9-7과 같다. 따라서 노인들은 항산화물질과 비타민, 무기질이 풍부한 채소, 과일 및 해조류 등을 충분히 섭취할 필요가 있다.

표 9-7 면역계에 영향을 미치는 미량원소

상피세포 장벽 (epithelial barriers)	세포 면역 (cellular immunity)	항체 생산 (antibody production)
비타민 A 비타민 C 비타민 E 아연	비타민 A 비타민 B_6 비타민 B_{12} 비타민 C 비타민 D 비타민 E 엽산 철 아연 구리 셀레늄	비타민 A 비타민 B_6 비타민 B_{12} 비타민 D 비타민 E 엽산 아연 구리 셀레늄

(5) 뇌 기능에 도움이 되는 영양소의 충분한 섭취

노화에 의해 뇌의 부피가 줄고 또 여러 가지 물질이 쌓이면서 신경망의 기능이 떨어져 노인의 뇌 기능은 저하된다. 최근 노인인구의 증가에 따라 치매 환자가 급증하고 있으므로 이를 지연시키기 위해 많은 연구들이 진행되고 있으며, 그 결과 중 하나로 운동과 영양이 중요한 역할을 한다고 보고되었다.

뇌 기능에 도움이 되는 식품과 영양소로는 n-3 지방산(DHA)이 많은 생선류, 항산화와 항염증 작용을 하는 피토케미컬을 함유한 과일과 채소류(딸기류, 강황 등), 녹차나 커피 등의 음료, 호모시스테인의 수준을 낮춰서 뇌혈관을 보호하고 뉴론의 DNA 손상을 방지하는 엽산 등이 보고되었다.

우리나라 60세 이상 노인 중 남성의 6.1%, 여성의 2.1%가 엽산 부족이고 고호모시스테인혈증이 남성의 10.1%, 여성의 2.1%인 연구결과(Lim & Heo, 2002)를 볼 때, 특히 남자 노인에 있어 과일과 채소류의 섭취를 권장할 필요가 있다.

5. 노인기 건강문제

1) 영양 및 식생활 실태

(1) 영양섭취수준

국민건강영양조사에서는 65세 이상 노인의 영양섭취 상태가 매우 불량함을 이미 2001년부터 계속 지적해 왔다. 식품군 섭취량으로 살펴보아도 65세 이상 노인은 성인에 비해 전반적인 식품 섭취량이 적고, 특히 육류, 난류, 어류 및 우유류와 같은 동물성식품의 섭취가 적었다. 2009년 국민건강통계에서 노인은 필요추정량 대비 에너지 섭취비율이 남자 89.6%, 여자 83.9%였고, 탄수화물이 에너지 섭취에 기여하는 분율은 남자 74%, 여자 76.9%로 높았다(그림 9-7). 또한 단백질, 인, 나트륨, 철을 제외한 모든 영양소의 섭취수준이 영양섭취기준에 비해

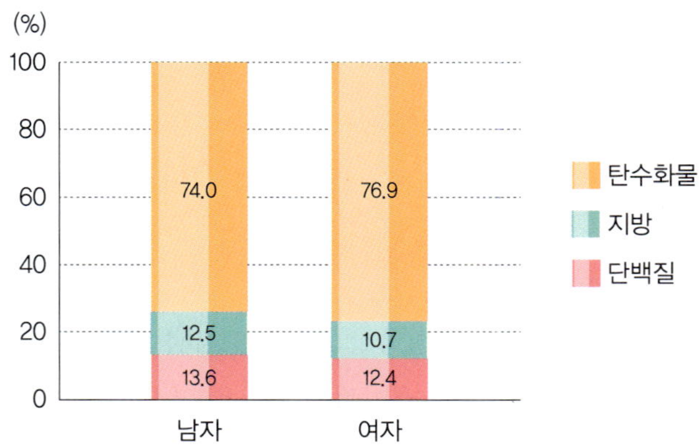

그림 9-7 우리나라 노인의 급원별 에너지 섭취 분율

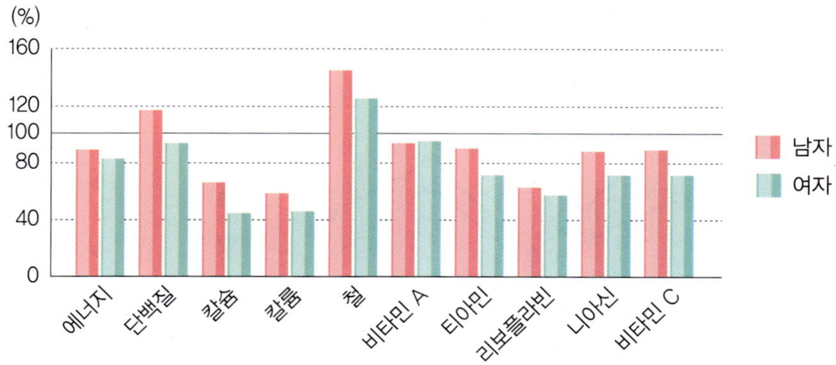

그림 9-8 우리나라 노인의 영양소별 영양섭취기준에 대한 섭취 비율

적었으며, 칼슘과 리보플라빈의 섭취수준이 매우 낮았다(그림 9-8).

영양섭취기준 미만 섭취자, 즉 영양부족일 확률이 높은 노인의 분율이 인을 제외한 모든 영양소에서 35%를 넘고 있어서 노인의 전반적인 영양섭취 부족이 우려되고 있다. 특히 칼슘과 리보플라빈은 남자는 각각 77.0%, 78.7%, 여자는 각각 85.8%, 80.1%가 영양부족의 위험이 있다. 대부분의 비타민에서도 영양섭취기준 미만 섭취자의 분율이 남자는 50% 이상, 여자는 60% 이상을 나타내어 전반적으로 영양부족의 위험이 높다(그림 9-9, 그림 9-10). 또한 노인에 관한 많은 연구보고서에서도 국민건강영양조사 결과와 마찬가지로 연령이 높아질수록 남

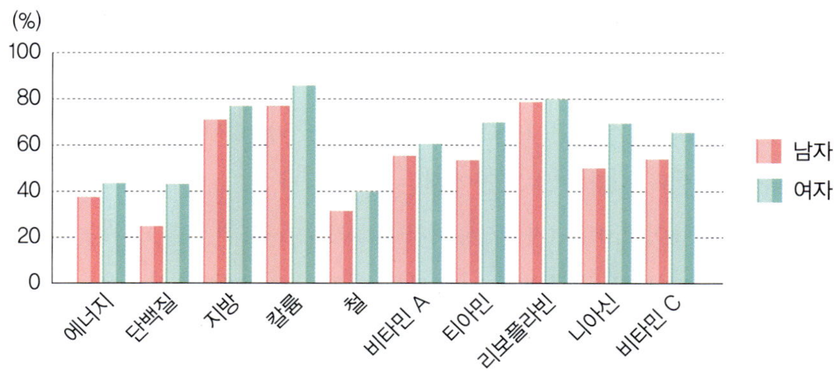

그림 9-9 우리나라 노인의 영양소별 영양섭취기준 미만 섭취자 분율

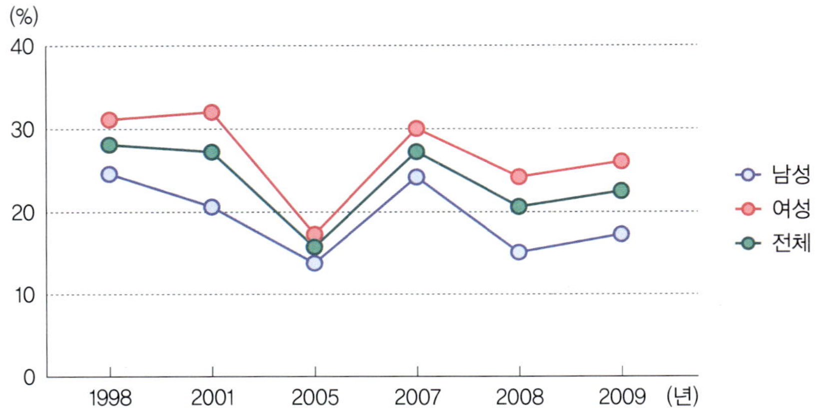

그림 9-10 **우리나라 노인의 영양섭취 부족자 분율 추이**

영양섭취 부족자 분율
에너지섭취수준이 필요추정량(또는권장량)의 75% 미만이면서 칼슘, 철, 비타민 A, 리보플라빈의 섭취량이 평균필요량(또는 권장량)의 75% 미만인 분율

자 노인보다 여자 노인의 영양섭취가 더 불량한 것으로 나타났으며, 낮은 소득수준과 교육수준, 독거, 배우자와의 사별, 혼자 식사 등이 식품 섭취량을 감소시키는 원인으로 보고되고 있다. 따라서 노인인구가 급증하는 현재, 노인의 영양상태를 개선시킬 수 있는 적절한 관리프로그램을 개발하여 보급함으로써 영양취약 노인에 대한 영양관리를 실시할 필요가 절실하다.

(2) 식생활

① 식생활행태

국민건강영양조사에서 나타난 노인의 식생활 행태를 살펴보면 다음과 같다.

결식률은 여자 노인이 남자 노인보다 높았으며, 아침 결식률보다 점심 결식률이 더 높았다. 아침 결식률은 19~29세(40% 이상)나 50~64세(10% 이상)의 성인에서 높게 나타난 것과는 다르게 노인에서는 4.5%(남자 2.4%, 여자 6.0%) 정도로 낮았고, 점심 결식률이 6.0%(남자 4.5%, 여자 7.1%)로 아침 결식률보다 높았다. 끼니별 가족동반 식사율의 경우에도 남자보다 여자가 가족동반 식사율이 낮았고, 아침과 저녁보다 점심의 가족동반 식사율이 낮았다. 이를 볼 때, 우리나라는 가족동반 식사율이 높은 남자 노인이 여자 노인보다 결식률이 낮아 영양섭취 상태가 좀 더 양호한 것을 알 수 있다.

간식횟수는 하루 1회가 37.6%로 가장 많았고, 거의 안 하는 사람도 30.2%나 되었다. 외식에 있어서도 65세 이상 노인의 41%가 외식을 거의 하지 않거나(40% 이상) 월 1~3회(30% 정도)로 나타나 우리나라 노인들은 정규식사에 의한 영양섭취가 부족할 뿐만 아니라 간식과 외식에 의한 영양섭취도 적은 것으로 나타났다.

더 알아보기 노인의 영양상태 평가표

표 9-8 노인의 영양상태 자가평가표(determine your nutritional health)

경고사인	항목	평가(예)
질병	나는 질병이나 신체상태 장애로 음식의 양과 종류를 제한한다.	2
부적절한 식사	나는 하루 2끼 이하를 먹는다.	3
	나는 채소, 과일, 유제품을 거의 먹지 않는다.	2
	나는 매일 3회 이상 맥주, 포도주 등 술을 마신다.	2
치아 손실과 구강 통증	나는 치아 또는 구강문제로 먹기가 불편하다.	2
경제적 어려움	나는 원하는 대로 식품을 살 돈이 부족하다.	4
사회적 고립	나는 대개 혼자 식사한다.	1
다양한 약물 복용	나는 매일 3종류 이상의 처방약을 복용한다.	1
비의도적인 체중 손실 또는 증가	나는 지난 6개월간 4.5 kg 이상 체중이 늘거나 줄었다.	2
보호자 필요	나는 혼자 시장보고, 조리하고, 식사하는 것이 신체적으로 어렵다.	2
80세 이상	나는 80세가 넘었다.	-
평가: 위 10항목의 점수 합계가 0~2점; 영양상태 양호, 3~5점; 중등의 영양적 위험상태, 6점 이상; 심한 영양적 위험상태임		

자료: Brown, JE, 2011; 문현경 · 공정은, 2009.

표 9-9 간이영양평가표(mini nutritional assessment, MNA)

	평가항목	평가기준
식사평가	지난 3개월 동안 식사섭취량이 식욕 상실, 소화문제, 저작 및 연하 곤란으로 인해 감소하였는가?	0 = 심한 식욕 상실 1 = 중등 정도 식욕 상실 2 = 식욕 상실 없음
	거동은?	0 = 침대나 의자 생활 1 = 외출 불가능 2 = 외출 가능
	지난 3개월 동안 정신적 스트레스 또는 급성질환 유무	0 = 유 2 = 무
	신경정신과 문제는?	0 = 심한 치매 또는 우울증 1 = 경한 치매 2 = 심리적 문제 없음
	독립적인 생활(양로원이나 병원에 있지 않음) 유무	0 = 아니요, 1 = 예
	처방약 복용 여부(하루에 3종류 초과 유무)	0 = 아니요, 1 = 예
	욕창, 피부궤양이 있는지의 여부	0 = 아니요, 1 = 예
	하루 식사횟수는?	0 = 1끼, 1 = 2끼, 2 = 3끼
	단백질 섭취량은? (a) 적어도 하루에 유제품 1회 섭취 (예/아니요) (b) 일주일에 두류 또는 난류 2회 이상 섭취 (예/아니요) (c) 육류, 어류 또는 조류 매일 섭취 (예/아니요)	0 = '예'가 0 또는 1개 0.5 = '예'가 2개 1 = '예'가 3개
	하루에 과일 및 채소를 2회 이상 섭취하는가?	0 = 아니요 1 = 예
	하루에 물, 주스, 커피, 차, 우유 등의 액체 섭취량은?	0 = 3컵 미만 0.5 = 3~5컵 1 = 5컵 초과
	음식 섭취 자립도는?	0 = 도움 없이 섭식 불가능 1 = 어렵게 스스로 섭식 2 = 문제없이 섭취
자가판단	자신의 영양상태는?	0 = 영양불량 1 = 영양불량인지 확실치 않음 2 = 영양문제 없음
	동일한 연령대의 다른 사람과 비교하여 자신의 건강상태는?	0 = 좋지 못하다 0.5 = 모른다 1 = 비슷하다 2 = 더 좋다
신체계측	지난 3개월 동안 체중손실은?	0 = 3 kg 초과 1 = 모름 2 = 1~3 kg 3 = 체중손실 없음
	신체질량지수(BMI)는?	0 = BMI 19 미만 1 = BMI 19~21 미만 2 = BMI 21~23 미만 3 = BMI 23 이상
	상완둘레는?	0 = 21 cm 미만 0.5 = 21~22 cm 1 = 22 cm 이상
	장딴지둘레는?	0 = 31 cm 미만 1 = 31 cm이상
판정(총점 30점)	≥ 24점: 영양상태 양호 / 17~23.5점: 영양불량 위험 / <17점: 영양불량	

자료: Vellas B et al., 2006.

② 식이보충제

노인은 여러 가지 이유로 식사가 자칫 허술해지기 쉽다. 영양제, 건강식품이나 기능성식품 등은 영양 섭취가 부족하거나 질병에 걸렸다가 회복할 때 등 필요에 따라 사용하는 것이 좋지만, 식사 대신 식이보충제를 통해 건강을 지키려는 것은 잘못된 생각이다. 국민건강영양조사에서는 최근 1년간 식이보충제 복용 경험률을 조사한 결과, 2005년보다는 상당히 상승하였으나 2007년 이후에는 비슷한 경향을 보이고 있었다. 노인의 경우, 전체적으로 30% 이상이 복용 경험을 갖고 있었고, 그 비율은 여자가 남자보다 높았다.

현재까지 우리나라 노인의 식이보충제 복용은 일부에서 근거가 없는 건강식품이나 기능성식품을 맹신하여 다량 섭취하는 문제가 발생하기는 하지만 크게 문제되는 것은 없다.

③ 영양지식

국민건강영양조사에서는 영양지식을 식생활지침 인지율, 영양표시 이용률과 관심있는 항목, 영양교육 및 상담 수혜율 등의 항목으로 평가하고 있다.

65세 이상 노인의 식생활지침 인지율은 7.4%(남 9.8%, 여 5.7%)로 매우 낮았다. 식생활지침 7개 항목 중 '짠 음식을 피하고 싱겁게 먹자'의 실천율이 67%로 가장 낮았고, 그 다음으로 '건강체중을 위해 활동량을 늘리고 알맞게 섭취하자'가 80%로 낮았다. 노인의 69%가 영양표시가 무엇인지 모른다고 응답하였고, 영양표시 이용자는 2.5%에 불과하였으며 영양표시를 읽는 사람 중 가장 관심 있게 보는 영양성분은 단백질(27%)과 지방(17%)이었다. 영양교육 및 상담 수혜율도 5.4%로 매우 낮았다.

이와 같이 고혈압, 근감소 비만 등 만성질환의 발생률이 높은 우리나라 노인에게 가장 필요한 영양지식은 싱겁게 먹고 건강체중을 유지하도록 교육과 상담을 확대하는 것이다.

현재 노인에게 문제가 되는 질병은 고혈압, 근감소 비만, 당뇨병, 골다공증 및 치매 등이다.

2) 고혈압

고혈압 유병률
수축기 혈압이 140 mmHg 이상이거나 이완기 혈압이 90 mmHg 이상 또는 혈압 강하제를 복용한 분율

우리나라 고혈압 유병률(만 30세 이상, 표준화)은 2007년 24.6%에서 2009년 30.3%로 증가하여 미국의 고혈압 유병률(HANES 1999~2008, 만 18세 이상) 30%와 비슷한 수준이 되었다. 또한 40세 이상부터는 연령에 따라 고혈압의 발생빈도는 급격히 상승한다(그림 9-11). 특히 여자는 갱년기 이전까지는 남자보다 유병률이 낮다가 갱년기 이후부터 급격히 상승하여 70세 이상에서는 남자보다 훨씬 높아진다(그림 9-12).

지난 10년 동안 65세 이상 인구의 사망 원인 1위는 암이었고, 2위와 3위는 뇌혈관질환과 심장질환이었지만 뇌혈관질환과 심장질환, 즉 심혈관계질환에 의한 사망률을 합하면 암보다 그 비율이 훨씬 크다. 이미 여러 연구에서 수축기/이완기 혈압이 20/10 mmHg 상승하면 심혈관계질환에 의한 사망률이 2배 증가하고, 평균 수축기 혈압이 2 mmHg 감소하면 관상심장질환과 뇌졸중에 의한 사망률이 각각 7%와 10% 감소한다고 보고하고 있다. 따라서 혈압의 작은 차이가 뇌혈관질환과 심장질환의 유병률과 사망률에 큰 영향을 미치는 것을 알 수 있고, 이는 곧 노인의 삶의 질과 연결된다고 하겠다.

또한 노인은 혈관, 심장 등 여러 장기의 노화에 따라 혈압이 상승하므로 표 9-10과 같은 특징을 나타낸다. 이와 같이 오인은 수축기혈압의 상승이 주요 특징이므로 생활양식의 교정(표 9-11)과 약물에 의한 치료가 필요하다.

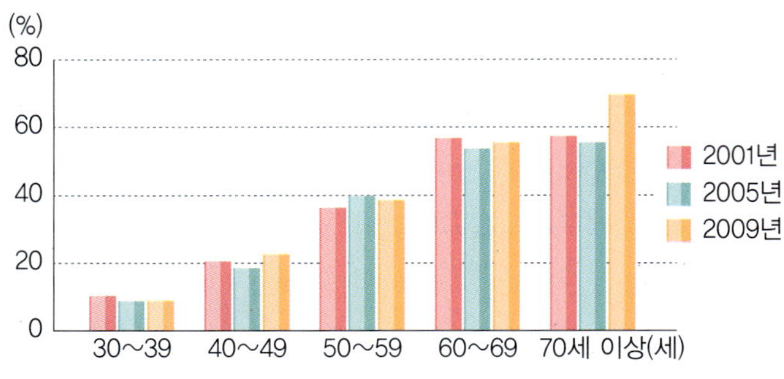

그림 9-11 **연령별 고혈압 유병률**

자료: KOSIS, 2012.

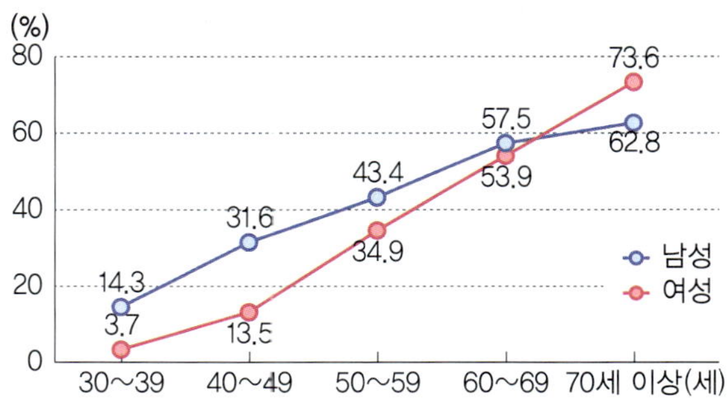

그림 9-12 **성별 고혈압 유병률(2009년)**

자료: KOSIS, 2012.

표 9-10 고혈압의 병태생리

원인	특징
구조적 변화	• 동맥혈관벽이 단단해지므로 동맥의 경화도가 말초혈관의 저항성보다 대우 커져 수축기 혈압의 상승만에 의한 고혈압이 발생함 • 수축기 혈압과 대동맥 혈압의 상승은 심장의 부담을 크게 함 • 동맥이 경화되면 심장에서 혈류가 빠른 속도로 나갔다가 빠른 속도로 돌아오기 때문에 맥압(pulse pressure)이 상승함
신장 기능 저하	• 신장의 사구체여과율(GFR)이 저하되고, 나트륨 고갈이나 부하에 따른 예민도가 증가하며 레닌-안지오텐신-알도스테론계가 활성화되므로 나트륨이 축적되어 혈압이 상승하게 됨 • 따라서 소금에 대한 반응이 더 민감하게 되므로 소금에 민감한 고혈압(salt-sensitive hypertension) 발생률이 높아짐
압반사(baroreflex) 예민도 손상	교감신경 반응(β-adrenergic responsiveness) 저하로 기립성 저혈압이나 식후 저혈압이 발생하며, 혈압의 변동성이 큼
저항성 고혈압 (resistant hypertension)	• 부적절한 혈압 측정, 진료실 고혈압(white-coat hypertension, pseudo-hypertension), 팔뚝에 비해 커프스(cuffs)가 작을 때 • 체액 과잉과 가성내구성: 나트륨 섭취 과잉, 신장병에 의한 체액 저류 또는 부적절한 이뇨제 사용 • 기타: 비만, 알코올 남용, 약물 등
일과성 주기 (circadian variation) 악화	아침에 변동성이 커서 아침에 혈압이 낮아지거나(morning dipper) 아침 고혈압(morning hypertension)이 발생함

표 9-11 생활양식 교정

	권장사항	수축기혈압 감소
체중감소	정상체중 유지(BMI 18.5~24.9)	5~20 mmHg 10 kg 체중 감량
DASH식사*	과일, 채소와 저지방 유제품이 풍부하고 총 지방량과 포화지방이 적은 식사	8~14 mmHg
나트륨 섭취 감소	1일 소금 6 g 이하(Na 2.4 g 또는 100 mmol 이하) 섭취	2~8 mmHg
육체적 활동	걷기 등의 유산소 운동을 하루 30분 정도 규칙적으로	4~9 mmHg
알코올 섭취의 자제	남자: 하루 2잔 이하 마른 남자나 여자: 하루 1잔 이하(1잔 30 mL 알코올)	2~4 mmHg

*DASH: dietary approach to stop hypertention

자료: National Institutes of Health, 2003.

3) 노화와 근감소 비만

노화에 따른 노인의 두드러진 신체적 특징 중의 하나는 근육의 양과 강도는 감소하고 지방은 증가하는, 즉 근감소 비만이다.

노인의 근감소는 영양적 요인, 호르몬 요인, 대사적 요인 및 면역학적 요인 등에 의해 근섬유의 감소에 따른 운동단위 감소와 근섬유의 위축이 일어나서 근육량과 근육 강도가 감소하기 때문에 일어난다. 이러한 근감소는 육체적 운동의 감소를 가져오고, 또 육체적 운동의 감소는 다시 근감소를 일으키는 악순환이 이루어지면서 노인은 운동성이 감소되고 쇠약해져서 결국에는 독립성을 잃는다.

근감소 비만에 따른 문제들
- 근력/근지구력 감소
- 신체활동 제한
- 보행 속도 감소
- 균형감 감소–낙상 위험 증가
- 독립적 생활 불가능
- 삶의 질 감소
- 보건/사회적 비용 증가

노인은 일반적으로 다리의 근육량은 적어지고 복부의 지방량이 많아져 체형이 변하고, 이에 따라 보행 능력이나 균형감을 상실하게 되므로 낙상에 의한 골절 등의 위험도 증가하게 된다. 또한 복부지방량이 많아지는 것은 만성질환의 발병률을 높이므로 노인의 삶의 질을 저하시킬 뿐만 아니라 의료비나 사회적 비용을 증가시키는 원인이 된다.

근육은 사용하면 증가하고 사용하지 않으면 위축되는 가소성을 가지고 있으므로 육체적 활동, 특히 저항성 운동은 근육량과 제지방은 증가시키고 복부지방과 체지방은 감소시킨다. 근육이 증가하면 보행 등 신체 기능의 향상뿐만 아

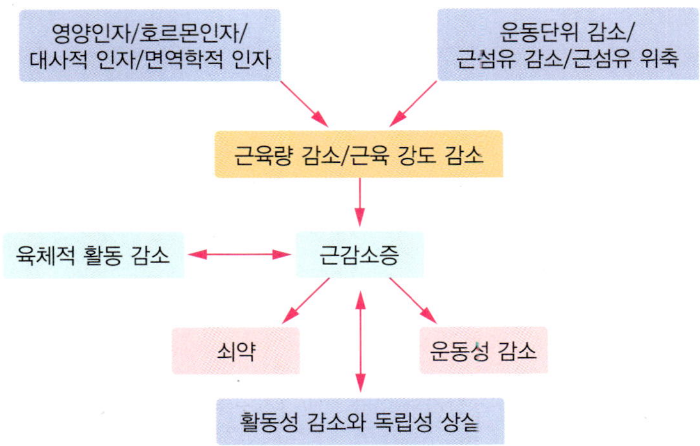

그림 9-13 근감소에 영향을 미치는 인자

니라 대사증후군, 심혈관계질환, 당뇨병 등 만성질환의 유병률을 낮출 수 있다. 또한 집중력이나 기억력도 증가하고 여가활동의 참여에 따른 만족도의 증가로 정신적, 사회적 건강도 좋아지게 된다.

노인에게 적절한 운동 강도는 개인에 따라 차이가 있지만 중강도 이상의 운동(걷기, 수영, 자전거 등의 유산소운동: 신체활동수준 1.6~1.8)으로 1회 최소 10분 이상이면서 하루 총 60분 이상을 하는 것이 좋다. 운동 빈도는 1회 30분 이상의 유산소운동을 주 3회 이상 하고, 저항성 운동은 주 2회 이상을 하는 것이 바람직하다.

골격근지수(skeletal muscle index, SMI)

$$SMI = \frac{\text{muscle mass}}{\text{body mass}} \times 100$$

4) 당뇨병

우리나라의 당뇨병 유병률(만 30세 이상)은 2001년 8.6%에서 2007년 9.6%로 증가하는 추세였으나 이후로는 이 수준을 유지하고 있다. 국민건강영양조사(2009)에서 당뇨병 유병률은 전체 10.0%, 남자 10.9%, 여자 9.2%로 나타났지만, 연령이 증가할수록 유병률이 높아져 60세 이상에서는 20% 이상의 유병률을 나타내고 있다(그림 9-14).

당뇨병 유병률
공복 혈당이 126 mg/dL 이상이거나 의사진단을 받았거나 혈당강하제 또는 인슐린 주사를 투여받고 있는 분율

노인에게 당뇨병은 심혈관계질환과 여러 가지 합병증을 유발하고, 모든 기관의 기능을 악화시켜 질병으로부터 회복되기 어렵게 만들므로 주의해야 한다. 당뇨병은 황반변성, 백내장, 녹내장, 손발의 신경증이나 절단 등의 위험률을 10배

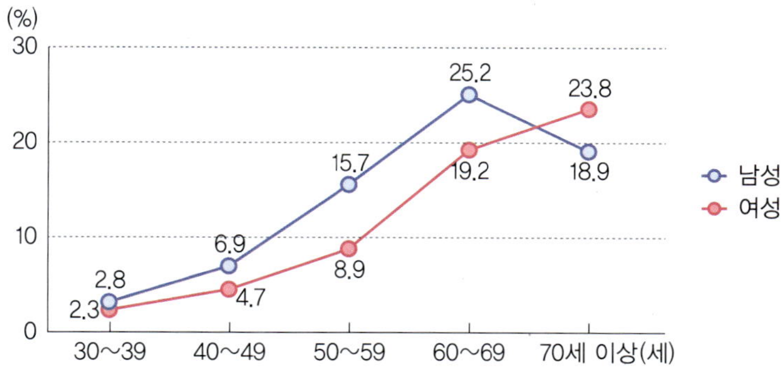

그림 9-14 **성별 당뇨병 유병률(2009년)**

자료: KOSIS, 2012.

나 높인다. 또한 고혈당은 시력 저하, 야뇨, 나트륨 고갈과 탈수, 아연과 마그네슘 같은 무기질의 고갈, 불면 등을 야기하고 말초혈관이 손상되고 감염이 쉽게 되며 상처가 잘 아물지 않게 한다. 따라서 적절한 식사와 규칙적인 생활습관을 통해 당뇨병에 걸리지 않도록 예방하는 것이 바람직하다. 그러나 당뇨병에 걸렸을 경우에는 혈당강하제나 인슐린의 적절한 투여와 함께 규칙적인 식사관리와 운동을 병행해야 한다. 약물이나 인슐린의 부적절한 사용은 고혈당과 저혈당의 쇼크를 유발할 수 있으므로 약물에 따른 적절한 식사관리를 생활화해야 한다.

5) 골다공증

골질량은 0세에서 28세 정도까지 계속 증가하며, 특히 사춘기 때 급격히 증가한다. 그 후 40세 정도까지는 그대로 유지되고, 40세 이후부터는 1년에 1~2%씩 손실된다.

국민건강영양조사(2009년)에서 조사한 한국인의 골밀도 분포에서도 비슷한 양상을 보이고 있다. 대퇴경부는 19~29세에 최대 골밀도를 나타내다가 그 이후부터 서서히 감소하고 40~49세 이후 급격히 감소하고 있다. 요추의 골밀도 역시 19~29세에서 최대 골밀도를 나타냈고, 40~49세까지는 유지되다가 50세 이후에 남성은 천천히 감소하나 여성은 급격히 감소하였다. 이에 따라 골다공증 유병률도 남성보다 여성에서 50세 이후부터 급격히 증가하고 있다(표 9-12). 골다공증 환자 수는 2005년 107만 명에서 2008년 146만 명으로 증가하였고, 골절 발생 수도 2005년 22만 건에서 2008년에는 24만 건으로 증가하였다.

골다공증
대퇴경부, 대퇴골 전체, 요추 검사상 가장 낮은 T-score가 −2.5 이하

골감소증
대퇴경부, 대퇴골 전체, 요추 검사상 가장 낮은 T-score가 −2.5 초과 −1.0 미만

표 9-12 골다공증 및 골감소증 유병률

(단위: %)

구분	골다공증			골감소증		
	50~59세	60~69세	70세 이상	50~59세	60~69세	70세 이상
전체	8.1	24.0	48.4	50.1	49.3	40.9
여자	14.6	39.1	68.2	61.0	53.2	30.7
남자	3.4	8.7	18.9	42.1	45.4	56.0

노인에 있어서 골다공증은 자칫 골절에 의한 신체활동의 제한을 가져와 장기적으로 독립적인 생활을 할 수 없거나 다른 질병을 악화시켜 노인의 건강에 악영향을 미친다. 따라서 골다공증을 예방하기 위해서는 칼슘과 비타민 D의 섭취에 유의하고, 단백질, 지방 등 균형 잡힌 식생활과 걷기 등 운동에도 유의해야 한다.

6) 치매

보건복지부의 보고에 의하면 최근 5년간 90만 명 이상이 치매 진료를 받은 것으로 나타났으며, 이 중 90.6%가 65세 이상으로 집계되었다. 연도별 상승률을 보면 2005년에 8만 5천여 명이던 치매 환자 수가 2010년에 약 22만 명으로 약 260%가 증가했다고 하며, 이는 노인인구의 급격한 증가에 기인한 것으로 보인다. 또한 노인치매율은 해마다 증가해서 2050년에는 13.17%(남성 12.78%, 여성 13.47%)의 노인이 치매에 걸릴 것으로 추정되며(국민건강보험공단), 85세 이후 치매 유병률은 30%에 이를 것으로 추정하고 있다. 이는 막대한 건강보험 재정적자와 이들을 돌보기 위한 젊은 인력이 경제활동에 참여할 수 없는 국가적 손실을 가져올 것이므로 이를 위한 대책 마련이 시급한 실정이다.

뇌는 노화에 따라 축소되며 남녀 차이 없이 비슷한 비율로 축소된다. 보통 뇌부피는 5.4 cm^3/년 감소하는데 회백질의 부피가 감소된다고 한다. 이에 따라 인지능도 감소하지만 개인차가 매우 커서 어떤 사람은 25세부터 감소하기 시작하고, 어떤 사람은 60세까지도 그대로 유지된다. 따라서 뇌의 인지능을 최대한 유지시킬 수 있는 방법을 강구하는 것이 중요하다.

뇌의 인지능력은 살면서 새로운 신경 연결망을 형성하면서 이루어지므로(neuroplasticity) 이를 유지할 수 있도록 적절한 영양을 공급하고 운동과 사회 참여 등의 자극과 새로운 경험을 지속적으로 유지하는 것이 바람직하다.

6. 노인기 건강증진 방안

1) 식생활지침

노인인구의 급격한 증가로 인하여 노인 건강을 지키기 위해서는 다른 연령층과는 다른 노인을 위한 식생활 안전 프로그램이 필요하게 되었다. 식생활 안전은 식품의 안정적 공급, 안전한 식품의 섭취, 영양적인 식사 및 적절한 영양관리에서 이루어질 수 있다. 이에 따라 정부에서는 노인 건강을 지키는 데 가장 필요한 식생활지침을 발표하였고, 이어 식생활 안전 가이드를 만들었다.

노인의 건강증진을 위해서는 성인기에서부터 만성질병이 발생하지 않도록 바람직한 식생활과 생활습관을 유지하는 것이 중요하다. 우리나라 노인의 영양문제는 고혈압, 당뇨병 등 영양관련 만성질환을 가지고 있으며, 신체적 및 경

어르신을 위한 식생활지침과 세부 실천지침

각 식품군을 매일 골고루 먹자

- 고기, 생선, 달걀, 콩 등의 반찬을 매일 먹습니다.
- 다양한 채소 반찬을 매끼 먹습니다.
- 다양한 우유제품이나 두유를 매일 먹습니다.
- 신선한 제철 과일을 매일 먹습니다.

짠 음식을 피하고 싱겁게 먹자

- 음식을 싱겁게 먹습니다.
- 국과 찌개의 국물을 적게 먹습니다.
- 식사할 때 소금이나 간장을 더 넣지 않습니다.

식사는 규칙적이고 안전하게 하자

- 세끼 식사를 꼭 합니다.
- 외식할 때는 영양과 위생을 고려하여 선택합니다.
- 오래된 음식은 먹지 않고, 신선하고 청결한 음식을 먹습니다.
- 식사로 건강을 지키고 식이보충제가 필요한 경우는 신중히 선택합니다.

물은 많이 마시고 술은 적게 마시자

- 목이 마르지 않더라도 물을 자주 충분히 마십니다.
- 술은 하루 1잔을 넘기지 않습니다.
- 술을 마실 때에는 반드시 다른 음식과 같이 먹습니다.

활동량을 늘리고 건강한 체중을 갖자

- 앉아 있는 시간을 줄이고 가능한 한 많이 움직입니다.
- 나를 위한 건강 체중을 알고, 이를 갖도록 노력합니다.
- 매일 최소 30분 이상 숨이 찰 정도로 유산소 운동을 합니다.
- 일주일에 최소 2회, 20분 이상 힘이 들 정도로 근육 운동을 합니다.

제적 어려움으로 인해 다양한 식품의 섭취가 어려워서 전반적으로 영양 섭취가 저조하고, 특히 칼슘, 리보플라빈, 비타민 A 등의 섭취가 부족하며, 짜게 먹는 식습관을 가지고 있다. 이에 따라 노인의 건강증진을 위해 보건복지부(2010)에서는 '어르신을 위한 식생활지침'을 발표하였다.

2) 식생활 안전 가이드

식품위생상 우리나라 노인에게 가장 위해가 높은 행동을 분석하여 식품의약품안전청에서는 '2011년 어르신을 위한 식생활 안전 가이드 및 세부행동지침'을 개발하였다.

어르신을 위한 식생활 안전 가이드

1. 손을 올바른 방법으로 깨끗이 씻는다.
2. 안전한 식품을 선택한다.
3. 식품을 안전하게 조리한다.
4. 식품을 안전하게 보관한다.
5. 조리도구는 항상 청결하게 유지한다.

안전한 식품 구입 및 취급, 조리방법을 위한 세부 행동지침

- 장보기 전 냉장고에 남아 있는 식품과 필요한 식품분량을 확인하고 장에 갈 때는 식품목록과 돋보기 등을 가지고 가자.
- 장 볼 때 우유와 가공식품 등의 유통기한을 확인하자.
- 구입한 식품은 서로 닿지 않도록 안전하게 포장하여 가지고 오고 1시간 이내에 냉장고에 보관하자(여름철 밖에서 남은 음식은 되도록 집에 가지고 오지 마세요!).
- 조리한 음식은 냉장고에 보관하고 3~5일 이내에 먹자.
- 냉장보관 되었던 조리음식을 다시 먹을 때는 끓인 후 먹자.
- 조리한 음식은 냉장고 위 칸에, 날고기와 생채소는 아래 칸에 보관하자.
- 반찬 등 냉장음식은 먹을 만큼만 덜어서 먹자.
- 한 번 해동하고 남은 식품은 다시 얼리지 말자.
- 칼, 도마, 싱크대는 세제와 뜨거운 물로 세척하자.
- 고기, 생선을 다루던 칼로 과일, 채소에 사용하지 말자.
- 육류나 가금류는 내부가 완전히 익을 때까지 가열하자.

3) 노인영양 관련 사업

국민의 영양 및 건강 증진을 도모하고 삶의 질 향상에 이바지하는 것을 목적으로 2010년 3월에 제정된 국민영양관리법에 의해 국민영양관리 기본계획이 수립되고 있다.

국민영양관리 기본 계획 수립 방향을 보면 그림 9-15와 같다.

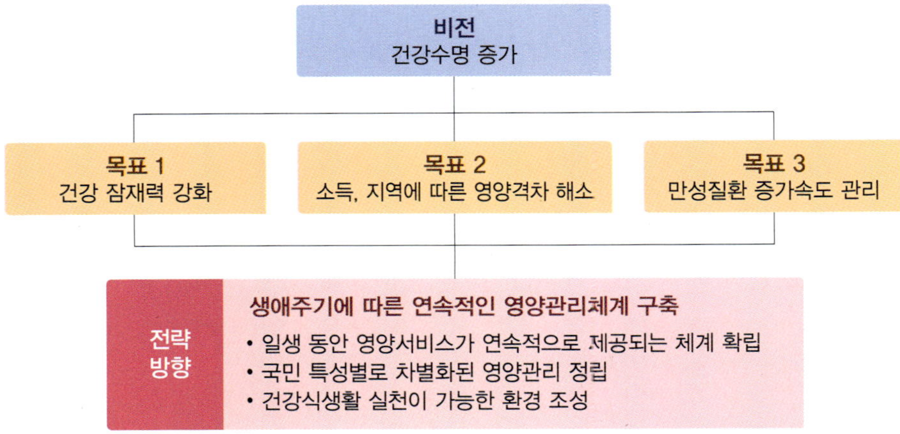

그림 9-15 **국민영양관리 기본계획**

자료: 보건복지부

이에 따라 현재 우리나라에서 실시되고 있거나 계획 중인 노인영양 관련 사업은 표 9-13과 같다.

표 9-13 **노인영양 관련 사업**

구분	거동 가능 노인		거동 불편 노인		
사업장소	보건소	복지관		보건소	수용시설
사업형태	건강증진사업 (영양교육, 관리)	경로식당(경로급식관리지침, 2009)	거동불편 저소득 재가노인	맞춤형 방문 건강관리 사업(65~85세 미만 허약노인)	요양시설
사업내용	–	무료급식 지원	밑반찬/식사배달	방문건강관리사업 중 영양관리	–
비고	국민영양관리 기본계획 초안에서 논의되었으나 현재는 계획 없음	• 국가 차원이 아니라 각 지자체별로 시행하고 있음 • HP2020, 국민영양관리기본계획에서는 '노인 급식의 질 관리 제고'에 포함됨. 세부내용으로는 복지관 경로식당 급식내용에 대한 영양관리기준 마련, 밑반찬 배달 사업을 도시락 배달사업으로 전환 등 확대 관리의 내용을 계획 중임		• 현재 영양서비스 수행 실적은 미미함 • 국민영양관리기본계획에서는 '노인 질환자 방문 영양관리 서비스 체계 개발'에 포함됨. 이는 맞춤형 방문건강관리사업에서의 영양관리컨텐츠를 개발하고자 하는 것임	현재 구체적인 계획은 없음

더 알아보기 우리나라 장수인의 식생활 실태

우리나라 장수인들의 건강 상태, 식품 섭취 실태, 식습관 및 식품기호도 등을 조사한 연구 결과들을 토대로 우리나라에서 건강 장수하기 위한 식생활을 살펴보면 다음과 같다.

• 건강습관 및 일상생활 패턴: 흡연과 음주의 절제, 생산적 활동

90세 이상 장수인은 자신이 건강하다고 생각하는 비율이 높고 보약이나 영양제, 건강식품 등에 의존하지 않았다. 흡연율과 음주율이 낮았으며, 흡연과 음주를 하더라도 그 양이 적었다. 인지능력이 양호하였으며, 가능한 몸을 움직이며 활동하는 육체적 활동과 생산적 활동을 하고 있었다.

• 혈액학적 건강상태: 양호

공복혈당, 비타민 B_{12}, 알부민, 총 콜레스테롤, 중성지질 등 혈액학적 지표들의 평균치는 모두 정상범위였

다. 혈액학적 건강 상태가 양호하다는 것은 영양소의 섭취 상태도 양호하다는 것을 의미한다.

- 영양소 섭취 실태: 질적으로 우수한 식사

  장수인의 에너지 섭취량은 75세 이상 권장섭취량의 80% 정도였으나, 영양소의 질적 지수(INQ)는 0.9 이상으로 일반 노인보다 질적으로 우수한 식사를 하고 있었다. 그러나 장수인 역시 칼슘과 리보플라빈의 섭취 부족이 문제였다.

- 식습관과 식품 기호도: 규칙적인 식사

  대부분이 세끼 식사를 규칙적으로 하고 있었으며, 천천히 식사하였다. 간이 영양진단표에 의한 영양위험도 평가에서 영양위험이 높은 대상자는 단지 10% 내외였다. 좋아하는 식품군은 채소류, 두류, 해조류, 과일류, 버섯류 등의 순이었다. 좋아하는 음식으로는 밥류, 전, 부침류, 조림류, 나물류, 떡류, 감자·고구마류 등의 순이었다. 싫어하는 음식으로는 장아찌류, 죽·수프류, 젓갈류, 튀김류 순이었다.

- 식사형태: 일정량의 식사, 한국의 전통식

  장수인은 쌀밥을 가장 선호하였고, 국과 찌개류에 있어서는 채소나 두부를 넣은 된장국이 가장 빈도가 높았다. 반찬 중에서는 나물류가 가장 많았고, 조림류, 부침류, 볶음류 등 기름을 적게 쓰는 조리법을 사용하였다. 생채소류의 섭취율은 매우 저조했다. 식사량은 세끼 모두 일정하게 섭취하고 있다는 것이 큰 특징이었으며, 식단의 형태는 균형식을 취하기에 좋은 밥+국(찌개)+반찬으로 구성된 식단의 비율이 가장 높았다.

이와 같이 우리나라의 장수인은 쌀밥을 주식으로 하며 다양한 김치와 나물류 등의 채소류와 된장국 등 식물성 식품이 중심인 식사, '밥+국+반찬(주로 김치와 나물류)', 즉 한국의 전통식을 규칙적으로 하고 있는 특징을 보여주고 있었다.

그리고 한식을 구성하는 식물성 식품들은 항산화능, 항돌연변이능 등 다양한 기능성을 가지고 있었으며, 된장 등 발효식품을 이용함으로써 식물성 식품 위주의 식사에서 발생할 수 있는 영양소의 불균형을 극복할 수 있었고, 조리과정 중에 형성될 수 있는 발암물질의 생성을 예방할 수 있는 조리법을 사용하고 있는 건강식이었다. 즉, 전통 한식은 우리나라 장수인의 건강을 지켜 준 장수식이었을 뿐만 아니라 앞으로도 우리들의 건강을 지켜줄 수 있는 건강식이다. 따라서 한식의 우수성에 대한 과학적 근거의 축적과 한식에서 부족한 점을 보완하는 방법의 연구가 지속되어야 하며, 전통을 살리면서 시대에 맞는 새로운 것의 접목과 조화를 통해 한식을 발전시켜야 할 것이다.

참고문헌

문현경, 공정은(2009). 우리나라 농촌지역 노인들의 영양점검표(DETER-MINE)를 통한 계절별 영양상태 판정의 신뢰도 분석 연구. 대한지역사회영양학회지 14(3): 340~353.

박상철(2011). 2011년 한국영양학회 추계학술대회 초록집.

이미숙(2002). 한국의 백세인. 서울대학교출판부.

이미숙(2005). 한국 장수인의 개체적 특성과 사회환경적 요인-호남지방 장수벨트를 중심으로. 서울대학교출판부.

이미숙(2011). 한국 장수인의 식사의 특징. 식품산업과 영양 16(2): 27~33.

통계청(2011). 2006 장래인구추계.

Brown, JE(2011). *Nutrition through the life cycle*(4th ed.). Wadsworth.

Chobanian AV et al(2003). The Seventh Report of the Joint National Committee on the Prevention, Detection, Evaluation anf Treatment of High Blood Pressure: the JNC 7 report. JAMA 289(19); 2560-2572.

David J. Baer(2011). Role of dietary protein and protein sources in healthy aging: 2011년 한국영양학회 추계학술대회 초록집.

Harman, D(2003). The free radical theory of aging. *Antioxid Redox Signal* 5(5): 557~561.

Kenyon, C(2005). The plasticity of aging: Insights from long-lived mutants. *Cell* 120: 449~460.

Lewington, S et al.(2003). Age-specific relevance of usual blood pressure to vascular mortality: a meta-analysis of individual data for one million alults in 61 prospective studies. *Lancet* 360(9349): 1903~1913.

Lim HS & Heo YR(2002). Plasma total homocysteine, folate, and vitamin B_{12} status in Korean adults. *J Nutr Sci Vitaminol.* 48: 290-297.

Strehler, BL & Mildvan, AS(1960). General theory of mortality and aging. *Science* 132(3418): 14~21.

Vellas, B et al.(2006). Overview of the MNA-It's histrory and challenges. *J Nutr Health Aging* 10: 456~465.

국민건강보험공단 노인건강뉴스(2012. 02. 10) http://www.nhic.or.kr/mdtoday

UN(2012. 01. 28). World Population Prospects. http://esa.un.org/unpd/wpp/population-pyramids

더 생각해 보기

Q1 한국 전통식과 DASH식사를 비교해 보자.

Q2 노인 환자가 복용하는 약과 영양소 섭취와의 관계에 대해 알아보자(예: 와파린과 비타민 K 섭취)

Q3 독거노인의 영양섭취 상태를 저하시키는 요인에 대해 알아보자.

단원정리

- 노화현상에 대한 많은 가설은 이미 300여 개가 넘게 발표되었지만 아직도 통합된 이론은 나오지 않고 있다. 이 중 가장 자주 거론되는 가설은 유전적 요인에서 노화유전자설과 노화시계설, 환경적인 요인에서 산화적 손상설과 식이제한설 그리고 이들 상호 간의 작용에 의한 효과로서 후생유전설 등이 있다.
- 우리나라는 2000년에 고령화사회(7.2%)에 들어선 후 2010년에는 11.0%로 증가하였다. 또한 우리나라의 고령화는 일본, 프랑스, 미국 등 선진국에 비해 훨씬 빠른 속도로 진행되어 고령사회(14% 이상; 2018년)에서 초고령사회(20% 이상; 2026년)가 되는 기간이 불과 8년 정도일 것으로 예상하고 있다.
- 고령화로 인하여 기대여명이 급격히 늘고 있지만 건강수명은 이에 못미치고 있다. 현재 우리나라는 건강수명과 기대여명과의 차이가 약 9년이며, 국민건강증진종합계획에서는 2020년의 건강수명 목표를 75세로 잡아 기대여명과의 차이를 약 5년으로 좁히고자 한다.
- 고령화와 핵가족화에 따라 고령가구와 독거노인이 급격히 증가하고 있고, 노년부양비, 의료비 등이 지속적으로 증가 추세를 나타내고 있다.
- 나이가 들면 체지방은 증가하지만 대부분의 기관의 크기가 감소한다. 뇌와 신장은 10% 정도, 간은 15% 정도, 근육과 뼈는 20% 정도, 지라(spleen)는 40% 정도씩 감소한다. 이에 따라 신체의 각 기관들의 기능 저하, 신체 구성성분의 변화, 감각 기능이 저하된다. 이에 따라 노인의 영양소 필요량도 달라진다.
- 노인기에 급격히 유병률이 높아지는 질병은 고혈압, 당뇨병, 골다공증, 치매 등이 있고, 이는 노화에 따른 근감소 비만과도 밀접한 관계가 있다.
- 노인기는 신체기관의 크기 감소, 제지방량의 감소 및 체지방량 증가 등으로 휴식대사량이 감소하므로 에너지 필요량이 감소하지만 균형 잡힌 식사, 규칙적 생활습관과 활동적인 생활 등을 통해 근육량(제지방량)을 증가시켜 근감소 비만을 방지해야 한다.
- 노인기의 근감소는 활동성을 떨어뜨리므로 노인의 독립성을 현저히 저하시켜 삶의 질을 낮추는 원인이 된다. 따라서 적절한 에너지와 충분한 단백질의 섭취가 중요하다. 또한 골다공증은 골절로 이어져 독립적인 생활을 할 수 없게 할 뿐만 아니라 다른 질병의 유병률도 높이므로 칼슘과 비타민 D을 충분히 섭취해야 한다. 노화가 되면 면역력이 저하되므로 면역력을 증진시키는 비타민과 무기질, 항산화와 항염증작용을 하는 피토케미컬을 풍부하게 함유한 채소, 과일 및 해조류를 충분히 섭취한다. 노인의 뇌 기능에 도움이 되는 n-3 지방산(DHA)이 많은 생선류의 섭취도 권장한다.
- 우리나라 노인의 에너지 섭취율은 필요추정량의 84~90% 수준이고, 탄수화물이 에너지 섭취에 기여하는 분율이 74~77%였다. 영양섭취기준 미만 섭취자, 즉 영양부족일 확률이 높은 노인의 분율이 인을 제외한 모든 영양소에서 35%를 넘고 있어서 노인의 전반적인 영양섭취 부족이 우려되고 있다. 특히 칼슘과 리보플라빈은 75~80%가 영양부족의 위험이 있다.
- 노인의 건강 증진을 위해서는 우리나라 장수인들의 식생활 방법과 '어르신을 위한 식생활지침'(보건복지부, 2010)을 잘 지키도록 교육한다.

마무리

현재 우리 국민의 식생활은 급격히 서구화되고 있고, 이에 따라 영양부족과 영양과잉의 양극화가 심화되면서 만성질병 이환율이 급격히 증가되고 있는 실정이다. 그러므로 앞으로의 건강한 노년기를 준비하기 위해서는 현재 건강하게 장수한 장수인들의 식생활로부터 교훈을 얻어 이를 조화롭게 실천해 가는 것이 필요하다고 본다. 따라서 이상에서 살펴본 자료를 토대로 앞으로 다가올 노년기의 올바른 식생활 방법을 찾아보면 다음과 같다.

- 세끼 식사를 규칙적으로 한다: 적절한 에너지와 영양소의 섭취를 위해 매끼 일정량의 식사를 천천히 하도록 한다.
- 콩류(두부, 된장 등), 채소류 반찬을 매일 먹는다: 단백질과 비타민의 섭취뿐만 아니라 항산화물질의 섭취를 위해 콩류와 녹황색 채소를 매일 먹는다.
- 매끼 국이나 찌개를 싱겁게 준비한다: 영양소의 보충과 수분의 섭취를 위해 국을 준비하되 싱겁게 간한다.
- 뼈째 먹는 생선이나 어 · 육류, 유제품을 일주일에 3회 이상 먹는다: 단백질, 칼슘과 철분의 섭취를 위해 적어도 일주일에 3회 이상 섭취한다. 어 · 육류는 높은 온도에서 조리하지 말고, 육류의 눈에 띄는 기름 덩어리는 제거하고 조리한다.
- 해조류(김, 미역 등)와 과일류를 일주일에 2~3회 이상 먹는다: 미량무기질, 비타민, 항산화물질의 섭취를 위해 해조류, 과일류, 버섯류 등을 가능한 한 자주 섭취하도록 한다.
- 술과 담배를 절제한다.
- 많이 움직이도록 한다.

운동과 영양

1. 운동과 에너지 시스템

2. 운동과 영양소 대사

3. 운동능력 향상을 위한 식사관리

4. 운동이 건강에 미치는 영향

CHAPTER 10

생각열기

B씨(21세, 남)의 일기

여자친구한테 몸매가 엉망이라는 타박을 듣고 다이어트와 근육운동을 시작한 지 두 달이 지났다. 거울을 보면 알통은 좀 생긴 것 같은데 식스팩은 아직도 요원하다. 매일 닭가슴살이랑 양상추, 방울토마토만 먹으면서 몇 시간씩 운동을 하는데 왜 아직이 모양일까?

근육이 빨리 만들어지게 도와주는 약이 있다던데 그런건 어디서 파는걸까?

설마 건강에 나쁘진 않겠지?

최근 우리나라에는 몸짱 열풍이 불며 전에 없이 운동에 대한 관심이 높아졌다. 이와 함께 운동능력과 근육 증강, 체중 감소 등을 도와준다고 선전하는 영양 보충제가 시장에 범람하고 있으며 심지어는 불법적으로 스테로이드를 남용하는 사람도 늘어나고 있다. 과연 이런 약물이나 보충제가 운동에 도움이 될까? 운동을 잘하기 위해 필요한 것은 무엇일까?

1. 운동과 에너지 시스템

운동은 근육의 수축과 이완으로 이루어지며 이는 모두 에너지를 필요로 한다. 인체는 세 가지 종류의 에너지 시스템을 적절히 활용하여 다양한 운동에 필요한 에너지를 생산한다.

운동을 위한 에너지는 아데노신삼인산(adenosine triphosphate, ATP)의 형태로 공급된다. ATP란 고에너지 결합을 가진 분자로서 효소작용에 의해 ATP의 고에너지 결합이 깨질 때 에너지가 방출되는데 이 에너지가 근육 수축을 위한 에너지를 제공한다. ATP가 운동의 직접적인 에너지원이며 탄수화물 같은 다른 에너지원들은 ATP를 보충하는 역할을 한다. ATP는 식사로부터 섭취했거나 체내에 저장되어 있는 탄수화물, 단백질, 지방 등으로부터 만들어지는데 이들 영양소로부터 ATP를 합성하는 에너지 시스템은 에너지 생산의 속도와 에너지 생산 용량에 따라 세 가지로 분류할 수 있다.

1) ATP-CP 시스템

ATP는 근육운동의 직접적인 에너지원으로서 신경자극이 근육에 도달했을 때 즉각적으로 에너지를 방출하여 근육 수축이 이루어지도록 한다. 체내에는 ATP가 극히 소량밖에 존재하지 않기 때문에 ATP가 소진되었을 때에는 다른 물질로부터 만들어져야 한다. 이때 우선적으로 동원되는 것은 크레아틴 인산(Creatine

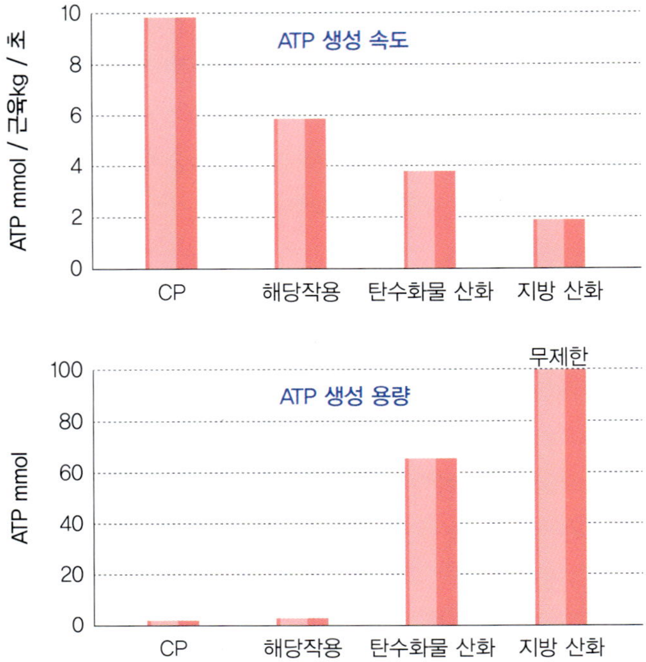

그림 10-1 각 에너지 시스템의 ATP 생성속도와 생성용량

자료: Wilmore et al., 2008.

phosphate, CP)으로서 이는 매우 빨리 ATP를 보충할 수 있다. CP 역시 고에너지 결합을 갖고 있으며 분해될 때 방출된 에너지는 ADP와 인(P)으로부터 ATP를 합성하는 데 쓰인다. 그러나 CP 또한 저장량이 매우 적기 때문에 인체는 결국 다른 영양소로부터 ATP를 생산해야 한다(그림 10-1).

2) 해당 시스템

빠른 속도로 ATP를 보충하기 위해 가장 좋은 에너지원은 근육 글리코겐이다. 에너지원으로 쓰이기 위해 글리코겐은 우선 포도당으로 분해되어야 하고, 분해된 포도당은 해당작용을 통해 ATP를 생산할 수 있다. 심한 운동으로 인해 산소 소모가 증가하여 근육에 산소가 부족한 경우 포도당은 혐기성 해당작용을 통해

2개의 ATP와 젖산을 생산한다. 이 과정에서 만들어진 젖산은 피로를 초래하는 부작용이 있다.

만약 근육세포에 산소가 충분히 존재한다면 호기성 산화시스템을 통해 더 많은 양의 ATP를 생산할 수 있지만 이 과정은 해당작용에 비해 시간이 오래 걸린다(그림 10-1).

3) 산화시스템

산화시스템은 근육 글리코겐, 간 글리코겐, 혈당, 근육 중성지방, 혈청 유리지방산, 혈청 지질, 지방조직 내 중성지방, 심지어는 단백질로부터도 ATP를 생산할 수 있다. 산화시스템에서는 크렙스 회로와 전자전달계를 통한 탄수화물, 단백질, 지방의 산화과정을 통해 에너지를 생산한다. 산화시스템의 장점은 에너지 생산의 용량이 크다는 것이다. 그러나 에너지 생산의 속도가 느리기 때문에 주로 운동 강도가 낮고 지구력을 요하는 운동(예: 마라톤 등)에 에너지를 공급하는 역할을 한다.

산화시스템은 다시 산화적 탄수화물 분해와 산화적 지방 분해로 분류할 수 있으며 탄수화물은 상대적으로 운동 강도가 높은 운동에서 효율적 에너지원으로 쓰이며 지방은 운동 강도가 낮은 경우 주요 에너지원이 된다(그림 10-1).

4) 운동 강도와 에너지 시스템

ATP-CP 시스템과 해당 시스템은 ATP를 빠른 속도로 생산할 수 있기 때문에 짧은 시간에 많은 양의 ATP를 필요로 하는 고강도의 운동 시에 주로 에너지를 공급한다. 반면 산화시스템은 에너지 생산의 속도가 느리고 에너지 생산의 용량이 크기 때문에 5분 이상 지속되는 지구력을 요하는 운동 시에 주된 에너지 시스템으로 작용한다. 운동시간이 길어질수록 운동 강도는 낮아질 수밖에 없으며 산화시스템에 대한 의존도가 높아진다.

한편 산화시스템을 이용하여 에너지를 생산하는 경우 운동 강도가 높아지면 높아질수록 탄수화물에 대한 의존도가 높아진다. 휴식 시에는 소비 에너지의 약 40%가 탄수화물로부터 공급되고 나머지 60%가 지방에서 온다. 그러나 운동 강도가 70~80% VO_2 max 이상으로 높아지면 전체 에너지의 80% 이상을 탄수화물에서 공급받게 된다. 그러나 운동 시간이 길어지면 체내 탄수화물 저장이 고갈되므로 결국 지방에 의존할 수밖에 없게 된다(그림 10-2).

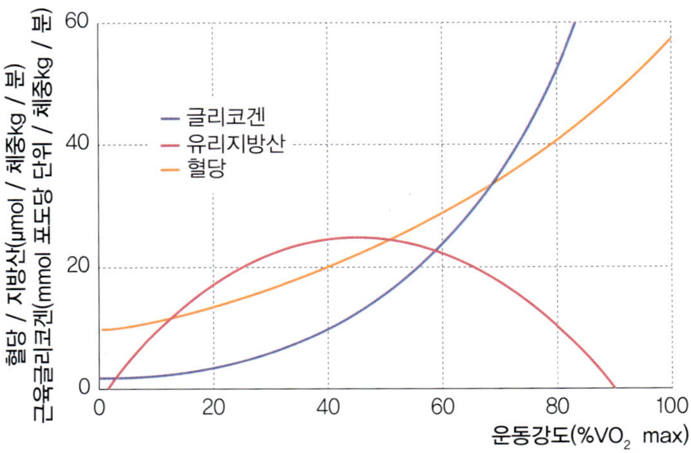

그림 10-2 **운동 강도에 따른 에너지원의 종류**

자료: Brooks GA, 1998.

운동 강도 측정 방법

운동 강도를 측정하는 방법은 크게 두 가지로 분류할 수 있다. 하나는 kJ/초 단위로 운동 시 실제 일의 배출량을 측정하는 것이다. 다른 하나는 운동의 생리적 비용을 측정하는 것이다. 예를 들어 혈액이나 근육 조직에서 젖산의 농도를 측정함으로써 해당 시스템을 이용한 운동의 강도를 측정할 수 있다.

운동 강도 측정 시 가장 많이 쓰이는 방법은 최대산소섭취량을 이용하는 것이다. 이는 산화시스템을 이용한 운동 시 개인이 섭취할 수 있는 최대의 산소양을 의미한다. 최대산소섭취량은 VO_2 max로 표현되며 단위는 L/분, mL/체중kg/분 등이다.

일단 각 개인의 VO_2 max를 측정한 후 해당 운동을 할 때 산소섭취량을 측정하여 VO_2 max에 대한 비율로(% VO_2 max) 운동 강도를 표현한다.

2. 운동과 영양소 대사

1) 탄수화물과 운동

휴식 시나 낮은 강도의 운동을 할 때에는 지방이 에너지원으로 많이 쓰이지만 운동 강도가 올라갈수록 탄수화물이 에너지원으로 더욱 중요해진다. 100 m 달리기 같이 전력을 다해 운동하는 경우 탄수화물이 거의 전적으로 에너지를 공급하게 된다.

탄수화물은 운동 시에 제일 중요한 에너지원이라 할 수 있다. 일단 탄수화물은 해당시스템을 통해 혐기적으로 에너지를 생산할 수 있고 산화시스템을 통해 호기적으로도 에너지를 생산할 수 있는 유일한 에너지원이다. 또한 지방과 비교 시, 그램당 에너지는 지방에 비해 적지만 지방은 연소 시에 더 많은 산소를 필요로 하므로 산소 1 L당 발생하는 에너지는 탄수화물이 더 많다(탄수화물 5.05 vs 지방 4.69 kcal). ATP 생산에 이르는 대사 경로 역시 탄수화물의 경우가 훨씬 더 간단하므로 빠른 시간 내에 ATP를 생산할 수 있는 장점이 있다. 산화시스템의 경우 탄수화물은 지방에 비해 3배나 빨리 ATP를 생산할 수 있으며 혐기적 해당과정의 경우 생성속도는 더욱 빨라진다.

(1) 체내 탄수화물 저장과 피로

체내 탄수화물, 특히 근육 글리코젠이 부족하면 에너지원이 부족하므로 운동 시 피로가 빨리 온다. 운동으로 인해 혈당이 저하되면 에너지원의 부족뿐만 아니라 신경전달물질의 변화로 인해서도 피로가 쉽게 온다. 혈당이 낮으면 단백질, 특히 측쇄 아미노산(branched chain amino acid, BCAA)으로부터 포도당신합성 과정이 증가하게 된다. BCAA는 뇌로 들어갈 때 트립토판과 경쟁관계에 있는데, 혈중 BCAA 농도가 저하되면 뇌로 들어가는 트립토판의 양이 증가한다. 트립토판은 신경전달물질인 세로토닌의 전구물질로서 뇌에서 세로토닌의 합성이 증가하면 피로감이 증가한다고 알려져 있다.

세로토닌(serotonin)
트립토판에서 유도된 모노아민류의 신경전달물질. 사람에게 안정감과 행복감을 주는 신경전달물질이라고 알려져 있음. 기분, 식욕, 수면 등을 조절하며 기억, 학습 등의 인지활동에도 관여함. 부족 시 우울증과 충동-공격적 인격장애가 발생함

(2) 운동이 탄수화물 대사와 건강에 미치는 영향

훈련이 잘 된 운동선수의 경우 근육세포의 미토콘드리아 수가 증가하고 크렙스 회로에 관련된 효소의 활성도 증가하므로 탄수화물을 이용하여 에너지를 생산하는 과정이 일반인에 비해 효율적으로 이루어진다. 한편 근육에 글리코겐 저장량도 증가하므로 피로를 느끼지 않고 더 오랜 시간 운동할 수 있는 능력을 갖추게 된다.

지구력 운동을 하면 근육세포에 에너지원인 포도당을 더 많이 공급하기 위해 포도당 전달체인 GLUT-4가 세포막으로 이동하여 혈액에서 포도당을 받아들이게 된다. 이로 인해 혈당 제거가 효율적으로 이루어지므로 인슐린 민감성이 높아지는 효과가 있다. 따라서 당뇨병 환자는 식후에 가벼운 운동을 하는 것이 혈당조절에 큰 도움이 된다.

GLUT-4
지방조직과 골격근, 심근에서 발견되는 포도당 전달체(glucose transporter). 평상시에는 지방세포와 근육세포의 세포질 안에 머물다가 인슐린에 의해 세포가 자극받으면 세포막으로 이동하여 혈당을 세포 안으로 운반하는 작용을 함. 운동 역시 GLUT-4가 세포막으로 이동하는 것을 촉진함

2) 지방과 운동

그램당 9 kcal의 에너지를 만들어 내는 혈청 유리지방산과 근육 내 중성지방은 운동 시 좋은 에너지원이 된다. 이 중 혈청 지방산은 근육 세포 안으로 흡수되어 에너지를 제공하지만 그 양이 매우 적으므로 금방 소진된다. 지방조직의 중성지방은 호르몬 민감성 지방분해효소(hormone sensitive lipase, HSL)의 작용에 의해 분해된 후 혈액으로 방출되어 부족한 혈청 지방산을 보충해 준다. 근육 중성지방 역시 HSL과 유사한 효소에 의해 분해되어 에너지원으로 사용된다. 운동 시 분비가 증가하는 에피네프린은 HSL 등의 효소를 활성화시켜 중성지방 분해를 촉진한다. 또한 운동 시에는 세포막에 있는 지방산 전달체의 활성도 증가하므로 근육세포 내로 지방산의 흡수가 증가한다.

(1) 운동 강도와 지방의 이용

낮은 강도의 운동 시에는 주로 혈청 지방산이 산화되어 에너지를 공급하지만 운동 강도가 올라갈수록 근육 중성지방의 비중이 높아진다. 운동 강도가 더욱

높아져 65% VO_2 max를 넘어가면 지방보다는 탄수화물이 주로 쓰인다. 그러나 운동 후 90~120분이 지나면 체내 탄수화물이 대부분 고갈되므로 고강도 운동의 후반부에는 지방이 주된 에너지원으로 쓰일 수밖에 없다.

(2) 운동이 지방대사와 건강에 미치는 영향

훈련이 잘 된 운동선수는 지방을 에너지원으로 더 잘 이용하게 된다. 우선 운동 시 에피네프린의 분비뿐만 아니라 이 호르몬에 대한 민감성이 증가하여 지방조직에서 지방산의 유리가 증가한다. 그리고 근육으로 가는 혈류가 증가하여 더 많은 지방산이 근육으로 전달된다. 또한 근육세포막에 존재하는 지방산 전달체의 활성이 증가하여 세포 내로 지방산의 이동이 증가한다. 근육 내 지방 저장량도 증가하는데 이는 아마도 인슐린 민감성이 좋아졌기 때문일 것이다. 근육세포 세포질에서 지방산의 활성화와 미토콘드리아로의 운반 역시 증가하며, 미토콘드리아의 수, 산화 관련 효소의 활성 등이 모두 증가하여 지방을 산화하는 능력이 향상된다. 결과적으로 많은 훈련을 쌓은 운동선수는 높은 운동 강도에서도 지방을 에너지원으로 효율적으로 사용할 수 있게 되며, 이 경우 체내 글리코겐이 절약되므로 피로가 쉽게 오지 않는다.

운동을 하면 심혈관질환의 위험이 감소하는 효과가 있는데 이는 운동 시 혈압이 떨어지고 혈청 중성지방이 감소하기 때문이다. 반면 HDL-콜레스테롤은 증가하는데 1주일에 1,200~2,000 kcal의 에너지를 소비하는 운동을 하는 경우 혈청 HDL-콜레스테롤 농도는 평균 2~8 mg/dL 증가하고 반면 중성지방 농도는 5~38 mg/dL 감소한다는 연구결과가 보고되었다.

혈청지질 농도가 높은 사람에게는 일반적으로 저지방 식사를 권장하는데 이 경우 총콜레스테롤과 LDL-콜레스테롤이 감소하긴 하지만 HDL-콜레스테롤 역시 감소되는 부작용이 있다. 그러나 운동을 하면 HDL-콜레스테롤이 상승하므로 저지방 식사와 운동을 병행하는 경우 특히 혈청지질 개선효과가 크다.

3) 단백질과 운동

단백질은 그램당 4 kcal의 에너지를 낼 수 있기는 하지만 체내에서 주요 에너지원으로 쓰이지 않고 대신 체내 조직 구성, 면역 기능 유지, 수분 평형 유지 등의 기능에 우선적으로 사용된다. 따라서 휴식 시에는 전체 에너지 소비의 5% 이하만이 단백질에서 동원된다. 하지만 운동, 특히 지구력 운동 시에는 단백질이 중요한 에너지원이 될 수 있다. 특히 체내 탄수화물 저장량이 적을 때에는 단백질을 에너지원으로 많이 이용하게 된다. 그러나 단백질은 탄수화물과 지방에 비해 ATP 생산속도가 매우 느린 단점이 있다.

(1) 지구력 운동과 단백질

운동, 특히 전력을 다한 운동 시에는 단백질 분해효소의 활성이 증가하여 근육단백질의 분해가 증가한다. 아미노산의 일부는 산화되어 에너지원으로 사용되고 나머지는 포도당신합성 과정에 사용되는데 특히 체내 글리코겐과 포도당이 적을 경우 이 경로를 통해 많이 대사된다.

운동을 하게 되면 운동을 하지 않는 사람에 비해 아미노산을 산화하여 에너지를 생산하는 효소의 활성이 증가하기는 하지만 훈련이 잘 된 운동선수는 훈련이 되지 않은 선수에 비해 아미노산을 산화하는 효소의 활성이 낮다. 이는 많은 훈련을 쌓은 선수는 무엇보다도 지방을 효율적으로 이용하는 능력이 증가하므로 다른 영양소, 즉 단백질과 탄수화물에 대한 의존도가 감소하기 때문이다.

(2) 저항운동과 단백질

저항운동을 하게 되면 운동 중과 직후에는 단백질 분해가 증가하지만 운동 후 24~48시간까지는 단백질 합성이 매우 증가하므로 결과적으로는 근육 단백질이 증가하는 효과가 있다. 그러나 너무 심한 운동을 하게 되면 근육에 손상이 일어나 휴식기에도 단백질 합성이 효과적으로 증가하지 않는다.

(3) 암모니아와 피로

운동 시에는 근육에서 글루타민, 알라닌 등의 아미노산 외에 암모니아의 방출이 증가한다. 암모니아는 단백질 분해의 부산물로서 근육 분해의 지표 역할을 한다. 근육에 암모니아 농도가 상승하면 산화 대사를 방해하므로 에너지 생산 능력이 저하된다. 또한 증가된 혈장 암모니아는 혈액뇌장벽을 통과하여 뇌에 들어가 뇌기능을 방해함으로써 피로를 유발할 수 있다.

훈련이 잘 된 운동선수는 일반인에 비해 운동 시 암모니아를 덜 합성한다. 이들의 근육과 혈액에는 암모니아가 적기 때문에 피로도 덜 느낀다.

4) 지용성 비타민과 운동

(1) 비타민 A

비타민 A는 상피세포의 건강을 유지하고 시각 기능을 유지하는 데 필수적이다. 한편 적절한 뼈 발달과 면역 기능을 유지하는 데도 필요하다.

비타민 A는 포도당신합성 과정의 속도제한 효소인 인에놀피르브산 카르복시키나아제 유전자의 전사를 촉진하므로 비타민 A가 결핍되면 간에서 포도당신합성과정이 저해될 수 있다. 따라서 지구력 운동을 하는 운동선수는 비타민 A를 충분히 섭취하는 것이 필요하다. 비타민 A 결핍증의 경우 근육 단백질 합성과 시각 기능 또한 저하될 수 있으므로 근력을 필요로 하는 운동이나 뛰어난 시력을 필요로 하는 운동의 경우에도 비타민 A 영양상태가 중요하다.

비타민 A 결핍 시 운동 능력이 저하될 수는 있으나 비타민 A를 권장섭취량 이상으로 보충한다고 해도 운동 능력이 향상되지는 않는다. 비타민 A를 상한섭취량 이상으로 과잉섭취하면 관절통증, 구역, 두통 등의 부작용이 생길 수 있다. 또한 뼈 흡수를 촉진하고 뼈 형성을 방해하므로 골밀도 저하와 골다공증의 위험을 증가시킨다.

(2) 비타민 D

비타민 D는 소장에서 칼슘의 흡수를 촉진하고 근육의 기능을 유지하는 데 필수적이다. 따라서 비타민 D가 부족한 경우 뼈에서 칼슘이 유출되어 구루병과 골다공증의 위험이 증가한다. 한편 근육 기능도 저하될 수 있으므로 비타민 D가 부족한 노인에서 근력 감퇴 현상을 흔히 관찰할 수 있다. 한편 비타민 D는 세포분열을 억제하므로 비타민 D 결핍 시 세포 증식과 암 발생이 증가할 수 있다.

비타민 D가 부족한 노인에게 비타민 D를 보충할 경우 근력, 반응시간, 균형감각 등을 향상시킴으로써 낙상과 골절을 예방하는 데 도움이 될 수 있다. 그러나 비타민 D가 부족하지 않은 젊은 사람에게 보충을 실시하는 경우에는 운동능력 개선효과를 기대하기 어려울 뿐만 아니라 구토, 설사, 체중 저하, 연조직의 석회화 등의 독성을 유발할 수 있으므로 주의하여야 한다.

(3) 비타민 E

비타민 E의 주요 기능은 체내 세포막에서 항산화제 역할을 하는 것이다. 따라서 결핍된 경우 적혈구의 세포막이 쉽게 산화, 파괴되어 용혈성 빈혈이 잘 생긴다. 비타민 E가 부족하면 적혈구 손상으로 인해 혈액을 통한 산소의 운반이 감소되므로 근육세포 내에서 산화적 에너지 생산능력이 저하되고 지구력이 떨어진다.

고산지대에서 운동할 때에는 적혈구 막의 산화가 더 잘 일어난다. 이때 비타민 E를 보충하면 세포막의 산화가 방지될 것으로 기대된다. 실제로 1,500~4,500 m의 고지대에서 운동하는 선수에게 800 mg/일의 비타민 E를 보충한 경우 지구력이 향상되었다는 보고가 있다. 그러나 평지에서 운동할 때에는 비타민 E를 보충해도 운동능력이 향상되지 않는다.

(4) 비타민 K

비타민 K는 일부 혈액응고인자를 합성하는 데 필요하고 또한 뼈를 튼튼하게 만드는 데 필요한 오스테오칼신의 기능을 향상시킨다.

드물기는 하지만 결핍증이 일어난 경우 혈액응고를 방해하여 과다한 출혈이 생길 수 있으며 비타민 K 섭취가 부족한 경우 골다공증성 골절이 증가한다. 골다공증 환자에게 다량의 비타민 K를 보충한 경우 뼈의 석회화가 증가하고 노인에게 비타민 K를 보충한 경우 뼈 형성 지표가 개선되기는 하나 운동능력 향상과는 관련이 없다.

5) 수용성 비타민과 운동

(1) 티아민

티아민은 thiamin pyrophosphate(TPP)라고 알려진 조효소의 구성성분으로서 피루브산을 아세틸 CoA로 전환하는 데 필요하다. 아세틸 CoA는 그 후 크렙스 회로에 들어가 ATP를 만들기 때문에 티아민이 부족한 경우 에너지 생산이 감소한다.

운동선수가 티아민이 결핍된 식사를 수 주간 지속하는 경우 지구력이 저하되는 것이 관찰되었다. 이런 경우 티아민을 보충하면 운동능력이 정상으로 회복된다. 그러나 정상적인 식사를 하고 있는 사람에게 영양섭취기준 이상으로 티아민을 보충할 경우 운동능력이 향상되지는 않는다.

그러나 심한 운동을 하는 경우 효율적인 ATP 생산을 위해 일반적인 영양섭취기준보다 더 많은 티아민을 섭취할 필요가 있다. 또한 운동선수는 고에너지식사를 하는 경우가 많은데 고에너지식사 역시 티아민의 필요를 증가시킨다. 따라서 운동선수는 티아민 섭취를 증가시켜야 하나 적절한 식품 섭취를 통해 에너지 섭취를 증가시키면 티아민 섭취는 자연스럽게 증가하므로 별도로 영양제를 복용할 필요는 없다.

(2) 리보플라빈

리보플라빈은 산화과정에 참여하는 몇몇 효소, 일명 플라빈단백질을 형성하는 데 필요한데 이들 효소는 탄수화물과 지방으로부터 에너지를 생산하는 데 관여한다. 따라서 운동선수는 일반인에 비해 더 많은 리보플라빈을 필요로 한다.

특히 운동훈련을 시작하는 초기에는 근육에서 더 많은 플라빈단백질을 만들어야 하므로 리보플라빈 요구량이 증가한다. 그러나 이 시기에도 에너지 1,000 kcal당 1.1 mg 정도면 충분하다. 영양섭취기준 이상으로 많은 리보플라빈을 보충한다고 해서 운동능력이 향상되지는 않는다.

(3) 니아신

니아신은 에너지 대사에 필요한 두 가지 조효소의 구성요소로 존재한다. 이들 중 NAD(nicotinamide adenine dinucleotide)는 해당작용에 관여하며 NADP (nicotinamide adenine dinucleotide phosphate)는 지방 합성을 촉진하는 역할을 한다.

다른 비타민과 마찬가지로 결핍 시 문제를 일으키기는 하지만 영양상태가 좋은 사람에게 니아신을 투여했을 때 운동능력이 좋아지는 것은 아니다. 오히려 과잉의 니아신 보충(일일 3~9 g)은 지방대사에 영향을 미쳐 지방조직에서 지방산의 유리를 저해한다. 따라서 과잉 섭취는 지구력과 운동능력을 저하시킬 수 있다.

(4) 판토텐산

판토텐산은 coenzyme A(CoA)의 구성분으로서 아세틸 CoA 합성에 필요하므로 에너지 대사에서 중추적 역할을 한다. 그 밖에 포도당신합성과정, 지방산의 합성과 분해, 단백질 변형, 아세틸콜린 합성 등에 관여한다. 아세틸콜린은 운동신경이 근육 수축을 개시하기 위해 분비하는 신경전달물질이다.

결핍증이 있을 경우 아세틸 CoA가 부족하여 크렙스 회로가 원활히 작동하지 않으므로 인체는 에너지 생산의 효율이 낮은 해당작용을 통해 에너지를 만들게 된다. 따라서 운동능력, 특히 지구력이 크게 감소할 수 있지만 판토텐산 결핍은 거의 일어나지 않는다.

(5) 비오틴

비오틴은 여러 카르복실화 효소의 조효소로 작용하는데 이들 중 피루브산 카르복실화 효소는 포도당신합성과정에 참여한다.

(6) 비타민 B_6

조효소 형태인 PLP(pyridoxal phosphate)는 주로 단백질 대사에 참여한다. 불필수 아미노산 합성, 트립토판에서 니아신 합성, 신경전달물질 합성, 아미노산에서 각종 단백질 합성 등이 비타민 B_6가 관여하는 대사 과정이다. 헤모글로빈, 미오글로빈, 산화효소 등의 합성에도 필요하므로 부족 시 에너지 생산이 방해받는다. 또한 PLP는 글리코겐 인산화효소의 보조효소로서 근육 글리코겐 분해에도 관여한다. 또한 아미노산으로부터 포도당을 합성하기 위해 필요한 아미노기 전이반응에도 필수적이므로 부족 시 운동능력이 저하될 수 있다.

비타민 B_6 보충은 운동능력에 긍정적이든 부정적이든 효과를 나타내지 않는 것으로 보인다.

(7) 엽산

엽산은 활성형인 THF(tetrahydrofolate)로 전환된 후 DNA 복제와 세포 분열에 필요한 티미딜산을 합성하는 반응에 조효소로 참여한다. 엽산이 부족하면 빠른 속도로 교체되어야 하는 적혈구가 DNA를 합성할 수 없기 때문에 성숙한 적혈구로 분열되지 못하고 거대적아구성 빈혈이 발생한다. 운동선수는 일반인에 비해 적혈구의 교체가 더 빨리 일어나므로 적절한 엽산 영양 상태를 유지하는 것이 중요하다.

(8) 비타민 B_{12}

비타민 B_{12}는 DNA 합성 과정에 필요한 조효소의 구성분으로서 적혈구 생산, 신경수초 합성 등에 필요할 뿐만 아니라 호모시스테인 대사에도 중요하다.

비타민 B_{12}가 결핍되면 악성빈혈이 생기므로 운동능력이 떨어지게 된다. 그러나 건강한 사람에게는 B_{12}를 보충해도 VO_2 max, 지구력 등 운동능력이 향상되지 않는다.

(9) 비타민 C

비타민 C의 주요 기능은 콜라겐 합성인데 이는 결합 조직의 합성과 유지에 필요하다. 또한 운동 시 분비가 증가하는 에피네프린의 합성과 헤모글로빈 합성에도 관여한다.

이와 같은 비타민 C의 역할 때문에 결핍증은 운동능력 저하를 야기한다.

6) 무기질과 운동

(1) 칼슘

운동은 뼈에 물리적 자극을 가해 뼈의 발육과 칼슘의 축적을 촉진한다. 이는 뼈의 강도를 뚜렷하게 증가시키는데 요가 같이 정적인 운동보다는 달리기와 같은 동적인 운동이 뼈를 자극하는 효과가 더 크다.

운동이 뼈 질량을 증가시키는 효과는 연령에 따라 차이가 있다. 아동기와 청소년기에는 운동을 통해 뼈막의 성장을 이룰 수 있는데 이때 중요한 것은 충분한 칼슘 섭취가 동반되어야 한다는 것이다. 외국의 연구에 따르면 성장기에 1일 1 g 이하의 칼슘을 섭취하면 성인기에 골밀도가 낮다고 한다. 반면 성인기 이후에는 운동을 해도 뼈 성장을 기대할 수 없다. 하지만 폐경 이후의 여성이 저항운동을 하게 되면 활동 저하로 인해 발생하는 골손실을 최소화할 수 있다. 또한 유연성, 균형, 근력 등이 개선되므로 낙상의 위험이 감소하고 나아가 골절이 예방된다.

골다공증은 운동을 열심히 하는 젊은 사람에서도 나타날 수 있다. 일부 운동선수는 식사 조절과 과도한 운동으로 인해 시상하부와 뇌하수체의 기능이 교란되어 호르몬 수치가 변하기도 한다. 특히 젊은 여성의 경우 과다한 운동과 저에너지식사로 인해 체지방이 급격하게 감소되면 에스트로젠의 생산이 감소한다. 이로 인해 나타나는 무월경 증상을 운동성 무월경이라고 하는데, 운동성 무월경을 겪고 있는 여성은 흔히 골다공증을 앓게 된다. 따라서 식사량이 부족한 젊은 여자선수들은 칼슘 섭취에 유의해야 한다.

(2) 인

인은 여러 가지 측면에서 운동과 관련되어 있다. 인은 우선 근육에서 ATP와 CP 같은 고에너지 화합물의 구성성분으로 존재한다. 또한 에너지 대사에 필요한 비타민 B군은 인산화에 의해 활성형으로 전환되므로 유기인산염은 정상적 에너지 대사를 위해 꼭 필요하다. 한편 포도당은 해당과정에 들어가기 위해 인산화가 되어야 한다.

인은 또한 적혈구의 2,3-다이포스포글리세레이트(2,3-diphosphoglycerate, 2,3-DPG)의 구성성분인데 이는 적혈구에서 산소가 유리되어 근육조직에 전달되는 것을 촉진한다. 운동선수에게 인을 보충한 경우 근육세포에 더 많은 산소가 전달되어 지구력이 향상되고 피로가 저하되는 것이 관찰되었다.

(3) 철

철은 혈액에서 산소를 운반하는 역할을 하므로 산화 에너지 시스템이 원활하게 작동하기 위해 필요하다.

운동선수는 일반인에 비해 철 손실이 많으므로 철 섭취에 신경써야 한다. 특히 장거리 달리기 선수는 경기 후 혈뇨를 보기도 한다. 혈뇨는 소변에 헤모글로빈과 미오글로빈이 나타나는 증상으로, 발바닥이 지면과 반복 접촉함으로써 적혈구와 근육세포가 파괴되어 헤모글로빈 및 미오글로빈이 유출되어 발생한다. 또한 장시간 격한 운동을 하면 혈류가 위장관으로 가지 않고 대신 피부 표면과 근육으로 몰리는데 이때 위장관의 염증과 출혈이 유발되어 혈변 증상이 나타나기도 한다. 한편 운동선수는 땀을 많이 흘리므로 땀을 통해 손실되는 철의 양도 일반인에 비해 많다. 이렇게 운동선수에서는 철 손실이 많은데 이를 적절히 보충해 주지 않으면 빈혈이 발생한다.

빈혈은 운동능력을 감소시키는 주요 원인으로 알려져 있다. 이는 체내에서 산소를 운반하고 사용하는 능력이 저하되기 때문이다. 따라서 철결핍성 빈혈을 앓고 있는 사람의 경우 철 보충을 통해 운동능력 향상을 기대할 수 있다. 그러나 철 영양 상태가 적절하고 혈중 헤모글로빈 수준이 정상인 사람은 철을 보충해도 운동능력이 향상되지 않는다. 오히려 철은 페리틴과 헤모시데린의 형태로 체내에 축적되므로 유전적 소인이 있는 사람의 경우 과한 철 섭취는 혈색소증을 유발할 수 있다.

(4) 아연

아연은 300개가 넘는 효소의 필수 구성 요소인데 이들 중 일부는 에너지 대사와 연관되어 있다. 대표적인 예로 해당 에너지 시스템에서 피루브산과 젖산의 대사를 담당하는 젖산탈수소효소가 있다.

운동을 전문적으로 하는 사람은 아연이 부족하기 쉬운데 특히 당질부하를 위해 고탄수화물, 저지방, 저단백질 식사를 하는 경우 아연 섭취가 부족할 수 있다. 그리고 땀에도 상당량의 아연이 함유되어 있으므로 체중감량 등의 이유로 많은 양의 땀을 흘리는 선수는 아연 결핍의 위험이 크다.

아연이 결핍될 경우 체중 감소, 피로, 지구력 및 면역 기능 저하, 골다공증 위험 증가 등의 증상이 동반된다. 또한 남자 선수에서는 테스토스테론 수준 저하도 관찰되는데 이런 경우에는 아연 보충이 전반적인 건강개선과 운동능력 향상을 위해 필요하다. 그러나 정상적인 식사를 하고 있는 경우에는 과량의 아연이 도움되지 않는다. 오히려 과잉의 아연 섭취는 철, 구리 등의 흡수를 방해하여 빈혈을 유발하고 HDL-콜레스테롤 감소, LDL-콜레스테롤 상승 등의 부작용이 따른다.

7) 수분, 전해질과 운동

(1) 수분의 기능

수분은 연령에 따라 체중의 50~70%를 차지하며 정상적인 신체기능을 위해 가장 중요한 영양소이다. 체내에서 타액, 위액, 담즙 등 각종 체액의 구성성분으로 기능하며 혈액에서도 가장 큰 비중을 차지한다. 혈액을 통해 근육세포를 비롯한 신체조직에 영양소를 공급하고 그 밖에 호르몬, 항체, 노폐물 등도 운반한다.

운동과 관련하여 수분의 가장 중요한 기능은 체온 조절이다. 숨을 내뱉을 때 이산화탄소와 함께 배출되는 수증기나 땀을 통해 수분이 손실되는데, 이때 체열 또한 발산되어 운동으로 인한 체온의 상승을 억제한다. 그 밖에 체내 pH와 삼투압을 적절히 유지하는 것도 수분의 기능이다.

(2) 탈수의 증상

수분은 체내에서 다양한 역할을 수행하기 때문에 조금만 부족해도 심각한 이상증세를 나타낸다. 체중의 1~2%에 해당하는 수분이 손실되었을 때에는 갈증, 피로, 무력감 등이 나타나며 수분 손실이 3~4%에 이르면 운동능력 저하, 구강건조, 소변량 감소 등의 증상이 나타난다. 7~10% 정도의 수분이 손실되었을 때에는 어지러움, 근육 강직, 탈진 등의 증상이 나타나고 체중의 20%에 달하는 수분이 손실되면 사망에 이를 수 있다.

탈수가 심해지면 열탈진, 열경련, 열사병 등의 증상이 나타난다. 열탈진은 수분 손실로 인해 혈액량이 감소하는 증상으로 지구력, 근력, 운동능력 등이 모두 감소한다. 열경련은 열탈진 시 근육에서 일어나는 증상으로 근육 수축이 수 분간 지속되며 통증을 유발한다. 열사병은 체온이 40도에 달하는 현상을 일컫는데 증상으로는 구역, 착란, 발작, 혼수 등이 있다.

(3) 전해질의 기능

땀을 많이 흘리면 수분뿐만 아니라 전해질도 손실되어 전해질 균형이 깨지게 된다. 전해질은 체내에서 삼투압 조절, 수분 평형 유지, 근육 수축, 신경자극 전달, 산-염기 평형 유지 등의 기능을 담당하는데 체내에서 가장 중요한 전해질은 나트륨, 염소, 칼륨 등이다.

전해질이 손실되는 경우에도 알도스테론, 항이뇨호르몬 등의 조절작용으로 인해 결핍증이 나타나는 경우는 거의 없다. 하지만 지속적인 구토, 설사나 과도한 발한(체중의 2~3% 이상)의 경우 드물게 결핍증이 나타날 수 있다. 따라서 땀을 많이 흘리는 운동선수는 수분과 함께 적절한 전해질을 섭취할 필요가 있다.

3. 운동능력 향상을 위한 식사관리

1) 탄수화물 부하

탄수화물 부하란 피로의 발생을 늦추기 위해 중요한 경기를 앞두고 간과 근육의 글리코겐 함량을 증가시키기 위한 식사처방법이다. 탄수화물 부하는 마라톤 같이 장시간 동안 고강도의 운동을 하는 선수에게 도움이 될 수 있다. 그러나 단시간 운동의 경우에는 탄수화물 부하가 무의미하다.

탄수화물 부하는 ① 운동을 통한 근육 글리코겐의 고갈, ② 저탄수화물 식사(고지방, 고단백질 식사), ③ 고탄수화물 식사의 세 단계로 이루어진다. 고탄수화물 식사 시기에는 1일 400~700 g의 탄수화물을 섭취하는 것이 일반적이다. 또한 이 시기에는 포도당을 세포 안으로 흡수해 주는 GLUT-4의 활성을 유지하기 위해 운동을 계속하는 것이 필요하다. 그러나 과한 운동은 근육 글리코젠을 소모시키므로 가벼운 운동을 하는 것이 중요하다. 고탄수화물 식사를 하면서 에너지 섭취가 과하게 되면 과잉의 에너지가 중성지방으로 전환되어 체지방이 축적될 수 있으므로 에너지 섭취가 지나치지 않도록 조절해 주는 것이 필요하다. 당뇨병 환자나 고지혈증 환자 등은 탄수화물 부하 시 건강상 위험이 따르므로 반드시 의사와 상의하여야 한다.

탄수화물 부하

제1일	근육 글리코젠 고갈 운동(안 해도 됨)
제2일	적당량의 탄수화물을 포함한 혼합식, 약간의 운동
제3일	적당량의 탄수화물을 포함한 혼합식, 약간의 운동
제4일	적당량의 탄수화물을 포함한 혼합식, 약간의 운동
제5일	고탄수화물 식사, 약간의 운동
제6일	고탄수화물 식사, 약간의 운동 혹은 휴식
제7일	고탄수화물 식사, 약간의 운동 혹은 휴식
제8일	경기

2) 근육 증강과 단백질 섭취

근육은 약 70%의 수분과 22%의 단백질로 구성되어 있다. 따라서 근육을 키우고 싶은 사람은 저항운동과 함께 단백질 섭취를 증가시키는 것이 필요하다.

근육단백질 합성을 위해서는 저항 운동을 한 후에 단백질을 섭취하는 것이 더 효과적이다. 왜냐하면 운동 후에 근육으로 아미노산 이동이 증가하기 때문이다. 운동 후 1~3시간에 충분한 단백질을 섭취하는 것이 근육단백질 합성에 가장 효과적이다. 근육 합성 촉진효과는 운동 후에 더 확실하지만 운동 전에 섭취하는 경우에도 에너지를 공급하고 단백질 분해를 억제하는 장점이 있다.

근육을 키우는 저항운동 시에는 에너지의 섭취를 약간 증가시킬 필요가 있다. 이는 단백질 합성과정이 많은 에너지를 필요로 하기 때문이다. 또한 탄수화물만 보충해도 근육 증강에 도움이 될 수 있는데 이는 탄수화물이 운동 중에 단백질의 분해를 촉진하는 코르티졸의 분비를 감소시키기 때문이다. 또한 탄수화물 섭취에 따른 인슐린 분비는 근육에서 단백질 합성을 더욱 촉진하는 효과가 있다.

근육 증강을 위해서는 단백질 1 g에 대하여 탄수화물 3~4 g의 비율로 섭취하는 것이 적당하며 소화흡수가 잘되는 액상 형태가 좋다.

운동선수는 비타민 보충제를 섭취해야 할까?

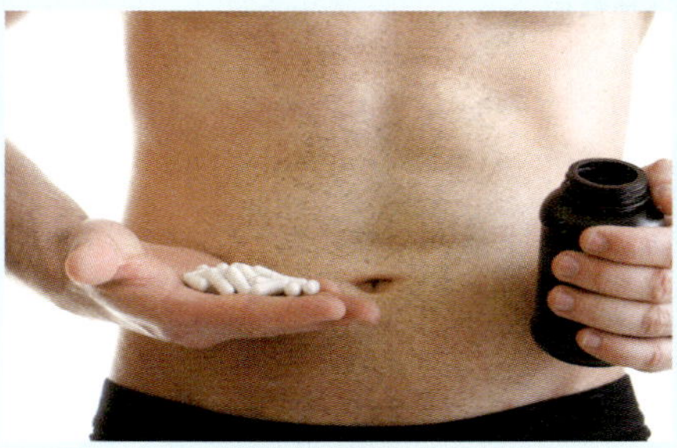

비타민이 ATP 생성 등 여러 면에서 운동에 필요하기는 하지만 영양섭취기준 이상의 비타민을 섭취해도 운동능력이 향상되지는 않는다. 따라서 균형식을 하고 있는 경우 운동능력 향상을 위해 비타민을 섭취하는 것은 무의미할 뿐만 아니라 오히려 과잉으로 인한 독성을 유발할 수 있다.

그러나 레슬링, 체조 선수 등 체중 조절을 위해 장기간 절식을 하는 경우에는 비타민 보충이 필요할 수도 있다. 에너지 섭취가 1,200~1,600 kcal 이하로 내려가면 식사량이 적어지면서 비타민 섭취 역시 감소한다. 이런 경우에는 비타민 보충이 바람직하다.

3) 수분과 전해질

운동 시에는 수분손실을 막기 위해 여러 가지 생리적 변화가 일어난다. 예를 들어 땀을 많이 흘려 수분손실이 증가하면 신장으로 가는 혈류를 줄여 소변 배출을 감소시킨다. 그러나 이런 생리적 변화만으로 수분을 유지하는 것은 불가능하므로 운동을 하는 사람은 수분을 적절히 섭취해야 한다. 최적의 수분상태를 유지하려면 경기 시작 전 1시간 이내에 충분한 양의 수분을 섭취하는 것이 좋다. 하지만 시간 당 1리터 이상의 많은 수분을 섭취하면 소변배설을 증가시켜 오히려 운동에 방해가 되므로 주의해야 한다.

1리터의 땀에는 나트륨 약 1.15g을 비롯하여 염소, 칼슘, 마그네슘, 칼륨 등의 전해질이 함유되어 있다. 따라서 체중의 2~3% 이상에 해당하는 많은 땀을 흘릴 경우 전해질 결핍증이 나타날 수 있다. 따라서 땀을 많이 흘리는 운동선수는 수분과 함께 적절한 전해질을 섭취할 필요가 있다.

가벼운 운동을 하며 약간의 땀을 흘린 경우 단순한 물만으로도 충분하지만 장시간 운동을 하며 많은 땀을 흘린 경우에는 전해질이 함유된 스포츠 음료가 필요하다. 스포츠 음료의 전해질은 수분이 더 빨리 흡수될 수 있도록 도와주며 체내 조직에 수분이 더 오래 보유되도록 하고 혈액부피를 유지하는 데 도움이 된다.

수분중독

전해질 섭취에 비해 많은 양의 수분을 섭취했을 때 나타나는 저나트륨혈증을 일명 수분중독이라고 한다. 신장의 처리 능력에 비해 많은 수분이 체내에 있을 때 생기며 두통, 착란, 경련, 발작 등의 증세를 나타내고 심하면 사망할 수도 있다.

4. 운동이 건강에 미치는 영향

균형 잡힌 식생활과 함께 운동은 비만, 고혈압, 심혈관질환, 당뇨병, 골다공증 및 대장암과 유방암 등을 예방한다. 어떤 운동이라도 전혀 안 하는 것보다는 낫지만 운동 시간과 강도가 증가할수록 더 많은 효과를 볼 수 있다. 건강 관련 단체들은 매일 최소 30분, 중간 강도 이상의 운동을 하라고 권장한다.

하루에 30분씩 운동을 하면 심혈관질환의 위험이 크게 감소한다. 한번에 30분의 시간을 할애할 수 없으면 10분씩 세 번에 걸쳐서 운동하는 것도 비슷한 효과를 내므로 틈날 때마다 운동하는 습관을 들이도록 한다. 운동을 할 때에는 걷기, 달리기, 수영, 테니스 등의 유산소 운동과 근육을 튼튼하게 하는 저항운동을 고루 하는 것이 중요하다. 규칙적인 운동은 만성질환을 예방하는 것 외에도 일상생활을 좀 더 활기차게 해주며 정신적 · 육체적 건강을 증진시키고 삶의 질을 향상시켜 준다.

운동의 중요성에 대한 국민들의 인식은 점차 높아지고 있지만 우리나라는 아직도 운동을 전혀 하지 않는 인구의 비율이 상당히 높다. 2010년 국민건강영양조사 결과에 따르면 19~64세 성인의 22.1%가 근력운동을 실천하고 있다고 답했으며 중등도 혹은 격렬한 운동을 실천한 분율은 성인의 23.2%에 불과했다.

더 알아보기 TV를 많이 보면 사망률이 높아진다

유럽 사람들은 여가시간의 40%를 TV 시청에 할애하고, 미국 사람은 하루에 5시간씩 TV를 본다고 한다. 이러한 TV 시청은 건강과 어떤 관련이 있을까?

미국 하버드대학교의 Frank Hu 박사가 2011년 Journal of the American Medical Association에 발표한 연구결과에 따르면, 하루 TV 시청이 2시간 증가할 때마다 제2형 당뇨병의 상대위험도(relative risk)가 1.2배씩 증가한다고 한다. 또 심혈관질환과 사망의 상대위험도는 각각 1.15와 1.13이었다.

TV를 시청하면 신체활동이 줄어들 뿐만 아니라 TV에서 방영되는 음식 광고에 노출되는 기회가 많아진다. 이러한 요인들은 모두 비만과 당뇨병, 심혈관질환의 위험을 증가시킬 수 있다.

참고문헌

보건복지부 · 질병관리본부(2011). 2010년 국민건강영양조사.

Brooks GA(1998). Mammalian Fuel Utilization during sustained exercise. *Comp Biochem Physiol* 120: 89~107.

Drenowatz C, Eisenmann JC, Carlson JJ, Pfeiffer KA & Pivarnik JM(2012). Energy expenditure and dietary intake during high-volume and low-volume training periods among male endurance athletes. *Appl Physiol Nutr Metab* 37(2): 199~205.

Maughan RJ, Shirreffs SM(2012). Nutrition for sports performance: issues and opportunities. *Proc Nutr Soc.* 71(1): 112~9.

Mojtahedi MC, Thorpe MP, Karampinos DC, Johnson CL, Layman DK, Georgiadis JG & Evans EM(2011). The effects of a higher protein intake during energy restriction on changes in body composition and physical function in older women. *Gerontol A Biol Sci Med Sci.* 66(11): 1218~25.

Peternelj TT, Coombes JS(2011). Antioxidant supplementation during exercise training: beneficial or detrimental? *Sports Med.* 1, 41(12): 1043~69.

Phillips SM, Van Loon LJ(2011). Dietary protein for athletes: from requirements to optimum adaptation. *J Sports Sci.* 29 Suppl 1: S29~38.

Widmaier EP, Raff H, Strang KT(2008). *Human Physiology* 11th Ed., McGraw Hill.

Williams MH(2010). *Nutrition for Health, Fitness and Sport* 9th Ed., McGraw Hill.

Wilmore JH, Costill DL, Kenney WL(2008). *Physiology of Sport and Exercise* 4th Ed., Human Kinetics.

더 생각해 보기

Q1 1만 m 달리기를 할 때 에너지를 제공하는 주된 시스템은 무엇인가? 이 에너지 시스템의 특징은 무엇인가?

Q2 고혈압과 고지혈증 환자에게 적합한 운동의 종류와 양은?

Q3 운동 중 혹은 후에 마시는 음료수로 적당한 것은 무엇일까?

단원정리

- 근육의 운동에는 에너지, 즉 ATP가 필요하다. 근육세포는 ATP-CP시스템, 해당시스템, 산화시스템을 이용하여 ATP를 생산한다.
- 소량의 ATP는 근육에 저장되어 있는데 저장량이 매우 적으므로 크레아틴인산(CP)이 분해될 때 방출된 에너지를 이용하여 ATP를 재생해야 한다. ATP-CP시스템은 격렬하고 지속시간이 짧은 운동에 에너지를 공급하는 주된 시스템이다.
- 인체는 산소가 부족한 환경에서 포도당을 분해하여 ATP를 생산하는데 이를 해당시스템이라 한다. 해당 시스템은 ATP 생산량은 적지만 생산속도가 빠르고 산소가 부족한 상황에서 근육의 에너지 생산을 담당한다. 근육 피로를 유발하는 젖산을 생산하는 단점이 있다.
- 산화시스템은 산소의 존재하에 세포가 탄수화물, 지방, 단백질 등을 분해하여 에너지를 만드는 과정이다. 산화시스템, 특히 지방의 산화는 에너지 생산속도가 느리다. 그러나 에너지 생산량이 막대하므로 운동 강도가 낮은 장시간의 운동 시에 필요한 에너지를 제공한다.
- 탄수화물은 지방에 비해 ATP 생산속도가 빠르기 때문에 운동 강도가 높은 경우에 주요 에너지원으로 작용한다. 반면 지방은 ATP 생산 용량이 거의 무한대이므로 운동 강도가 낮은 지구력 운동의 경우에 중요한 에너지원이 된다.
- 단백질은 운동 시 주요 에너지원이 아니지만 체내 글리코젠 저장량이 적은 경우 에너지원으로 동원된다. 저항운동 후 단백질 보충은 근육 증강을 도와준다.
- 에너지 생산에 조효소로 작용하는 비타민류는 부족 시 운동 능력 저하를 가져오지만 섭취기준 이상의 비타민을 섭취해도 운동능력이 좋아지는 것은 아니다.
- 2,3-다이포스포글리세레이트의 구성성분인 인은 운동선수에게 보충 시 약간의 지구력 향상효과가 있다. 헤모글로빈을 구성하는 철과 젖산탈수소효소를 구성하는 아연은 부족 시 운동능력 저하를 가져온다.
- 수분은 체온 조절, 전해질 균형 유지 등에 필수적이다. 수분손실이 체중의 3~4%에 이르면 운동 능력 저하, 소변량 감소 등의 증상이 나타난다. 운동 시 과도한 발한으로 인해 20%에 달하는 수분이 손실되면 사망에 이를 수도 있다.

마무리

다양한 신체활동의 에너지 소비

소비열량/체중(kg)/시간

1.4 kcal/kg/h

2.6 kcal/kg/h

5.3 kcal/kg/h

1.9 kcal/kg/h

6.3 kcal/kg/h

10.5 kcal/kg/h

3.1 kcal/kg/h

8.4 kcal/kg/h

찾아보기

ㄱ

가령화 361
가령화에 따른 신체적 변화 374
간식 229
간접노화유전자 371
거식증 307
건강수명 364, 365
결식 254
고령가구 366
고령 사회 361
고령화 363
고령화사회 361
고위험 임신 79
고중성지방혈증 331
고콜레스테롤혈증 331
고혈압 326
골다공증 348, 378, 390
골밀도 322
과잉행동증 222
근감소 377
근감소 비만 388
기대수명 361
기대여명 361, 364, 365

ㄴ

나트륨 325, 338
난포기 37
내장지방 322
노년부양비 366
노령화지수 366
노인영양 관련 사업 394
노인의 사망 원인 367
노인의 식생활 행태 382
노인의 식이보충제 복용 385
노화시계설 371
노화 요인 369
노화유전자설 370
니코틴 327

ㄷ

대사증후군 343
독거노인 366
두뇌 147
두뇌 발달 103

ㅁ

면역 102, 378
모유 102
미숙아 169

ㅂ

배란 37
배란주기 287
배아기 42
분비성 면역글로불린 102
비대형 성장(hypertrophy) 15
비만 219, 342
빈열량식품 231
빈혈 88, 166

ㅅ

사춘기 289
산화시스템 405
산화적 손상설 371
산후 비만 116
생애주기 19
생활습관병 294
섭식장애 292, 307
성성숙도 289
성인기 321
성호르몬 289
소아 비만 266
수유기 101
수정 37, 38
수정란기 42
스캐먼의 성장곡선 16
식생활지침 90, 191, 274
식이제한설 372
신경관 손상 75
신경수초화 147
신체상(body image) 237, 292

ㅇ

아침식사 254
안면홍조 347
알레르기 167, 270
알코올 57, 327
암 346
암모니아 411
어르신을 위한 식생활 안전 가이드 393
어르신을 위한 식생활지침 392
에너지 시스템 403
에스트로젠 46, 347
영아돌연사증후군 103
영아산통(colic) 165
영양지식 385
영양플러스 사업 94
옥시토신 44, 104, 109
외식 325
월경주기 37
유두 106
유방 105
유방울혈(젖몸살) 127
유선염 127
유포 106
음주 327
응유효소(rennin) 150
의료비 368
이식증(pica) 61
이유식 178
임신 35
임신기 고혈압 86
임신성 당뇨 83
임신중독증 86

ㅈ

자간증 86
자기이미지(self-image) 292
자존감 291
장수인의 식생활 395
저체중아 35, 169
저출산 · 고령화 사회 285
젖병 치아우식증 168
조제유 175
증식성 성장(hyperplasia) 15

ㅊ

철 77
초고령사회 361
충치 168, 268
치매 391
치아 148
치아우식증 268

ㅋ

카페인 58
칼슘 338
크레아틴 인산 403

ㅌ

탄수화물 부하 420
태반 40
태반락토젠 46
태아기 42
태아알코올증후군 57
테스토스테론 309, 325
텔로미어 가설 371
퇴행성질환 294
트랜스 지방산 332

ㅍ

편식 207, 253
폐경 347
폐경전후기 347
폐경 호르몬 요법 350
폭식증 307
프로게스테론 46
프롤락틴 47, 109

ㅎ

해당 시스템 404
혈액희석 52
황체기 37
흡연 56, 326

기타

% VO_2 max 406
2,3-다이포스포글리세레이트 417
ATP 403
ATP-CP 시스템 403
DHA 114
EPA 114

저자소개

이영미
연세대학교 식품영양학과 졸업
연세대학교 식품영양학 이학박사
現 가천대학교 식품영양학과 교수

이미숙
서울대학교 식품영양학과 졸업
서울대학교 식품영양학 이학박사
現 한남대학교 식품영양학과 교수

이민준
연세대학교 식품영양학과 졸업
연세대학교 식품영양학 이학박사
現 연세대학교 식품영양급식연구센터 전문연구원

김정현
연세대학교 식품영양학과 졸업
연세대학교 식품영양학 이학박사
現 배재대학교 가정교육과 교수

정혜연
연세대학교 식품영양학과 졸업
연세대학교 식품영양학 이학박사
現 숭의여자대학교 식품영양과 교수

박은주
연세대학교 식품영양학과 졸업
오스트리아 Wien국립대학 영양학 이학박사
現 경남대학교 식품영양학과 교수

정자용
서울대학교 식품영양학과 졸업
미국 Tufts대학 영양학 박사
現 경희대학교 식품영양학과 교수

생애주기영양학

1판 1쇄 발행 2013년 5월 25일
1판 2쇄 발행 2015년 7월 25일

지 은 이 | 이영미 이미숙 이민준 김정현 정혜연 박은주 정자용
발 행 인 | 박철용
발 행 처 | 양서원
주 소 | 경기도 파주시 직지길 522 파주출판문화정보산업단지
전 화 | 031-955-8000(代)
팩 스 | 031-955-8005
홈페이지 | www.yswpub.co.kr
이 메 일 | yswpub@chol.com
출판등록 | 1987년 11월 24일 제 406-2003-037 호

ISBN 978-89-994-0091-9

정가 26,000원